现代养猪实用技术

冯翠兰　刘富来　陆英杰　编著

廣東省出版集團
广东科技出版社
·广　州·

图书在版编目（CIP）数据

现代养猪实用技术 / 冯翠兰，刘富来，陆英杰编著. —广州：广东科技出版社，2011.8

ISBN 978-7-5359-5425-1

Ⅰ. ①现… Ⅱ. ①冯…②刘…③陆… Ⅲ. ①养猪学 Ⅳ. ①S828

中国版本图书馆CIP数据核字（2010）第228682号

责任编辑：杨柳青
装帧设计：友间文化
责任校对：陈 静 陈素华
责任印制：任建强
出版发行：广东科技出版社
（广州市环市东路水荫路11号 邮政编码：510075）
E-mail：gdkjzbb@21cn.com
http：//www.gdstp.com.cn
经 销：广东新华发行集团股份有限公司
排 版：广州市友间文化传播有限公司
印 刷：广东新华印刷有限公司
（广东省佛山市南海区盐步河东中心路 邮政编码：528247）
规 格：787mm×1 092mm 1/16 印张26.75 字数540千
版 次：2011年8月第1版
2011年8月第1次印刷
印 数：1～3 000册
定 价：60.00元

编委名单

主　编：冯翠兰

副主编：刘富来

编写者：冯翠兰

刘富来

陆英杰

内容简介

本书较全面地介绍了现代养猪的全套技术，包括猪场项目申办，养猪对品种、营养和场舍设备等方面的要求，以及养猪生产中各主要环节的关键性技术措施。全书共分十一章，主要讲述现代养猪场的项目申办，现代养猪与环境，现代养猪场的规划，现代养猪的猪舍设计，猪品种资源及其利用，现代养猪的育种技术，现代养猪的繁殖技术，现代养猪的营养配合技术，现代养猪的饲养管理，猪病的诊断与防治，现代猪场经营管理等方面的内容。

本书内容着眼于现代养猪的实用技术，同时在理论上又有适当的深度，养猪生产与工程配套并重，具有科学性、先进性和实用性，内容丰富，技术方法简易可行，文字通俗易懂，适合养猪场技术人员及广大养猪专业户和养殖爱好者阅读，也可供从事基层实际工作的畜牧兽医技术人员及大专院校相关专业的学生阅读参考。

前 言

我国是世界养猪大国，猪的存栏数和猪肉产量均占世界第一位，人们食用的肉类90%以上为猪肉。我国养猪的历史悠久，发展至今天，养猪业已成为一些地方重要的经济支柱，对扩大对外贸易以及维护社会安定有着极为重要的作用。但由于养猪从业人员技术水平参差不齐，在养猪技术水平上还明显落后于发达国家。

随着我国经济的发展，人民生活水平得到不断提高，消费者对猪产品的需求已从满足数量型向质量安全型转变，社会赋予养殖者更高的要求，特别是我国加入世界贸易组织（WTO）后，面向国际经济一体化，生产的牲猪产品质量要与国际贸易中牲猪产品质量标准完全接轨，就必须使生产的牲猪产品成为国际公认的无害、低残留、无疾病感染的可安全食用的产品。

面对21世纪养猪业的挑战，对科学养猪专业知识和先进技术提出了新的更高要求，需要改变厩舍的设备和环境，从生物安全、动物福利和防疫上来保障规模化、集约化养猪要求，特别需要理论与实践结合以解决养猪实际问题为主的科学饲养技术。应该从各方面，特别是科学养猪技术的普及和提高上给予扶持。为此我们组织编写了《现代养猪实用技术》一书。把现代养猪的技术组装配套，把科学养猪的原理融会贯通到生产实践中。

由于编者水平有限，错误在所难免，敬请批评指正。

作者

2010年9月

目录

CONTENTS

第三章　现代养猪场的规划

第五章　猪品种资源及其利用

第六章　现代养猪的育种技术

第七章 现代养猪的繁殖技术

第八章　现代养猪的营养配合技术

目录 CONTENTS

第九章　现代养猪的饲养管理

第十章　猪病的诊断与防治

第十一章 猪场经营管理

第一章

现代养猪场的项目申办

第一节　现代化养猪生产

现代化养猪生产就是使用现代科学技术和现代工业设备来装备养猪生产，用先进的科学方法来组织和管理养猪生产，以提高劳动生产率、猪的产品率和商品率，从而达到养猪的稳产、高产、优质和低成本的目的。

一、现代化养猪生产的标志

现代化养猪生产的标志表现为高生产效率和高生产水平。

（一）高生产效率

每生产一个单位产品消耗的工时越来越少。由于供水、供料、换气和清除粪便高度机械化、自动化和生产分工专业化，使养猪生产效率不断提高。例如：奥地利哈德格农场年产2.2万头高质量商品瘦肉型猪，并有从曾祖代到父母代的完整的繁育体系，连工程技术人员在内只用8个人。北京的规模化养猪也初步显示了高生产效率，以繁殖母猪100头为例，占地一般3 300m^2左右，猪舍建筑约1 500m^2，年出栏商品瘦肉猪1 500～1 800头，共需工人4～6人，而传统养猪出栏同样数量的商品瘦肉猪需占地2.0万～2.7万m^2，猪舍建筑6 000～8 000m^2，需工人20多人。现代化养猪生产的肉猪生产一个劳动力一般可养3 000～4 500头，而传统养猪只能达到200～250头。从我国实际情况出发，现阶段资金不足，机械设备质量还不过关，而劳动力又较低廉，所以不应片面追求高的生产效率。

（二）高生产水平

现代化养猪生产是采用最先进的遗传育种技术、充分满足营养需要、适宜的生长环境、针对猪的行为特性选用专门化的机械设备和疫病防治等先进科学技术，创造了相互密切配合的良好生产条件，使养猪生产水平更为突出。国外养猪业发达国家采用的是杂优猪，每头种母猪年产2.8窝仔猪，平均每头母猪年产仔26～28头，生产100kg猪肉耗料274kg，平均瘦肉率达到60％以上，育肥猪达到90kg活重只需饲养160天，110kg需饲养180天，每生产100kg猪肉产品约需3.08工时。我国的现代化养猪企业机械化自动化水平还不算高，但已显示出现代化养猪生产的高水平，北京市规模化猪场每生产100kg猪肉产品需3.5～4.2工时，耗料320～350kg，优秀养猪企业已接近国外先进水平。

如果我国近期有1/3养猪生产实现现代化，在投入的饲料与人力不变的情况下，猪肉产量会增加1 000万t，达到或超过4 000万t以上，占世界猪肉总产量的50％以上。高生产水平不一定完全受机械化的制约，在有一定生产程序的手工操作养猪企业，虽然劳动强度大，劳动效率稍低些，例如：手推车供料，也能够充分发挥猪生产性能的潜力，获得较高的生产效益。

二、现代化养猪生产的特点

现代化养猪业是用工业生产方式进行养猪生产，亦称为工厂化养猪。机械化是工厂化养猪提高劳动生产率所采取的主要手段。但是，用“机械化养猪”来表达现代化养猪是不够全面的，这容易使人们错误地认为现代化养猪业就是机械化养猪。单纯提高劳动生产率，就是片面追求机械化和自动化，而忽视提高生产水平。因此，称为工厂化养猪能比较完整地反映现代化养猪生产的基本面貌。工厂化养猪有以下几个主要特点。

（一）按繁殖过程安排工艺流程

养猪生产的环节包括母猪配种、妊娠、分娩、仔猪哺乳、育成和育肥等，按照这一过程将猪群分为公猪群、繁殖母猪群、仔猪保育群和生长育肥群。其中繁殖母猪群又可分为后备母猪群、待配母猪群、妊娠母猪群和分娩泌乳母猪群。整个生产的工艺流程如图1-1所示，整个生产过程有计划、有节奏地进行。

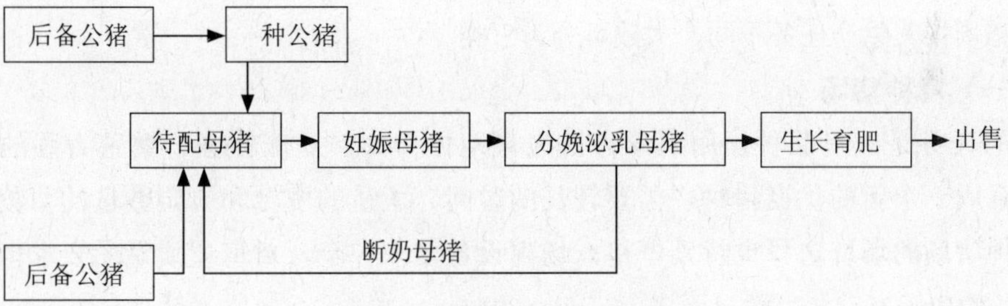

图1-1　养猪生产的工艺流程

（二）实行新工艺均衡生产

现代猪场实行全进全出制工艺、按节拍全年均衡生产。所谓全进全出制是指同一批猪群同时转入、同时转出，按节拍转群进行生产，创造适宜的环境，使养猪生产不受季节影响，从而可以使养猪产品全年不分季节均衡生产，均衡供应市场。

（三）采用现代科学技术提高生产水平

使用优良的品种、优质的饲料、执行严格的防疫制度、采用必要的设施对环境进行有效的控制，有助于提高养猪生产水平。其中优良的品种是通过完整的育种体系来实现的，完整的育种体系是指以育种场（核心群）为核心，繁殖场（繁殖群）为中介和商品场（生产群）为基础的宝塔式繁育体系，它能按照统一的育种计划把核心群的优良基因迅速地传递给商品生产群，使商品猪表现出较高的生产水平。如果猪场的规模小，必须在购买种猪上严格把关，使猪场的公猪、基础母猪保持较好的生产水平，避免近交，防止优良性状退化。其他三个方面也是提高生产力水平的保证，也应给予足够的重视。四个因素相比较而言，生产环境控制容易被生产者所忽视，例如公猪决定猪场的生产水平，公猪舍夏季采用降温措施，公猪的精液品质会明显提高，虽然控制设施有一定的资金投入，可也是值得的。这个道理人所共知，但实际生产中并未广泛应用。现代化养猪生产必须在每个生产环节上尝试以最小的科技投入，提高生产力水平，以取得企业效益的最大化。

（四）具备高素质人才

具有现代科技知识水平的高素质的人才，对猪场进行科学的管理和经营。采用科学的经营管理方法组织生产，使生产条件、工艺流程等规格标准化和有规律地运转，使生产保质保量地、周年平稳地进行。

第二节 现代化养猪的生产工艺

一、猪场种类

养猪场按其生产任务不同，大致可分为三类。

（一）育种猪场

它的任务是改良品种，用科学方法来繁殖体型大、适应性强、繁殖力强的优良品种。要育成一个新的优良猪种，需要较长的时间、大量的资金和一定数量的畜牧技术人员。育种猪场的场址选择也特别严格，场内设备要求齐全，对房屋质量的要求也较高。这种猪场均为国家承办，数量不多。

（二）种猪繁殖场

它的主要任务是将育种猪场育成的新品种猪，在场内大量繁殖，以供其他猪场需要。在繁殖过程中也要注意改良现有猪种，不断提高品种的生产能力，有时也兼养一部分育肥猪。这些猪场有一定的技术要求，一般由国家和个体承办。

（三）商品猪场（育肥猪场）

它的主要任务是饲养育肥猪，供应人民生活的需要。目前工厂化养猪场多为自繁自养的商品猪场。

大型工厂化养猪场为确保种猪来源和防止疾病传染，猪场常由种猪繁殖场和育肥猪场组成。有的相邻而设，有的分开建设。这些猪场均由一定的猪群组成。

基础母猪：又分怀孕母猪、空怀母猪、泌乳母猪（怀孕4个月的母猪和哺乳母猪要单独饲养）。

后备母猪：为基础母猪数的1/3，供淘汰补充。

种公猪：6个月龄以上公猪要求分栏饲养。

仔猪：哺乳期一般随母猪饲养。

育成猪：断奶后的幼猪可集中饲养。

育肥猪：育肥猪常集中饲养后直接上市。

这些猪分别饲养在空怀妊娠猪舍、分娩猪舍、公猪舍、育成猪舍、育肥猪舍里。

二、现代化养猪的工艺流程

（一）阶段饲养的工艺流程

现代化养猪的目的是要摆脱分散的、传统的、季节性的生产方式，建立工厂化、程序化、常年均衡的养猪生产体系，从而达到生产的高水平和经营的高效益。现代化养猪生产一般采用分段饲养、全进全出饲养工艺，猪场的饲养规模不同，技术水平不一样，不同猪群的生理要求也不同。为了使生产和管理方便、系统化，提高生产效率，可以采用不同的饲养阶段，实施全进全出工艺。下面介绍几种常见的工艺流程。

1. 三段饲养工艺流程

空怀及妊娠期—哺乳期—生长育肥期。

三段饲养二次转群是比较简单的生产工艺流程，它应用于规模较小的养猪企业，其特点是：简单，转群次数少，猪舍类型少，节约维修费用，还可以重点采取措施。例如分娩哺乳期可以采用好的环境控制措施，满足仔猪生长的条件，提高成活率，提高生产水平。

2. 四段饲养工艺流程

空怀及妊娠期—哺乳期—仔猪保育期—生长育肥期。在三段饲养工艺流程中，将仔猪保育阶段独立出来就是四段饲养三次转群工艺流程，保育期一般5周，猪的体重达20kg，转入生长育肥舍。断奶仔猪比生长育肥猪对环境条件要求高，这样便于采取措施提高成活率。在生长育肥舍饲养15～16周，体重达90～110kg出栏。

（1）配种妊娠阶段：在此阶段母猪要完成配种并渡过妊娠期。配种约需1周，妊娠期16.5周，母猪产前提前1周进入产房。母猪在配种妊娠舍饲养16～17周。如果猪场规模较大，可把空怀和妊娠分为两个阶段，空怀母猪在 1 周左右时间完成配种，然后观察 4 周，确定妊娠后（可采用公猪试情或妊娠诊断仪）转入妊娠猪舍，没有配种的转入下批继续参加配种。

（2）产仔哺乳阶段：同1周配种的母猪，要按预产期最早的母猪，提前1周同批进入产房，在此阶段要完成分娩和对仔猪的哺育，哺育期为5周（或4周），母猪在产房饲养6周（或5周），断奶后仔猪转入下一阶段饲养，母猪回到空怀妊娠猪舍参加下一个繁殖周期的配种。

（3）断奶仔猪培育阶段：仔猪断奶后，同批转入仔猪培育舍，在培育舍饲养5～6周，体重达15～25kg。这时幼猪已对外界环境条件有了相当的适应能力，再共同转入育肥舍进行育肥。

（4）育肥阶段：由育仔舍（仔培舍）转入育肥舍的所有猪只，按育肥猪的饲养管理要求饲养，共饲养15周，体重达90kg时，即可上市出售。育肥阶段也可按猪场条件分为中猪舍和大猪舍，这样更利于猪的生长。

通过以上4个阶段的饲养，当生产走入正轨之后，就可以实现每周都有母猪配种、分娩、仔猪断奶和商品猪出售，从而形成工厂化饲养的基本框架。

3. 五段饲养工艺流程

空怀配种期—妊娠期—哺乳期—仔猪保育期—生长育肥期。五段饲养四次转群与四段饲养工艺流程相比，是把空怀待配母猪和妊娠母猪分开，单独组群，有利于配种，提高繁殖率。空怀母猪配种后观察21天，确认妊娠后转入妊娠舍饲养至产前7天转入分娩哺乳舍。这种工艺的优点是断奶母猪复膘快、发情集中、便于发情鉴定，容易把握适时配种。

4. 六段饲养工艺流程

空怀配种期—妊娠期—哺乳期—保育期—育成期—育肥期。

六段饲养五次转群与五段饲养工艺流程相比，是将生长育肥期分成育成期和育肥期，各饲养7～8周。仔猪从出生到出栏经过哺乳、保育、育成、育肥四段。六段饲养五次转群的工艺流程优点是可以最大限度地满足其生长发育的饲养营养和环境管理的不同需求，充分发挥其生长潜力，提高养猪效率。

以上几种工艺流程的全进全出方式可以采用以猪舍局部若干栏位为单位转群，转群后进行清洗消毒，这种方式因其舍内空气和排水共用，难以切断传染源，严格防疫比较困难，所以，有的猪场将猪舍按照转群的数量分隔成单元（图1-2）。以单元全进全出，虽然有利于防疫，但是夏季通风防暑困难，需要经过进一步完善；如果规模为万头猪场，泌乳母猪舍中一个单元设24～26个产床，则可将栏位双列排布方向与猪舍长轴方向相同，这样可以使猪舍跨度变小，有利于通风和采光。如果猪场规模在3万～5万头，可以按每个生产节拍的猪群设计猪舍，全场以舍为单位全进全出，或者部分以舍为单位实行全进全出，是比较理想的。

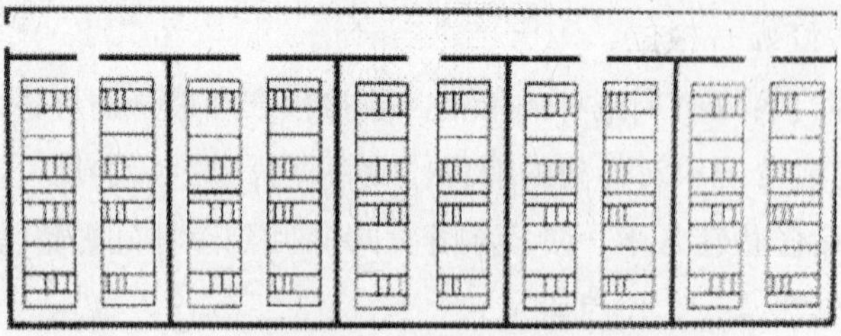

图1-2　单元式饲养哺乳母猪舍平面布置图

5. 以场全进全出的饲养工艺流程

猪场规模为10万头左右，可以考虑以场为单位实行全进全出，其工艺流程如图1-3所示。

以场为单位实行全进全出，有利于防疫，有利于管理，可以避免猪场过于集中给环

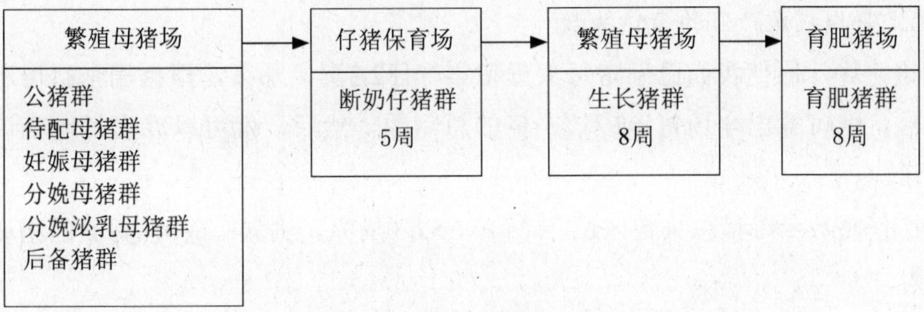

图1–3　以场全进全出的饲养工艺流程

境控制和废弃物处理带来负担。

现在养猪业内提倡的三点式饲养工艺流程也属于以场全进全出的饲养工艺流程，就是将母猪产仔、仔猪的保育和生长猪的育肥三个阶段在不同的猪场进行。猪场分为繁殖母猪场、仔猪保育场和生长猪育肥场，各场之间的隔离距离至少应超过100m。各场猪舍做到全进全出，避免大小猪在同一猪舍内混合饲养。这种工艺采用仔猪早期断奶技术，它的主要优点是：在仔猪出生21天以前断乳，其体内来自母乳的特殊疾病的抗体还没有消失以前，就转移到清洁干净的保育场饲养，避免母猪场疫病的传染，因此仔猪的成活率很高，生长速度快，据报道，此工艺仔猪到10周龄时体重可达30～35kg，比其他方式提高10kg左右。

需要说明的是饲养阶段的划分并不是固定不变的。例如有的猪场将妊娠母猪群分为妊娠前期和妊娠后期，加强对妊娠母猪的饲养管理，提高母猪的分娩率；如果收购商品肉猪按照牲猪屠宰后的瘦肉率高低计算价格，为了提高瘦肉率，一般将育肥期分为育肥前期和育肥后期，在育肥前期自由采食，育肥后期限制饲喂。总之，饲养工艺流程中饲养阶段的划分必须根据猪场的性质和规模，以提高生产力水平为前提来确定。

（二）按工艺流程建设或安排生产车间

一个现代化养猪场建场要有严格的规划与设计，工艺流程确定以后，按猪场工艺设计要求，安排配种妊娠舍栏位、产房栏位、育仔舍栏位和育肥舍栏位。场内猪群的周转、建筑的合理利用，都必须和生产工艺、防疫制度、机械化程度紧密联系，以做到投产后井然有序，方便管理。

（三）按工艺流程确定各阶段生产计划指标

1. *确定每头母猪一年内理论产仔窝数*

母猪年产仔窝数的多少，决定于母猪繁殖周期的长短；而母猪繁殖周期长短，主要受哺乳时间的制约。以现代生产工艺为例，母猪哺乳期为5周，加上妊娠期16.5周，断奶至配种期1周，则一个繁殖周期为22.5周。一年共52周，因此，每头母猪年产仔窝数应该为52÷22.5＝2.3窝（如果哺乳期缩短至4周，则每头母猪年产仔窝数应该是52÷21.5＝2.4窝）。

2. 确定每周应该产仔的母猪头数

按理论计算，假使我们已确定每头母猪年产仔2.3窝，那么，根据一个猪场所饲养的母猪总头数，就可算出全场每年应该产仔的总窝数，然后，就可以算出每周应该有多少头母猪产仔。

每周产仔窝数＝母猪总头数×2.3（窝）÷52（周）。例如：600头母猪的猪场每周应产仔窝数为：

600×2.3÷52＝26.5（窝）

为了留有余地和便于掌握，每周可按排26窝母猪产仔。

3. 确定每周应配种的母猪头数

根据每周应产仔窝数，以及母猪配种受胎率（按80%掌握），每周参加配种的母猪头数应该是：

每周参加配种母猪头数＝每周应产仔窝数80%。以600头母猪场为例，每周参加配种头数为：

26（窝）×80%＝32.5（头）

4. 确定每周断奶仔猪数及转群基础数

以每周分娩 26 窝，每窝断奶成活 9 头为例，每周断奶仔猪数＝ 26（窝）×9（头）＝ 234（头）。每周转群基数为 234（头）×95%（育成率）＝ 222（头）。

以上计算均为理论数据，生产实践中可视具体情况在此基础上进行调整。

三、现代化养猪工艺的组织方法

（一）确定饲养模式

确定养猪的生产模式主要考虑的因素有猪场的性质、规模、养猪技术水平等。例如，养殖规模小，采用定位饲养，投资高、栏位利用率低，加大了生产成本。同样是集约化饲养，可以采用公猪与待配母猪同舍饲养，也可以采用分舍饲养，母猪可以定位饲养，也可以小群饲养。

各类猪群的饲养方式、饲喂方式、饮水方式、清粪方式等都需要根据饲养模式来确定。在我国现阶段养猪生产水平下，饲养模式一定要符合当地的条件，不能照抄照搬。选择与其相配套的设施设备的原则是：凡能够提高生产水平的技术和设施应尽量采用，可用人工代替的设施可以暂缓采用，以降低成本。

（二）确定生产节拍

生产节拍是指相邻两群泌乳母猪转群的时间间隔（天数）。在一定时间内对一群母猪进行人工授精或组织自然交配，使其受胎后及时组成一定规模的生产群，以保证分娩后形成确定规模的泌乳母猪群，并获得规定数量的仔猪。

合理的生产节拍是全进全出工艺的前提，是有计划利用猪舍和合理组织劳动管理、均衡生产商品肉猪的基础。

生产节拍一般采用1天、2天、3天、4天、7天或10天制，要根据猪场规模而定。例如，年产5万～10万头商品肉猪的大型企业可实行1天或2天制，即每日有一批母猪配种、产仔、断奶、仔猪保育和肉猪出栏；年产1万～3万头商品肉猪的企业多实行7天制；规模较小的养猪场一般采用10天或12天制。

7天制生产节拍有以下优点：第一，便于组织生产，因为猪的发情期是21天，是7的倍数。第二，可将繁育的技术工作和劳动任务安排在一周5天内完成，避开周六和周日，因为大多数母猪在断奶后第4～6天发情，配种工作可安排在3天内完成。如从星期一到星期四安排配种，不足之数可按规定要求由后备母猪补充，这样可使生产的配种和转群工作全部在星期四之前完成。第三，有利于按周、按月和按年制定工作计划，建立有序的工作和休假制度，减少工作的混乱性和盲目性。

（三）确定工艺参数

为了准确计算猪群结构即各类猪群的存栏数、猪舍及各猪舍所需栏位数、饲料用量和产品数量，必须根据养猪的品种、生产力水平、技术水平、经营管理水平和环境设施等，实事求是地确定生产工艺参数。现就几个重要的生产工艺参数加以讨论说明。

1. 繁殖周期

繁殖周期决定母猪的年产窝数，关系到养猪生产水平的高低，其计算公式如下：

繁殖周期＝母猪妊娠期（114天）＋仔猪哺乳期＋母猪断奶至受胎时间

一般采用21～35天断奶。母猪断奶至受胎时间包括两部分：一是断奶至发情时间7～10天，二是配种至受胎时间，决定于情期受胎率和分娩率的高低；假定分娩率为100%，将返情的母猪多养的时间平均分配给每头猪，其时间是：21×（1－情期受胎率）天。所以，繁殖周期＝114＋35＋10＋21×（1－情期受胎率）。

当情期受胎率为70%、75%、80%、85%、90%、95%、100%时，繁殖周期为165天、164天、163天、162天、161天、160天、159天。情期受胎率每增加5%，繁殖周期减少1天。

2. 母猪年产窝数

母猪年产窝数＝（365×分娩率）/繁殖周期

母猪年产窝数与情期受胎率、仔猪哺乳期的关系如表1-1所示。当分娩率为95%、仔猪哺乳期为21天、28天和35天时，母猪年产窝数与情期受胎率的关系。由表1-1可知情期受胎率每增加5%，母猪年产窝数增加0.01～0.02窝。仔猪哺乳期每缩短7天，母猪年产窝数增加0.1窝。

3. 猪群结构的计算

工厂化养猪场建设可将猪场分为7种规模，见表1-2。不同规模养猪场，种母猪头数不超过表1-2所列头数，公母猪比例一般可取1:20～25，也可以通过公猪使用次数求得。

表1-1　母猪年产窝数与情期受胎率、仔猪哺乳期的关系

情期受胎率（%）		70	75	80	85	90	95	100
母猪年产窝数（窝/年）	21天断奶	2.29	2.31	2.32	2.34	2.36	2.37	2.39
	28天断奶	2.19	2.21	2.22	2.24	2.25	2.27	2.28
	35天断奶	2.10	2.11	2.13	2.14	2.15	2.17	2.18

表1-2　养猪场规模及种母猪头数

养猪场规模（头/年）	3 000	5 000	10 000	15 000	20 000	25 000	30 000
种母猪头数（头）	≤180	≤300	≤600	≤900	≤1 200	≤1 500	≤1 800

种母猪头数取值同种母猪品种及饲养条件等有关，建场时宜慎重考虑。

根据猪场规模、生产工艺流程和生产条件，将生产过程划分为若干阶段，不同阶段组成不同类型的猪群，计算出每一类群猪的存栏量就形成了猪群结构。下面以年产万头商品肉猪的猪场为例，介绍一种简便的猪群结构计算方法，见表1-3。

（1）年产总窝数。

表1-3　万头猪场工艺参数

项　目	参　数	项　目	参　数
妊娠期（天）	114	每头母猪年产活仔数	
哺乳期（天）	35	出生时（头）	19.8
保育期（天）	28～35	35日龄（头）	17.8
断奶至受胎（天）	7～14	36～70日龄	16.9
繁殖周期（天）	159～163	71～170日龄	16.5
母猪年产胎次	2.24	每头母猪年产肉量（活重，kg）	1 575.0
母猪窝产仔数（头）	10	出生至35日龄（平均日增重，g）	194
窝产活仔数（头）	9	36～70日龄（平均日增重，g）	486
成活率（%）		71～160日龄（平均日增重，g）	722
哺乳仔猪	90	公母猪年更新率（%）	33
断奶仔猪	95	母猪情期受胎率（%）	85
生长育肥猪	98	公母比例	1:25
出生至目标体重（kg）		圈舍冲洗消毒时间（天）	7
初生重	1.2～1.4	生产节律（天）	7
35日龄	8～8.5	周配种次数	1.2～1.4
70日龄	25～30	母猪临产前进产房时间（天）	7
160～170日龄	90～100	母猪配种后原圈观察时间（天）	21

（2）每个节拍转群头数，以7为一个节拍。

①产仔窝数＝1193÷52＝23（头），一年52周，即每周分娩泌乳母猪数为23头；②妊娠母猪数＝23÷0.95＝24（头），分娩率95%；③配种母猪数＝24÷0.80＝30（头），情期受胎率80%；④哺乳仔猪数＝23×10×0.9＝207（头），成活率90%；⑤保育仔猪数＝207×0.95

＝196（头），成活率95%；⑥生长育肥猪数＝196×0.98＝192（头），成活率98%。

（3）各类猪群组数，生产以7为节拍，故猪群组数等于饲养的周数。

（4）猪群结构。各猪群存栏数＝每组猪群头数×猪群组数。猪群的结构计算方法见表1-3，生产母猪的头数为576头，公猪、后备猪群的计算方法为：①公猪数＝576÷25＝23头，公母比例1:25；②后备公猪数＝23÷3＝8头，若半年一更新，实际养4头即可；③后备母猪数＝576÷3÷52÷0.5＝8头/周，选种率50%。

（5）不同规模猪场猪群结构，如表1-4和表1-5。

表1–4　万头猪场猪群结构

猪群种类	饲养期（周）	组数（组）	每组头数（头）	存栏数（头）	备注
空怀配种母猪群	5	5	30	150	配种后观察21天
妊娠母猪群	12	12	24	288	
泌乳母猪群	6	6	23	138	按出生头数计算
哺乳仔猪群	5	5	230	1 150	按转入的头数计算
保育仔猪群	5	5	207	1 035	按转入的头数计算
生长育肥群	13	13	196	2 548	
后备母猪群	8			64	8个月配种
公猪群	52	8	8	23	不转群
后备公猪群	12			8	9个月使用
总存栏数				5 404	最大存栏头数

表1–5　不同规模猪场猪群结构（参考）

猪群种类	存栏数量（头）					
生产母猪	100	200	300	400	500	600
空怀配种母猪	25	50	75	100	125	150
妊娠母猪	51	102	156	204	252	312
泌乳母猪	24	48	72	96	126	144
后备母猪	10	20	26	39	46	52
公猪（含后备公猪）	5	10	15	20	25	30
哺乳仔猪	200	400	600	800	1 000	1 200
保育仔猪	180	360	540	720	900	1 080
生长育肥	445	889	1 334	1 778	2 223	2 668
总存栏	940	1 879	2 818	3 757	4 697	5 636
全年上市商品猪	1 696	3 391	5 086	6 782	8 477	10 173

4. 猪栏配备

现代化养猪生产能否按照工艺流程进行，关键是猪舍和栏位配置是否合理。猪舍的类型一般是根据猪场规模按猪群种类划分的，而栏位数量需要准确计算，计算栏位需要量的方法如下：

各饲养群猪栏分组数=［猪群组数+消毒空舍时间（天）］/生产节拍（7天）

每组栏位数=每组猪群头数/（每栏饲养量+机动栏位数）

各饲养群猪栏总数=每组栏位数×猪栏组数

如果采用空怀待配母猪和妊娠母猪小群饲养、泌乳母猪网上饲养，消毒空舍时间为7天，则万头猪场的栏位数如表1-6。

表1-6　万头猪场各饲养群猪栏配置数量（参考）

猪群种类	猪群组数（组）	每组头数（头）	每栏饲养量（头）	猪栏组数（组）	每组栏位数	总栏位数
空怀配种母猪群	5	30	4～5	6	7	42
妊娠母猪群	12	24	2～5	13	6	78
泌乳母猪群	6	23	1	7	24	168
保育仔猪群	5	207	8～12	6	20	120
生长育肥群	13	196	8～12	14	20	280
公猪群（含后备）	—	—	1	—	—	28
后备母猪群	8	8	4～6	9	2	18

5. 一周内工作安排

根据工艺流程安排一周的工作内容，对每一项内容提出具体的要求，并且监督执行。一般每周的工作内容如下：

星期一：对待配的后备母猪、断奶的成年空怀母猪和妊娠前期返情的母猪进行发情鉴定和人工授精，从妊娠舍内将临产母猪群转至分娩泌乳母猪舍。对转出的空舍或栏位进行清洗消毒和维修工作。

星期二：对待配空怀母猪进行发情鉴定和人工授精配种、哺乳小公猪去势、肉猪出栏、清洁通风、机电等设备维修。

星期三：母猪发情鉴定和配种、仔猪断奶、断奶母猪转至空怀母猪舍待配、肉猪出栏、肥猪舍清洗消毒和维修、机电设备检查与维修。

星期四：母猪发情鉴定、分娩舍的清洗消毒和维修、小公猪去势、兽医防疫注射、给排水和清洗设备的检查。

星期五：母猪发情鉴定和人工授精配种、对断奶一周后未发情的母猪采取促发情措施、断奶仔猪的转群、兽医防疫注射。

星期六：检查饲料储备数量、检查排污和粪尿处理设备、病猪隔离和死猪处理、更换消毒液，填写本周各项生产记录和报表、总结分析一周生产情况，制定下一周的饲料、药品等物资采购与供应计划。

第三节　猪场项目组成及主要技术经济指标

工厂化养猪场项目构成，按功能分为生产建筑、辅助生产建筑及管理、生活建筑。具体内容见表1-7。实际工程中可按需要采用有关项目。

养猪场主要技术经济指标见表1-8、表1-9、表1-10。

表1–7　工厂化养猪场项目组成

项目类别	项目内容
生产建筑	配种猪舍、妊娠猪舍、分娩哺乳猪舍、断奶仔猪舍、生产猪舍、育肥舍、后备猪舍、病猪隔离舍、病死猪无害化处理设施、赶猪道、称猪台、卸猪台
辅助生产建筑	淋浴消毒室、兽医化验室、饲料库（或加工间）、汽车库、修理间、变配电室、发电机房、水塔（或蓄水池压力罐）、水泵房、物料库、污水及粪便处理设施、场区内室外厕所、锅炉房、场区道路及给排水、供热、供电工程
管理、生活建筑	办公及会议用房、文娱室、食堂、宿舍、围墙、大门、门卫室、住宅

表1–8　养猪场占地面积指标

建筑规模（头/年）	3 000	5 000	10 000	15 000	20 000	25 000	30 000
占地指标（hm^2）	≤1.5	≤2.4	≤4	≤6	≤8	≤10	≤12

表1–9　各类建筑面积指标

建筑规模（头/年）	3 000	5 000	10 000	15 000	20 000	25 000	30 000
生产建筑（各类猪舍，m^2）	≤3 300	≤5 300	≤10 000	≤14 000	≤18 000	≤22 000	≤26 000
辅助生产建筑（m^2）	≤600	≤600	≤1 100	≤1 450	≤1 450	≤1 600	≤1 700
管理、生活建筑：门卫（m^2）	≤220	≤280	≤420	≤640	≤760	≤800	≤1 000
住宅（m^2）	≤270	≤280	≤700	≤1 050	≤1 225	≤1 453	≤1 750

表1–10　养猪场劳动定员指标

养猪场规模（头/年）	3000	5 000	10 000	15 000	20 000	25 000	30 000
劳动定员（人）	≤15	≤22	≤40	≤60	≤70	≤83	≤100

注：1. 本指标适用于人工上料、人工清粪、自动给水的生产方式。

2. 凡采用机械化作业的应按实际情况减少定员。

第四节 养猪场建设项目可行性研究

一、可行性研究的概念

可行性研究是一个综合的概念，它是一门运用多种学科的知识，寻求使投资项目达到最好经济效果的综合研究方法。它的任务是以市场为前提，技术为手段，经济效益为最终目标，对拟建的投资项目，在投资决策前，全面、系统论证该项目上马的必要性、可能性、有效性和合理性，做出对项目可行或不可行的评价。

可行性研究的核心是“可行”与“否”？既包括技术问题，也包括经济问题，从字面上看，“可行”很容易被理解为可以做到，然而，可以做到的技术方案，不一定经济上合理。因此，可行性研究应回答的问题不仅仅是某一事情能否做到，而且应该回答该事情是否应该做？什么时间做？如何去做？效果如何？由此看来，可行性研究除了必须进行技术性研究外，还必须对各种影响因素，尽可能地以货币为尺度，进行全面的、定量的经济分析，并计算出投资项目在整个使用期间的经济效益，这是可行性研究的重要特点。

可行性研究是一个反复的技术论证过程。不断地发现方案在技术上和经济上存在的问题和缺陷，改进原方案，或提出新方案进行方案优化，以作出正确的决策，获得更大的经济效益。

我国从1982年开始将可行性研究列为投资的一项重要程序，规定上项目都要事先做可行性研究，并向主管部门呈报可行性研究报告。1983年颁布了《建设项目进行可行性研究的试行管理办法》，该办法对我国基本建设项目可行性研究的编制程序、内容、审批等进行了规定，这对于充分而有效地使用有限资金、有限资源会起重大作用。

二、可行性研究的目的和作用

（一）可行性研究的目的

为了正确进行养猪场投资决策，避免工程建设投资的盲目性和资金的浪费，提高建设投资的经济效果，必须搞好工程建设的可行性研究。养猪场可行性研究一般要求回答5个方面的问题。

①确定投资方向问题，并提出猪场建设项目的基本情况。

②投资建设该猪场的目的与依据；准备采用的工艺流程技术上的可行性，决定投资规模、资金供应、市场销售的条件、经济上的利益等。

③该猪场建在何处，当地的自然条件和社会条件，选址方案的比较。

④该猪场何时开始投资，何时建成投产，何时收回投资，如何选择最佳时机。

⑤该猪场的资金筹措、工程建设、经营管理等事项由谁来承担。要深入调查研究，在掌握大量数据的基础上，运用技术科学、工程经济学和系统工程学的原理，对该猪场工程建设进行技术经济设计和评价，选择最佳方案。

（二）可行性研究的作用

1. 作为猪场建设项目投资决策的依据

经济评价是可行性研究的重要内容，技术经济论证是可行性研究报告的重要组成部分。经济评价和技术经济论证做出了该猪场建设项目是否应该投资和如何投资的结论。因此，可行性研究的成果就成为决定投资项目命运的关键。

2. 作为编制设计任务书的依据

在可行性研究报告中，对猪场选址、建设规模、建设进度、主要生产工艺流程和基本设备的选型等都作了技术经济论证，为设计任务书的编制提供可靠的依据。

3. 作为筹集资金的依据

建设单位向银行提出贷款申请时，必须有投资项目的可行性研究报告，经银行对报告进行分析和审查，确认工程项目在规定时间内具有偿还能力，不会承担过大的风险时，银行才会同意贷款。对贷款的数额和期限，可行性研究报告本身就已作了说明。

4. 作为申请建设执照的依据

养猪场工程项目的建设需要交当地政府批拨土地，符合当地的市政规划和法规以及环保要求。在可行性研究报告中，对养猪场选址、总布局图、工艺方案作了论证，为申请和批准建设执照提供可靠的依据。

5. 作为与有关部门签订协议和合同的依据

在可行性研究报告中，对养猪场工程项目在建设时期和生产服务时期所需要的建筑材料、水、电、饲料和产品的需要量作了估算，对基本设备的选型做出论证结论。因此，批准的可行性研究报告为建设部门同有关部门签订协议和合同提供依据。对于需从国外引进的技术、品种和设备，应在可行性研究报告批准后才能据此同外商签约。

6. 作为基础资料的补充依据

在可行性研究过程中，对猪场建设用地的地形、工程地质、水文、气象等进行了一定深度的调查和勘察，这些基础资料对后来的设计和施工仍是不可缺少的，对主要工艺流程和设备以及新技术的采用作了技术经济论证，为新设备的研制提供依据。

由此可见，可行性研究作为养猪场建设的先行环节，为以后的设计、设备加工订货、施工、竣工验收等各环节提供根据，为同左邻右舍的协调提供依据，在建设中有举足轻重的作用，决定着养猪场建设能否顺利进行和投资效果的优劣。

三、可行性研究报告的内容

养猪场建设投资计划拟定后，应从以下几个方面对该投资项目进行可行性研究。

技术方面：即所拟的养猪场投资方案在技术上目前的科学技术水平是否能实现，采用的设备和技术是否先进、适用。

经济方面：即该养猪场投资方案在经济上是否合理，能否取得预期的经济效益与报酬。企业是否有利，国家是否得益。同时，拟投资的养猪场建设项目和方案，现有的财力和预计可筹集到的资金是否能满足投资的需要。

社会方面：即投资的拟建养猪场建设项目，是否能为社会所接受，是否有污染，有否危及社会安全或影响人们正常生活秩序，影响城市规划、交通等。

环境方面：即现在环境是否适合该养猪场建设项目，同时该猪场建成后，对环境的影响又如何。这个环境包括社会经济环境和自然生态环境。

法律方面：即该养猪场项目的建设投资是否在法律允许的范围内。其中，我们重点要研究技术方面、经济方面和环境方面的可行性。一般来讲，我们要求可行的养猪场建设投资方案应是技术上先进、经济上合理、环境上适应、法律上允许、社会上认可。

可行性研究的内容主要围绕以上几点进行。由于可行性研究的最后成果是编成一份可行性研究报告作为正式文件，这份文件即是报审决策的依据，也是向银行贷款的依据，同时，也是向政府主管部门申请经营执照和同有关部门或单位合作谈判、签订协议的依据，因此，可行性研究报告应有一定的程式。

可行性研究报告的编写，一般应包括以下11项内容。

（一）总论

总论作为可行性研究报告的首要部分，要综合叙述研究报告中各部分的主要问题和研究结论，并对该项目的可行与否提出最终建议，为可行性研究的审批提供方便。

1. 项目背景

①养猪场名称；②养猪场的承办单位；③养猪场的主管部门；④养猪场拟建地区和地点；⑤承担可行性研究工作的单位和法人代表；⑥研究工作依据；⑦研究工作概况：a.养猪场项目建设的必要性；b.养猪场项目发展及可行性研究工作概况。

2. 可行性研究结论

在可行性研究中，对养猪场的场址、规模、技术方案、产品销售、饲料供应、资金总额及筹措、项目的财务效益和经济、社会效益等重大问题都应做出明确的结论。可行性研究结论包括：①市场预测和拟建养猪场规模；②饲料、燃料和动力供应；③养猪场场址；④养猪场技术方案和饲养工艺流程；⑤养猪场环境保护；⑥养猪场组织及劳动定员；⑦养猪场建设进度；⑧养猪场投资结算和资金筹措；⑨养猪场财务和经济评价；⑩养猪场建设项目综合评价结论。

3. 主要技术经济指标表

在总论部分中，可将研究报告中各部分的主要技术经济指标汇总，列出主要技术经济指标表，使审批和决策者对项目全貌有一个综合了解。

4. 存在问题及建议

对可行性研究中提出的养猪场项目的主要问题进行说明并提出解决的建议。

（二）养猪场建设项目背景和发展概况

这一部分主要应说明该养猪场建设项目的发起过程，提出的理由，前期工作的发展过程，投资者的意向，投资的必要性等可行性研究的工作基础。为此，需将养猪场建设项目的提出背景与发展概况作系统叙述，说明该项目提出的背景，投资理由，在可行性研究前已经进行的工作情况及其成果，重要问题的决策和决策过程等情况。在叙述项目发展概况的同时，应能清楚地提示出本项目可行性研究的重点和问题。

1. 项目提出的背景

项目提出的背景指国家或行业的发展规划、该项目发起人及发起缘由。

2. 项目发展概况

项目的发展概况指该项目在可行性研究前所进行的工作情况。包括已进行的调查研究项目及其成果、项目建议书的编制、提出及审批过程等。

3. 投资的必要性

从满足市场需求、经济效益和技术发展的趋势阐述项目投资的必要性。

（三）市场分析与建设规模

市场分析在可行性研究中的重要地位在于，任何一个建设项目，其生产规模的确定，技术方案的选择，投资估算甚至场址的选择，都必须在对市场需求情况有了充分了解以后才能决定。而且市场分析的结果，还可以决定产品的价格，销售收入，最终影响到项目的盈利性和可行性。在养猪场建设项目可行性研究报告中，要详细阐述市场需求预测和价格分析，并确定其建设规模。

1. 市场调查

市场调查包括拟建养猪场项目产品需求量调查及产品现有生产能力、产量、价格调查。必要时应作国外市场调查。

2. 市场预测

市场预测是市场调查在时间上和空间上的延续，是利用市场调查所得到的信息资料，根据市场信息资料分析报告的结论，对本项目产品未来市场需求量及相关因素所进行的定量与定性的判断与分析。在可行性研究工作中，市场预测的结论是制定产品方案、确定项目建设规模所必须的依据。

3. 市场推销战略

在商品经济环境中，企业要根据市场情况，制定合格的销售战略，争取扩大市场份额，稳定销售价格，提高产品竞争能力。因此，在可行性研究中，要对市场推销战略进行研究。

4. 产品方案和建设规模

根据现有的市场需求确定主要产品的方案和可能的建设规模。

5. 产品销售收入预测

根据确定的产品方案和建设方案，以及建设规模和预测的产品价格，可以估算产品销售收入。

（四）建设条件与场址选择

根据前面部分关于产品方案与建设规模的论证与建议，在这一部分中按建议的产品方案和规模来研究资源、饲料、燃料、动力等需求和供应的可靠性，并对可供选择的场址作进一步技术和经济分析，确定场址方案。

1. 品种资源、原材料和饲料供应

根据调查结果，确定品种、原材料和饲料的类型和供应商。

2. 建设地区的选择

选择建场地区，除须符合行业布局、国土开发整体规划外，还应考虑资源、区域地质、交通运输和环境保护等四要素：①自然条件；②基础设施；③社会经济条件；④其他应考虑的因素。

3. 场址选择

（1）场址多方案比较：①地形、地貌、地质的比较；②占用土地情况比较；③拆迁情况的比较；④各项费用的比较。

（2）场址推荐方案：①绘制推荐场址的位置图；②叙述场址地貌、地理、地形的优缺点和推荐理由；③环境条件的分析；④占用土地种类分析；⑤推荐场址的主要技术经济数据。

（五）养猪场技术方案

技术方案是可行性研究的重要组成部分。主要研究该项目应采用的生产方法、工艺和工艺流程，重要设备及其相应的总平面布置，主要猪舍组成及建筑物，构筑物形式等技术方案。并在此基础上，估算土建工程量和其他工程量。在这一部分中，除文字叙述外，还应将一些重要数据和指标列表说明，并绘制总平面布置图、工艺流程示意图等。

1. 项目组成

凡由本项目投资的养猪场内、外所有单项工程、配套工程包括生产设施、后勤、运输、生活福利设施等，均属项目组成的范围。

2. 生产技术方案

生产技术方案系指产品生产所采用的工艺技术和工艺流程、生产方法、主要设备等技术方案：①生产方法；②技术参数和工艺流程；③主要工艺设备选择；④饲料、燃料、动力消耗指标；⑤猪舍布置方案。

3. 总平面布置和运输

①总平面布置原则；总平面布置应根据项目各单项工程、工艺流程、物料投入与产

出、粪便及废弃物排出及饲料储存、场内外交通运输等情况，按场地的自然条件、生产要求与功能以及行业、专业的设计规范进行安排；②场内外运输方案、道路布置；③仓储方案；④占地面积及分析。

4. 土建工程

①主要建筑物、构筑物的建筑特征及结构设计；②特殊基础工程设计；③建筑材料；④土建工程造价估算。

5. 其他工程

①给排水工程；②动力及公用工程；③地震设防；④生活福利设施。

（六）环境保护与劳动安全

在养猪场项目建设中，必须贯彻执行国家有关环境保护和职业安全卫生方面的法律、法规，对本项目可能对环境造成的影响，对影响劳动者健康和安全的因素，都要在可行性研究阶段进行分析，提出防治措施，并对其进行评价，推荐技术可行，经济，且布局合理，对环境的有害影响较小的最佳方案。按照国家现行规定，凡从事对环境有影响的建设项目都必须执行环境影响报告书的审批制度。同时，在可行性补充报告中，对环境保护和劳动安全可按以下几方面作专门论述：①建设地区的环境状况；②养猪场项目主要污染源的污染物；③项目拟采用的环境保护标准；④治理环境的方案；⑤环境监测制度的建议；⑥环境保护投资估算；⑦环境影响评价结论；⑧劳动保护与安全卫生。

（七）养猪场企业组织和劳动定员

在可行性研究报告中，根据养猪场项目规模，项目组成和工艺流程，研究提出相应的企业组织机构和工作制度，劳动定员总数及工资估算，劳动力来源和相应的人员培训计划及费用估算。

（八）项目实施进度安排

项目实施时期的进度安排也是可行性研究报告中的一个重要组成部分。所谓项目实施时期也可称为投资时间，是指从正式确定建设项目到项目达到正常生产这段时间。这一时期包括项目实施准备、资金筹集安排、勘察设计和设备订货、施工准备、施工和生产准备、试运转直到竣工验收和交付使用等各工作阶段。这些阶段的各项投资活动和各个工作环节，有些是相互影响的，前后紧密衔接的，也有些是同时开展，相互交叉进行的。因此，在可行性研究阶段需将项目实施时期各个阶段的各个工作环节进行统一规划，综合平衡，做出合理又切实可行的安排。

1. 项目实施的各阶段

①建立项目实施管理机构；②资金筹集安排；③技术获得；④勘察设计和设备订货；⑤施工准备；⑥施工和生产准备；⑦竣工验收。

2. 项目实施进度表

①横道图；②网络图。

3. 项目实施费用

①建设单位管理费；②生产筹备费；③生产职工培训费；④办公和生活家具购置费；⑤勘察设计费；⑥其他应支出的费用。

（九）投资估算与资金筹措

建设项目的投资估算和资金筹措分析，是项目可行性研究内容的重要组成部分。每个项目均需计算所需要的投资总额，分析投资的筹措方式，并制定用款计划。

1. 项目总投资估算

建设项目总投资包括固定资产投资总额和流动资金。

2. 资金筹措

养猪场建设项目所需的投资资金，可以从多个来源渠道获得。项目可行性研究阶段，资金筹措工作是根据养猪场建设项目固定资产投资估算和流动资金估算的结果，研究落实资金的来源渠道和筹措方式，从中选择条件优惠的资金。可行性研究报告中，应对每一种来源渠道的资金及其筹措方式逐一论述。并附有必要的计算表格和附件。

3. 投资使用计划和借款偿还计划

分项说明投资的使用计划并对资金偿还作一个估计。

（十）财务效益、经济和社会效益评价

在养猪场建设项目的技术路线确定以后，必须对不同的方案进行财务、经济效益评价，判断项目在经济上是否可行，并选出优秀方案。本部分的评价结论是建议方案取舍的主要依据之一，也是对该建设项目进行投资决策的重要依据。

本部分就可行性研究报告中财务、经济与社会效益评价的主要内容作一概要说明。

1. 生产成本和销售收入估算

根据当前市场情况对生产成本和销售收入作出估算。

2. 财务评价

财务评价是通过考查养猪场建设项目建成后的获利能力、债务偿还能力及外汇平衡能力，从而判断建设项目在财务上的可行性。财务评价采用静态分析与动态分析相结合，以动态为主的办法进行。并用财务评价指标分别和相应的基准参数——财务基准收益率、行业平均投资回收期、平均投资利润率、投资利税率相比较，以判断项目在财务上是否可行。

3. 国民经济评价

国民经济评价是项目经济评价的核心部分，是决策部门考虑项目取舍的重要依据。建设项目国民经济评价采用费用与效益分析的方法，计算项目对国民经济的净贡献，评价项目在经济上的合理性。国民经济评价采用国民经济赢利能力分析，以经济内部收益率（EIRR）作为主要评价指标。根据项目的具体特点和实际需要，也可计算经济净现值（ENPV）指标。

4. 不确定性分析

在对养猪场建设项目进行评价时，所采用的数据多数来自预测和估算。由于资料和信息的有限性，将来的实际情况可能与此有出入，这将为项目投资决策带来风险。为避免或尽可能减少风险，就要分析不确定性因素对项目经济评价指标的影响，以确定项目的可靠性，这就是不确定性分析。

根据分析内容和侧重面不同，不确定性分析可分为盈亏平衡分析、敏感性分析和概率分析。在可行性研究中，一般要进行的盈亏平衡分析、敏感性分析和概率分析，可视项目情况而定。

5. 社会效益和社会影响分析

在可行性研究中，除对以上各项指标进行计算和分析以外，还应对该养猪场项目的社会效益和社会影响进行分析，也就是对不能定量的效益影响进行定性描述。

（十一）可行性研究结论与建议

1. 结论与建议

根据前面各部分的研究分析结果，对该项目在技术上、经济上进行全面的评价，对建设方案进行总结，提出结论性意见和建议。主要内容有：①对推荐的养猪场拟建方案建设条件、产品方案、工艺流程和生产技术、经济效益、社会效益、环境影响的结论性意见；②对主要的对比方案进行说明；③对可行性研究中尚未解决的主要问题提出解决办法和建议；④对应修改的主要问题进行说明，提出修改意见；⑤对不可行的项目，提出主要问题及处理意见；⑥可行性研究中主要争议问题的结论；⑦可行性研究报告附件凡属于项目可行性研究范围，但在研究报告以外单独成册的文件，均需列为可行性研究报告的附件。所列附件应注明名称、日期、编号。

2. 附件

①项目建议书（初步可行性报告）；②项目立项批文；③养猪场场址选择报告书；④贷款意向书；⑤环境影响报告；⑥需要的市场调查报告；⑦其他主要对比方案说明；⑧其他相关内容。

3. 附图

①养猪场场址地形或位置图（设有等高线）；②总平面布置方案图（设有标高）；③工艺流程图；③猪舍布置方案简图；④其他图纸。

四、可行性研究的工作程序

各主管部门和企事业单位，根据国民经济长期发展规划、地区规划和行业规划，结合资源情况，在广泛调查研究的基础上，提出需要进行可行性研究的项目建议书。

项目建议书是各项准备工作的重要依据，也是可行性研究工作的重要依据，只有当项目建议书经国家计划部门汇总、平衡和批准，并纳入建设前期的工程计划，才能进行可行性研究的各项工作。由建设部门委托咨询公司或设计院进行可行性研究，向可行性研究的承担单位说明工程项目的目标、要求、资金来源、市场、原料等问题的主要设想、签订合同、规定可行性研究的范围、进度、费用的支付办法以及协作方式等。可行性研究的承担单位，应保持科学性、公正性和独立性的客观立场，在方案的技术经济论证的基础上，编制可行性研究报告，可以推荐一个以上的可行性方案和建设计划，供有关部门决策，并上报审批。

大中型工程项目的可行性研究报告，由各主管部门、省、市、自治区负责预审，报国家计委审批或由国家计委委托有关单位审批。重大项目和特殊项目的可行性研究报告由国家计委会同有关部门会审，报国务院审批。小型项目由各主管部、省、市、自治区审批。可行性研究的工作程序如图1-4所示。

五、可行性研究的时间阶段和费用

可行性研究的时间视工程项目的大小和复杂性而定。一般养猪场建设项目需3～5个月。对投资者来说，时间是很重要的，但对建设前期的可行性研究工作，必须给予足够的时间深入细致地进行研究，并注重可行性研究报告的质量。这对工程项目的决策以及投资者能否获得最佳的技术经济方案、能否在建设和生产期获得最大的赢利起着决定性的作用。

可行性研究的费用以占总投资的比重计算。在不同的阶段规定不同的收费率，并根据任务的繁简程度和投资总额来决定。可行性研究一般可分为四个阶段，即机会研究阶段、初步可行性研究阶段、详细可行性研究阶段和评价报告阶段。

1. 机会研究阶段

机会研究是一种探索性的研究，主要任务是寻找投资有利机会，为投资的方向提出建议。机会研究要求迅速而经济地确定一个有希望的投资方向，所以其工作特点是比较粗略，主要靠用大指标或类似项目来进行估计，而不是详细分析。例如，一座新建养猪场的建设投资与生产成本的数据是靠与现有类似养猪场对比而得，而不需要详细设备报价单，详尽的材料成本计算而得，因此允许投资和成本估算有较大的误差，精确度要求在±30%，机会研究所花费用约占投资费用0.2%～1%，机会研究的结果一旦引起投资者的兴趣，就可转入下一步的初步可行性研究。

2. 初步可行性研究阶段

初步可行性研究是在机会研究认为有价值要继续探讨投资机会的基础上进行的，它的主要目的是弄清投资是否有成功的可能。由于详细可行性研究是一项既费钱又费时的工作，因此，在对工程项目正式进行详细可行性研究之前，有必要进行初步可行性研究。初步可行性研究阶段的任务有如下几点。

①判断投资机会是否确有希望。在这一阶段，就要收集有关资料，进行详细阐述，

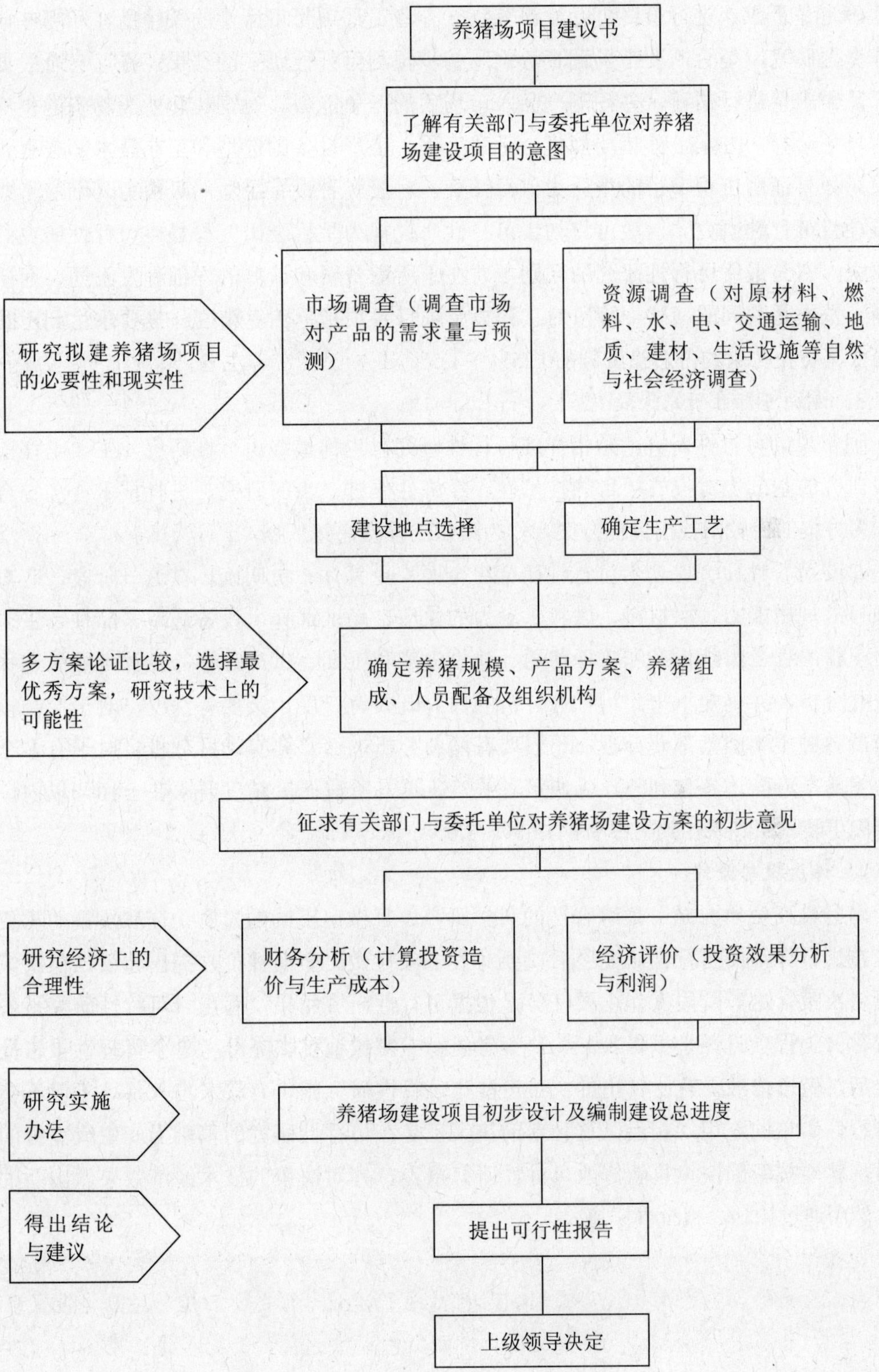

图1-4　可行性研究的工作程序

以便确定是否应该进行最终可行性研究；②弄清工程项目可行性的关键所在和哪些问题要作专题研究，是否需要市场调查等；③初步预测可行性研究的结果。在这一阶段要求对产品需求量进行估计，并预测产品入市场后的竞争能力。对饲料和所需物资的供应情况，场址选择的方案，养猪场规模、土建工程、生产设备的选型和工艺技术都应有预测结果。如果证明工程项目的生命力值得怀疑，对投资者没有足够的吸引力，则应考虑终止该项目可行性研究。一般可将初步可行性研究视为是机会研究与最终可行性研究的中间研究，它与最终可行性研究的区别主要在于所需资料和计算的详细程度不同，而研究的内容基本是相同的。这一阶段对工程投资项目各项指标估算精度一般要求达到±20%以内，其所花费用约占总投资额的0.25%～1.5%。

3. 详细可行性研究阶段

通常说的可行性研究就是指详细可行性研究，也称最终可行性研究。主要是在前几阶段研究的基础上对投资项目的技术性、经济性作进一步的研究，进行技术经济综合分析和多方案的比较，找出最优方案，作为最后的投资决策依据。

最终可行性研究比初步可行性研究更全面、更具体、更明确。在这一阶段，应对投资项目的规模能力、原材料、燃料、动力的供应、场址选择、设备选型、品种、工艺流程、土建工程、组织系统和管理费用、建设进度和工期、试产计划等各种可能的选择方案进行分析，并确定下来。可行性分析的内容既要有广度，又要有深度，对于影响投资决策的各种主要因素都要分析，不仅要有静态分析，而且要有动态分析。对于有多个不同方案的，应陈述各自利弊，供决策者决策。这一阶段研究精度要求在±10%以内，所需时间更长。所花费用约占投资的1.0%～3.0%。

4. 评价报告阶段

可行性研究本身是一项综合性的科学研究，是做出正确的投资论证和决策的重要手段。在进行详细的可行性研究之后，要对投资项目做出全面评价，提出建议，供决策者作投资决策。这一阶段工作主要任务是根据可行性研究结果，写出《可行性研究报告》（或称《工程项目评价报告》）。决策者组织专家论证，在充分考虑了可行性报告提出建议后，做出修改。有时作出的决策可能与可行性研究报告有较大出入，这不但不会降低可行性研究的作用，相反，这种新的决策正是在可行性研究的基础上产生或完善的。这时，就要按新的决策重新修改可行性研究报告，并对决策的技术经济效果做出新的测算，然后通过论证、报批并实施。

第二章

现代养猪与环境

第一节 环境与现代养猪

一、环境的概念

在畜牧生产中人们常提到环境，究竟什么是环境呢?广义的环境是指遗传因素以外的一切因素，包括外界环境和内部环境，通常所说的环境是指家畜所处的外界环境。内部环境是指机体内部一切与生存有关的物理的、化学的和生物的因素，即机体的器官、组织乃至单个细胞生存的条件；外界环境则是指周围一切与家畜有关的事物的总和。这里所谈的环境包括温度、湿度、光照和气流等环境因素与猪只生长的关系。

高温、高湿的条件会使猪增重变慢，且死亡率高。在低温、高湿条件下，猪体热量散发加剧，致使猪日增重减少36%，产仔数减少28%，每千克增重耗料增加10%。

光照温和且时间适度，对幼猪发育和成猪繁殖有利。幼猪经常接触阳光，可增强血液循环，加速新陈代谢，促进细胞增殖和骨骼生长，提高发育速度。母猪常接触阳光，可加速卵细胞的发育，促进发情排卵，提高繁殖力。但光照时间过长，易使猪活动量增加，对增重有不利影响。

此外，气流对猪的正常生育也有影响。猪舍内空气对流良好，高温时可降温；气流流通不畅，对猪不利。低温时，气流带进寒冷空气，对猪也不利。

家畜与环境的关系实质就是其内部环境和外界环境的关系，二者之间处于动态平衡状态，即家畜机体（内部环境）与外界环境之间不断进行物质和能量的交换，机体却保持体内平衡状态。当外界环境条件在一定范围内变化时，家畜通过其调节机构进行调节，保证机体内环境相对稳定，例如猪的体温表示体内热量的多少，正常情况下猪通过体热调节使机体处于体热平衡状态（产热和散热相等），体温保持相对恒定（38.7～39.8℃）；家畜机体的组成、体液的化学成分和含量、pH等与温度一样，都保持着体内平衡状态。但是当外部环境条件变化超过家畜机体的调节能力时，机体的体内平衡被破坏，内部环境发生紊乱，从而发生机能障碍，甚至死亡。家畜疾病是外界环境不适宜引起的或外因通过内因起作用的结果。

二、现代养猪的适宜环境

猪在生长发育过程中不断地从外界摄取营养物质，这些营养物质一部分用于维持体内平衡，剩余部分才用于生产如增重、繁殖等，这是因为维持体内平衡是生存的需要，是主要的，生产是次要的。由于各种猪的采食量是相对稳定的，所以，猪的生长、健康及生产力水平主要受外界环境因素的制约。适宜的环境，猪机体可将摄入的营养物质最大限度地用于生产，生产力水平最高；随着环境恶劣，按其程度不同猪只一般表现为：①生产水平不下降，但饲料报酬降低，经济效益下降；②生产水平下降，饲料报酬低，经济效益低；③引起疾病，严重时可导致死亡，这种情况没有经济效益，还可能造成亏损。过去养猪常常是“一年养猪半年长”，原因之一就是酷暑严寒严重影响猪的增重，降低了饲料报酬，从而造成育肥期长，出栏率低，养猪成本高的状况。现代化养猪生产，由于养猪规模大，集约化程度高，对环境条件要求较高，环境因素影响经济效益占有相当的比重，所以，在养猪生产中，应重视猪场和猪舍的环境控制与改善，提高企业经济效益。

1. 猪舍温度要求的设计参数

猪群生长环境的诸多要求中，影响最大的是温度要求。猪舍维持适宜的温度，是工厂化养猪的重要环节。按理论上要求的最佳适宜温度饲养，会大大提高猪舍的建筑造价和运行费用。从经济效益出发，推荐以表2-1提供的温、湿度作为设计参数。

2. 风速

冬季为了降低舍内的水蒸气含量和有害气体含量需要通风换气，但通风会带走热量，为了既保持舍温又能满足通风换气的要求，要限制风速和换气量；夏季为了散热需要加大风速，但猪群生长阶段不同对风速要求也不尽相同，设计时可参照表2-1提供的数据考虑。

表2-1　猪舍温度、湿度、通风换气的设计参数

猪舍类别	猪龄	适宜温度（℃）	适宜湿度（%）	通风量（每头m^3/h）		风速（m/s）	
				春、秋、冬	夏	春、秋、冬	夏
哺乳仔猪（分娩舍保温箱内）	初生几小时	32以上	60～75			0.15	0.4
	1周内	32～23					
	2周内	24～23	60～80				
	3～4周	22～21					
断奶仔猪舍	5～8周	24～20	60～80	冬10，春秋20	50	0.2	0.6
生长舍	8周以后	20～17	60～80	冬10，春秋20	50	0.2	自然风
育肥舍	成猪	15～23	60～80	冬30，春秋60	120	0.2	自然风
产仔母猪		15～20	60～80	冬100，春秋150	200	0.15	0.4
妊娠母猪		6～16	60～80	冬85，春秋110	150	0.3	1

3. 有害气体允许最大含量

猪舍空气中二氧化碳（CO_2）的浓度应不超过0.15%，氨气（NH_3）浓度要求不超过20mg/m^3，硫化氢（H_2S）含量不得超过10mg/m^3。

4. 噪音控制

舍内噪音不宜超过80dB。

5. 饲养密度

工厂化养猪是高密度饲养，不仅造成了猪与周围环境新的制约关系，也产生了猪只相互之间的新的行为关系，栏舍中猪的密度加大，使猪与猪之间因睡眠、站立、活动、采食而发生干扰的概率增加，相互之间的追逐、咬架、争食时有发生。对于母猪来讲，饲养密度过大，会影响受胎率和产仔率；对于生长猪和育肥猪，密度过大会影响生长速度。但是从提高栏舍和设备利用率的角度，要求有一定的饲养密度。不同日龄猪的合理饲养密度见表2-2。

表2-2 每头猪占用猪栏面积推荐表

类 别	体重（kg）	每头猪占用猪栏面积（m^2）
公猪		4～6
后备母猪	90～150	0.9～1.2
妊娠母猪	140～250	1.2～1.5
产仔母猪	140～250	1.3～1.5
哺乳仔猪	<8	0.16～0.25
断奶仔猪	<25	0.3～0.32
生长猪	<60	0.5～0.7
育肥猪	90～100	0.9～1.2

在畜牧生产中，品种、饲料、防疫和环境是决定生产水平高低的四个主要因素，它们之间是相互影响和制约的，但环境往往被人们所忽视。当品种、饲料、防疫问题基本解决以后，环境对于畜牧生产将起决定性作用。在现代化养猪生产中，优良的品种使高生产性能的潜力得以充分发挥，不仅需要全价饲料，严格的防疫，还必须把猪群养在适宜的环境里。猪的品种越优良要求的环境条件越高，如果环境不适宜，优良品种高生产性能的遗传潜力不能充分表现，实际生产水平降低；饲料转化率低，饲料报酬下降，这时饲料质量越好造成浪费越大；同时，在正常环境条件下的防疫难以控制疫病发生，猪机体抵抗力低，易染病，防疫支出增加，或疫病无法控制，造成生产的巨大浪费。可见，环境是畜牧生产的必要条件，是取得高生产力水平的保证。

随着养猪事业的发展，集约化生产方式逐步普及，良种体系、饲料加工体系和防疫体系已逐步完善，为保障猪群健康及其生产潜力的充分发挥，提高饲料转化率，获得最高经济效益，在猪舍设计和采用必要的设施设备及环境控制手段为猪群创造适宜的环境，已经成为畜牧兽医工作者的主要任务。

第二节 猪对环境的适应与应激

一、猪对环境的适应

适应是指猪对内部或外界刺激产生的有利于生存的生物学和遗传学的变化。其中生物学适应是指在一定的环境条件下，猪产生了形态和解剖学的、生理和生物化学的，以及行为学的有利于生存的特征，这种适应属于表型适应，仅是个体一生的变化，不能遗传给后代；遗传学适应也称为基因型适应，是指有利于某一群体在某种特定条件下生存的可遗传的特征，是遗传物质的改变，故可遗传给后代，同时发生群体适应性进化。

猪机体的内环境是相对稳定的，当外界环境变化时，机体可通过神经调节和体液调节，改变自身相关组织器官的活动机能，保持其内部环境的相对恒定，并维持机体与环境的平衡和统一，这就是适应的过程。例如猪群在低温作用下，首先出现蜷缩、挤堆等行为学变化，继而出现颤抖、呼吸变慢加深，代谢产热加强等生理变化，随后则会出现季节性皮肤变厚，脂肪贮积等形态解剖学的变化，这些变化是生物学的适应；当低温刺激消失时，适应性变化一般也会恢复，但这种刺激许多世代继续下去，则会引起细胞遗传基础的改变，适应该环境的性状遗传给后代，发生遗传学的适应。但如果温度太低，猪就会被冻死。可见猪对环境适应的调节机能有一定范围，超出此范围的环境变化，将引起机体机能障碍，甚至死亡。根据高等动物对环境变化的反应，一般可将环境变化分为五个区（图2-1），在适宜区和代偿区，机体靠调节和代偿机能可以保持体内平衡；在障碍区和危险区，则导致机能障碍（疾病）或危及生命，在致死区则出现衰竭和死亡。在非典型情况下，上述反应不一定按顺序出现，有时是可逆的，有时是跳跃式的。如某种环境使猪处于代偿区，当这种环境的刺激减弱、消失或猪对其已经适应时，可以回到适宜区；当某种环境刺激过于突然、强烈时，猪可能由适宜区直接进入致死区，如猪的猝死。

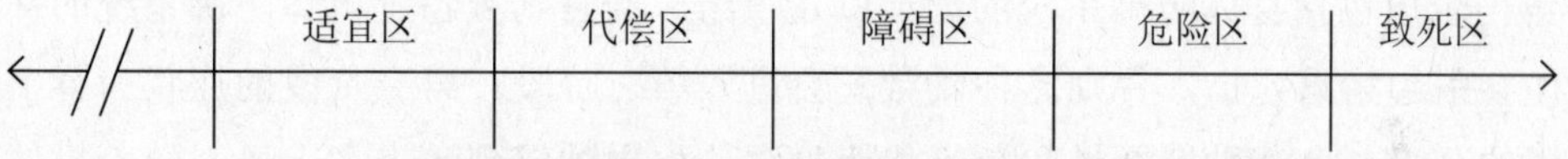

图2-1　按机体反应划分的环境作用区

气候条件对猪的作用是最经常的，而且是多变的。猪对重复刺激的感知逐渐有所降低的过程叫做“习惯”，是适宜外界环境的初级阶段；猪对单一气候变化发生适应性变化称为“气候适应”，而对长期复杂的不良气候条件连续和重复作用的适应，则称为“风土驯化”，“风土驯化”是习惯的发展和深化。在引进新品种时，要考虑到两地间的气候差异，以保证引种成功。

二、应激对猪的影响

猪的应激是指猪体受到各种应激因素的强烈刺激后，处于紧张或戒备状态时，所产生的一系列神经及内分泌反应，以及由此而引起的机体各种机能和代谢功能的变化。例如，生长受阻，抗病力下降，繁殖障碍，甚至死亡等。因此，养殖户尤其是专业猪场要特别予以重视。

（一）应激对猪的影响

应激是机体受到强烈刺激时立即发生的一系列非特异性的全身性反应。应激反应是靠一般的特异性反应不能适应时出现的代偿性反应，它可以扩大机体的适应范围，是一种特殊的，合理的生理状况。但是应激反应发生时间过长，程度过强或过弱，可引起疾病或死亡。应激不是一种病，但却是一种或多种疾病的发病诱因。

1. 应激的发生过程及其后果

当猪受到外部刺激时，它会立即通过调节神经内分泌和代谢紊乱来恢复到一个相对稳定的新状态。这种旨在恢复身体正常功能的新状态，是由身体对外界因素或刺激所作出的反应变化决定的。这些变化也就是一般适应综合征（General Adaptation Syndrome，GAS），包括三个阶段：①动员（惊恐反应）；②抵抗或适应；③衰竭。见图2-2。

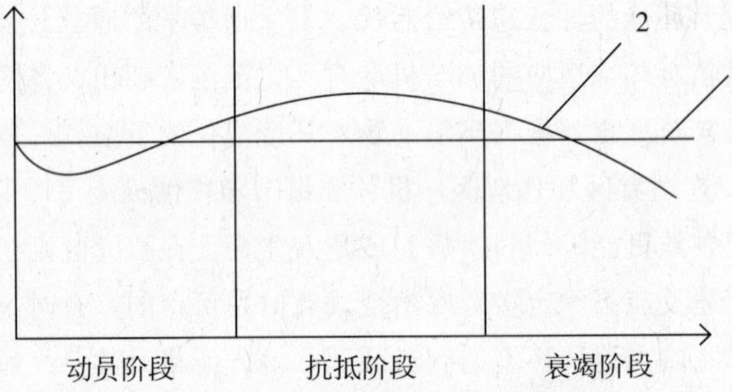

图2-2　应激各阶段机体抵抗力的变化

1. 正常情况下抵抗力　2. 应激情况下抵抗力

第一阶段包括身体防御系统的动员以及重组。一旦刺激超过机体防御系统的补偿能力，便会引起猪只死亡，否则这种刺激便会进入第二阶段。第一阶段的症状为肾上腺皮质激素的分泌，血液黏度增加和分解代谢加强。如果外界刺激未占上风，随着机体对有害刺激的抵抗能力的增加，以上症状便会逐渐消失。如果外界刺激得到延续，GAS便会进入衰竭阶段，这时第一阶段的症状又会出现，机体开始受到伤害。

应激发生造成的后果有：①损害心脏和骨骼肌（猪应激综合征PSS）；②增加胃酸的分泌（胃溃疡）；③减弱身体的防御系统对疾病的抵抗能力。应激的最终目的是提高机体的抵抗力来对付外界的刺激（超阈值刺激）。应激因素对机体是有害的或者是致病的因子，但同时又是锻炼和加强机体抵抗力的手段。生产上应激无时不在，只要应激的强度未超出一定阈值，有利于提高畜禽的抵抗能力和生产力。

2. 应激的因素及其对策

养猪集约化生产引起应激的因素很多，常见的应激包括冷热、运输、断奶、圈养、过度拥挤、相互攻击、营养不良和防疫措施等因素引起。发生应激后猪会失重或增重缓慢，饲料报酬降低，长期机体受损，易于致病或降低肉的品质。

（1）冷热应激：在所有影响猪生产性能的因素中，温湿度是最重要的。温湿度的变化导致猪发生生理反应，严重时会使猪发生代谢紊乱。在高温高湿环境中，猪的直肠温度高达39.7℃，呼吸频率提高78%。高的环境温度将引发内分泌，呼吸，循环系统和行为反应，这时猪进行调整以适应改变的环境。温度的急剧变化易引起应激。如果温度变化缓慢，猪就会逐渐适应这种变化。仔猪对周围环境温度的变化很敏感，其最适温度变化幅度只有1～2℃，环境温度下降将降低增重和增加用于维持正常体温所需的能量消耗。对新生仔猪环境温度过低减少了消化和吸收初乳的总量，增加了仔猪对大肠杆菌的易感性，低温通过降低猪体温而导致感染，环境温度的下降还将抑制巨噬细胞吞噬病原体的能力。

热应激（32℃）降低了饲料代谢能和蛋白质的摄入量以及降低表观氮沉积。对于母猪而言，环境温度每升高1℃，其每日饲料摄入量降低0.12kg。母猪的代谢能摄入和奶中能量减少，泌乳期间体重下降。在高温环境中，高能量饲料将使乳脂率提高，而在饲料中添加纤维可降低热应激时乳中脂肪和影响仔猪的增重，添加脂肪会减轻这一影响。较高的环境温度（32℃）减少饲料的摄入和赖氨酸的摄入。要减轻热应激的影响可在生长和育肥猪的饲料中添加$NaHCO_3$ 250mg/kg，维持日粮中的电解质平衡。这样可以提高猪的日增重，增加血液的缓冲能力。

屠宰前发生热应激会导致肉的品质降低，这是由于肾上腺皮质所分泌的血管舒张素不足造成的。由于毛细血管得不到充分舒张，引起热和乳酸的蓄积，致使肌肉组织发生变性，发白，柔软和有渗出物，也就是PSE肉，通常由猪应激综合征（PSS）引起。这种症状的形成有三种途径：恶性高热综合征（MHS）、屠宰前猝死和产生PSE肉。DFD肉（肉色为暗褐色，质地坚硬，表面干燥）的产生是由于屠宰前经过长时间运输、打斗、极端恶劣环境条件以及各种长期的综合影响引起肌糖原和肝糖原储备的完全消耗。

环境温度的升高会延迟后备母猪的性成熟，原因在于降低了促性腺激素的浓度和减弱了卵巢对这些激素的反应能力。母猪在妊娠早期，在32℃环境中呆上24h，也会引起胚胎死亡，子宫在妊娠1～3周对环境温度特别敏感。环境温度升高引起的胚胎死亡率较高。

热应激对睾丸精子发生的第一阶段有不利的影响，公猪在29～30℃以上的高温环境下会使2～6周后的精液质量产生明显的影响。精子活力下降到50%～60%，而6周以后只有20%。公猪在环境温度34℃条件下，6周后精子的数量和精子的活力显著降低。精子活力比对照组下降50%。在夏季高温环境下，可通过加强猪舍通风，也可以每小时向猪洒水3～5min（＞30℃时）。给猪饮清洁冷水也是必不可少的，供水的自来水管应埋入地下30 cm。

（2）运输应激：运输是一个重要的应激，在运输过程中许多超阈值的刺激同时作用于猪。对于那些神经衰弱适应能力弱的猪，运输应激会彻底摧毁机体的防御机制或导致猪发病，症状为精神萎靡，食欲不振，咳嗽，呼吸困难，腹泻和体温升高。在12～27℃环境温度下，经过1h的运输，猪的呼吸频率超过80次/min，体温超过39.7℃，就表明出现了严重的运输应激。

运输应激的因素包括装载、运输、分群、入栏以及屠宰地环境条件的改变等，非专用和设计不合理的运输工具经常使猪出现外伤和失重，引起机体组织脱水，在热天易引起猪中暑。在路况很差，拥挤和通风不良的车上长时间运输时对猪易产生有害应激，还可能由于窒息引起死亡或产生DFD肉。

仔猪更易受到运输应激的不利影响，变得十分好动和具有攻击性，偶尔会出现精神不振。要减轻运输应激，建议运输时每100kg体重至少应有0.5m^{2}地表面积和0.8m^{3}的空间，而且运输车要通风良好。运输结束后应给猪6～9天时间恢复正常代谢水平。此间猪的能量需求升高，采食量也增加。饲喂过饱也会造成应激，运输前饲喂过饱将增加死亡率。

猪在运输过程中的生存能力与饲养、通风、运输距离和运输时间长短有关。在高温高湿的环境中加强通风可以阻止窒息和减少相互攻击行为，短距离运输对猪造成的不利影响小于长距离运输。100km运输后的死亡率只有0.1%，而经过500km运输后死亡率为0.3%～0.5%。运输应激可以通过饲喂镇静剂来减轻，如使用氯丙嗪、氟非那嗪等镇静剂保持安静以减轻运输应激。

（3）群饲应激：群饲应激是由于管理条件差引起的，导致猪在群中争夺领袖地位。大猪分群后，便会立即发生争斗，结果形成一种有序的等级制度，攻击性强的猪成为领袖。如果这些猪一直待在一起，这种关系一直会维持下去。一旦有其他猪进来，又会发生新一轮争斗。这种争斗引起猪只受伤，处于最下层的猪只最严重。他们的地盘经常受到侵占或被骚扰。这些猪的采食明显受到影响，增重缓慢。猪分群易引起应激，也容易造成猪只相互攻击，尤其是断奶仔猪，一旦分群后再重新分群是不妥的。因为分群会引起猪兴奋，会持续打斗5～10天。刚分群后打斗持续时间长，相互熟悉后就减少。在新分群的猪群中，1～2天的打斗时间比 3～5天后的打斗时间长35%。

（4）断奶应激：仔猪断奶是一个综合性应激，这包括断奶本身、分群、饲料改变和环境变化等。断奶造成的应激很大，导致采食量，生长和抗病力下降，仔猪变得烦躁不安，攻击性加强，外伤加重等。断奶仔猪经常会出现采食量异常，腹泻和生长性能下降等现象。

（5）圈养应激：在集约化养猪生产中，猪的行为受到长期制约，且饲养密度大，在这种情况下，血液中红细胞，血红蛋白，ɣ-球蛋白和碱性物质在体内沉积减少。机体的这些变化导致身体防御机能的衰退。圈养引起妊娠母猪产仔时间延长，还可能产生代谢紊乱，当饲料营养不平衡时这种情况更加的严重。

（6）过度拥挤导致攻击和相互残杀：高密度饲养会发生咬耳和咬尾现象，还将导致以强欺弱的持续攻击。猪攻击对方的生理动机是争夺地盘，保护幼子以及抢食。猪一般共同生活在一个有序的环境中（以等级制度为基础），只有个别猪趋向于通过攻击对方来维持自己的统治地位。

相互残杀是12～20周龄猪常见的恶习，引起这一现象的因素包括较差的环境，过度拥挤，缺少垫草以及地面为水泥或石板等。发生这一恶习时，猪会相互咬对方的耳和尾，且常常攻击对方的后半部，因为那是身体受保护最少的部位。要防止这一现象发生，须将攻击性最强的仔猪加以隔离或单独饲养，也可以放置一些经消毒能转移猪注意力的物品，仔猪应断尾。在残杀行为严重时母猪可能吃掉自己的仔猪。引起这一恶习的因素还有营养单调，矿物质元素缺乏等。但母猪吃胎盘是正常行为。

（7）营养应激：营养不良或营养过剩都对猪机体功能产生不利影响。长期营养不良将导致促肾上腺皮质激素和皮质类固醇激素的分泌不足。猪的合成代谢过程和增重速率超过其调控和适应的范围，因此机体对疾病的抵抗力下降，感染性增强。消化紊乱使小肠微生物群落改变引起腹泻。仔猪由于防御机能不健全，因而更易受到营养应激。

猪采食不足或处于半饥饿状况下，会降低胃液分泌和减缓胃肠蠕动。胃液分泌不足，蛋白质、脂肪和碳水化合物的消化不彻底，致使胃肠道中腐败菌迅速增殖。

饲喂过程饲养制度的改变产生的应激对养猪生产造成严重的负面影响。饲养制度的改变易引起胃和食管溃疡。在饲养管理中，饲喂时间和饲喂量在短时间内不能变化太大。饮水中含可溶性矿物质高（包括硫化物），易引起腹泻和降低断奶后仔猪的生长率。

（8）防疫应激：防疫过程中的采血、去势、断尾、接种、打针和服药等也会引起应激。猪去势后1h与未去势猪相比，明显变得烦躁不安（频繁站立和卧倒）。1～22日龄去势后其采食时间减少，躺下时间增加。给猪进行猪瘟和猪丹毒接种后，猪的平均体重下降2.4kg。公猪接种口蹄疫疫苗，精子的数量和质量下降。现代养猪生产中防疫是不可避免的，发达国家的防疫多采用气溶胶或饮水免疫，这些接种方法可以把应激降到最低。

应激因子在养猪生产中不可能完全消失。药品只能起到加强机体防御能力的作用。以前多采用各种方法对猪进行氟烷检测，红血球脆性检测，血浆酶活性检测（磷酸激酶，谷氨酸转氨酶），现在多采用分子生物学和基因工程方法进行早期检测，这样可以采取相应的措施减少应激带来的不利影响，提高养猪生产水平。

第三节　自然环境对猪的影响

一、温度对猪的影响

炎热或高温高湿是养殖业最有害因子之一。炎热使畜禽采食量减少，生产性能特别是生长速度下降；使畜禽呼吸加快，过度地带出体内水分和二氧化碳，形成呼吸型碱中毒。炎热使畜禽血液生化指标发生变化，酸碱平衡被破坏，抑制机体免疫机能，降低血液中免疫球蛋白浓度，减少血液中淋巴细胞数目，致使体内巨噬细胞吞噬能力下降，导致畜禽抗病力下降。炎热时畜禽饮水增加，呼吸、出汗及水样便增加的水分使环境湿度增加，极易引起病原微生物繁殖，引发畜禽传染病。炎热的不良环境刺激作用于机体，引起机体内部发生一系列反应，导致热应激发生。由于现代优秀的畜禽品种生产性能越高，抗热应激的能力越差，严重的热应激常引起高产性能的畜禽先死亡，造成严重的经济损失。

猪是恒温动物。在一定环境条件下，猪的直肠温度恒定在39℃。一般来说，猪体温高于环境温度，所以猪体要对周围环境散失热量。散热的方式包括显热散热（辐射、对流和传导）及潜热散热（蒸发）。猪会改变代谢强度来控制自身的产热量，并通过生理调节来调整产热和散热的比例关系，达到热量平衡，从而保持恒定体温，见图2-3。

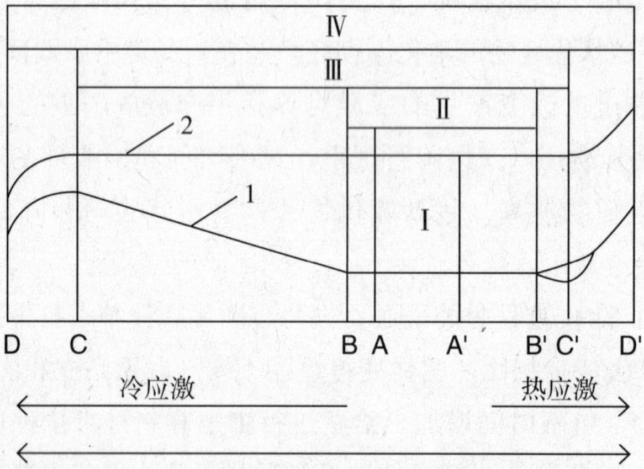

图2-3　环境温度与猪的体热调节的关系

1.机体产热　2.体温　Ⅰ.舒适区　Ⅱ.等热区　Ⅲ.体热平衡区　Ⅳ.生存区

实际上，猪感受到的环境温度是环境气温、相对湿度、风速和热辐射等的综合作用效果。但为简化问题，所谓环境温度也可以仅指猪舍内的气温。

猪舍的适宜环境温度依不同的类别而异。分娩舍内，母猪和仔猪对温度的要求有较大差异，舍内温度主要考虑母猪兼顾仔猪，一般以15～29℃为宜。另外，可在仔猪活动区局部供热，这一区内应满足：新生仔猪为30～34℃，随后每日下降0.5℃左右；前期仔猪舍用来饲养早期（约3周龄）断奶的仔猪，开始时 26～29℃，以后每周降1.7℃左右；仔猪舍用来饲养7～11周龄的仔猪，舍内温度应为21～27℃；育肥猪舍和妊娠母猪舍内温度为10～29℃；配种猪舍13～29℃。

以上各猪舍的适宜环境温度并不一定是其最佳温度。考虑到要达到最佳温度须付出较大的经济代价，所以采用上述较为宽松的适温范围对生产更有利。

猪正常生产性能的发挥需要适宜的环境温度，环境温度过高或过低都影响猪的生长和发育，适宜的环境温度，是保证猪正常发育、繁殖的前提条件。猪所需要的适宜温度，因年龄、类型和品种的不同而有差异，详见表2-3。

表2-3 不同年龄和不同类型猪的适宜温度

日龄或类型	温度（℃）
0～3	30～32
4～7	25～28
8～15	24～25
16～28	22～23
29～56	20～21
幼猪（40kg以内）	18～20
育肥猪（40kg以上）	15～17
成年公母猪	12～13
分娩母猪	18～22

随着猪体重和日龄的增长，猪所需要的环境温度逐渐降低。试验研究表明:猪生长速度最快所需要的气温与其体重的关系可用以下公式表示:

$$T=-0.06W+26$$

式中：T——猪生长最快所需要的气温（℃）；

W——猪的体重（kg）。

从上述公式可以推算出：猪每增重10kg，需要的气温相应下降0.6℃。在最适宜的气温以下，每下降1℃，日增重减少10～17.3g。若高于最适气温则日增重下降得更多。如果气温超过37℃时，体重45kg 以上的全都减重。

试验表明：体重35kg左右的猪，在12℃条件下比在7℃条件下饲养，采食量减少13%，但增重相同。也就是说，从12℃开始，温度每下降1℃，要获得相同的增重，每日需要多喂45.5g饲料。

（一）低温对猪生产的影响

1. 降低饲料转化率

环境温度过低，猪需要消耗更多能量用于产热，以维持其体温，使日增重降低，采食量变多，从而使饲料转化率下降。实践证明，当温度降低到摄氏10℃和5℃时，猪的采食量分别增加10％和20％，而增重则下降；当生长育肥猪处于下限临界温度时，温度每下降1℃，日增重减少11％～20％，日耗料增加25％～35％。

2. 降低抵抗力

在寒冷环境下，猪的呼吸道、消化道的抗病力降低，常发生气管炎、支气管炎、胃肠炎等疾病。

保温措施：在寒冷季节要做好猪的防寒保暖工作，如关好猪舍门窗，以防止寒风侵袭，保持圈舍干燥，圈内铺以干燥垫草，圈内加温等。

（二）高温对猪生产的影响

1. 猪采食量下降

环境温度过高，猪为了散发体热而呼吸频率加快，新陈代谢受到影响，食欲减退，采食量明显下降（图2-4），导致生产力降低。若环境温度上升高至摄氏25℃和30℃时，采食量分别下降10%和35%。据报道，在28～35℃的高温环境下，15～30kg、30～60kg和60～90kg的生长育肥猪日增重比预期日增重分别下降6.8%、20%和28%。当猪处于上限临界温度以上时，每升高1℃，日增重减少约30g，日耗料减少60～70g。同时饲料中能量和蛋白质利用率下降。

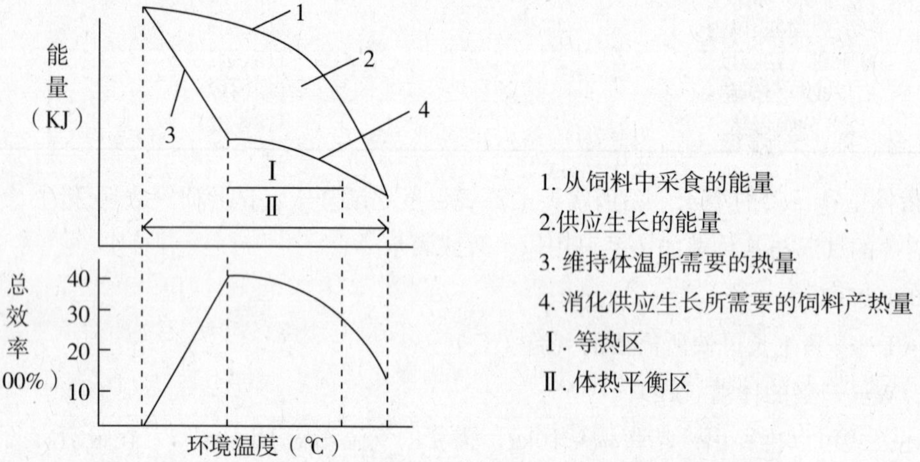

图2-4　环境温度与采食量、热消耗量几生长能量之间的关系

2. 猪肉品质下降

高温能引起热应激，使血液循环变慢，热量和乳酸积累，肌肉部分变形形成颜色苍白、质地柔软、渗水的低品质肉。

3. 猪易发生中暑等疾病

夏季由于气温较高，湿度过高，天气闷热，牲猪对热的耐受力较差，如果饲养管理不好，容易导致其发生中暑现象。导致猪中暑的主要因素有：猪舍太小或窗户太少，引起通风不好；猪圈小，栏存牲猪太多；缺少饮水；缺乏水洗浴，圈舍不卫生；猪舍建造不科学，活动场上方没有搭凉棚。

4. 母猪繁殖性能下降

高温环境下，促性腺激素分泌不足，卵巢活动性降低，发情和排卵异常，使青年母猪的性成熟延迟。摄氏32℃持续1天以上即可造成早期胚胎死亡。泌乳母猪在较高的采食量下才能维持良好的泌乳水平，但高温会导致食欲下降，从而影响泌乳水平。高温环境还会影响出生前后仔猪的生长发育和断奶母猪的发情。

5. 公猪精液品质下降

高温可以使公猪性欲降低，精液的精子浓度降低，突出表现在受胎率降低方面。据报道，持续高温（29～32℃）2周以上精子活力下降50%，6周以上精子活力下降80%。

防暑措施：夏季要防止猪舍暴晒，保持通风，勤冲洗圈舍和给猪淋浴，多喂凉水和青绿饲料，最好给猪舍安装湿帘和风机，尽力做好防暑降温工作。

二、湿度对猪的影响

空气湿度是表示空气中水汽含量的物理量，通常用绝对湿度、饱和湿度、相对湿度和露点表示。空气中水汽的实际含量可用每立方米空气中含水汽的克数表示，叫做绝对湿度。在一定的温度下空气中可容纳水汽的最大值叫做最大湿度，这时空气中含水汽已达饱和，因此又叫“饱和湿度”。为了更简明而直观地表示空气的潮湿程度，引入相对湿度的概念，即绝对湿度占同温度下饱和湿度的百分比。当空气水汽含量和气压一定时，使水汽达到饱和时的温度称为露点。

大气空气中的水汽主要来自江河湖海等水面，以及地表、植物叶面的水分蒸发。猪舍空气中的水汽主要来自猪的体表和呼吸道蒸发的水汽（占70%～75%），暴露水面（粪尿沟或地面积水）和潮湿表面（潮湿的垫草、猪床、堆积的粪污等）蒸发的水汽（占10%～25%），还有通过通风换气带入的舍外空气中的水汽（占10%～15%）。

湿度对猪的影响主要是通过影响机体的体热调节来影响猪的生产力和健康，它是与温度、气流、辐射等因素共同作用的结果。在适宜的温度下，湿度对猪的生产力和健康影响不大。空气湿度高使猪舍内空气中带菌尘粒沉降率提高，从而降低咳嗽和肺炎的发病率，但是高湿度有利于病原微生物和寄生虫的孳生，易患疥癣、湿疹等疾患，另外高湿度环境会使饲料、垫草发霉，造成损失。在高温情况下，机体主要以蒸发散热为主，但高湿度阻碍机体的蒸发散热，加剧了高温的危害。而在低温情况下，高湿度促进辐射和传导散热，不利于机体维持体热平衡，对健康不利，易发生关节炎、肌肉炎、神经痛、肠炎、白痢等。空气湿度过高可导致猪的繁殖能力下降。猪舍中空气湿度太低，易引起皮肤和外露黏膜干裂，降低其防卫能力，使呼吸道及皮肤疾病发病率增高。可见高湿、低湿等热区温度范围，对猪的影响较大。

三、气流对猪的影响

空气分子的运动称为气流，水平运动的气流称为风。大气的气流是地球表面温度分布不均而形成气压差，空气分子由低温高压区域流向高温低气压区域。在气象上风常用风速和风向来描述。风速是单位时间内风移动的距离（m/s）；风向是风吹来的方向，以8个或16个方位表示，根据风在各个方向上出现的概率，绘制成风向频率图（参见本书第三章图3-2我国部分城市风向玫瑰）。风向频率图可以清楚地表明某一地区一定时间内的主风向，它是猪场的场址选择、场内建筑物布局及猪舍单体设计的依据。

猪舍内部不同区域也有气压差，同样形成气流。在自然情况下，舍内气流的强弱受两种因素影响（图2-5）：一是风压即猪舍外的风由迎风面门窗或孔洞流入，从背风面门窗或孔洞流出；二是热压即猪舍内温度一般高于舍外，进入舍内的空气受热向上运动，从天窗或门窗上部流出。如果使用风机作通风动力，其气流的方向和大小，取决于风机数量、流量、位置、进风口等情况。猪舍通风除考虑风向和风速外，通风量（换气量）是一项重要指标，一般以每头或单位活重（1kg或100kg），每小时需要新鲜空气的体积来表示；也可用单位时间内的换气量是猪舍容积的倍数来表示，称为换气次数。猪舍内气流方向可用烟雾判定，风速则用卡他温度表或热球式微风速仪来测量。

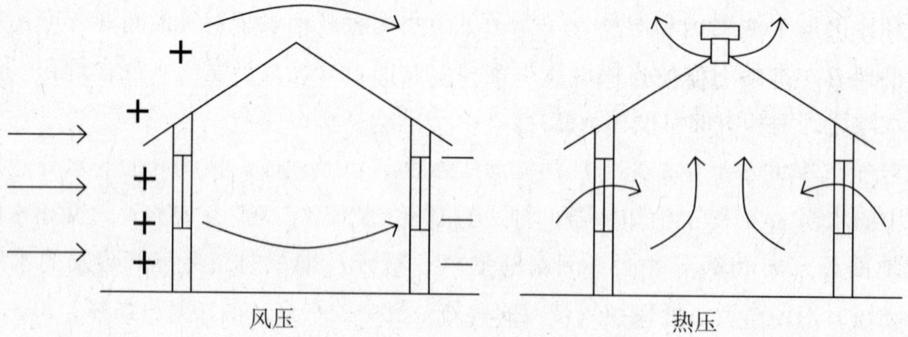

图2-5　猪舍内气流的形成

气流也是与其他热环境因素共同影响猪的体热调节，进而影响其生产力和健康。在气温低于猪皮肤温度的情况下，气流可促进对流散热，在其他任何温度下，气流均可促进蒸发散热，因此，低温时气流对体热调节不利，而高温时气流有利于体热平衡，但在气温高于皮温（特别是相对湿度较大时）的情况下，高风速对机体有不利的趋势。试验证明，在气温不变的情况下，仔猪的环境风速由0.1m/s增至0.3m/s，其感觉相当于环境温度降低5℃。有人在人工气候室里训练猪学会关闭风机的揿压式开关，发现在-5℃至40℃的不同温度下，猪允许风机送风的时间随温度升高而加长；环境温度达30℃或更高时，猪就不再关闭风机了，这说明了高温情况下气流对猪有利。此外，通风可以排除舍内水汽及二氧化碳、氨、硫化氢等有害气体，保障舍内干燥和改善空气卫生状况。所以，猪舍在任何季节都需通风，特别是冬季往往为防寒而关闭门窗，造成舍内潮湿和空气卫生状况恶化，必须注意适当通风。在冬季通风和保温是一对矛盾体，有条件的企业可以在满足温度供应的情况下，根据猪舍的湿度要求控制通风量；为了降低成本，应该在保证猪舍环境温度基本得以满足的情况下采取通风措施，要防止贼风侵入，危害猪群健康。

气流对猪机体的作用，主要是影响猪体的散热。在一般环境条件下，只要有气流存在，均可促进机体的对流散热和蒸发散热。当环境温度低于猪的适宜温度下限时，由于气流的作用，加大了猪体的散热量，而使猪感到寒冷，此时为了维持体温，就需消耗更多的能量。反之，当环境温度高于猪适宜温度上限时，由于气流有助于猪体散热，且气流大时散热较多，因此增大风速可明显改善猪的温热环境，缓和热应激对猪的不良影响。

气流对猪体散热的影响，除了气流速度外，气流的温度也是一个十分重要的因素，散热效果随气流的温度上升而下降。当气流温度等于猪皮肤温度时，对流散热的作用消失；当气流温度高于猪皮肤温度时，机体通过对流得热；低温而潮湿的气流，能显著增大散热量，猪更感寒冷，有可能引起冻伤、冻死。气流总是和温度、湿度一起协同作用于猪的机体，使冷、热应激的程度得以缓和或加剧。

据报道，当舍内环境温度为12℃时，气流速度由0.1m/s增加为0.26m/s，25～30kg重的猪的散热量约要增加10%。而对于2kg的仔猪，当气流速度由0.1m/s增加为0.56m/s时，相当于环境温度下降了4℃。有些专家认为，对于仔猪，在各种环境温度下空气流速都不应超过0.3m/s，否则会促使仔猪机体变冷且疾病增多（如肺炎）。当然，环境温度过高时，适当提高气流速度有助于仔猪降温。但各种猪舍内降温气流速度都不宜太高，过高气流的摩擦会使猪感到不适。

冬季从保暖角度考虑，流速可略低。夏季高温情况下，流速可略高以利猪体散热。不过，据报道，体重90kg的猪，在48℃的高温环境中，如果地面潮湿，猪的皮肤在地面上滚湿，风速自0.1m/s增大到0.9m/s，经30min可使上升的体温下降2℃左右。而当地面和猪体皮肤干燥后，即使加大风速也没有效果，可见在夏季对猪这种无汗腺的家畜，单纯靠增大气流流速来帮助猪散热，其作用是有一定限度的，必须辅以喷淋等才能充分发挥气流的降温作用。

四、热辐射对猪的影响

热辐射主要是太阳热辐射，以单位面积、单位时间接受的太阳辐射能量来表示，称为太阳辐射强度。太阳辐射强弱随所处地理位置、不同季节和一天内时间的不同而不同，一般夏天强、冬天弱，中午强、早晚弱，纬度越小辐射越强。此外还与大气透明度、太阳光线照射角度有关。自然采光的猪舍内辐射强度，取决于猪舍的朝向，围护结构的隔热性能，窗的大小、形状、位置和玻璃的洁净程度，舍外树木、建筑物遮阳情况等因素。

在低温情况下，太阳辐射可减缓猪的冷应激，增强抗寒能力。在高温情况下，过量地接受太阳辐射会加剧猪只的热应激，对猪的体热调节不利，影响其健康和生产力。过强的红外线作用，可使猪体热调节机能发生障碍，并可使局部皮肤灼伤；波长600～1 000nm的红光、红外线能穿透颅骨，使脑的温度升高而致损伤，猪只出现焦躁不安、头疼，进而昏厥、痉挛，呼吸和血液循环机能紊乱，严重时会因呼吸和循环障碍而死亡，此为日射病；眼睛过量接受太阳辐射，可使水晶体和眼内液温度升高，引起白内障、视网膜脱离等。

猪舍墙壁、屋顶内表面温度夏季较高，冬季较低，其内表面在夏季对猪产生热辐射，在冬季产生冷辐射，冷热辐射的强弱与墙壁屋顶的保温隔热性能有关。保温隔热性能越差，其内表面温度波动越大，对猪的冷热辐射就越强。

猪舍的环境调控必须考虑热环境因素之间以及热环境因素与其他环境因素之间的相互关系，实施综合调控，避免单项因素调控产生的矛盾（如通风与保温的矛盾、湿帘或喷雾降温与增加舍内湿度的矛盾等），如采用有管道正压机械通风，可将通风、供暖、排污、排湿结合起来。同时，环境调控不应仅着眼于调控设备，还须考虑猪的适应性调节特点，帮助其进行调节，以取得较好效果并节约投资和能耗，如夏季高温时应帮助猪进行蒸发散热，可通过加强通风，降低湿度，对猪体淋水和遮阳等来缓解高温的不利影响。

由此可见，夏季高温时强烈的太阳辐射对猪的体热调节、生产力和健康均不利，所以采取绿化和其他遮阳措施十分必要。相反在冬季则应注意猪场和猪舍的向阳和采光，对于减缓冷应激，促进家畜健康，改善猪舍小气候状况，都有重要意义。

五、光照对猪的影响

适当的光照强度和光照时间可增强机体的代谢机能和氧化过程，加速蛋白质和矿物质的沉积，促进生长发育，并可提高繁殖力和抗病力。光照强度不足和光照时间过短，常使生长发育受阻，性成熟推迟，性机能减弱，抵抗力降低。光照过强和光照时间过长，则引起神经兴奋，代谢过强，活动过多，增重和饲料转化效率降低，眼睛疲劳，并可能是造成恶癖的原因之一。猪舍的光照因光源不同可分为自然光照和人工光照。自然光照是指太阳直射光和散射光通过门、窗等透光结构进入猪舍进行光照。太阳光谱中可见光占50%，其余50%大部分是红外光，少量为紫外光。猪舍自然光照一般以猪舍可以透光的总面积为1与舍内地面面积之比来表示，称为采光系数。人工光照则是用人工光源（白炽灯或荧光灯等）进行光照。白炽灯的光谱中红外线占60%～90%，可见光占10%～40%，有少量紫外线；荧光灯与太阳光相近，其发光量是同功率白炽灯的3倍，但应用成本高，所以在生产中使用白炽灯较多。各种猪舍自然光照和人工照明的适宜参数可参考表2-4。

表2-4　猪舍光照和照明标准

猪舍类别	自然光照（窗地比）	人工照明光照时间（h）	人工照明光照（lux）	
			白炽灯	荧光灯
公猪、孕后期母猪、产房、保育舍	1:10～12	14～18	30	75
空怀母猪、孕前期母猪、后备猪舍	1:12～15	14～18	30	75
育肥猪舍	1:15～20	8～12	30	50

光照的强度和时间对猪的生产力及健康有一定影响。具有热辐射作用的红外线和部分可见光对猪的影响前面已述及，下面主要讨论光照的强度和时间对猪的影响。

适宜的光照可使机体的蛋白质、脂肪及矿物质沉积，有利于生长；还可提高性激素分泌量，加强卵巢和睾丸功能，提高猪的繁殖能力。光照时间适当延长可促进猪的性成熟，光照时间和强度适当延长可促进母猪发情、配种和妊娠。光照不足或过量对猪的生产力及健康不利，光照时间过短或过暗可使猪消化液分泌量和活性降低，食欲减退；过强过长的光照使机体代谢加强、活动多、能量消耗增加而影响增重。例如，照度为5lx的试验猪比40lx的对照猪，平均日增重低5.7%；而照度为1 20lx的试验猪比50lx的对照猪，平均日增重低13.8%。瘦肉型猪给予适当较强而长的光照，能提高其胴体瘦肉率，脂肪型猪给予相对较弱而短的光照有利于增重。

适当的紫外线照射，可保证猪机体正常的钙、磷代谢，促进骨骼生长发育，具有防治佝偻病的功能，紫外线还具有促进机体内代谢作用，从而可以提高猪的生产力和饲料转化率。紫外线还具有杀死细菌、病毒、真菌和破坏某些毒素（如破伤风毒素）等作用，具有增强血液杀菌力和免疫力等作用。但是过量的紫外线照射（如夏季强烈阳光照射）也会造成猪的皮炎（特别是白猪）、角膜和结膜炎，严重时可作用于中枢神经系统，出现头晕、头疼等症状。可见光可引起机体一系列神经和内分泌变化，影响猪的采食、饮水，昼夜活动规律，代谢机能、生长发育、性机能和抵抗力。

六、噪声对猪的影响

噪声是指能引起不愉快和不安感觉或引起有害作用的声音。噪声的强弱一般以声压级来表示，单位为分贝（dB）。猪舍的噪声不应超过75dB。

在畜牧生产中，噪声的主要来源有：由舍外传入的噪声，如汽车、拖拉机开动的声音，大风、雷雨等声音；舍内产生的噪声，包括机械设备运转产生的，如风机声音；还有饲养管理活动产生的，如铁锹与水泥地磨擦声；此外，猪的鸣叫、争斗和采食等活动也产生较强的噪声。声音通过听觉器官——耳传入大脑，引起神经和内分泌活动，影响行为、代谢强度和各种生命活动。优美动听的音乐可兴奋神经，刺激食欲，提高代谢机能，就像人听音乐心情舒畅一样。噪声会使猪群受到影响，但是由于猪对声音反应比较迟钝，所以噪声对其影响不太大。

七、海拔对猪的影响

海拔是指以平均海平面为起算点的高度。在大地测量上，我国以青岛黄海平面为大地水准面，以此为起算点的地面某点高度称为海拔，单位为米。海拔不同造成气压、温度、太阳辐射强度的垂直变化。因此，海拔对猪的影响实质上是气压、温度等气象因素作用的结果。海拔升高空气温度降低而太阳辐射加强，在1 000～1 500m，每升高100m，气温下降0.3～0.4℃；在1 500～6 000m，每升高100m，气温下降0.5～0.6℃。海拔升高气压和氧公压降低，不适应高原气候的猪种，因血液中氧浓度降低（缺氧）而出现不适应表现即高山反应，猪只表现为疲倦，精神萎靡、出汗、食欲不振、腹泻、被毛无光泽、体重下降。经过一段时间后，机体可能产生适应，但这是应激过程，对猪的健康及生产力不利。如荣昌猪和内江猪运往海拔3 000m以上的四川阿坝地区后，出现种猪不孕、仔猪不活现象。高海拔地区引种可有计划地在不同海拔高度上设一个或几个中转点，进行饲养观察使猪逐步产生适应，若表现不好，就不能引此品种。

八、有毒有害气体对猪的影响

猪舍内的空气，由于受猪的呼吸、生产过程及粪尿、垫草有机物的分解等因素的影响，化学成分与大气差异较大，增添了一些大气中没有或很少的成分，其中对猪的健康和生产或对人的健康和工作效率有不良影响的气体统称为有害气体。猪舍有害气体通常包括NH_3、H_2S、CO_2、CH_4、CO等，它们对猪的健康和生产力影响很大。

（一）氨（NH_3）

NH_3为无色、有刺激性臭味的气体，比空气轻，极易溶于水，水溶液呈碱性。猪舍中NH_3主要由粪便、饲料等含氮有机物分解产生，其含量因粪尿处理方式、饲养密度、饲养管理水平等不同有很大差异。

NH_3溶解于猪呼吸道黏膜和眼结膜上，产生碱刺激，使黏膜充血水肿，引起支气管炎、结膜炎、肺炎，严重时出现肺水肿。NH_3由肺泡进入血液，与血红蛋白结合，破坏血红蛋白的携氧能力，引起组织缺氧。低浓度NH_3可使呼吸和血管中枢兴奋，高浓度NH_3可使中枢神经系统麻痹，引起中毒性肝病和心肌损伤。低浓度NH_3长期作用时，可导致猪的抵抗力降低，发病率和死亡率升高，生产力下降。

带仔母猪舍氨气浓度要求不超过15mg/m^3，其余猪舍要求不超过20mg/m^3。

（二）硫化氢（H_2S）

H_2S为无色、易挥发、具有恶臭的气体，易溶于水，比空气重。处于高浓度H_2S的猪舍中，猪畏光，眼流泪，发生结膜炎、角膜溃疡，咽部灼伤，咳嗽。支气管炎、气管炎发病率很高，严重时引起中毒性肺炎、肺水肿等。长期处于低浓度H_2S环境中，猪的体质变弱，抵抗力下降，增重缓慢；高浓度H_2S是强烈的神经毒剂，可直接抑制呼吸中枢，导致窒息而死。H_2S 浓度为30mg/m^{3}时，猪变得怕光、丧失食欲、神经质；高于80mg/m^{3}可引起呕吐、恶心、腹泻等。各类猪舍中H_2S含量不得超过10mg/m^3。

（三）二氧化碳（CO_2）

CO_2为无色、无臭、略带酸味的气体。CO_2无毒，但舍内CO_2含量过高，氧气含量相对不足，会使猪只出现慢性缺氧，精神萎靡、食欲下降、增重缓慢、体质虚弱，易感染慢性传染病。

猪舍内CO_2含量要求不超过0.15%～0.2%。

（四）一氧化碳（CO）

CO是无色、无味气体，难溶于水，在用火炉采暖的猪舍，常因煤炭燃烧不充分而产生。CO极易与血液中运输氧气的血红蛋白结合，它与血红蛋白的结合力比氧气和血红蛋白的结合力高200～300倍。CO较多地吸入体内后，可使机体缺氧，引起呼吸、循环和神经系统病变，导致中毒。

妊娠后期母猪、带仔母猪、哺乳仔猪和断奶仔猪舍CO不得超过5mg/m^3，种公猪、空怀和妊娠前期母猪、育成猪舍CO不得超过15mg/m^3，育肥猪舍不得超过20mg/m^3，以上值均为一次允许最高浓度。

以上有害气体在浓度较低时，不会对猪只引起明显的外观不良症状，但长期处于含有低浓度有害气体的环境中，猪的体质变差、抵抗力降低，发病率和死亡率升高，同时采食量和增重降低，引起慢性中毒。这种影响不易觉察，常使生产蒙受损失，应予以足够重视。

生产中，冬季不能单纯追求保温而关严门窗，必须保证适量的通风换气，使有害气体及时排出。氨和硫化氢易溶于水，在潮湿的猪舍，氨和硫化氢常吸附在潮湿的地面、墙壁和顶棚上，舍内温度升高时又挥发出来，很难通过通风而排出，因此，猪舍内做好防潮和保暖可以明显减少舍内有害气体含量。此外，垫草具有较强的吸收有害气体的能力，猪床铺设垫草也可减少有害气体。

九、尘埃和微生物对猪的影响

猪舍内的尘埃和微生物少部分由舍外空气带入，大部分则来自饲养管理过程，如猪的采食、活动和排泄，饲养员清扫地面、换垫草、分发饲料和清粪，猪只的咳嗽、鸣叫等。

（一）尘埃

猪舍尘埃主要包括尘土、皮屑、饲料和垫草粉尘等，其中有机尘粒可占到50% 或更高。在一般情况下，猪舍内空气含尘量为10^3～10^6粒/m^3；分发干粉料和垫草时可使含尘量增大10倍，有人测定，一个年产1.2万头猪的猪场，在猪舍设计合理条件下，由猪舍排出的尘埃达2kg/h。

尘埃本身对猪有刺激性和毒性，同时还因它上面吸附有细菌、有毒有害气体等而加剧了对猪的危害程度。尘埃降落在猪体表，可与皮脂腺分泌物、皮屑、微生物等混合，刺激皮肤发痒，继而发炎。尘埃还可堵塞皮脂腺，使皮肤干燥，易破损，抵抗力下降，尘埃落入眼睛可引起结膜炎和其他眼病，被吸入呼吸道，则对鼻腔黏膜、气管、支气管产生刺激作用，导致呼吸道炎症，小粒尘埃还可进入肺部，引起肺炎。

猪舍尘埃含量，带仔母猪和哺乳仔猪舍昼夜平均不得大于1.0mg/m^3，育肥猪舍不得大于3.0mg/m^3，其他猪舍不得大于1.5mg/m^3。

（二）微生物

猪舍内空气中尘埃一般比大气多，有机尘粒比例高，阳光紫外线弱，微生物来源多，故舍内空气微生物含量远比大气高。猪舍空气中微生物除大气中的腐生菌外，还有球菌、霉菌孢子、曲霉菌、青霉菌、毛霉菌、放线菌等，此外还常含有绿脓球菌、葡萄球菌、链球菌、丹毒、破伤风杆菌、炭疽芽孢、气肿疽梭菌等，在有疫病流行的地区和猪舍中，空气中还会有相应的病原微生物。大气空气因较干燥，缺乏营养物质，太阳辐射的紫外线又有杀菌作用，对微生物的生存不利。但空气中飘浮着许多灰尘，微生物可附着其上面生存。空气中微生物含量一般春夏季比秋冬季高，雨雪天比刮风时少。不同猪舍微生物含量因其通风换气状况、舍内猪的种类、密度等的不同而变异较大，如肥猪舍有细菌（3～5）$\times 10^5$个/m^3，通风不良时可达10^6个/m^3，带仔母猪舍可有（4～7）$\times 10^5$个/m^3。各类猪舍中的细菌总数均不得高于2.5×10^4个/m^3。

空气中病原微生物可附在尘埃上进行传播，称为灰尘传染；也可附着在猪只喷出的飞沫上传播，称为飞沫传染，猪只打喷嚏、咳嗽、鸣叫时可喷出大量飞沫，多种病原菌可存在其中，引起病原菌传播。通过尘埃传播的病原体，一般对外界环境条件抵抗力较强，如结核菌、链球菌、绿脓球菌、葡萄球菌、丹毒、破伤风杆菌、炭疽芽孢、气肿疽梭菌等，猪的炭疽病就是通过尘埃传播的。通过飞沫传播的，主要是呼吸道传染病，如气喘病、流行性感冒等。

要减少猪舍空气中的尘埃和微生物，必须在建场时就合理设计，正确选择场址，合理布局场区，防止和杜绝传染病侵入；舍内应及时清除粪污和清扫圈舍，合理组织通风，定期消毒等。

第四节　饲养密度和猪群大小对猪的影响

饲养密度反映舍内猪只的密集程度，常用每头猪所占猪舍面积或猪栏面积（m^2/头）表示，也有用每100kg体重所占面积来表示。集约化生产中饲养密度对猪只生产的影响已逐渐受到人们的重视，饲养密度一方面影响猪舍的空气卫生状况，另一方面，对猪的采食、饮水、睡眠、运动及群居等行为有很大影响，从而间接地影响猪的健康和生产力。舍内饲养密度越大，猪只散发的热量越多，气温较高；饲养密度小，则舍内气温较低。如前面提到适当调整猪群密度，是解决夏季防暑和冬季防寒的有效措施之一。舍内饲养密度越大，猪只呼吸排出的水汽量越多，粪尿量大，舍内湿度也越高，同时，舍内的有害气体、微生物、尘埃数量也越多，空气卫生状况差。饲养密度明显影响猪的群居、争斗、采食、饮水、活动、睡眠和排粪尿等行为。每个猪群都有其特定的群体优胜序列，等级高的猪具有占据有利的采食位置、优先采食及其他优先权。饲养密度过高、猪群过大时，这种争夺社群等级地位的咬斗行为就更频繁，影响其健康、增重和饲料转化率；饲养密度过大时，猪的活动时间明显增多，休息时间减少，并随地排粪尿。尤其在转群、重新组群时，群体越大，引起的争斗越激烈，越持久。饲养密度和群体过大时，猪采食时争斗行为增多，采食时间延长，影响其增重。适宜的饲养密度和群体大小对猪的生长有利，如群饲猪较单饲猪吃得快、吃得多，增重也较快。

试验研究表明，在限制饲养条件下，育肥猪每栏饲养8～12头效果最好。每头占栏面积，体重30～50kg阶段以0.45m^2/头，51～100kg阶段0.8m^2/头为宜。在自由采食条件下，每栏饲养头数可以增加到16～20头。饲养密度参数见表2-5。

表2–5　各类猪群圈养密度参数

群　别	每栏养猪头数（头）	每头猪床面积（m^2）
空怀至配种后21天母猪	1	1.00～1.20
妊娠前期（妊娠21～80天）	4	2.00
妊娠后期（妊娠81～110天）	2	4.00
哺乳母猪	1	4.00
种公猪（配种期）	1	6.00～8.00
种公猪（非配种期）	1	2.00～4.00
育成猪（断奶至70日龄）	8～12（原窝）	0.25～0.30
育肥猪（71～180日龄）	8～12（原窝）	0.60～0.70

第五节　猪场对环境的影响

近十多年来，我国养猪业发展迅速，1987年至1998年我国存栏猪数由3.44亿头增加到4.857亿头，增加了41.2%；养猪生产的规模化、集约化程度也不断提高，年产10万头以上规模的猪场已不鲜见，20世纪80年代年产万头的大型猪场现在只能算中等规模了。由于“菜篮子工程”的实施，这些现代化猪场大多集中在城郊和工矿区，为保证居民的肉食供应作出了巨大贡献，但这些地区人口集中、土地相对较少，而城郊农业又大量使用化肥，加之我国尚无畜牧场污物排放标准等相关政策和法规，猪场粪污不加处理和利用地任意堆弃、排放的现象普遍存在，不可避免地导致了“畜产公害”的发生。按粪便排泄量计算，1头猪相当于2个人，而按生化需养量（BOD5）的排泄量计，则1头猪相当于13个人（或相当于19只鸡或0.5头肉牛），按我国存栏猪4.857亿头计，其粪便排泄量和BOD5排泄量分别相当于9.7亿人和63.1亿人。

猪场对环境的污染包括粪污、恶臭、粉尘、病原微生物、噪音等，但主要是粪污处理利用不当对大气、水源和土壤造成的污染。猪场的粪污包括粪便、垫草及其他固体废弃物以及饲养管理、消毒、职工生活等产生的污水。猪场粪污的污染物主要是有机物、恶臭和病原微生物。

一、猪场对大气的污染

猪场产生的恶臭、粉尘和微生物排入大气后，可通过大气的气流扩散和稀释、氧化和光化学分解、沉降、降水溶解、地面植被和土壤吸附等作用而得到净化（自净），但当污染物排量超过大气的自净能力时，将对人和动物造成危害。据测定，一个年产10.8万头的猪场，每小时可向大气排放159kgNH_3、14.5kgH_2S、25.9kg粉尘和15亿个菌体，这些物质的污染半径可达4.5～5.0km。

（一）恶臭

猪场恶臭除猪的皮肤分泌物、黏附于皮肤的污物、外激素和呼出气体等产生的猪场特有难闻气味外，主要来自粪污在堆放过程中有机物的腐败分解（特别是厌氧腐解），碳水化合物分解产生甲烷、有机酸和醇等带臭味的气体；蛋白质、脂类等分解产生氨、硫化氢、丙醇、吲哚、甲基吲哚、甲硫醇、3-甲基丁醇、粪臭素等具有恶臭的含硫和氨的化合物。据测定，猪粪可产生230种恶臭物质，包括具有强烈粪臭的吡咯类（吲哚、粪臭素等），有腐蛋刺激臭的硫化物，有腐鱼臭的胺类，有烂洋葱臭的硫醇类，有刺激臭的脂肪酸类，有不快和刺激臭的醛类，有黄油臭和金属臭的酮类，有不快臭的酚类等有机成分，此外还有氨、硫化氢等无机成分。

在各种畜禽场对大气的恶臭污染事件中，猪场居首位，据日本农林水产省畜产局统计，在1969～1970年畜产公害的水质污染、恶臭、害虫或综合污染事件中，养猪业所占比例均最高；B.F.Pain（1994）报道，英国的畜产恶臭污染中，养猪业占57%，养鸡业占22%，养牛业占17%。

由猪舍和粪污堆场、贮池、处理设施产生并排入大气的恶臭物质，除引起不快、产生厌恶感外，恶臭的大部分成分对人和动物有刺激性和毒性。吸入某些高浓度恶臭物质可引起急性中毒，但在生产条件下这种机会极少；长时间吸入低浓度恶臭物质，开始是引起反射性的呼吸抑制，呼吸变浅变慢，肺活量减小，继而使嗅觉疲劳而改变嗅觉阈，同时也解除了保护性呼吸抑制而导致慢性中毒。氨、硫化氢、硫醇、硫醚、有机酸、酚类等恶臭物质均有刺激性和腐蚀性，可引起呼吸道炎症和眼病；脂肪簇胺、醇类、醛类、酮类、酯类等恶臭物质，对中枢神经系统均可产生强烈刺激，不同程度地引起兴奋或麻醉作用，有些（如酯类、杂环化合物等）还会损害肝脏、肾脏；此外，长时间吸入恶臭物质会改变神经内分泌功能，降低代谢机能和免疫功能，使生产力下降，发病率和死亡率升高。

（二）尘埃和微生物

由猪场排出的大量粉尘携带数量和种类众多的微生物，并为微生物提供营养和庇护，大大增强了微生物的活力和延长了其生存时间，这些尘埃和微生物可随风传播30km以上，从而扩大了其污染和危害范围。

尘埃污染使大气可吸入颗粒物增加，恶化了猪场周围大气和环境的卫生状况，使人和动物的眼和呼吸道疾病发病率提高；微生物污染则可引起口蹄疫、猪肺疫、大肠埃希氏菌、炭疽、布氏杆菌、真菌孢子等疫病的传播，危害人和动物的健康。

二、猪场对水源的污染

（一）有机污染

猪场粪污含有大量的碳氢化合物、含氮和含磷化合物等有机污染物和营养元素，排放或被降水淋洗冲刷进入自然水体后，会使水中悬浮固体物（SS）、化学耗氧量（COD-Cr）、生化需氧量（BOD5）升高，当其数量不大时，水体可通过稀释、扩散、沉淀、吸附、光化学分解，特别是耗氧微生物降解等作用，使水体得到自然净化，但当水体被大量有机质污染并超过水体自净能力时，除使水质感官性状（水色、水嗅、水味）恶化外，有机质被水中微生物降解的同时，也为水生动植物提供了丰富的营养，有机质耗氧生物降解和各种水生生物的大量孳生，都会大量消耗水中的溶解氧（DO），最后DO被耗尽，水生生物因缺氧而死亡，此时水中有机质（包括死亡的水生动植物尸体）的降解过程转为厌氧微生物腐解，水色变黑，散发恶臭，导致水体的“富营养化”，这种水体难以再净化和恢复。

（二）生物污染

粪污中含有大量病原微生物，进入水体后，部分因沉淀、吸附而减少或因水生生物间的拮抗作用而杀灭，但其余可直接通过水体或通过水生动植物进行扩散和传播，危害人和动物的健康，由此而传播的疫病称为“介水传染病”。有报道，在猪场排污口下游50m的溪流中采水样，SS达10^3mg/L，BOD5达9.5mg/L，并检出了大肠杆菌O_{26}，对南方某市三个村的猪场附近河水分析表明，细菌总数高达11.35万～70万个/L。

（三）有害物质污染

饲料添加剂中的抗生素、β-兴奋剂、铜、铁、铬、锌、磷等，猪场使用的洗涤剂、消毒剂等，都会随猪场污水污染周围水体。

三、猪场对土壤的污染

粪污不经无害化处理直接进入土壤，粪污中的蛋白质、脂肪、糖等有机质将被土壤微生物分解，其中含氮有机物被分解为氨、胺和硝酸盐，氨和胺可被硝化细菌氧化为亚硝酸盐和硝酸盐；糖和脂肪、类脂等含碳有机物，最终被微生物降解为CO_2和H_2O，从而使土壤得到自然净化，如果污染物排量超过了土壤本身的自净能力，便会出现降解不完全和厌氧腐解，产生恶臭物质和亚硝酸盐等有害物质，引起土壤的组成和性状发生改变，破坏其原有的基本功能。同时，猪场粪污中某些高浓度成分（如铜、铁、铬、锌、磷、抗生素等），也会造成污染。此外，土壤虽对各种病原微生物有一定的杀灭能力，但进程较慢，且有些微生物还可生成芽孢，更增加了净化难度，故也常造成生物污染和疫病传播，M.A.Мироненко（1980年）报道，苏联某养猪联合体的粪污在周围农田施用，在耕作层土壤中检出了变形菌群落、病原硫化大肠杆菌O_{75}和O_{127}，寄生虫卵达20个/kg，在停止施用粪污2.5个月后，土壤中的肠道病原微生物和寄生虫卵才降至一般地区的水平。

土壤的污染还容易引起地下水的污染，有人测定，在用猪场污水灌溉农田7天后，在灌溉区以外50m处采集地下水水样，其BOD5的含量由1.2mg/L提高到了19mg/L，氨含量由122mg/L提高到了151mg/L。

第六节　猪舍内环境的调节和控制

一、猪舍的夏季降温

（一）夏季降温的必要性

我国长江以南地区夏季气温高，且持续时间长，黄河流域的西北、华北地区，7月平均温度也达28℃，即使是东北地区，夏季最高平均温度也有24～30℃以上。从降温需要考虑，南方地区的多数猪舍和北方地区的育肥舍大多为敞开式、半敞开式，有一部分是窗式。敞开式猪舍基本上受舍外气候控制，夏季温度有很长时间高于各日龄猪的适宜范围（初生乳猪除外），因而采用人工手段为猪舍降温是十分必要的。

（二）夏季降温方式和设备系统

从某种意义上说降温较供暖难度大。一般采用负压通风湿帘（湿帘装在进风口）降温或正压湿帘箱（风管接在湿帘箱上）降温，也有的采用喷雾或喷雾风机降温，这些设备的原理都是通过水蒸发吸热而降低空气温度，降温效果取决于大气相对湿度，通常可降低3～5℃；有的采用滴水淋湿猪体，结合通风的方法，其原理不在降低空气温度，而在于水在猪体表蒸发促进猪体蒸发散热而达到防暑目的，其投资和能耗低，受空气湿度制约相对较小，是节水节支的有效措施。

1. 通风降温

夏季加大猪舍通风量，提高空气流动速度，可以多带走舍内热量，使舍温不至过高。有窗式猪舍除依靠自然风外，必要时也可设风机，加大风量和风速。

但仅靠加大风量和风速调节舍温是有一定的限度的，一方面因为舍外气温很高，热空气从猪舍通过，可带走的热量有限；另一方面，从猪的生理角度考虑，风速超过2.5m/s，也是不允许的。采用通风降温，只有当舍外温度比猪的适宜温度高4～5℃时才有效。同时，只有当舍外气温低于32.2℃时，通风降温才有作用。

2. 蒸发降温

湿垫式蒸发降温装置由蒸发冷却湿垫和低压大流量风机组成。使用纵向通风方式，蒸发冷却湿垫设置在猪舍的一端山墙上，风机安装在另一端的山墙上。由一套水循环设备使水经湿垫流过，通过风机的运转（负压通风）使舍外空气经湿垫降温后进入舍内，舍内热空气再由风机排向舍外，从而起到降低舍温的作用，效果很好。

3. 喷雾降温

舍内可安装喷雾降温系统。每个猪栏装一个喷头，喷头安装高度为1.8m，经水泵加压的水从喷头喷出，形成雾化水，扩大了空气的接触面积，吸收空气中的热量，降低舍内温度；同时未汽化的水滴，直接落在猪身上，吸收猪体热量，使猪感到凉爽舒适。若不经水泵加压，直接喷水也可以。

二、猪舍的冬季采暖

（一）冬季采暖的必要性

在我国，无论南方还是北方，冬季的平均气温都达不到仔猪所要求的适宜温度，要保证工厂化生产持续均衡的要求，就必须采取一些机械工程措施，提高猪舍温度。产房和保育舍应必备供暖设备，寒冷地区有的种猪场则对所有猪群供暖，以节约饲料、提高生产水平。对于哺乳仔猪和断奶仔猪，不论是北方还是南方，冬季都要考虑采暖的需要。对于育肥猪和其他成年猪，南方可以在敞开舍和半敞开舍安装保温卷帘，北方严寒地区则要考虑采暖。

（二）采暖的方式

1. 局部采暖

哺乳仔猪要求环境温度为22～32℃，而舍温一般均达不到要求，产房、保育舍除正常供暖外，还应采用保温箱、电热板为仔猪局部供暖。解决这个矛盾的办法，是在产仔哺乳栏内为仔猪专门设置一个可调温的局部采暖区。

（1）地板加热：在混凝土地板里预先埋设热水管或电阻线，也可在玻璃纤维垫子里安装电热线圈后直接放在哺乳栏内，在加热地板范围内，不仅温度适宜，而且地板干燥，很适宜仔猪采暖。每窝仔猪的加热面积应为0.5m^2。这种加热地板也可用在培育舍或生长育肥舍，此时加热面积应根据猪的体重确定，平均每头猪0.1～0.3m^2。

（2）红外线灯：将红外线灯吊挂在哺乳栏内，利用灯泡散发的红外线形成局部采暖。一般每个哺乳栏配置一个250W的红外线灯。可通过改变吊挂高度的办法来调节采暖区的温度。

（3）仔猪保温箱：木制或玻璃钢制箱体，箱体底面采用暖气管道或作电热保温板。在箱体顶部用红外线灯加热，箱的顶板上装有可控装置，用来调节不同日龄的哺乳仔猪所需的温度。

2. 全舍采暖

利用热水或热空气为热媒，对整个猪舍全面供暖。用于密闭舍和有窗式猪舍。

（1）热水采暖系统：用锅炉把水烧热，通过管道送至舍内散热器中，利用热辐射和空气对流提高猪舍温度。其优点是热惰性大，舍内温度波动小；缺点是设备投资和运行费用大。寒冷地区可结合整个猪场建筑采暖综合计划。

（2）热空气采暖：

暖风机：将风机和空气加热器联为一个整体，由风机将舍内空气抽入机体，流经空气加热器后再送回舍内，强迫空气对流进行热交换。该设备温度分布均匀，但耗电量大，运行费用高。

热风采暖系统：由空气加热器、热风管道、通风机和空气过滤器等组成。空气加热器有热水式、蒸汽式、燃油式、燃煤气式和电热式等。舍外新鲜空气经过滤、加热后，通过热风管送进舍内，由管道上不均匀排列的孔口喷出，与舍内空气混合，提高舍温。这种采暖系统舍内温度比较均匀，还可以做到温度和湿度的自动控制和调节。但运行费用也很高。

土暖气：属于家庭用热水供暖设备，适合于饲养规模较小的猪场使用。这种设备投资少，使用技术要求不太高，特别是没有电器装置，适于无电源或电力供应无保障的地方使用，但要防止煤气中毒。

三、猪舍的通风换气

（一）猪舍通风换气的目的

引进舍外新鲜空气；排除舍内污浊空气；夏季通风可起到降温作用。

（二）通风方式

猪舍通风方式一般有自然通风、机械通风、自然通风与机械通风相结合三种形式。自然通风无法控制风速、风量和气流方向，在冬、夏季难以满足通风要求，可用于小跨度猪舍，跨度为8～12m的猪舍，可以自然通风为主辅以机械通风，以节约设备投资和能耗，更大跨度的猪舍则须依靠机械通风。纵向负压机械通风一般在猪舍一端安装风机排风，另一端进风口进风，用于长宽比较大的猪舍效果较好，优点是通风效果好，无死角，缺点是除专设的进风口外，其他窗或开口均须关闭，故夏季难以实行机械与自然通风相结合。此外，冬季进风口端气温低但空气清新，出风口端则温度升高但空气污浊。一侧纵墙安风机、对侧纵墙设进风口时称为横向负压通风，此法通风不均、有死角、风速小、污浊空气排在场区造成污染，故已很少采用。正压机械通风是将空气强制送入舍内，污浊空气由门窗缝隙、孔洞或排风口排出，不受门窗启闭的影响，可采用屋顶、纵墙装风机直接向舍内送风，或将风机设于风管内通过管道送风，后者可根据需要布置风管和风管的出风口，实现局部环境调控和自然与机械通风结合，并可对空气进行加热、降温、过滤、消毒等处理后送入猪舍，实现一套系统完成所有调控内容。

四、一种新的环境控制饲养设备——猪保温培养箱

为了克服舍内采暖成本高，仔猪在仔猪保温箱饲养时易患感冒的缺点，近几年，德国科学家根据猪的生理、生活特点，研究成功了一种新的环境控制饲养设备——猪保温培育箱。在箱内不仅可养仔猪，也可养育成猪，经使用效果很好。

该箱由木质或其他保温材料制成，箱体一侧开放无门，挂以双层塑料条门帘，一方面猪只可自由出入，另一方面又起到保温隔热作用。根据不同时期猪体型的不同，制成不同规格的箱体（图2-6）。

其原理是：猪在不同的生长阶段，身体所需的环境温度在15～32℃，而呼吸温度则可以低一些。此保温箱给猪创造了一个既能满足身体所需的较高的环境温度，又创造了一个清新凉爽的呼吸温度。传统的仔猪保温箱箱内温度较高（32℃左右），而母猪所在地的温度较低（20℃左右），当仔猪从保温箱内跑出来吃奶时，由于环境温度变化大，常易患感冒。采用新型保温箱后，猪在箱内躺卧时，只是身体在箱内，而头部露在箱外，呼吸温度与母猪所在地的温度相同，这样就大大降低了仔猪患呼吸道疾病的患病率，提高了猪的生长率。在温度控制上，由于仅仅是保证箱体内的局部适宜温度而不是使全舍都达到较高的温度，因此可大大降低猪舍的建筑成本和采暖费用。

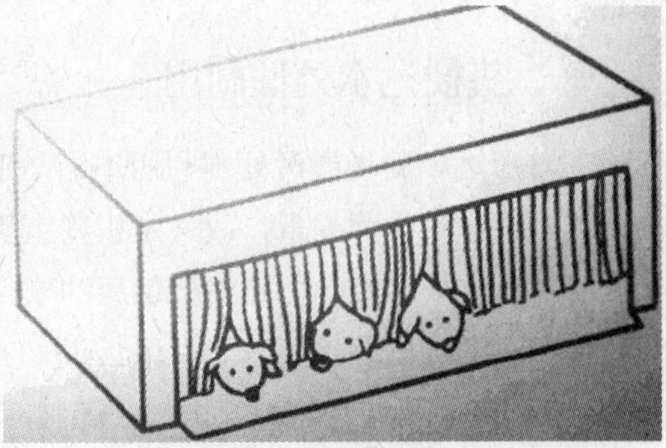

图2-6　猪保温培育箱

仔猪保温箱的规格为：

长×宽×高＝1.5m×0.5m×0.6m

每箱饲养一窝仔猪。箱内有加热装置，通过加热使箱体内温度保持在30～35℃。

育成猪保温箱的规格为：

长×宽×高＝2.1m×0.8m×0.8m

饲养一窝育成猪。箱内无加热装置，靠猪本身的体温使箱内温度升高，当舍温为7～8℃时，箱内温度可维持在25℃左右，满足其生长需要。

保温箱一般呈对头式双列单走道排列，也可以四列双走道排列。根据猪舍跨度大小灵活布置（猪头面向走道）。猪舍不宜过长，在走道的一头设自动饲槽供猪采食，在走道的另一头设饮水器和设排粪区。经训练，小猪可自己从箱体内出来去饮水处饮水、便溺，从而保证了箱体内的清洁卫生。

根据试验，用此方法饲养的仔猪和育成猪与传统饲养方法相比，饲料利用率提高了5%，饲养周期减少了20%左右，日增重提高了2%，生产水平是较高的。

第七节　现代养猪场的环境保护

现代化养猪规模大，集约化程度高，与传统养猪相比产生的粪便及污水量大大增加，一个10万头猪场日产鲜粪80t、污水260t，每小时向大气中排放150万个细菌、159kg的氨气、14.5kg的硫化氢、25.9kg的饲料粉尘，随风可传播4.5～5.0km。这些污染物质如果处理不当，就会造成环境污染。另外，我国各地区的养猪生产规模没有根据土地可消纳的粪污量来确定，也没有耕地必须施用有机肥的法规，所以环境污染现象时有发生，已经引起政府及有关部门的关注。猪场对环境的污染也是对大气、水和土壤的污染。

粪便和污水均富含有机质，易降解。处理方法有物理的（脱水干燥、焚烧、隔栅、沉淀等）、化学的（絮凝、消毒等）和生物学的，应以生物学处理为主。粪便污水的无害化处理须请专业人员根据当地的环境背景资料、自然条件、猪场粪便和污水产量、水质、排放或利用方向、国家或地方相关标准等，做出工艺和工程设计。

一、粪便污水处理利用

如前所述，猪场粪污处理利用不当是造成环境污染的主要原因。而猪场粪污含有大量的有机质和植物营养素，故又是极其宝贵的资源，经无害化处理后加以资源化利用，不仅可防止环境污染，保障猪群健康和安全生产，同时，对促进农牧结合、物质良性循环和生态平衡也具有重要意义。俗话说“养猪不赚钱回头看看田”，就是这个道理，何况粪污处理后作为高效有机肥出售，还可增加猪场的经济收益。

（一）粪便污水处理利用的原则

由前述可见，猪场粪便污水处理利用的原则应当是：

1. 减量化

首先要从猪场生产工艺上进行改进，实现污水量和污水中污染物含量的减量化，采用用水量少的清粪工艺，干清粪工艺是实现减量化的最佳方案，并可使固体粪污的肥效得以最大限度的保存和便于其处理利用。

2. 无害化

猪场的高浓度有机废水处理要做到无害化并不存在技术问题，但考虑到猪场属于低效益行业的经济承受能力，以及猪场污水中的有机质和各种养分是极其宝贵的资源，如果处理达到直接排放的标准，不仅投资大、运行费高，而且是资源的极大浪费，故应当充分利用当地的自然条件和地理优势，利用附近废弃的沟塘、滩涂，采用投资少、运行费用低的自然生物处理法，净化程度以达到利用要求为限，并须注意避免二次污染。

3. 资源化

如上所述，猪场废水处理必须结合资源化利用，实现生产的良性循环，达到无废排放。资源化的主要途径是与农、果、菜、鱼结合加以综合利用，变废为宝，化害为利。

亦可将污水净化、消毒后用于冲洗猪舍等，节约猪场用水量。

（二）粪便污水的处理利用方法

1. 用作肥料

猪粪还田是我国传统农业的重要环节，“粮—猪—肥—粮”型传统的农业生产，即猪多肥多、肥多粮多是比较典型的生态农业，猪粪还田在改良土壤、提高农业产量方面起着重要的作用。猪粪便污水还田的方式，与清粪工艺直接相关。世界上有些国家养猪采用水冲清粪，将粪水发酵后采用罐车随播种或专用机具破土埋在耕地里施用，这种方法比较简单，但要有足够的发酵池或发酵罐。采用干清粪方式养猪，粪便可以通过土壤的自净作用处理，土壤获得肥料的同时净化粪污，节省了处理费用。但是土壤的净化能力有限，施用过多容易造成污染，鲜粪在土壤里发酵产热及其分解物对作物生长发育不利，所以施用量受到限制，每公顷耕地鲜粪施用量7.5～8t。对鲜粪进行腐熟堆肥后施用可以解决上述矛盾，又能提高肥力。在猪粪腐熟的过程中，温度可达到50～70℃，杀灭粪中绝大部分的微生物、寄生虫卵和杂草种子，处理后的肥料含水量低、无臭味，属于迟效性肥料，使用安全方便。腐熟堆肥的条件是：①保持好氧环境；②水分含量40%～60%；③堆肥物料的碳氮比为26～35:1，鲜猪粪为8～13:1即可，碳的比例不足可加野草、秸秆补充。腐熟堆肥简单的方法是：在水泥地或铺有塑料膜的地面上，或在水泥槽中，将拌好的物料堆成长条状，高1.5～2.0m、宽1.5～3.0m，长度根据场地决定。为了保持好氧环境，粪堆中间可插入通气管或草把，用塑料膜或泥密封，15天或1～2个月就可以使用。在经济发达的国家，采用堆肥舍、堆肥槽、堆肥塔、堆肥盘等设备进行堆肥。大大提高了腐熟的速度，散发的臭味少，可连续生产。还有把猪粪加工成复合肥（颗粒肥料），将液粪在贮粪罐里经过搅拌曝气，通过微生物作用，变成腐熟的液状肥料等加工方法。

猪场粪便污水中含有大量的腐殖物质，是土壤肥力很好的改良剂，可以改善土壤的团粒结构，防止土壤板结，提高土壤的保水、保肥能力，减少土壤中养分的流失。猪场粪污中的大量有机质和丰富的氮、磷、钾等营养元素，进行无害化处理后制作成固体或液体有机肥，可施入森林、草地、池塘、农田、菜地、果园等生态系统，参与生态系统的物质循环，保持生态系统的平衡。如在农田生态系统的物质循环中，来自消费者（家畜）的粪污，进入无机环境（土壤）后，经过分解者（微生物）等的作用，转化为可给态养分和土壤肥力，供给生产者（绿色植物）利用，可为人和动物生产更多的植物产品。可见，有机肥的施用是发展有机持续农业、促进农牧结合、实现物质良性循环和保持生态平衡的必要措施。

2. 制沼气

粪便污水可以用于制沼气，沼气是厌氧微生物（主要是甲烷细菌）分解粪污中的含碳有机物而产生的混合气体，其主要成分有甲烷占60%～70%，二氧化碳占25%～40%，还有少量的氧、氢、一氧化碳、硫化氢等气体。沼气是一种能源，可用于照明、作燃料、发电等。发酵后的沼渣可作为肥料，沼液可以排入鱼塘进行生物处理。沼气发酵的类型有：高温发酵（45～55℃）、中温发酵（35～40℃）和常温发酵（30～35℃）。在我国普遍采用的是常温发酵，其适宜的条件是：①温度25～35℃；②酸碱度（pH）6.5～7.5，pH低时可用石灰石或草木灰调节；③碳氮比25～30:1；④足够的有机物，一般每立方米沼气池加入1.6～1.8kg的固态原料为宜；⑤适宜的容积，发酵池的容积以每头猪0.15m^3为宜。常温发酵效率低，只是一级处理，沼液、沼渣需经进一步处理，否则可造成二次污染。如果采用中温或高温发酵，提高产气效率、缩短发酵时间，也可以减轻二次处理的难度，减少二次污染。猪粪制沼气在北方由于气温低使其应用受到限制，在南方地区应用比较广泛。

3. 液粪、污水处理

液粪和污水的处理方法按其作用的基本原理可分为以下几种方法。

（1）沉淀净化：将粪便混合物通过排粪渠引进一个较深的沉淀、净化池内，经过自然沉淀，达到固液分离，上层液体可通过溢水管引向农田作灌溉用，或引入贮液池排放，或再用作清粪用水。下部沉淀物自然晾晒后，水分含量在75%～80%，并经细菌分解和消化，则可运往田间作肥料。这种方法不需增加设备，适合于用刮粪板清粪的猪场。

（2）发酵处理：专设发酵池或与沼气池联用，利用甲烷菌的厌氧繁殖，迅速分解有机物，同时产生沼气。这种方法具有综合利用的优点，是积极的处理方式。

（3）机械脱水处理：粪液在贮液池中，用泵抽入固液分离机，分离出固状物，堆放几天后可作肥料。这种处理方式速度快，适合工厂化生产连续运转，但投资较高。

（4）生物处理法：是利用微生物的代谢作用分解污水中的有机物而达到净化的目的。根据微生物呼吸过程的需氧要求分为好氧处理和厌氧处理两大类。好氧处理是在有氧气的条件下，分解有机物的耗氧细菌大量繁殖形成黏性细菌絮体或附在物体上的黏液层，通过分解、吸附和表面作用处理污水的方法，如活性污泥法是由无数细菌、真菌、原生动物和其他微生物与吸附的有机及无机物组成的絮凝体构成活性污泥，利用它的吸附和氧化作用去处理污水中的有机物。处理设施有曝气池、曝气设备。而生物膜法是另一种好氧生物处理法，它是通过生长在物料（如滤料、石料等）表面上的生物膜来处理污水的方法。处理设备有生物滤池、生物转盘、生物接触池等。厌氧生物处理是厌氧菌和兼性菌在无游离氧的条件下分解有机物，使污水净化的方法，如化粪池、沼气池等。以上各种方法必须综合使用，对污水进行系统处理，才能达到净化的目的。

在我国现阶段养猪生产中，由于资金条件等多种因素限制，液粪、污水处理非常简单，只是经过预处理和好氧生物处理二级，就排入鱼塘或用于灌溉。随着养猪事业的发展，环境保护意识和法规的完善，液粪和污水会得到有效的处理和利用。

（三）综合利用

综合利用的目的是使养猪场的粪污得到资源化利用。畜禽粪便同工业污染源生产的废弃物不同，畜禽粪便是一种有价值的资源，它包含农作物所必需的氮、磷、钾等多种营养成分，还含有75%的挥发性有机物，经处理后可作为肥料、饲料、燃料，具有很大的经济价值。

污水经过适当的净化处理可以用于农田、绿地的灌溉，进入鱼塘养鱼，有条件时还可考虑回用冲洗畜舍。固体粪污经处理后可作为高效有机肥。利用畜禽粪便生产有机肥，不仅可减轻畜禽粪便对环境的污染，还可提高土壤有机质含量，提高土壤肥力。因此规模化畜禽养殖业的污染防治必须首先建立在资源化利用的基础上。畜禽养殖场粪污处理和综合利用技术除固体粪便的堆肥化处理之外，还包括固体粪便培养蚯蚓和养殖藻类、液体污水沼气综合利用等。

1. 蚯蚓生物反应器技术

蚯蚓生物反应器技术是一种利用蚯蚓和微生物相互作用高效处理有机废弃物并同时生产有机肥料的新技术。该生物反应器工艺简单，造价较低，易于在中国推广。蚯蚓生物反应器目前在英美投入使用得较多，且全过程运行自动化，主要参数电脑控制，处理效率较高。目前已有10多个国家引进推广。中国农业大学资源环境学院孙振均教授通过与英美学者合作研究，对该技术进行了进一步得改进，使之成本更低，更能符合中国的实际情况。该项技术在中国已进行了部分研究和试点。

2. 固体粪便养殖藻类

藻类能将畜禽粪便中的氨转化为蛋白质，而藻类可用作饲料。目前该项技术也在研制和试点阶段。试验结果表明，用1t新鲜猪粪堆沤产气，可制取足够的二氧化碳来供应5 000～10 000L的螺旋藻培养池。

3. 液体污水沼气综合利用技术

中国在沼气发酵和沼气综合利用方面有较为长期的经验，该项技术得到了广泛应用。沼气综合利用是指畜禽粪便经沼气池发酵后，所产生的沼气被作为清洁能源利用，而沼液、沼渣按食物链关系作为下一级生产活动的原料、肥料、饲料和添加剂等进行再利用。

沼液是含有多种养分的速效肥料。长期施用沼液肥可改善土壤理化性状，使土壤有机质、全氮、全磷及有效磷等养分均有不同程度的提高。沼液可用于浸种、叶面喷施肥和无土栽培营养液。沼液养鱼也是得到广泛应用的技术。水产养殖业大多向鱼塘中投放化肥，往往导致鱼类患气泡病和缺氧死亡的不良后果。以沼液替代化肥投入鱼塘，可培肥水质，有利于鱼类的生长和发育，生产出味道鲜美、无污染、无公害的水产品，经济效益较高。

沼渣大多作为优质有机肥使用。沼渣含有较全面的养分和丰富的有机物，其中有机质在36%～50%，粗蛋白5%～9%，全氮0.8%～1.5%，全磷0.4%～0.6%，全钾0.6%～1.2%，还有一些富含矿物质的灰分，是优质的有机肥料。用沼渣栽培蘑菇，质量好，杂菌少，产量较传统培养法增产10%以上。

二、粪尿清除设备

粪尿清除设备与猪舍的粪沟形式有关。粪沟大体有三种形式：①南方敞开式、半敞开式猪舍，粪沟多在舍外；②有的猪舍采用舍内浅明粪沟或部分漏缝地板的暗粪沟；③密闭式猪舍和一部分有窗式猪舍为全漏缝地板的暗粪沟。

对应三种粪沟，有三种清粪方式和设备。

机械式铲粪机：用拖拉机悬挂推铲清粪，适合于舍外集粪沟的形式。

刮板式清粪设备：两种形式，一种为单向闭合回转的刮粪板，适用于双列猪舍的浅明粪沟；另一种为往复式作业的刮板式清粪机，它既可用于浅明粪沟，也可用于暗粪沟。

水冲除粪：舍内的漏缝地板下的暗粪沟，有的采取水冲除粪。通过设在猪舍一端的冲水器定时放水，将粪尿冲至舍外。不论使用何种清粪方式，猪栏内的粪便仍靠人工清扫。

三、粪尿处理设备

据统计，一头猪一年要产粪尿2.5t，如用水冲，其量要加大2～3倍。这样大量的粪尿中含有丰富的有机质和氮、磷、钾等养分，而且这些养分大多是水溶性的，易腐熟，肥效高，是一种优质完全肥料。但是新鲜的粪便内含有大量的寄生虫卵和致病细菌，不能直接施用，必须经过“处理”，才能变“废”为“宝”。目前可采用的处理方法有以下几种。

（一）固体粪污处理设备

高温堆肥是世界各国无害化处理固体粪污的主要方法，靠好氧菌降解有机质可产生60～70℃的高温，6～7天可完成降解并杀灭病原微生物和寄生虫卵，再经一段时间可生产出稳定的活性有机肥，堆肥技术关键是用锯末、谷糠、稻壳、粉碎秸秆等调理剂调节猪粪的水分（50%～60%）和碳氮比（C:N＝25～30:1），保障肥堆合理通风。堆肥方法可用传统的自然堆腐，或采用发酵槽、发酵塔、发酵罐等堆肥设备，以大大提高发酵效率、缩短发酵时间。如利用固体粪污栽培蘑菇、养蚯蚓和蝇蛆等，则需要相应的设备。

（二）污水处理设备

猪场污水属高浓度有机废水，可厌氧发酵生产沼气或经厌氧酸化后再进行好氧处理。自然生物处理包括土地消纳、厌氧塘、兼性塘、氧化塘、生物塘、人工湿地等，受自然和气候限制，净化效率较低。人工生物处理包括：好氧处理的活性污泥法（曝气池）、生物膜法（生物滤池、生物转盘、生物接触氧化池等）；厌氧处理的沼气池（常温发酵的传统消化池、中温或高温发酵的高速消化池）。在养猪生产中，猪舍内粪便清理是劳动强度较大和占用劳动力较多的工作，其工作量约占整个饲养工作量的40%。一座万头猪场每昼夜约产50t粪尿，这还不包括冲洗猪栏的水量在内。所以粪尿清除与处理也是工厂化养猪场的关键问题之一。

四、猪场的环境保护

随着我国规模化、集约化养猪生产的迅速发展，猪场环境保护问题日益突出。猪场的环境保护包括两个方面，一是保护猪场环境免受外界的污染，二是防止猪场对自身环境和周围环境造成污染。猪场的环境保护是猪场实现持续、安全、洁净生产的根本保障。

自然环境诸要素——空气、水和土壤的能量流动和物质循环，在一定时间内处于动态平衡状态，其成分和性质也相对稳定。人类生活和生产活动产生的有机和无机化学物质、放射性物质、病原体、噪音等污染物进入自然环境，其数量不大时，诸要素可通过物理的（扩散、稀释、沉降、过滤等）、化学的（化学分解及合成、氧化及还原等）和生物学的（微生物的需氧和厌氧分解、生物间的拮抗和吞噬、其他动植物的吸收和利用等）作用，使污染物浓度降低到不造成危害的程度，或改变了污染物的性质而使之无害化，对人和各种生物的健康和生命活动不会产生不良影响，这种自然的无害化过程称为环境的自净作用。环境的自净能力（环境容量）是有限的，当污染物进入的量超过了环境容量时，环境的平衡状态将被破坏，污染物得不到净化而对人和生物造成危害，这种现象就称为“环境污染”。某些自然现象（火山爆发、森林火灾等）也产生污染物质，但其污染不是主要的，主要是人类生活和生产活动造成的人为污染。工业生产产生的“三废”（废气、废水、废渣），农田施用的农药、化肥，交通运输产生的粉尘、噪音，居民生活及其他畜牧场产生的污水、垃圾、污浊空气和微生物等，会对大气、水源和土壤造成污染，从而威胁猪场的安全生产；猪场产生的粪便、污水、恶臭、粉尘、微生物，既污染周围环境，也威胁自身的安全。

为防止周围环境污染对猪场的危害，须合理选择建场场址、合理规划场地（场区划分、道路和绿化规划等）、严格卫生防疫制度和完善防疫设施等，具体见第三章第二节相关内容。

第三章

现代养猪场的规划

第一节　养猪场建筑规划设计的内容和过程

一、规划设计的内容

养猪场建筑规划设计必须将建筑、结构、工艺、设备、施工、材料、造价等各方面要素作统一的考虑，因此需要多方面的配合。在施工之前，必须对周围环境和各类房舍的建造作一个通盘的研究，制定一个完整的方案，编制出一整套施工图纸与文件来为施工提供依据。

建造猪舍的目的是为猪创造良好的生活环境，进而提高生产力。因此，满足适用的要求是建筑设计的首要任务。建筑设计必须体现各项政策，遵循“适用、经济，在可能条件下注意美观，搞好环境保护”的原则，综合考虑生产工艺、建筑、结构、设备等各方面的因素。建筑设计是一个不断发现矛盾和解决矛盾的过程。一个正确的设计方案只能来自社会的实践，并受社会实践的检验。

二、规划设计的过程

建设养猪场大体要经过以下几个环节：计划任务书的编制与审批；场址的选定、勘察和征用；猪舍设计、施工、设备安装；交付使用；总结。建筑设计通常按初步设计和施工图设计两个阶段进行。初步设计的目的是提出方案；详细说明其工艺流程、建筑的布置、标准、经济方面的合理性，以及技术上的可能性。施工图设计的任务是满足施工的要求。为此，各种图纸文件必须互相交底、核实、校对，做到统一、齐全、简明、无错。对于较复杂的工程项目，由于技术问题矛盾较多，必要时也有按初步设计、技术设计、施工图设计三阶段进行的。技术设计阶段，则主要是根据初步设计，各工种互相提出要求，提供资料，共同研究，解决矛盾，取得各工种的协调，为各工种进行施工图设计提供依据。

（一）设计前准备工作

1. 核实设计文件

（1）主管部门的批文：任何建设任务均需建设单位提出报告，经其上级主管部门正式批准及城建管理部门同意后，设计单位方可正式接受委托。

（2）城建部门同意设计的批文：为了加强城镇建设统一规划与管理，一切建设项目均须事先得到城建部门的批准，批文应明确指定设计的用地范围，说明该地段、周围道路等的规划要求，提出城镇建设对该建筑的设计要求等问题。

（3）建设单位向设计单位委托设计手续：建设单位依据上级主管部门、城建部门批文向设计单位正式办理委托设计手续，一般由建设单位填写委托设计单，会同有关批文，送交设计部门。

（4）工程设计任务书：一般由建设单位根据其使用要求，提出各类猪舍的内容、面积大小以及其他要求等。工程设计任务书的具体内容及其面积、标准均须和主管部门的批文吻合。

2. 学习方针政策

明确设计指导思想，掌握设计原则。既要考虑功能要求，又要注意经济合理，要正确掌握设计标准，因地制宜，就地取材，节约用地，并能缩短工期，早日交付使用，反对贪大求洋。

3. 调查研究

这是做好设计的一项重要工作，一般在设计前都应认真进行，在设计过程中还必须反复补充调查。

（1）现场踏勘：对建筑基地的地形、地貌、周围环境等，应会同建设单位共同进行踏勘，征求建设单位的意见，并做好记录。

（2）调查同类建筑：这也是深入实际，吸取他人经验的好办法。调查前备好提纲，对建筑物的各组成部分，使用要求与特点，设计中应注意的问题和经验，都有一定的感性认识。

（3）调查施工单位：设计前向施工单位了解施工力量，机具设备条件，材料供应等情况这对避免设计返工很重要。

（二）方案设计工作

方案设计工作是为了研究、探讨和选择比较适用、经济，在可能的条件下注意美观的建筑设计方案，是初步设计阶段的主要内容。在这个阶段中应根据工艺的需要确定建筑在基地上的位置及总平面布置、建筑平面的房间组合、立面、剖面设计，同时选定结构形式，考虑结构布置，水电设备合理布局的可能性，其步骤如下：

1. 分析研究

根据调查研究和任务书要求进行分析。

2. 方案设计

一般方案设计的过程是先在总平面图上（常用比例1/500～1/1 000）研究建筑平面方案的大致布局，研究建筑与周围环境的关系，建筑出入口交通联系等；然后再进行建筑单体的平面、剖面、立面等设计（常用比例1/100～1/200）；最后再深入进行总平面设计。

3. 方案比较

任何一项设计任务，总能做出若干个基本合理的设计方案来，这就需要进行比较，与有关部门协商，选择较好的方案或取长补短进行方案综合。

4. 修改、综合方案

根据方案比较，对方案作进一步修改。

5. 绘制初步设计图纸、文件

根据初步设计要求，主要为了说明设计方案的合理性和技术上的可能性，在平面图上除了表达平面关系、开间、进深、门窗位置外，常需表示出设备、笼具布置、工艺关系等，而构造、施工的内容可以从略，初步设计图纸、文件一般包括总平面图、平面图、立面图、剖面图等。以及简要的设计说明，如面积指标，平面系数和设计概算等。

6. 上级审批

方案上报有关部门，审批意见送交设计单位，在方案送审的同时，应送报告请求地质勘探。

（三）施工图设计

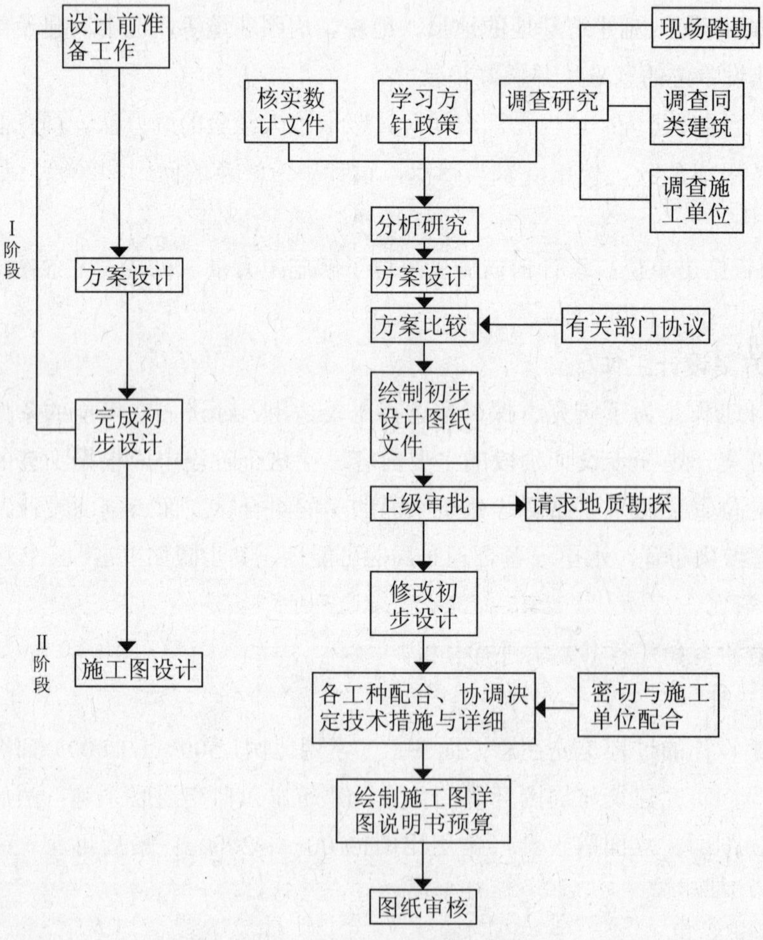

图3-1　建筑设计过程示意图

1. 修改、完善初步设计

根据审批意见修改初步设计。由于初步设计的各部分尺寸还不够详细完善，用料和具体构造还不明确，一些细节还须深入研究，以保证设计方案从技术上、经济上、施工上均能比较合理。

2. 各工种配合、协调、调整

初步设计修改完成后，即可根据图纸进行结构计算和设备布置工作，各工种需密切配合，协调决定技术措施与详图，如发现有矛盾，再加以调整。同时，还要密切与施工单位结合，了解这些技术措施在施工方面的现实性。

3. 绘制施工图和编制施工说明书、建筑预算

施工图是为施工服务的，要求准确、齐全、简明、清晰，各有关部分要统一无矛盾，交待清楚，以满足施工要求。施工图包括建筑、结构、设备及水电几部分。施工图纸编排有一定规律（建筑总平面图、平面图、立面图、剖面图、建筑构造图、各种配套施工图、计算书等），图纸完成后编制施工说明书和建筑工程预算，最后要进行校审工作。建筑设计过程示意如图3-1所示。

第二节　养猪场的规划要求

一、场址选择要求

养猪场场址选择是一项政治、经济和技术相结合的综合性工作，必须贯彻国家的基本建设方针，适应城镇规划，并根据发展的需要，考虑今后是否有扩建的可能，留有余地。如果选场不当，将会给生产和基建带来很多困难，甚至造成无法挽回的后果，场址选择的基本要求见表3-1。

表3-1　猪场场址选择的基本要求

项 目	要 求
饲料及产品销售	①尽可能接近饲料产地和加工地；②靠近产品销售地
占地面积	①场地适应生产工艺流程的布置，形状尽量简单，用地紧凑；②节约用地，不占或少占耕地，优先利用沙荒地
地形、地貌	①选用山坡地时，坡度最好在0.5%～1%以内；②地势高干燥向阳，通风良好；③便于排除雨水，不受山洪或洪水威胁；④减少平整场地的土石方工程量
工程地质	①不宜在喀斯特地貌及土崩、断层、滑坡地带建场；②尽量避免因工程地质条件差而使建筑物基础复杂化
给 水	①确保水源可靠，水质良好，符合饮用水卫生标准；②要求充足的水量满足生产、生活、消防要求

续表

项 目	要 求
供 电	①要求有Ⅱ级供电电源；②在Ⅲ级以下供电电源时，还应考虑自备发电机
交通运输	①场外应通有公路；②养猪场所处位置，离饲料产地和产品销售地运输半径要合理
卫生、防疫	①场址不得选在重工业、化学工业区附近，避免工厂三废对猪场环境的污染；②选场址应结合城镇规划，建在城镇郊区，距离大城市20km，距离县镇10km左右，禁止在旅游区、畜病区建场；③场址距居民区500m以上，距主要公路300m以上，次要公路100m以上

二、建筑朝向

建筑朝向是指一栋猪舍建筑的朝向。猪舍建筑朝向的选择与光照、保温和通风等效果有关，主要是对太阳光、热的利用和对主导风向的利用。阳光可以影响光照，太阳辐射影响猪舍环境温度；主导风向对养猪场的排污，舍内的通风换气效果以及舍内温度等均有影响。我国各城市均有风向玫瑰，图中最大值的方向即为主导风向，图3-2是我国部分城市风向玫瑰。有些地区因受地理环境的影响（山谷风等），主导风向与风玫瑰资料会有出入，应加以注意。

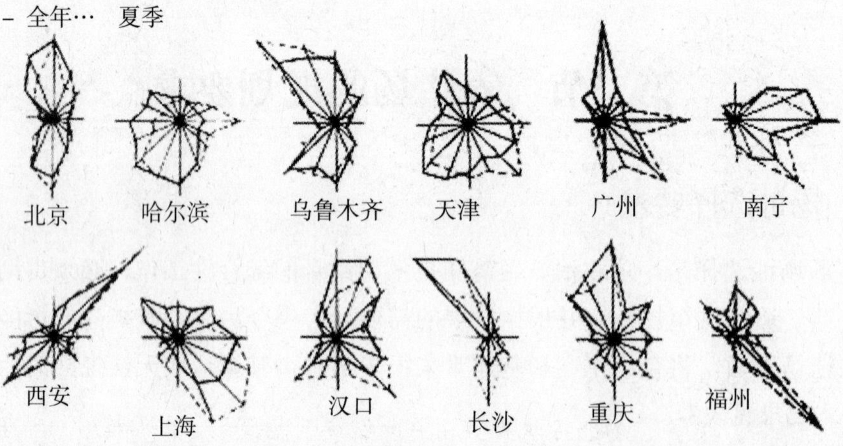

图3-2　我国部分城市风向玫瑰

（一）光照

光照是促进猪正常生长、发育和繁殖等不可缺少的环境因素。太阳光是很好的自然光能，它还有很好的杀菌作用，是养猪场场区排污净化环境的有效“杀菌剂”，应充分利用。

由于我国地处北纬20°～50°之间，太阳高度角冬季小，夏季大，建筑方位朝南，在冬季可以增加太阳的照射，使舍内保持较高温度，图3-3（a）；在夏季又可以防止太阳过分照射，以减低舍内温度。因此，猪舍朝向从日照角度考虑，常采用南向，或南偏东150°左右为宜。猪舍之间的间距根据当地的纬度和日照要求求得，图3-3（b）。

对于开放式猪舍，窗户面积愈大，进入舍内的光线就愈多。缩小窗户与窗户之间的窗间墙的宽度，可使舍内的光线比较均匀。当窗户上缘（或屋檐）与窗台内侧所引的直线同地面水平线之间的夹角小于当地夏至的太阳高度角时，就可防止夏季的直射阳光进入舍内；当猪舍后墙根与窗子上缘（或屋檐）所引的直线同地面水平线之间的夹角等于当地冬至的太阳高度角时，就可使阳光在冬至前后照射在整座猪舍内，图3-3（c）。

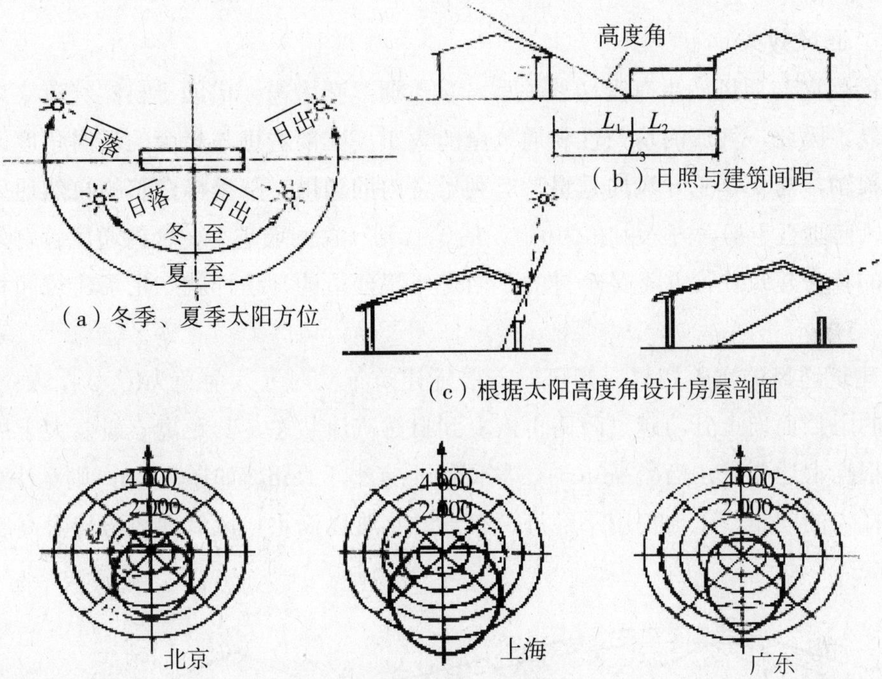

（a）冬季、夏季太阳方位
（b）日照与建筑间距
（c）根据太阳高度角设计房屋剖面
（d）太阳辐射热日总量变化

图3-3 日照要求

（二）太阳辐射

对猪舍来讲，太阳辐射在冬季需要利用，夏季则需避开。太阳辐射热总量随地理位置、季节和朝向的不同而变化，从图3-3中可以看出。

如北京市地处北纬 40°，夏季太阳辐射热总量最大值为每日 8 360kJ/m²，以西晒最大；冬季最大值不足 16 720kJ/m²，南向最大。故从太阳辐射热数量角度选择猪舍的朝向，应以南向为主，可向东或西偏 45°，以南偏东 45° 的朝向最佳。又如，上海市地处北纬 31°，冬季南向墙面的辐射热总量最大，超过每日 20 900kJ/m²，夏季不足每日 12 540kJ/m²，在东、西向，则上海以正南向的猪舍朝向最为有利。再如，广州市地处在北纬 23°，夏季东西向朝向的墙面太阳辐射热总量为每日 16 720kJ/m²，冬季南向墙面辐射热总受热量近于每日 18 810kJ/m²。在考虑广州市的猪舍朝向时，应避开东向西向，以减少东西晒对猪舍所造成的影响。各地在建场时均应考虑当地的冬、夏季太阳辐射热总量对猪舍的利害因素，作为选择猪舍朝向依据的一个重要方面。

（三）冷风渗透

由于冬季主导风向对猪舍迎风面所造成的压力，致使墙体细孔不断由外向内渗透寒气，形成冬季猪舍的冷源，成为猪舍舍内温度下降的重要因素。冷风的压力还会使猪舍围护结构的外表面加速与外界空气间的热交换，致使围护结构内外表面温差加大，造成猪舍的失热。为此，猪舍长轴的墙壁（檐墙）应避开冬季主导风向，选择大于冬季主导风向角45° 的朝向为宜。

（四）通风效果

猪舍的朝向与通风效果有密切的关系，自然通风猪舍需要借助于自然气流来达到猪舍通风换气。因此，气流的均匀性和通风量的大小，主要看进入猪舍的风向角度。一般讲猪舍的长轴，与夏季主导风向垂直，有利于舍内的通风。从单幢建筑的自然通风情况看，主导风向垂直于房舍（入射角为0° ）的确有利（窗间墙越小，舍内通风越均匀），但养猪场的猪舍建筑往往并不是单排的，而是成组建造的，这样就产生了建筑间相互影响的问题。

根据建筑通风的实验资料，当风对着前幢建筑正吹时（入射角为0° ），则风流曲线受建筑的阻挡而向上升，越过障碍再恢复到自然气流状态，其距离一般要大于屋高的4～5倍。根据上述要求，当屋高3m时，其间距不宜小于15m，如屋高5m，则至少要20m以上，这样大的间距，土地使用不经济，布置时常难以满足。风流曲线与房舍高度的关系如图3-4。

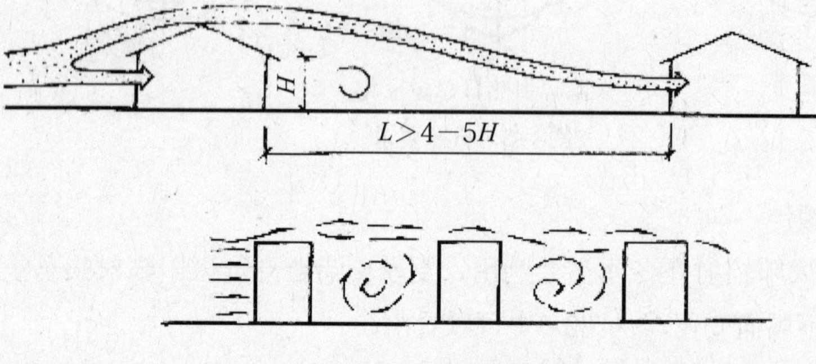

图3-4　风流曲线与房屋高度的关系

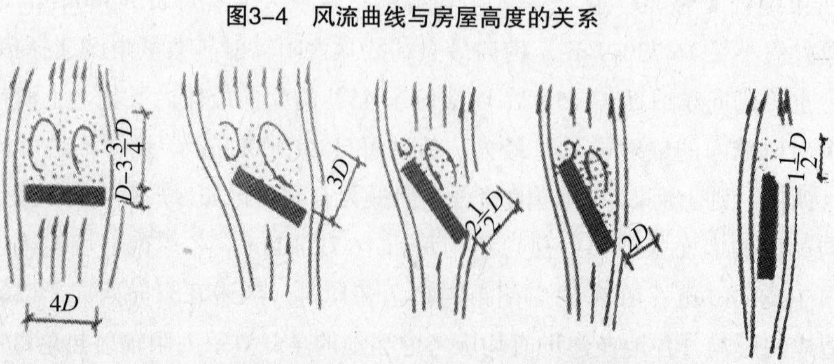

图3-5　建筑物与风向成不同角度时背风面旋涡区关系

通风实验资料表明，当建筑与风向成一定角度时，则背风旋涡区范围大小和形状都有显著变化。当风向与建筑长轴垂直时，其旋涡区最大，当风向与建筑长轴平行时，其旋涡区最小，但对建筑内部的通风来看，此时并不有利，要依靠建筑的端墙进风，进风面较小，且建筑的长度亦不能过长（图3-5）。

在群体布置时，猪舍建筑如与夏季主导风向有 30°～60° 的入射角，既能得到最好的自然通风效果，并能有效地缩小建筑的间距，节约用地。建筑群内不同入射角影响下的流场如图 3-6 所示。

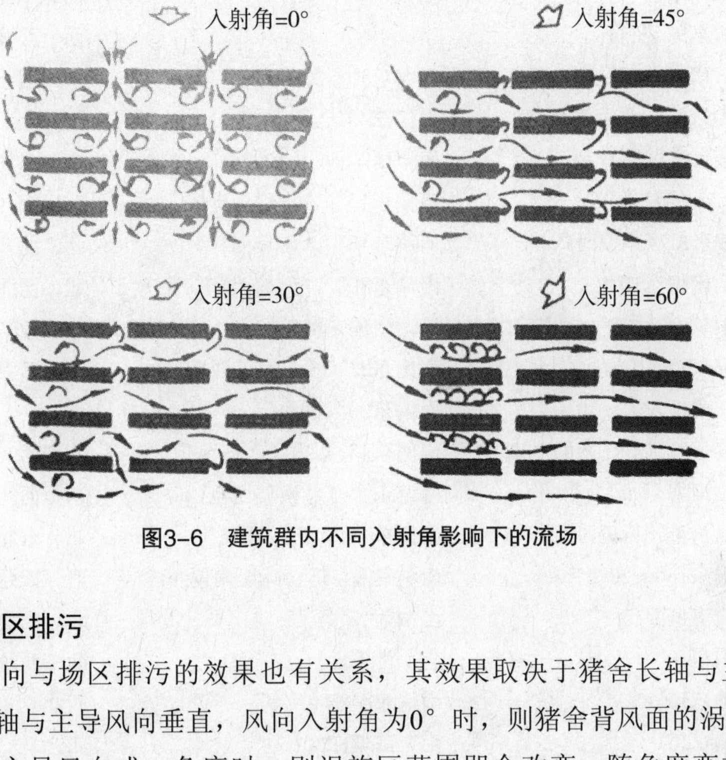

图3-6　建筑群内不同入射角影响下的流场

（五）场区排污

猪舍的朝向与场区排污的效果也有关系，其效果取决于猪舍长轴与主导风向的夹角。当猪舍长轴与主导风向垂直，风向入射角为0° 时，则猪舍背风面的涡旋范围最大；当猪舍长轴与主导风向成一角度时，则涡旋区范围即会改变，随角度变换的大小成正比；当风向入射角为60° 时，涡旋长度仅为猪舍长度的20%；当风向入射角为90° 时，即猪舍长轴与主导风向平行，则场区排污效果最佳（图3-5、图3-6）。

综上所述，从主导风向这一方面分析，根据防止冷风渗透的要求，猪舍朝向应取与冬季主导风向成 45°～90°，避免 0°～45°。如按猪舍通风效果要求，则应与夏季主导风向成 30°～45°。0° 和 90° 均不理想。从场区排污效果要求，猪舍朝向应取与常年主导风向成 30°～60°，避免 0° 的风向入射角。

猪舍的适宜朝向，要根据各个地区的太阳辐射和主导风向这两个主要因素加以选择确定。我国部分地区猪舍朝向，可按表3-2选用。在选用此表时应注意所在地区的特殊情况。特有的地形、地貌都会形成附近地区不同的自然因素，因此，在确定猪舍朝向时，还应结合当地具体情况和习惯加以调整校正。

表3-2　我国部分地区猪舍最佳朝向

地区	最佳朝向	适宜朝向	不宜朝向
武汉	南偏西15°	南偏东15°	西、西北
广州	南偏东15°，南偏西15°	南偏东22°30′，南偏西15°	西
南京	南偏东15°	南偏东25°，南偏西10°	西、北
济南	南、南偏东10°～15°	南偏东30°	西偏北5°～10°
青岛	南、南偏东5°～15°	南偏东15°至南偏西15°	西、北
合肥	南偏东5°～15°	南偏东15°至南偏西5°	西
郑州	南偏东15°	南偏东25°	西北
长沙	南偏东9°左右	南	西、西北
南宁	南、南偏东15°	南偏东5°～25°	东、西
成都	南偏东45°至南偏西15°	南偏东45°至南偏北30°	西、北
昆明	南偏东25°～56°	东至南至西	北偏东35°，北偏西35°
重庆	南、南偏东10°	南偏东15°，南偏西5°，北	东、西
拉萨	南偏东10°，南偏西5°	南偏东15°，南偏西10°	西、北
上海	南至南偏东15°	南偏东30°，南偏西15°	北、西北
杭州	南偏东10°～15°，北偏东6°	南，南偏东30°	北、西
厦门	南偏东5°～10°	南偏东22°36′，南偏西10°	南偏西25°，西偏北30°
福州	南、南偏东5°～10°	南偏东20°以内	西
北京	南偏东30°以内，南偏西30°以内	南偏东45°以内，南偏西45°以内	北偏西30°～60°
沈阳	南、南偏东20°	南偏东至东，南偏西至西	东至西北、西
长春	南偏东30°，南偏西10°	南偏东45°，南偏西45°	北、东北、西北
哈尔滨	南偏东15°～20°	南至南偏东15°，南至南偏西15°	西、西北、北
旅大	南、南偏西15°	南偏西15°至西	北、西北、东北
西安	南偏东10°	南，南偏西	西、西北
太原	南偏东15°	南偏东至东	西北
石家庄	南偏东15°	南至南偏东30°	西
银川	南至南偏东23°	南偏东34°，南偏西20°	西、北
西宁	南至南偏西30°	南偏东30°，至南偏西30°	北、西北
呼和浩特	南至南偏东、南至南偏西	东南、西南	北、西北
乌鲁木齐	南偏东30°	东南、东、西	北、西北

三、选择合理的建筑形式和通风方式

我国幅员辽阔，各地气候差异悬殊，东北、西北地区夏季短促，冬季严寒，华南地区终年高温，夏季炎热，而江淮流域冬季寒冷，夏季闷热。所以，在进行猪舍建筑设计时，必须因地制宜考虑问题，根据我国各地的具体情况，选择合理的建筑形式和通风方式，充分利用最有利的自然条件，以达到减少投资，节约能源，满足不同生长阶段猪的生理需要，提高生产力的目的。

猪舍建筑形式分开放式和密闭式两大类，随着其建筑构造的不同，通风方式也不同。

（一）开放式猪舍

1. 有窗式猪舍

有窗式猪舍适用于夏季热、冬季冷的地区。开窗的面积应满足夏季自然通风的需要，南向外墙冬季受寒冷影响小，日照率较高，因此可以比北墙开设较大面积的窗户。一般来讲，开窗面积越大，通风量越大，越有利于降温，但开窗太大，夏季又会引进大量辐射热和不利于冬季保温，所以要根据猪的不同的生长阶段和自然环境综合考虑开窗面积。此外，在选择窗户的形式时，也应慎重考虑，如平开玻璃窗开启不便，容易破损。上悬式和中悬式窗可以通过开窗机同时开启使用方便，密闭性也好。中国农业大学动物科技学院研制的平衡窗，经使用效果也很好。根据所处地区的气候情况，可在猪舍檐墙下部开设通风地窗，每间开设1～2个（仅南侧设或南北两侧均设），尺寸为（1.2～1.5）m×（0.5～0.6）m，窗扇采用上悬窗，夏季全天打开，组织扫地风，冬季关闭（产房和幼猪舍不设或少设），这对于改善猪舍内环境卫生状况很有作用。

2. 敞开式猪舍

最彻底敞开的建筑是棚舍。棚舍四周无墙，又叫敞棚，其屋顶可以防止日晒，四周敞开可使空气流通，是防暑的一种有效形式。但冬季保温效果不好，受地理位置和自然条件限制较大。

（二）密闭式猪舍

该舍外墙与屋顶均有良好的保温性，采用机械通风，人工控制舍内的温度、湿度、气流和光照

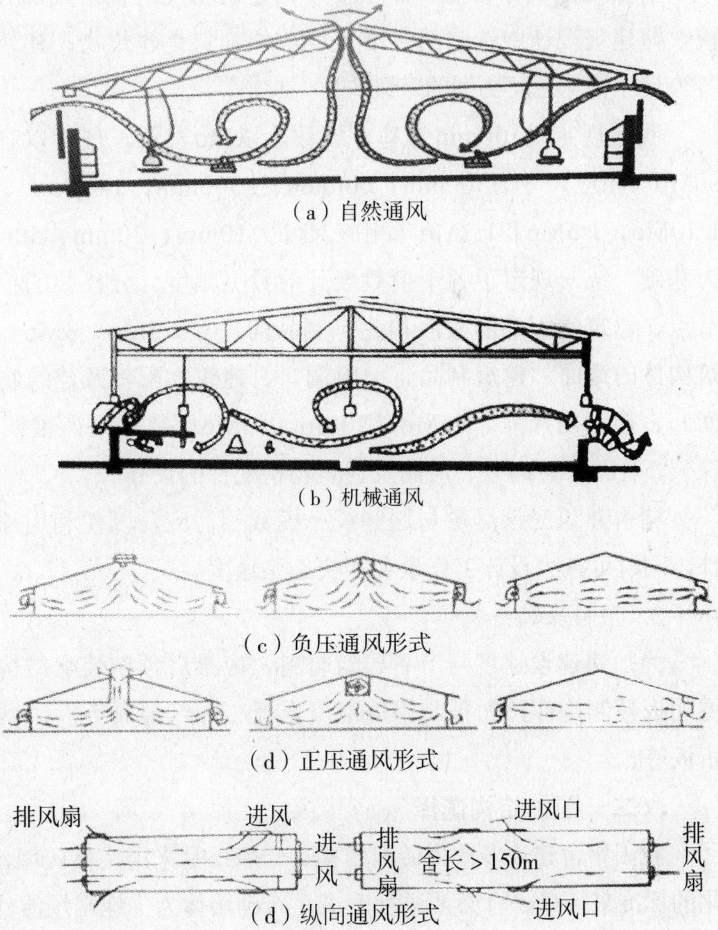

（a）自然通风
（b）机械通风
（c）负压通风形式
（d）正压通风形式
（d）纵向通风形式

图3-7　横向、纵向排风示意图

等。密闭式猪舍克服了季节的影响，大大提高了猪的生产力。但对建筑物和附属设备的要求也高，耗能大，土建造价也高。密闭式建筑在总平面布置中可以缩小建筑间距，提高土地利用率，但应注意养猪场的排污气流，以免污浊空气重新进入舍内，为减少外围护结构面积以利于保温，该猪舍一般采用12～15m跨度。

各类猪舍采用的通风方式如图3-7所示。

四、结构选型要求

猪舍由于饲养工艺的要求，通常是一个较大的空间，但如何选择好结构形式，做到多快好省地建设十分重要，它涉及使用功能、建设速度和省料省工等问题。

（一）承重结构选择

我国猪舍建筑常采用砖混结构，也有采用钢结构和钢筋混凝土框架结构的。

1. 建筑模数的要求

要实现建筑标准化，必须使不同建筑物及其各组成部分之间的尺寸统一协调。建筑模数即建筑设计中选定的标准尺度单位。它是建筑物、建筑物配件、建筑制品及有关设备等尺寸相互之间协调的基础。

我国规定以100mm为基本模数，以Mo表示。规定以3Mo、6Mo、15Mo、30Mo和60Mo（相应尺寸为300mm、600mm、1 500mm、3 000mm、6 000mm）为扩大模数；以1/10Mo、1/5Mo和1/2Mo（相应尺寸为10mm、20mm、50mm）为分模数。以这些模数为基础，统一规定了各个模数展开的数列幅度。分模数的模数数列主要用于缝隙、构造节点、建筑物配件的截面和建筑制品的尺寸。1Mo、3Mo、6Mo的模数数列，主要用建筑构件的截面、建筑制品、门窗洞口、建筑物配件及建筑物的跨度（进深）、柱距（开间）、层高的尺寸。15Mo、30Mo、60Mo模数数列，主要用于建筑物较大的跨度（进深）、柱距（开间）、层高及建筑物构配件的尺寸。

猪舍建筑应该尽量与这些统一模数相适应，以便利用那些全国建筑业通用的标准构件，同时可减少设计工作量和加快施工速度。

2. 预制装配要求

为加快建设速度与节省建筑材料，应推广预制装配结构。除预制屋架外，还有各种屋面板预制构件，如预制钢筋混凝土板、加气混凝土板、钢筋混凝土槽板和钢筋混凝土折板等。

（二）围护结构选择

我国猪舍建筑多数为砖混结构。一般还是采用实体砖墙，其热阻比较低，从建筑工业化的标准来衡量，有必要进行改进。砖砌墙体为工地现场湿作施工，手工操作，气候条件对施工进度影响很大。在寒冷地区，为了提高保温性能，墙体较厚，结构面积大，应该发展轻质高效的墙体材料，如加气混凝土等进行墙体改革。

1. 提高围护结构的热工性能

（1）加气混凝土砌块：加气混凝土是一种轻质多孔建筑材料，它具有容重轻，保温效能高，吸音好，尺寸准确和可加工性等优点。加气混凝土造价较黏土砖省7%～15%，而墙体重量减轻75%以上，相应地节省基础造价。

（2）复合墙体：除采用高效保温材料作墙体外，也可在基本采用砖墙的基础上推广复合墙体来改进墙体围护结构的热工性能，如图3-8所示。

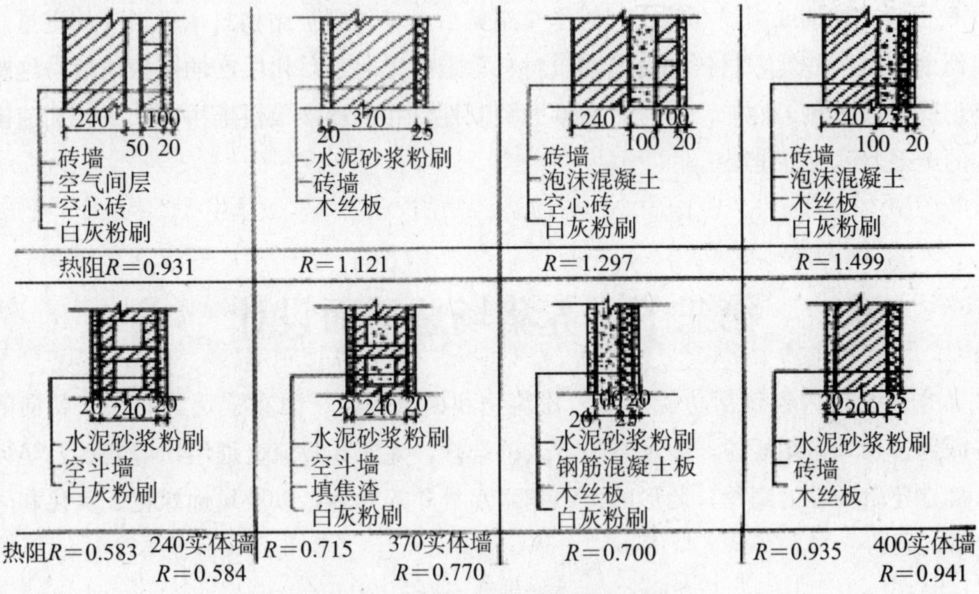

图3-8　改进墙体构造与热阻的提高

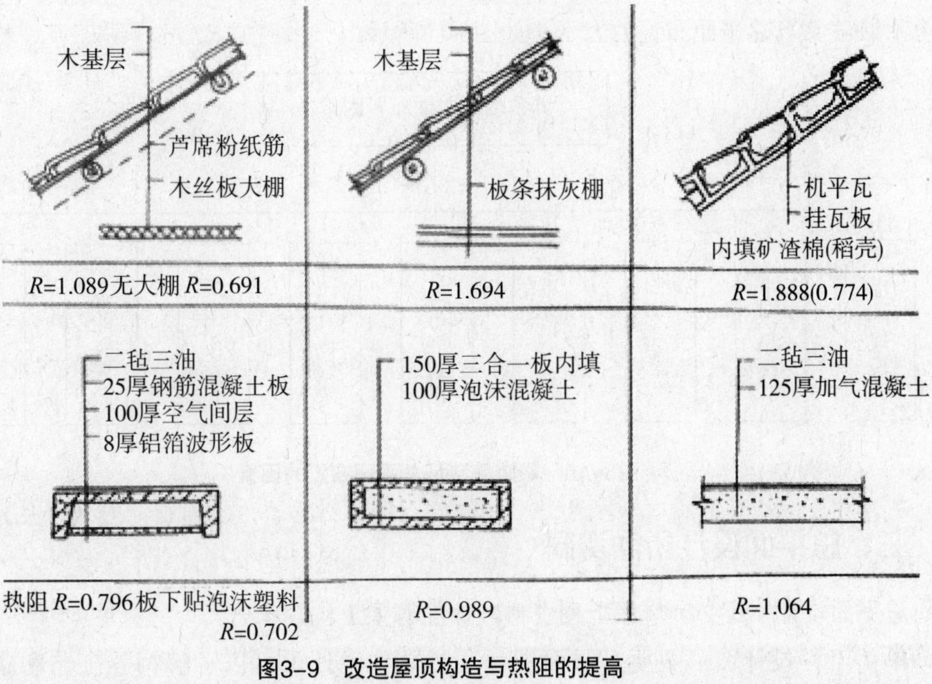

图3-9　改造屋顶构造与热阻的提高

与其他建筑规律一样，围护结构中墙体的热阻还容易满足，而屋顶的热阻常被忽视，不能保证，以致影响舍内的环境温度。其实屋顶的保温性比墙体更为重要，猪舍建筑为防止夏季太阳辐射热的影响，可以采用中间空气可以流通的双层屋顶。猪舍加设顶棚对夏季的防热和冬季的保温效果更好，此外在屋顶围护结构中加设保温材料也可提高屋顶热阻，如图3-9所示。

2. 加速围护结构的施工

采用门式钢架或钢筋混凝土柱等承重结构后，墙体围护结构只承受自身的重量，可更广泛地利用一些地方材料和新型建筑材料。最好采用工厂化生产的围护墙板，这些墙板不但具有高效热工性能，而且有高度的预制性，在现场能很快地拼装起来，加速围护结构的施工，可缩短建筑工期。

第三节　养猪场总平面设计

总平面设计内容包括功能分区、建筑物和构筑物的平面布置及其间距、朝向的确定等问题；合理组织运输，涉及运输方式的选择，人流和货流交通组织等问题；竖向布置、确定建筑场地的高程、地形的组织和雨水排除等问题；以及场地绿化、美化和环境卫生等问题。

一、影响总平面布置的因素

影响养猪场总平面布置的因素，如图3-10所示。

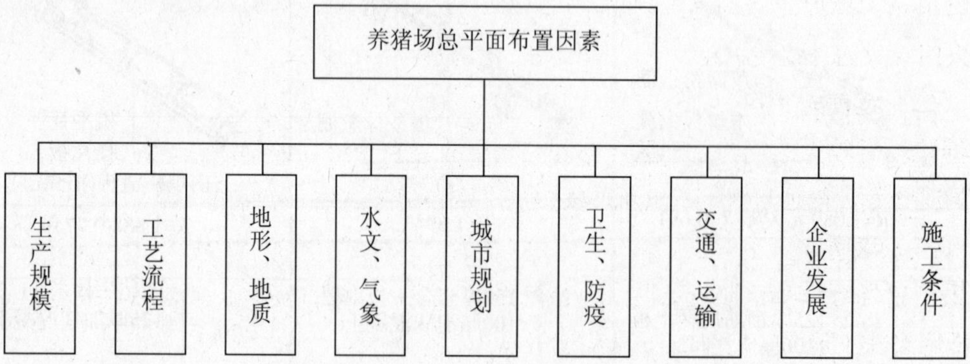

图3-10　影响养猪场总平面布置的因素

二、总平面设计所需资料

总平面设计中还必须掌握下列资料，才能着手工作。

单体工程设计图：主要是平面图。通过单体设计，可以了解饲养工艺和猪舍的数量、外形尺寸等。

场地区域地形图：从区域地形图可以了解场区周围的情况。解决场内外道路连接、雨水、污水、粪便的排向。采用1∶5 000或1∶2 500比例尺均可。

建设工程用地地形图：该图是总平面设计及竖向设计的依据。如山区地形，建筑物应尽可能顺等高线布置，以减少土方量。比例尺为1∶500，等高线间距不大于1m。

气象资料：以当地气象资料为最合理，在一些村镇，如无当地完整气象资料时，可借鉴临近县市的气象资料。风的主导风向及频率，对猪场设计有重要关系。舍与舍之间有风向关系，各功能区之间也有风向要求，所以总平面布置的风向的处理是十分重要的。

水文及地质资料：查阅当地水文及地质资料，了解以往山洪和地震资料，合理设计和布置猪舍建筑。

三、场区分区规划

按照建筑的功能、性质、卫生防疫要求把整个猪场划分为若干区域。大型猪场要分生产区、生产辅助区和生活区，中、小型猪场只划分生产区和管理区。生产区要与其他建筑隔开，按照生产工艺流程将猪舍依配种—分娩—培育—生长—育肥的顺序排列，既便于猪群调动，又使育肥猪舍靠近生产区的一端，便于商品猪出栏。

（一）生产区

生产区是猪场中的主要场区，其中种猪舍要求与其他猪舍分隔开，形成种猪区。种猪区应设在人流较少的猪场上风向，种公猪放在较僻静的地方可以避免影响母猪的安宁。商品猪区布置也要区别对待，如妊娠猪舍、分娩猪舍（或繁殖猪舍）应该放在较好的位置；分娩猪舍既要靠近妊娠猪舍，又要接近育成猪舍，以便猪只的转圈；育成猪舍最好离猪场入口处近些，有的猪场还需出售仔猪；育肥猪舍应设在下风向，并有独立的出猪大门。大门外设装猪台。

（二）饲养管理区

养猪场有较大的饲养管理区，布置猪场管理生产所必需的附属建筑，如饲料加工车间、饲料仓库、修理车间、变电所、锅炉房、水泵房等。

（三）兽医隔离区

大型猪场还设有兽医隔离区，包括兽医试验室、病猪隔离室、粪尿储存处等。这些建筑都应设在下风向，地势较低的地方。

（四）生活福利区

猪场生活福利区都要求单独设立，包括办公室、职工宿舍等，既要照顾工作方便，又一定要与猪舍隔离开来，在进入猪场时都要通过专门的门卫消毒室，进行严格的防疫消毒。

养猪场的功能分区是否合理，各区建筑物布置是否得当，不仅直接影响基建投资、经营管理、生产的组织、劳动生产率和经济效益，而且影响场区小气候状况和兽医卫生水平。养猪场内各种房舍的分区规划，首先应该考虑人的工作和生活集中场所的环境保护，使其尽量不受饲料粉尘、粪便气味和其他废物的污染，其次注意猪群的防疫卫生，尽量杜绝污染源对生产猪群环境污染的可能性。猪场各种房舍分区规划，按地势和风向安排。就地势的高低和风的主导风向将各种房屋从防疫环境需要的先后次序给予排列。如地势与主导风向不是同一方向，而按防疫要求又不好处理时，则以风向为主，与地势的矛盾可以采取其他设施加以解决，如挖沟设障或利用风向偏角（与主导风向线垂直的两个偏角）。按防疫要求和环境保护的需要，养猪场各区依地势、风向配置如图3-11所示。

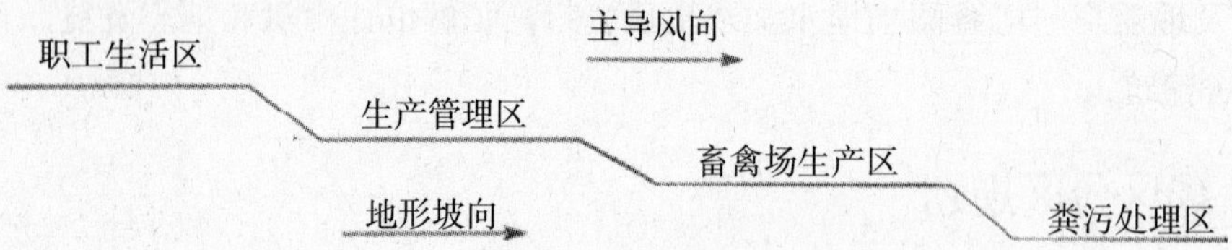

图3-11　养猪场各区与地势、风向关系示意

四、建筑物的合理布局

（一）养猪场建筑之间的功能联系

养猪场按功能要求分为生产区、生产辅助区、管理及生活区，各区之间要有明显的区别并筑墙分隔，各成一体。此外还可以根据生产环节确定建筑物之间的最佳生产联系。养猪生产过程大致包括以下几个环节：①种猪的饲养管理和繁殖；②仔猪的培育；③商品猪（生产群）的饲养管理；④饲料的运输、贮存、加工、调制与分发；⑤猪舍清扫、粪便的清除及处理；⑥产品的加工、保存、运送；⑦疾病的防治。这些过程需在不同建筑物中进行，彼此发生功能联系，可用图3-12表示。

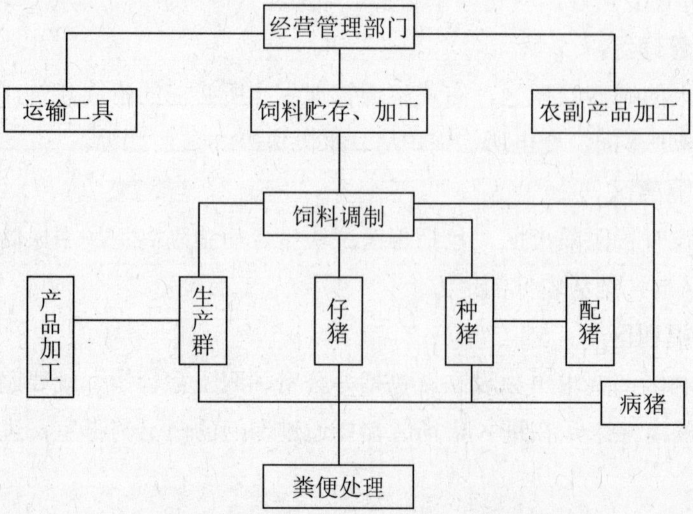

图3-12　养猪场建筑之间的功能联系

（二）猪舍的排列

养猪场的建筑按它们彼此间的功能联系统筹安排，建筑物之间的距离在考虑防疫、防火、通风、日照要求的前提下，尽量使总体布置紧凑，节约建筑用地。建筑物一般应平行整齐排列，如栋数不多时，宜呈一行排列；当栋数较多时，可呈两行、三行排列。合理的布局要结合现场具体条件，遵循基本原则，因地制宜制定。猪场的总平面布局有以下几种。

1. 单排式猪场

这种单排式猪场道路组织比较简单，一边可以布置饲料通道（净道），另一边布置粪便通道（污道），互不干扰。猪舍的间距可以考虑在10m左右，以节约用地，缩短运输路线（图3-13a）。

2. 双排式猪场

两排猪舍中央大道既为饲料通道，又是人流通道。两侧道路为清粪道。这种布置的优点是饲料输送线路比较短总体对称整齐，较受欢迎（图3-13b）。

3. 多排式猪场

大型猪场可以采用多排式总体布置，但道路组织比较复杂，道路多，净污道不易分辨（图3-13c）。

国内猪舍因考虑自然通风为主，其跨度比较小（6～9m），如年产肥猪万头以上的猪场，就会感到建筑过于分散，占地较大，并导致道路、管线的长度增加，造成基建投资费用和日常经营费用的增加。应该在解决加强通风的前提下，适当加大跨度（12～15m），使建筑布置更加紧凑。特别是寒冷地区建筑的合并除缩短道路、管线长度外，还能明显降低建筑的费用（墙面积的减少，采暖费的降低等）。

国内外猪舍已有向多层发展的经验，使之更有利于向养猪自动化发展，如上海青东猪场的四层育肥猪舍土建单价仅比单层猪舍增加约10%，但节约土地约50%。

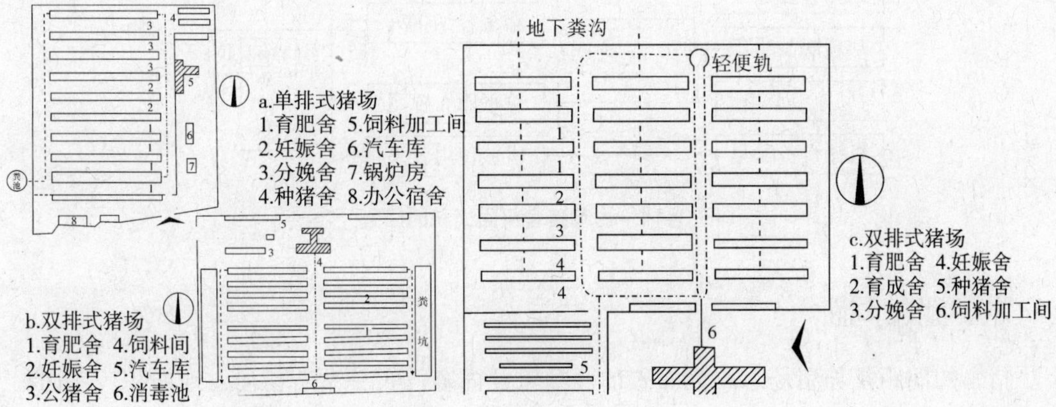

图3–13 猪舍排列方式

五、猪舍单体平面设计

养猪场由各种不同种类的猪舍组成，例如有妊娠母猪舍、产仔哺乳舍、仔猪舍、育肥猪舍及后备母猪舍、公猪舍等。猪舍单体平面设计，是在饲养工艺和平面布置方案的基础上进行的，它既受饲养工艺和饲养规模的制约，又可促进饲养工艺的合理布置，各种猪舍的面积、数量和布置方案，对猪场的总平面设计起决定性的作用。

猪舍的建筑面积是由饲养面积、辅助面积和结构面积所组成。饲养面积是饲养间所占的面积，包括笼、网、围栏和喂饲通道所占的面积；辅助面积为猪舍中料库、工具库及值班室所占的面积。结构面积为猪舍墙、柱等结构所占的面积。在设计中应尽量提高饲养面积所占的比例，提高猪舍有效面积，控制辅助面积和结构面积，这个控制指标以平面系数（K值）来表示。

平面系数K＝（饲养面积/建筑面积）×100%

平面系数K是衡量猪舍建筑平面设计是否经济合理的一个技术指标。

影响猪舍单体平面设计的因素如图3-14所示。

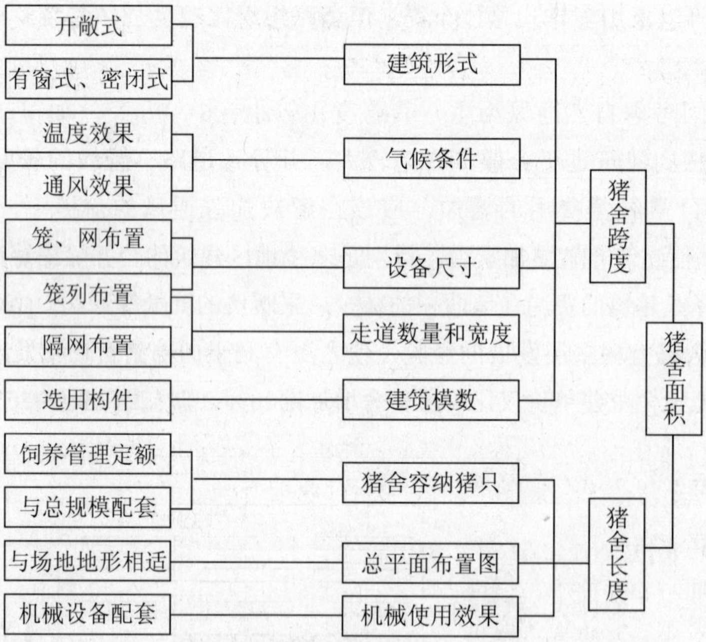

图3-14　影响猪舍平面面积的因素

六、猪舍间距

猪舍的间距是养猪场总平面布置的一项重要内容，它关系着猪场占地面积。考虑猪舍间距应以防疫、排污、防火和采光四方面的要求距离为主，参考其他要求给予确定，一般如能满足上述为主的四方面距离的要求，其他方面也可以满足。

设室外地坪至猪舍檐口高度为H（m），则四者要求间距S分别为：

防疫要求：猪以猪舍分群，猪舍是防疫隔离的条件，因此，应尽量杜绝或减少不同猪舍之间的猪群相互感染的可能性。按规定，开放式猪舍间距应为5H，密闭式猪舍3H的间距即可满足防疫的要求。即：S疫＝3～5H

排污要求：为了改善猪场的环境，有效地排除各栋猪舍排于场区的污秽气体和粉尘等有害物质，猪舍的间距大小，要考虑场区的排污效果。场区的排污需要借助于合理组织自然通风，利用主导风向与猪舍长轴所形成的角度等措施，可以适当缩小猪舍间距，一般采用2H的间距即可达到排污的需要。即：S排＝2H

防火要求：消除隐患，防止事故发生是安全生产的保证。养猪场的防火问题，除了按规定设置消防栓和提高猪舍结构的建筑材料抗燃性能外，建筑物的防火间距也是一项主要的防火措施。猪舍多为砖混结构，其防火间距取2～3H即可满足要求。即：S火＝2～3H

采光要求：采光所需要间距主要考虑开放式猪舍相邻猪舍的日照遮阳问题，按民用建筑的日照间距要求取1.5～2H即可。即：S光＝1.5～2H

综上所述：S疫＞S火＞S排＞S光

由此可见，猪舍的间距是由防疫要求决定的，一般取9～15m即可满足要求。

七、场内道路布置与构造

场内道路是总体平面布置的一个组成部分，是场内建筑物之间，场内与场外之间联系的纽带。它对组织生产活动的正常进行和卫生防疫以及提高工作效率起着重要作用。它的主要功能是为人员流动、运输饲料、产品和养猪场的粪便、废弃物提供方便的线路。场内道路系统应与场区总平面布置、竖向设计、绿化设计等协调一致。猪场场内、外道路均应分别设置净道（运送饲料、管理、联系等）和污道（转群、运输粪污和出栏猪等），并不得混用和交叉，以阻断由道路传播疫病的途径。路面宽度一般为净道4m、污道1.5m。路旁一侧或两侧可设排水明沟，并不得与舍内污水混排，切实做到“雨污分流”，以减少污水、保障污水处理设备正常运行。

（一）道路的布置

为了场区环境卫生和防止污染，场内道路应该净污分道，互不交叉，出入口分开。净道的功能是饲料和产品的运输通道，污道是为运输粪便及废弃设备的专用道。为了保证净道不受污染，在布置道路时按梳状布置，道路末端只通猪舍，不再延伸。更不可与污道贯通（图3-15）。

场外至场内的道路末端终止在料库以及排污区有关建筑物或建筑设施，不能直接与生产区道路相通。场外道路与生产区道路相接处，必须设消毒池。

（二）道路的构造

场内道路构造多为水泥混凝土路面，应符合平坦坚固、宽度适当（净道路面宽度为

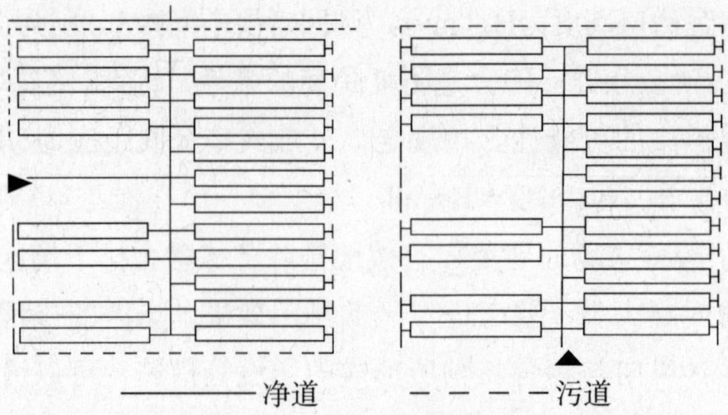

图3-15　猪舍内的道路布置

4～5m，污道路面宽度为2～3m）、坡度平缓、曲线段少及经济合理的原则。道路两侧应设排水沟。

（三）尽端设回车场

养猪场内的道路多为末端封闭，要求在道路的尽端设回车场，解决车辆的调头问题。回车场可根据场地地形，选用图3-16所列回车场的形式。

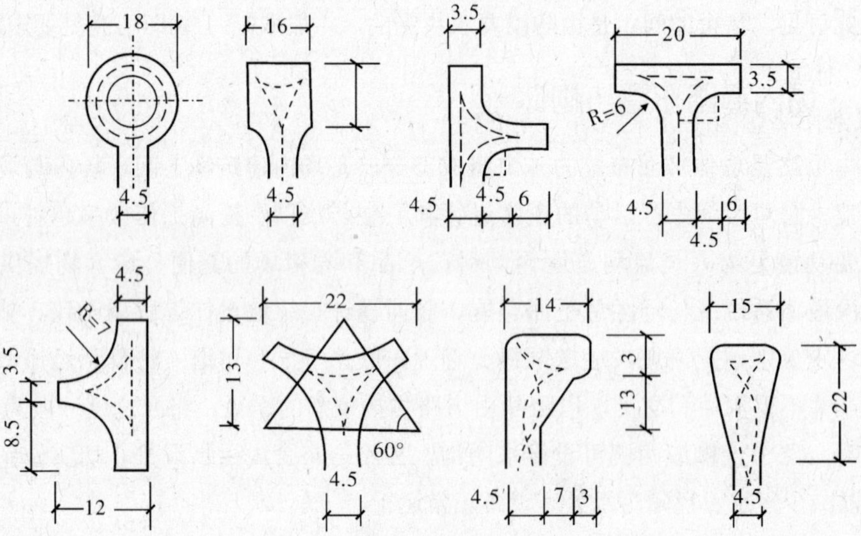

图3-16　几种回车场形式（单位：m）

八、场内绿化

养猪场的绿化是企业文明生产的标志。绿化是改善场区和猪舍环境、减少环境污染、防止疫病传播、实现清洁生产的重要措施。绿化不仅可以美化环境，改善猪场的自然面貌，而且对猪场的环境保护，促进安全生产，提高经济效益有明显的作用。

（一）绿化的作用

研究表明，绿化地带夏季气温可降低10％～20％，而冬季可使风速降低

75%～80%，有效距离可达树高的10倍，每公顷阔叶林每日可吸收1 000kg CO_2、放出730 kg O_2；绿化可使场区臭气减少50%，有害气体浓度降低25%，尘埃减少36%～67%，空气中细菌总数减少22%～79%，噪音减弱25%。在猪舍之间的空地上，种植适宜的经济作物和果树，还可增加经济效益。此外，绿化还有隔离和防火作用。

（二）绿化的布置

绿化布置需要在总平面设计中统一考虑。绿化布置时应考虑各种林木的功能，使之为保护和美化环境发挥作用。

1. 设置防护林带

以降低风速为目的，防低温气流，防风沙对场区和猪舍的侵袭。可在全场上风方向植3～5排乔灌木搭配、落叶常绿搭配的防风林，其他方向植1～2排高大落叶乔木的隔离林，在防御地段设5～8m宽乔灌木相结合林带。株距1.5m，行距1.5m，品字形栽种。可选枝条较稠密和抗风的树种，如槐树、柏树、松树、小叶杨树等。

2. 隔离绿化带

生产区各区段或三点式各分场间，四周围墙，应植乔灌木搭配、落叶常绿搭配的隔离绿化带。林带宽4～5m，选择疏枝树木以利通风，如柳树、白杨树、柿树、银杏树等。

3. 行道树

以遮阳吸尘为主。道路两旁可植乔木行道树和灌木绿篱，猪舍间可植高大落叶乔木作遮阳绿化；与风向平行道路可种冠大叶密乔木或乔木灌木兼种。与风向垂直道路，宜种植枝条长而稀的树种，如合欢树、白杨树、槐树等。

4. 遮阳植物

养猪场四周、猪舍之间，均应植树种草。猪舍之间的绿化，既要注意遮阳效果，又要注意不影响通风排污。可选种如柿树、枣树、核桃树、泡桐树等枝条长，树冠大而透风性好的树种。

九、养猪场的大门与防疫

养猪场的大门的大小和形式设计取决于人流、货运的要求，应力求适用、经济、大方。大门的宽度一般是4～5m，应保证车辆进出和大门开启方便，为便于生产管理，可在大门旁边设置边门。场大门应设门卫、人员消毒间和车辆消毒设施作为第一级防疫，消毒间应设置消毒脚垫和洗手消毒盆。车辆消毒池应有遮雨棚，池长须保证车轮在池中滚动一周，消毒液必须确实有效，车身由喷雾设备消毒。生产区（含多点式各分场）应设消毒淋浴更衣室和车辆消毒设施作为第二级防疫，人员进入生产区，须先进入消毒淋浴更衣室，顺序通过消毒走廊、场外衣更衣室、淋浴间、场内衣更衣室。每栋猪舍大门口设消毒池和洗手盆作为第三级防疫。车辆不得进入生产区（消防等情况除外），饲料车和运猪车只许在场前区的饲料库卸料口卸料、装猪台装车。种猪场应设选猪间（种猪展示厅），选猪间包括选猪走廊、待选圈、选中圈、装猪台，选猪走廊入口应设在场外一侧。

第四节　养猪场场区竖向布置设计

总平面布置与竖向布置，是养猪场整体规划的两个组成部分，二者必须兼顾。统一考虑和处理“平面”与“竖向”布置过程中的矛盾。

建设用地的自然地形，往往不能满足建筑总平面设计中各种建筑物、构筑物设计的标高要求。竖向设计的任务是在分析修建地段地形条件的基础上，对原地形进行利用和改造，使它符合使用，适宜建筑布置和排水，达到功能合理，技术可行，造价经济和景观优美的要求。具体内容为：根据建设项目的使用要求，结合用地的地形特点和施工技术条件，研究养猪场建筑物、构筑物、道路、场地、绿化及其他设施相互之间的标高联系，充分利用地形，少开土石方量，经济、合理地确定建筑物、道路等的竖向位置，并计算土方工程量。

正确地进行竖向布置，既要满足建设项目的使用要求，又要充分利用地形，合理改造地形。决不可不管地形起伏，统统“削平头”，单纯追求用地平整而大开土石方；也不可不问施工机械化程度如何，过分迁就地形而损害建筑总平面的使用功能。

一、竖向布置的任务

竖向布置的目的是改造和利用地形，使确定的设计标高和设计地面能满足建筑物、构筑物之间和场地内外交通运输合理的要求，保证地面水有组织地排除，并力争土石方工程量最小。同时，还要满足饲养工艺流程和卫生防疫的要求。因此，竖向布置的基本任务有下列几个方面：①选择养猪场地的整平方式和设计地面的连接形式；②选择建筑物、构筑物的地坪标高和露天堆场、运动场的整平标高；③根据有关规范要求，确定场地内道路的设计标高和坡度，使之与场地内的建筑物、构筑物和场地外的道路在标高上相适应；④拟定场地的排水系统，保证地面不积水，排水通畅，不受山洪侵袭；⑤计算土石方工程量，使挖方和填方量接近平衡，土石方总工程量达到最小；⑥合理设置必要的工程构筑物（如挡土墙、护坡等）和排水构筑物（如排水沟、排洪沟等）。

二、竖向设计步骤

第一步：竖向设计应贯穿在规划设计的全过程。规划设计工作开始，首先对建设基地进行地形和环境分析，研究其利用和改造的可能性，用地的竖向处理和排水组织方案，结合猪场场区规划结构，用地布局，道路和绿地系统组织，建筑群体布置以及公共设施的安排等作统一的考虑。

第二步：竖向高程设计。猪场详细规划总平面方案初步确定后，再深入进行用地的竖向高程设计。通常先根据场区四周道路的高程资料，进行场区内道路的竖向设计；在地形比较平缓、简单的情况下，场区内道路只需按地形、排水及交通要求，确定其合适的坡度、坡长定出主要控制点（交叉点、转折点、变坡点）的设计标高，并注意和四周城市道路高程的衔接。地形起伏变化较大的场区内主要道路，则以深入做出纵断面设计为宜。

第三步：设计地形的表达。根据场区内建筑群布置及排水组织要求，考虑地形具体的竖向处理方案，可用设计等高线或者设计标高点来表达设计地形。

第四步：确定设计标高。根据地形的竖向设计方案和建筑的使用、经济、排水、防洪、美观等要求，确定猪舍室内地坪及舍外场地的设计标高。

第五步：计算土方工程量。如土方量过大，或者填、挖方不平衡，而土源或弃土困难，则应调整修改竖向设计。

第六步：进行细部处理。包括边坡、挡土墙、台阶、排水明沟等的设计。

第七步：设计的修改和调整。竖向设计往往需要反复修改、调整，尤其是地形复杂起伏的场地，测量的地形图往往和实际地形有相当大的出入，需要在设计之前，仔细核对，而在施工中需要进行修改竖向设计的情况也是常有的事。

三、地形分析

地形分析包括地面高程、坡度、坡向、特征、脊线（分水线）、谷线（汇水线）、洪水淹没线（50年一遇和100年一遇）、制高点、冲沟、洼地位置等内容。

（一）高程系统

我国各地多采用黄海高程系统，即以青岛观测站海平面作为零点的高程系统。

（二）等高线和坡度

1. 等高线

测量地形图上表示地面高程相等的线，线上注有高程。

2. 等高线平距（L）

地形图上两相邻等高线之间的垂直距离。

3. 等高线高距（H）

相邻等高线的高程差。一般地形图有用0.5m、1.0m、2.0m、5m、10m等。设计等高线高距常用0.1m、0.2m、0.25m、0.5m等。均视地形坡度及图纸比例不同而选用。

4. 设计等高线高距

选用见表3-3。

表3-3 设计等高线高距选用（m）

比例 \ 坡度	<2%	2%～5%	>5%
1∶2 000	0.25	0.5	1.00
1∶1 000	0.1	0.20	0.50
1∶500	0.1	0.10	0.20

5. 坡度（*i*）

等高线高距与平距之比。i=H/L（%）

6. 地面坡度分级及使用地面坡度

共分为5级。

（1）平坡：坡度为0～2%。在此地面上建筑，道路布置不受地形坡度限制，可以随便安排。坡度小于3%时应注意排水组织。

（2）缓坡：坡度为2%～10%。当坡度为2%～5%时，建筑宜平行等高线或与之斜交布置，若垂直等高线，其长度不宜超过30～50m，否则需结合地形作错层、跌落等处理，猪舍建筑应尽力避免垂直等高线建设；非机动车道尽可能不垂直等高线布置，机动车道则可随意选线，地形起伏可使建筑及环境绿地景观丰富多彩。当坡度为5%～10%时，建筑、道路最好平行等高线或与之斜交。猪场附属建筑若与等高线垂直或大角度斜交，建筑需结合地形设计，作跌落、错层处理。机动车道需限制其坡长。

（3）中坡：坡度为10%～25%。

（4）陡坡：坡度为25%～50%。

（5）急坡：坡度大于50%。

养猪场用地可选用平坡地和缓坡地。坡度大于10%，不宜选用。

四、设计地面形式的选择

（一）设计地面的形式

将自然地形加以适当改造，使其能满足使用要求的地形，就叫做设计地面或设计地形。设计地面按其整平连接形式或分为三种：

1. 平坡式

平坡式竖向布置是把场地处理成一个或几个坡向的整平面，坡度和标高没有剧烈的变化，整平面之间连接平缓。平坡式布置的优点是场地有效利用率高，节约用地，能提高总平面布置的经济性，建筑群主从分明，富有表现力，利于运输和生产管理，是现代养猪场总体布置较为理想的方式。但其仅适用地形平坦的场址，在地形变化较大的场地，土方量大，不宜采用。

2. 台阶式

台阶式竖向布置是由几个标高相差较大的不同整平面相连接而成，在连接处设置陡坡或挡土墙。其优点是利用自然地形，最大限度节省土石方工程量。

3. 混合式

地形变化较大的场地，可以采用平坡式和台阶式混合使用的处理办法。如根据使用要求和地形特点，把建设用地分为几个大的区域，每个大的区域用平坡式改造地形，而坡面相接处用台阶连接。

（二）设计地面连接形式的选择

平坡式和台阶式是设计地面连接的两种基本形式。

平坡式一般适用于自然地形较平坦的场地。当场区内自然地形坡度小于3%，建筑密度较大，地下管线复杂时，宜采用平坡式；当场区宽度较小，自然地形坡度虽然达到3%～4%时，也可采用平坡式。

台阶式多适用于自然地形坡度较大的场地。当场区自然地形坡度大于3%时，可以采用台阶式；自然地形坡度虽然小于3%，但场区宽度过大（如500m），也可考虑采用台阶式；山区自然地形坡度较大，为避免大填大挖也多采用台阶式。采用台阶式布置，在建筑密度较小，而场区交通运输线路及地下管线复杂时，使用经济效果较差，若建筑总平面的使用要求，交通运输，管网线路都较简单时，可以尽量利用地形，采用台阶式的竖向布置以减少土石方工程量。

总的来说，考虑设计地面连接形式选择的主要因素是：①用地的自然地形坡度，建筑物的使用要求及其与其他建筑物的交通运输联系，场地面积大小，土石方工程量多少；②其次还要考虑地质（如是黏土类还是岩石），施工方法（是用人工还是用施工机械），室外工程投资和基建速度要求。但应注意：在某些情况下，一些次要因素对设计地面连接形式的选择影响很大（如施工方法、工程量等）。所以，在选择设计地面连接形式时，要通过综合技术经济比较，方能作出经济、合理的决定。

五、平土方式和设计标高的确定

（一）平土方式

场地平土方式基本上有两种：①连续平土，即在整个场地连续进行平整工程；②重点平土，即在建筑物、构筑物和必要的场地进行平整工程，其他地段适当保持原有地形，以节省工程量。这两种方式可以混合使用，特别在山区坡地。

（二）设计标高的确定

1. 影响设计标高确定的因素

（1）考虑场地内外道路连接的可能性，满足场地内建筑物、构筑物互相间的联系要求。

（2）符合场内道路、排水设施对连接点的标高要求，使场内运输道路具有合理的纵横断面。

（3）满足排水和防洪要求。在江河附近用地，其设计标高应高出设计洪水水位0.5m以上。场地平整的表面，应有0.5％的坡度，以保证排除雨水，舍内外地面高差应大于15cm。

（4）尽量减少土石方工程量和基础工程量。在一般情况下，如地形起伏变化不大的地方，应使设计标高尽量接近自然地形标高。在丘陵山区地形起伏变化较大，应充分利用地形，尽量避免大填大挖。宜采用半挖半填方式，一般挖方可稍大于填方，以减少基础埋没深度。

（5）考虑地下水位，地质条件影响。地下水位高的地段不宜挖方；地下水位低的地段因下部土层比上部土层的地耐力大，可考虑挖方，因挖方后除可获得较高的地耐力外，还可减少基础埋置的深度和断面尺寸。

2. 设计标高确定的程序

（1）根据使用要求和场地地形条件，确定采用某一种整平方式。如采用混合式，把用地划分为连续式和重点式的整平地段。

（2）根据地形图和养猪场总平面图，选用最适当的设计地面连接形式，尽量减少土石方工程量。

（3）根据用地的工程地质，地下水位等条件，结合使用要求和基础埋深等情况，确定适宜于填方和挖方的地区范围。

（4）根据猪场用地内外道路、管线的连接条件，相邻地区的整平标高，地面雨水排除口的位置、标高，彼此运输联系密切的建筑物、构筑物允许的标高差等条件，合理地确定养猪场各建筑物、构筑物、道路的标高。

为使土石方工程量最少，设计地面应力求与自然地形标高相接近。因此，养猪场各建筑物、构筑物配置地段的整平标高，宜等于该地段自然地形的平均标高。

考虑到建筑物、构筑物等开挖基槽的多余土方，在初定标高时，要比建筑物所在地段的自然地形的平均标高稍高一些。

（5）按照养猪场用地的工程地质、水文、交通运输及其他条件，对所定的标高进行检查、校正，并作出土石方工程量的概算和编制初步土石方工程量平衡表。

（6）当场区内主要建筑物、构筑物、道路的标高以及道路的横断面确定以后，就可以进行详细的竖向布置工作。

六、建筑物之间的详细竖向布置

建筑物之间的竖向布置要求是：应避免室外雨水流入建筑物内，并引导室外雨水顺利地排除，应保证建筑物之间的交通运输有良好的联系。

建筑物至道路的地面排水坡度一般允许在0.5％～6％变动，最好在1％～3％。通常建筑物室内地坪标高应略高于道路中心的标高。根据排水和运输要求。室内外高差一般应大于0.15m，为保证猪舍地面干燥卫生，一般舍内地坪比舍外地面高出0.30～0.45m。

建筑物之间的雨水一般是通过檐下排水沟排至道路两侧的排水沟中排出场内。道路路面上的雨水也是排至道路两侧排水沟中排出场内，道路中心标高一般应比建筑的室内地坪低0.15m以上。

养猪场场内道路的路面不考虑排水要求，其排水由道路的边沟承担。所以，在进行建筑物之间的竖向布置时，多把地面上和道路上的雨水顺利地引入边沟，然后由边沟排除。对于道路的标高，由于不受排水条件的限制，其允许的纵向坡度变化幅度较大，最小纵坡可至零度，因而其竖向布置也较为灵活。

在自然地形起伏变化较大的地段，建筑物之间的竖向布置要综合考虑使用、运输、排水等要求，并充分利用地形，减少土石方工程量。考虑上述要求，往往将建筑物置于不同标高的台地上。

七、猪场给排水布置

（一）水源防护和水体净化

猪场给水分为分散式给水和集中式给水。分散式给水是指各用水点直接由不同或相同的水源（井、江河湖泊等）分散取水。若以水井为供水点，水井要打在高处，周围30m范围内不得有粪池、厕所等污染源，距离猪舍30m以上；以江河湖泊作为供水点，要在远离码头、工厂、排污口的上游取水，在30～50m划为卫生防护带，不能有污染源。集中给水又称为自来水，是指由水源直接取水，经过净化和消毒后通过输水管和配水管网送至各用水点。若以地表水为集中给水的水源，在取水点周围半径100m范围内，不得有任何污染；取水点上游1 000m、下游100m水域内不准有污水排放。为了确保饮水安全、无污染，猪场最好以地下水为水源。如果水质较差，需要进行净化消毒后才能使用。地面水一般水质较差，处理方法有沉淀（自然沉淀或混凝沉淀）、过滤和消毒；地下水水质清洁，只需消毒就可以饮用。在猪场确定水源后，一定要请水质检验部门对水质检验后，才能使用；检验没达饮用水标准时，一定要有饮水净化和消毒设备，或重新打井，否则后果不堪设想。

（二）场地排水

养猪场内场地排水，应根据场地地形特点划分分水岭和排水区域，并作出场地的排水组织。在山区建场还要采取有效的防排洪措施。养猪场内建筑物、构筑物布置比较分散，其标高变化也较多，所以，一般采用明沟排水。

明沟断面尺寸按汇水面积大小而定，屋檐下的纵向排水明沟，一般宽400mm、深500mm；道路两侧的排水明沟一般宽600mm、深600mm，明沟坡度一般为0.3%～0.5%，明沟采用砖砌或钢筋混凝土现浇制作。

八、竖向设计图纸表现

（一）竖向设计图的内容

1. 设计的地形、地物

建筑物、构筑物、场地、道路、台阶、护坡、挡土墙、明沟、雨水井、边坡等。

2. 标高

建筑室内、外地坪标高；绿地、场地标高；道路交叉点、控制点标高。

3. 坐标

每栋建筑物至少有两个屋角坐标；道路交叉点、控制点坐标；公共设施及其他需要标定边界的用地、场地四周角点的坐标。

4. 道路纵坡坡度、坡长

一般车行道为0.4%～3%，最大8%，手推车道不大于2%，自行车道不大于3%。

5. 排水方向

室外场地的坡向。

（二）竖向设计图的表现

竖向设计图的内容及表现可以因地形复杂程度及设计要求的不同而异。如坐标，若施工总平面图上已标示，则可省略。竖向设计图在表达室外设计地形时，一般有以下几种方法。

1. 设计标高法

在设计基地上标出足够的设计标高点，并辅以箭头表示地面坡向和排水方向。一般用于平地、地形平缓坡度小的地段，或保留自然地形为主和对室外场地要求不高的情况下应用，用设计标高法表达的竖向设计图，地面设计标高清楚明了，应用较多（图3-17）。

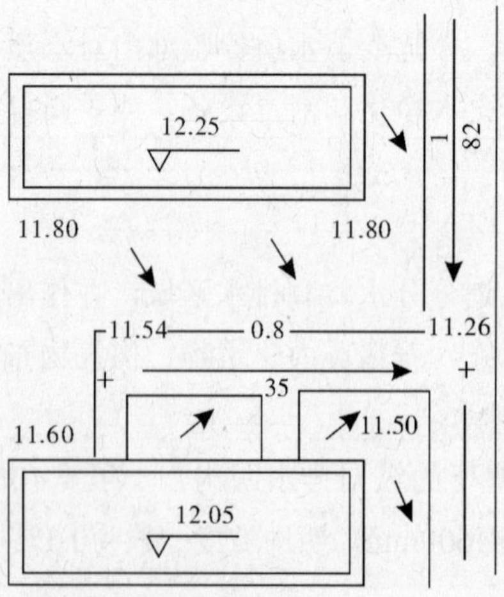

图3-17　设计标高法
（单位：m）

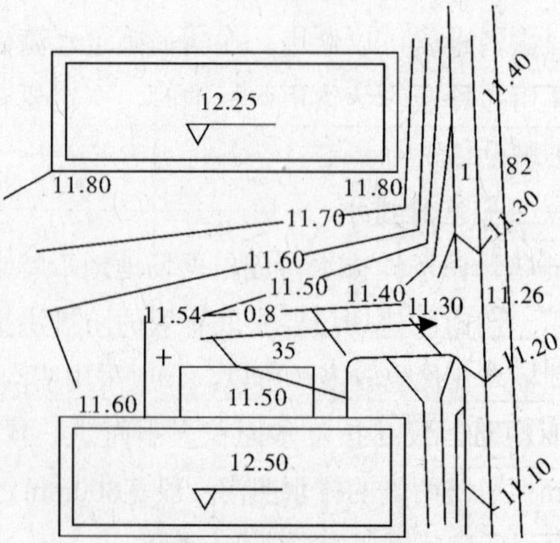

图3-18　设计等高线法
（单位：m）

2. 设计等高线法

用设计标高和等高线分别表示建筑、道路、场地、绿地的设计标高和地形。此法便于土方量计算和选择建筑场地的设计标高；容易表达设计地形和原地形的关系和检查设计标高的正误，适合在地形起伏的丘陵地段应用。但设计等高线法表示的竖向设计图，图上设计等高线密布，施工时应用读图不够方便。为此，也可以应用设计等高线法进行设计，在完成地形设计，确定建筑标高后，根据设计等高线确定室外场地道路的主要控制点标高，在图上略去设计等高线而改用设计标高法的表示方法（图3-18）。

3. 方格网法

将场地划分成方格网，网格大小根据地形复杂程度和设计要求而定。先运用设计等高线法设计地形，然后将各方格网点的设计标高注在图上。此法特别适用于平整场地和广场，道路交叉口的竖向设计，也便于土方计算。

（三）竖向设计图图例

竖向设计图图例如图3-19所示。

图　例	内　容
35	自然地形等高线及高程（m）
35.10	设计地形等高线及高程（m）
21.30	室内地坪设计标高（m）
19.50	室外地坪设计标高（m）
+24.15	道路交叉点、控制点标高（m）
1.2 / 68	道路排水方向、纵坡（%）/坡长（m）
	地面排水方向
+0.32 | 43.54 / 43.22	施工标高（左上角），设计标高（右上角），自然标高（右下角）
(+12)	按方格网计算的土方量（m^3），+为填方，一为挖方
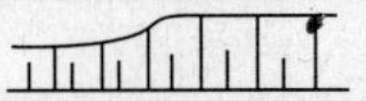	边坡
	挡土墙
	雨水井
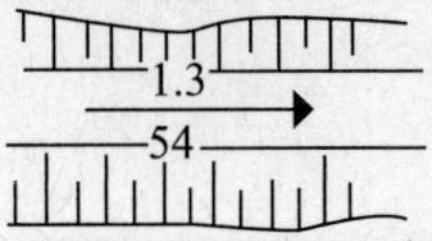 1.3 / 54	排水沟，箭头为排水方向，上面数字为坡度（%），下面数字为坡长（m）

图3-19　竖向设计图图例

第四章

现代养猪的猪舍设计

现代养的猪是从野猪进化而来，在长期的进化过程中形成了许多生物学及行为学特性。这些生物学与行为学特性在饲养生产实践中有着重要的作用。现代养猪要不断地认识和掌握猪的生物学及行为学特性，并按适当的条件加以充分利用和改造，以便获得较好的饲养和繁育效果，达到安全、优质、高效和可持续发展的目的。

第一节　猪的生物学和行为学特性

猪的生物学特性与行为特性是饲养管理猪群的科学依据。充分利用这些特性并精心安排各类猪群的生活环境，可使猪群在整个生产过程中处于最优生长状态，发挥生产潜力，达到繁殖力高、产肉多、消耗少、经济效益好的目的。

一、猪的生物学特性

（一）繁殖力强，世代间隔短

猪一般4～5月龄便达到性成熟，6～8月龄就可以初次配种。其妊娠期短，只有114天。仔猪哺乳28～35天，断乳后7～10天母猪即可发情配种。小母猪1岁或更短的时间可以第一次产仔，经产母猪一年能分娩两胎，若缩短仔猪哺乳期和进行激素处理，可以达到两年5胎或一年3胎。

我国优良地方猪种，3月龄时公猪开始产生精子，母猪开始发情排卵，比国外品种早3个月。母猪一个发情期内可排卵12～20个，产仔数为10头左右。我国优良地方品种太湖猪窝产活仔数平均超过14头。

猪性成熟早，妊娠期短，生长发育快，因而世代间隔短，一般平均为1.5～2年。如果从第一胎中选择优良个体作种用，则世代间隔可缩短到一年1个世代。同时，由于周转快，短期内能增殖大量后代，达到几代同堂。常见三种家畜繁殖性能比较见表4-1。

表4－1　猪、牛、羊的繁殖性能比较

畜别	初情期（月）	适配期（月）	妊娠期（天）	世代间隔（年）	产仔数	胎次（年）	终生后代数	母畜比例（%）
猪	3～6	8～10	114	1～1.5	12	2～2.5	1 000左右	7～9
牛	6～12	18～24	280	3.5～4	1	1	5～10	60
羊	4～8	12～15	150	2～2.5	1～3	1～2	15～20	50

需要强调的是：我国许多地方猪种具有卓越的繁殖品质，表现为产仔多、母性强、繁殖利用年限长、性早熟和发情性征明显等，这一独特的优良繁殖性状，在将来进一步提高养猪水平时会显示出更大的优越性。

（二）生长期短，沉积脂肪能力强

在肉用家畜中，和马、牛、羊相比，猪的胚胎生长期和生后生长期最短，但生长强度最大，各种家畜生长期比较见表4-2。

表4-2　各种家畜生长期比较

畜别	胚胎期（月）	生后生长期（年）
猪	3.8	1.5～2.0
牛	9.5	3～4
羊	5.0	2～3
马	11.34	4～5
驴	12.0	4.5～5.0

猪由于胚胎生长期短，同胎中仔猪数又多，使得出生时发育不充足。例如，头的比例大，四肢不健全，初生体重低，仅占成年体重的1%，各系统器官发育不完善，对外界环境的抵抗力低。猪出生后，为补偿胚胎期发育不足，生后2个月内生长发育特别快，1月龄的体重为初生体重的5～6倍，2月龄为1月龄的2～3倍。断乳后到8月龄前，生长迅速，在满足营养需要的条件下，160～170日龄体重可达到90～100kg，相当于初生体重的90～100倍，而牛、马只有5～6倍。

生长初期骨骼生长强度大，以后生长重点转移到肌肉，最后大量沉积脂肪。脂肪是晚熟组织，猪于6月龄后在体内大量沉积脂肪，表示生理早熟。同时，猪利用饲料转化为体脂能力较强。

（三）食性广，饲料转化效率高

猪是杂食动物，门齿、犬齿和臼齿都很发达，胃是肉食动物的简单胃与反刍动物的复杂胃之间的中间类型，因而能够充分利用各种动物性饲料、植物性饲料和各种加工副产品。但猪不是什么食物都吃，而是有选择性的，能辨别口味，特别喜爱甜食。猪对饲料的转化效率仅次于鸡，而高于牛、羊，对饲料中的能量和蛋白质利用率高。

猪的采食量大，但很少过饱，消化道长，能消化大量的饲料，以满足其迅速生长发育的营养需要。猪对精料有机物的消化率为76.7%，能较好地消化青粗饲料。对青草和优质干草的有机物消化率分别为64.6%和51.2%。猪消化饲料中的粗纤维，几乎全靠大肠内微生物的分解作用，比不上反刍家畜的瘤胃，因而猪不仅对含有粗纤维多的饲料消化较差，而且日粮中粗纤维含量越高猪的消化率也就下降越多，猪日粮中粗纤维含量与消化率的关系见表4-3。因此，在猪的饲料中，必须注意精、粗饲料的适当比例，控制粗饲料在日粮中所占的比例，保证日粮的全价性和易消化性。

表4-3　猪日粮中粗纤维含量与消化率的关系

粗纤维含量（%）	10.1～15.0	15.1～20.0	20.1～25	25.1～30.0	30.1～35.0
消化率（%）	68.9	65.8	56.0	44.5	37.3

不同的猪种对粗饲料的消化力有所不同。我国地方猪种对粗纤维的消化力明显高于国外品种，这就是为什么饲养引入品种需要多用精料，而饲养地方猪种可以适量使用粗饲料的主要原因。猪对粗纤维的消化也受年龄的影响，随着年龄的增长，猪对粗饲料的耐受力增强。

（四）对环境温度反应敏感

猪的汗腺退化，皮下脂肪层厚，阻止散发体内热量。皮肤的表皮层较薄，被毛稀少，对日照的防护能力差，这些生理上的特点，使猪不耐热。

猪需要的适宜温度为20～23℃，相对湿度为65%。在高温环境下，猪表现烦躁、张口喘气、食欲下降、生长速度缓慢、饲料利用率降低，生产性能受到影响。如公猪在炎热的夏天射精量减少，精液品质下降，母猪不发情。成年猪若处在环境温度30～32℃下，直肠温度开始升高；当温度升至35℃时，猪已不能长时间忍受，气温升至40℃以上时，则很难维持生命。因此，在夏季高温季节，一定要采取遮阳、淋浴、通风等措施，以保证猪的健康体况。

当环境温度低于猪的临界温度时，其采食量增加，增重减慢，打颤、挤堆，严重时造成死亡。仔猪因皮下脂肪少、皮薄、毛稀、体表面积相对较大等，所以怕冷、怕潮湿。

（五）嗅觉和听觉灵敏，但视觉不发达

猪的嗅觉非常灵敏，对任何气味都能嗅到和辨别。据测定，猪对气味的识别能力比狗高1倍，比人高7～8倍。仔猪生后几小时便能鉴别气味，依靠嗅觉寻找乳头。猪依靠嗅觉能有效地寻找到地下埋藏的食物，识别群内的个体，在性本能中也起很大作用。例如，发情母猪闻到公猪特有气味，即使公猪不在场，也会表现出“呆立”反应。同样，公猪能敏锐闻到发情母猪的气味，即使距离很远也能准确地辨别出母猪所在方位。

猪的听觉相当发达，猪的耳形大，外耳腔深而广，即使微弱的声音都能敏锐觉察到。通过调教的猪，可以很快对呼唤名字、各种口令和音响刺激建立条件反射。仔猪生后几小时，就对声音有反应，到3～4月龄时就能很快地辨别出不同声音刺激物。猪对意外声响特别敏感，尤其是与饲喂有关的声音更为敏感。当听到喂猪铁桶用具的声响时，立即起而望食，并发出饥饿叫声。对危险信息特别警觉，即使睡眠，一旦有意外响声，立即苏醒，站立警备。因此，为了保持猪群安静，要尽量避免突然的响声，以免惊吓猪群，使猪群躁动不安，影响其生长发育。

猪的视觉很弱，视距、视野范围小，缺乏精确的辨别能力，不靠近物体就看不见东西。对光刺激一般比对声刺激出现条件反射慢得多，对光线强弱和物体形象的分辨能力也弱，分辨颜色的能力也差。生产中常利用这一特点，用假母猪进行公猪采精训练。

（六）适应性强，分布广

猪对各种自然地理环境、气候条件均有较强的适应能力。猪是世界上分布最广、数

量最多的家畜之一。人多的地方养猪也多，我国各地区猪存栏数、人口及土地面积比例见表4-4。从生态学适应性看，主要表现对气候寒暑的适应，对饲料多样性的适应，对饲养方法和方式上（自由采食和限喂，舍饲与放牧）的适应，这些是它们饲养广泛的主要原因之一。由此可见，猪对环境条件的广泛适应性与其丰富多样的品种或种群资源有关，对于变化的气候环境、饲料条件和饲养管理等，几乎都能找到与之相适应的品种或类型。但是，猪如果遇到极端的环境变化和极恶劣的条件，猪体会出现应激反应，如果抗衡不了这种环境变化，平衡就遭到破坏，生长发育受阻，生理出现异常，严重时就出现病患和死亡。

表4-4　我国各地区猪存栏数、人口及土地面积比例（%）

区　别	土地面积	人口	猪存栏数
青藏高原	22.40	0.46	0.34
蒙新高原	32.14	3.73	2.36
黄土高原	7.10	8.54	6.00
西南山地	11.48	9.14	7.75
东北地区	8.26	19.02	17.62
黄淮海地区	5.09	22.07	27.09
东南地区	13.55	37.04	38.84

（七）群居次序明显，爱好清洁

猪在进化过程中形成定居漫游习性，仔猪同窝出生，过群居生活，合群性较好。不同窝断奶仔猪合圈喂养时，刚开始会激烈斗架，并按不同来源分小群躺卧，经过几天以后，才会形成一个群居集体，并建立位次关系。同品种猪群内，体重大的猪往往位次排在前列。若猪群由不同品种或品系组成，位次排在前列的猪，不一定是体重大的，而是战斗力强的个体。

群饲的猪比单饲的猪吃得快，吃得多，增重也较多，群体易化作用明显。猪有爱好清洁的习性，表现为采食—休息—排便三点定位，一般不在吃睡的地方排泄粪尿，喜欢排在墙角、潮湿、有粪便气味处。如果猪群太大或圈栏太小，猪就无法表现出好洁性，三点定位也难以维持。

二、猪的行为学特性

行为是动物对某种刺激及对外界环境适应的反应，不同的动物对外界的刺激表现不同的行为反应，同一种动物内不同个体行为反应也不一样，这种行为反应可以使它能在逆境中生存、生长发育和繁衍后代。动物的行为习性，有的取决于先天遗传因素，有的取决于后天的调教、训练等外来因素。

猪和其他动物一样，对其生活环境、气候条件和饲养管理条件的反应有特殊性。随着养猪业的变革与发展，人们越来越重视研究猪的行为活动模式及其机理，研究猪的调教方法。在养猪业日趋全舍饲、高密度、机械化、专业化的情况下，不同程度地妨碍了猪的正常行为习性，不断发生应激反应。这种人为环境与猪行为之间的矛盾，只能从猪适应反应着手，加强调教，发挥猪后效行为潜力，使其后天行为符合现代化生产要求。如果我们掌握了猪的行为特性，制定合理的饲养工艺，设计新型的猪舍和设备，改革传统的饲养方法，最大限度地创造适于猪习性的环境条件，就可提高猪的生产性能，获得最佳的经济效益。

（一）采食行为

猪生来就具有拱土觅食的突出特征。猪鼻子是高度发育的器官，在拱土觅食时，嗅觉起着决定性的作用。尽管在现代猪舍内，饲以良好的平衡日粮，但猪还会表现拱地觅食的特征。每次喂食时猪都力图占据食槽有利位置，有时将两前肢踏在食槽中采食，如果食槽易于接近的话，个别猪甚至钻进食槽，站立食槽的一角，就像野猪拱地觅食一样，以吻突沿着食槽拱动，很容易将食料搅弄出来，抛洒一地。

猪特别喜爱甜食。研究发现，未哺乳的初生仔猪就喜爱甜食。颗粒料和粉料相比，爱吃颗粒料；干料与湿料相比，爱吃湿料，且花费时间也少。猪采食具有竞争性，群饲猪比单饲猪吃得多，且吃得快，因而增重也快。

（二）排泄行为

猪不在吃睡的地方排粪尿，是因祖先野猪不在窝边拉屎撒尿，以避免敌兽发现而遗留的本性。在良好的管理条件下，猪是家畜中最爱清洁的动物。猪能保持其窝床干洁，能在猪栏内远离窝床的一个固定地点排粪尿。猪排粪尿是有一定的时间和区域的，一般多在食后饮水或起卧时。常选择阴暗潮湿或污浊的角落排粪尿，且受邻近猪的影响。据观察，猪在采食过程中不排粪，饱食后约5min开始排粪1～2次，多为先排粪再排尿，在饲喂前也有排泄的，但多为先排尿后排粪；在两次饲喂的间隔时间里猪多为排尿而很少排粪；夜间一般排粪2～3次，早晨的排泄量最大，猪的夜间排泄活动时间占昼夜总时间的1.2%～1.7%。

（三）群居行为

猪的群居行为是指猪群中个体之间发生的各种交互作用。结对是一种突出的交往活动，猪群表现出更多的身体接触和信息传递。在无猪舍的情况下，猪能自找固定地方居住，表现出定居漫游的习性。猪有合群性，但也有竞争习性，大欺小、强欺弱和欺生的好斗特性，猪群越大，这种现象越明显。

一个稳定的猪群，是按优势序列原则组成的有等级制的社群结构，个体之间和睦相处；当重新组群时，稳定的社群结构发生变化，则爆发激烈的争斗，直至组成新的社群结构。

猪群具有明显的等级制，这一特点在刚出生后不久即形成。表现在仔猪出生后几小时内，为得到母猪前端乳头会出现争斗行为，一般最先出生或体重较大的仔猪最终获得最优乳头位置。

同窝仔猪合群性好，当它们散开时，彼此距离不远，若受到意外惊吓会立即聚集一堆，或成群逃走；当仔猪同其母猪或同窝仔猪离散后不到几分钟，就会出现极度活动，大声嘶叫，频频排粪、排尿。年龄较大的猪与伙伴分离也有类似表现。

（四）争斗行为

争斗行为包括进攻防御、躲避和守势。猪之间相互交锋，除为争夺饲料和地盘外，还可调整猪群结构。如一头陌牲猪进入猪群，便成为全群攻击的对象，攻击往往是严厉的，轻者伤皮肉，重者造成死亡。如果将两头陌生性成熟的公猪放在一起时，彼此会发生激烈的争斗。它们相互打转、嗅闻，有时两前肢趴地，发出低沉的吼叫声，并突然用嘴撕咬，这种争斗可能持续1h之久，屈服的猪往往掉转身躯，嚎叫着逃离争斗现场。虽然两猪之间的格斗很少造成伤亡，但对一方或双方都会造成巨大伤害，如在炎热的夏天，两头幼公猪之间的格斗，往往因热极虚脱而造成一方或双方死亡。

猪的争斗行为，多受饲养密度的影响。当猪群密度过大，每猪所占空间下降时，群内咬斗次数和强度增加，会造成猪群吃料时攻击行为增加，从而降低猪对饲料的采食量和猪体增重。这种争斗形式一是咬对方的头部，二是在舍饲猪群中咬尾争斗。

（五）活动与睡眠

猪的行为有明显的昼夜节律，活动大部分在白昼，在温暖季节和夏天，夜间也有活动和采食，遇上阴冷天气，活动时间缩短。猪昼夜活动也因年龄及生产特性不同而有差异，仔猪昼夜休息时间平均为60%～70%，种猪为70%，母猪为80%～85%，肥猪为70%～85%。休息高峰在半夜，清晨8：00左右休息最少。

哺乳母猪随哺乳天数的增加而睡卧时间逐渐减少，走动次数也由少到多，时间由短到长。哺乳母猪睡卧休息有两种，一种是静卧，一种是熟睡。静卧休息姿势多为侧卧，少为伏卧，呼吸轻而均匀，虽闭眼但易惊醒；熟睡为侧卧，呼吸深长，有鼾声且常有皮毛抖动，不易惊醒。

仔猪出生后3天内，除吸乳和排泄外，几乎全是酣睡不动，随日龄增长和体质的增强活动量逐渐增多，睡眠相应减少，但至40日龄大量采食补料后，睡卧时间又有增加，饱食后一般较安静睡眠。仔猪活动与睡眠一般都尾随、效仿母猪。出生后10天左右便开始与同窝仔猪群体活动，单独活动很少，睡眠休息主要表现为群体睡卧。

（六）性行为

性行为包括发情、求偶和交配。公、母猪在发情期有特异的求偶表现。

发情母猪主要表现卧立不安，食欲忽高忽低，发出特有的，音调柔和而有节律的哼哼声，爬跨其他母猪，或等待其他母猪爬跨，频频排尿，尤其是公猪在场时排尿更为频繁。发情中期，在性欲高度强烈时期的母猪，当公猪接近时，将其臀部靠近公猪，闻公猪的头、肛门和阴茎包皮，紧贴公猪不走，甚至爬跨公猪，最后站立不动，接受公猪爬跨。这时若管理人员压其背部，立即出现呆立反射，这种呆立反射是母猪发情的一个关键行为。

发情公猪一旦接触母猪，便会追逐、嗅闻其体侧肋部和外阴部，把嘴插到母猪两腿之间，突然往上拱动母猪的臀部，口吐白沫，往往发出连续的、柔和而有节律的喉音哼声，有人把这种叫声称为“求偶歌声”。当公猪性兴奋时，还出现有节奏的排尿。

公猪由于营养和运动的关系，常出现性欲低下，或发生自淫现象。群养公猪，常造成同性性行为，群内地位低的公猪多被其他公猪爬跨。

有些母猪表现明显的配偶选择，对个别公猪表现强烈的厌恶。有的母猪由于内激素分泌失调，表现性行为亢进，或不发情和发情不明显。

（七）母性行为

母性行为包括分娩前后母猪的一系列行为，如絮窝、哺乳及其他抚育仔猪的活动等。

母猪临近分娩时，常衔草、铺垫猪床絮窝，如果栏内是水泥地而无垫草，就用蹄子抓地；分娩前24h，母猪表现神情不安、频频排尿、磨牙、摇尾、拱地、时起时卧，不断改变姿势。分娩时多采用侧卧，选择最安静的时间分娩，一般多在16：00以后，夜间产仔多见。当第一头小猪产出后，有时母猪还会发出尖叫声。当小猪吸吮母猪时，母猪四肢伸直亮开乳头，让初生仔猪吃乳。母猪在整个分娩过程中，自始至终都处在放奶状态，并不停地发出哼哼的声音；母猪乳头饱满，甚至奶水流出容易使仔猪吸吮到。母猪分娩后以充分暴露乳房的姿势躺卧，形成一热源，引诱仔猪挨着母猪乳房躺下。授乳时常采取左侧卧或右侧卧姿，一次哺乳期间不转身。母仔双方都能主动引导哺乳行为，母猪以低度有节奏的哼叫声呼唤仔猪吮乳，仔猪则以它的召唤声和持续地轻触母猪乳房来发动哺乳。一头母猪授乳时母、仔猪的叫声，常会引起同舍内其他母猪也哺乳。仔猪吮乳过程可分为四个阶段：①开始时仔猪聚集乳房处，各自占据一定位置，以鼻端拱摩乳房；②吸吮；③仔猪身向后，尾紧卷，前肢直向前伸，此时母猪哼叫达高峰；④排乳完毕，仔猪又重新按摩乳房，哺乳停止。

母仔之间是通过嗅觉、听觉和视觉来相互识别和相互联系的，猪的叫声是一种联络信息。例如：哺乳母猪和仔猪的叫声，根据其发声的部位（喉音或鼻音）和声音的不同可分为嗯嗯之声（母仔亲热时母猪叫声）、尖叫声（仔猪的惊恐声）和鼻喉混声（母猪护仔的警告声和攻击声）三种类型，以不同的叫声，母仔互相传递信息。

（八）后效行为

猪的行为有的生来就有，如觅食、母猪哺乳和性行为，有的则是后天发生的，如学会识别和听从人们指挥等行为，后天获得的行为称条件反射行为或称后效行为。后效行为是对新鲜事物的熟悉而逐渐建立起来的。猪对吃、喝的记忆力强，对饲喂的有关工具、水槽及其方位等，最易建立起条件反射。例如：小猪在人工哺乳时，每日定时饲喂，给以笛声或铃声或饲喂用具的敲打声，训练几次，即可听从信号指挥，到指定地点吃食。由此，可利用猪的这种后效行为，通过训练，使猪群个体建立起后效行为反应，听从人的指挥，达到提高生产效率的目的。

（九）探究行为

探究行为包括探查活动和体验行为。猪的探究行为大多数是对地面上的物体，通过看、听、闻、尝、啃、拱等感官进行探究，表现出很发达的探究驱动力。猪对新近探究中所熟悉的许多事物都表现出好奇、亲近两种反应，仔猪对小环境中的一切事物都很“好奇”，对同窝仔猪表示亲近。探究行为在仔猪中表现明显，仔猪出生后2min左右即能站立，开始搜寻母猪的乳头，用鼻子拱掘是探查的主要方法。仔猪的探究行为的另一明显特点，是用鼻拱、口咬周围环境中所有新的东西，用鼻突来摆弄周围环境物体。其持续时间比群体玩闹时间还要长。

（十）异常行为

异常行为是指超出正常范围的行为，对人畜造成危害或带来经济损失的异常行为主要为恶癖，它的产生多与受到有害刺激有关。如长期圈禁的母猪会持久而顽固地咬嚼自动饮水器的铁质乳头。母猪生活在单调无聊的栅栏内或笼内，常不停地啃咬栏柱，并且随受限制程度的增加咬栏柱的频率和强度及攻击行为也增加。口舌多动的猪，常将舌尖卷起，不停地在嘴里伸缩，有的还会出现拱癖和空嚼癖。

相残是另一种恶癖，如神经质的母猪在产后出现食仔现象。在拥挤的圈养条件下，或营养缺乏或无聊的环境中常发生咬尾异常行为，给生产带来极大危害。

第二节　猪舍建筑设计的要求和依据

猪舍是养猪必不可少的生产条件。好的猪舍能够为牲猪提供舒适愉快的生活环境，保障猪的身心健康，免受痛苦，不受伤害，有利于防疫和饲养管理工作，经济美观实用，并能降低生产成本，减轻劳动强度，减少工作量，提高生产能力、劳动效率和经济效益，保护生态环境。现代养猪必须根据猪的生物学特性、生长繁殖规律、当今畜牧业生产发展需要，结合现代猪舍建筑宝贵经验、人居环境建设成功范例，进行猪舍建筑设计。

一、建筑设计的要求

（一）满足建筑功能要求

现代养猪的猪舍必须满足建筑物的功能要求，为猪只创造良好的环境，既是建造猪舍的首要目的，也是建筑设计的主要任务。

（二）合理采用技术措施

正确选择和运用建筑材料，根据建筑空间组合的特点，选择合理的结构、施工方案，使房舍坚固耐久，建造方便。

（三）具有良好的经济效果

在房舍的设计和建造中，要因地制宜，就地取材，尽量做到节约劳动力、节约建筑材料和资金。设计和建造猪舍要有周密的计划和核算。猪舍设计的使用要求和技术措施，要和相应的建筑标准、造价控制统一起来。

（四）考虑建筑美观要求

猪舍建筑在满足使用要求的同时，还需要考虑人们对建筑物的美观要求和创造良好的环境。建筑设计要努力做到简明、朴素、大方。

（五）符合总体规划要求

单体建筑是总体规划中的组成部分，单体建筑应符合总体规划提出的要求。建筑设计还要充分考虑与周围环境的关系，例如原有建筑物状况、道路方向、污水、粪便的排放、基地面积以及绿化状况等。

二、建筑设计的依据

（一）猪的饲养工艺和猪的活动空间

猪的饲养工艺和猪只活动所需的空间范围是确定猪舍建筑空间的基本依据之一。在建筑设计中各类猪舍的高度和面积大小，走道、窗台、栏杆的高度都与饲养工艺和猪的活动所需的空间范围直接有关。当然，为方便饲养，也应同时考虑管理者的身高和活动所需的空间，两者应有机地结合在一起。

（二）设备的尺寸和使用它们的必要空间

根据饲养工艺的不同，猪舍中需要安放各种不同的设备。因此，设备的尺寸和使用它们的必要空间是考虑猪舍内部使用面积的重要依据。在建筑设计中要考虑各种设备的布置和对使用空间的要求。

（三）气候条件

温度、湿度、日照、雨雪、风向等气候条件及对环境的不同需要，对猪舍建筑设计有很大影响。例如，湿热地区猪舍设计要重点考虑隔热、通风、遮阳问题。干冷地区，要考虑加强猪舍外围护结构，有利采暖保温。而日照和主导风向又是确定猪舍朝向和间距的主要因素。在设计前需要收集当地有关的气象资料及各生长阶段的猪所需环境卫生参数，作为设计依据。

（四）地形、地质条件和地震裂度

基地地形的平缓起伏，地质构成，土壤特性和地耐力的大小，对建筑物的平面组合、结构布置和建筑物形体都有明显的影响。地震裂度是地面及房屋建筑遭受地震破坏的程度，地震裂度6度以下地区，可以不考虑地震对建筑物的损坏，9度以上地区一般不宜建设房屋。房屋抗震设防的重点，是对7度、8度、9度地震裂度地区。一般裂度每提高1级约增加建筑造价10%左右。对一些次要建筑，如仓库等设计裂度可降低一度考虑。

在地震区猪舍建筑设计中主要考虑：

①选择对抗震有利的场地和地基，例如选择地势平坦，较开阔的场地，避免在陡坡、深沟、峡谷地带，以及处于断层上的地段建造房屋。

②房屋设计的形体应尽可能规整、简洁。

③不做或少做地震时容易倒塌或脱落的建筑附属物，如女儿墙、高门脸等。

④从材料选用和构造做法上尽可能减轻建筑物的自重，特别需要减轻屋顶和围护墙的重量。

⑤在构造上尽量保证结构整体性，使结构和联结部分具有较好的延性，如加设抗震圈梁，加强楼板与墙体锚固等。

（五）建筑模数和模数制

建筑模数和模数制也是建筑设计依据之一。为了提高建筑工业化的水平，降低造价以及提高房舍设计和建造的质量和速度，考虑建筑设计、构件生产以及施工等方面尺寸的协调。建筑设计应采用建筑统一模数制。

三、猪舍建筑设计原则

（一）符合猪的生物学特性

先进的养猪生产要求建筑创造适宜于猪群生长和生产的环境，以达到最大限度地节约饲料能量，最有效地发挥猪的生产力，均衡地获取优质产品。应根据猪对温度、湿度等的要求设计猪舍，一般猪舍温度最好保持在10～25℃，相对湿度45%～75%。为了保持猪群健康，提高猪群的生产性能，一要保证舍内空气清新，光照充足，尤其是种公猪更需要充足的阳光，以激发其旺盛的繁殖机能。

猪舍建筑不同于一般民用与工业建筑，其对象是密度大。这些活的机器不仅要在舍内生活，还要生产。要在舍内吃、饮、排泄粪便。而伴随着排泄物（特别是腐败分解后），还有大量水汽、有害气体、灰尘、微生物等产生。这就增加了猪舍建筑环境控制的复杂性。因此，必须根据猪的生物学特点，进行科学的设计。

（二）适应当地的气候及地理条件

各地的自然气候及地区条件不同，对猪舍的建筑要求也各有差异。雨量充足、气候炎热的地区，主要是注意防暑降温；干燥寒冷的地区，应考虑防寒保温。环境的控制在不同地区，因气候不同，要求也不同，故应因地制宜合理设计。值得注意的是，过分追求最适宜的环境，会造成浪费，反之，将猪舍建造得过于简陋，起不到隔热和保温作用，影响猪的生长发育，造成生产损失，同样也是不经济的。

（三）便于实行科学的饲养管理

猪舍建筑设计要有适合工厂化生产的工艺技术。在建筑猪舍时，应充分考虑到符合养猪生产工艺流程，做到操作方便，降低劳动生产强度，提高管理定额，充分提供劳动安全和劳动保护条件。随着营养科学的发展，动物科学技术和兽医技术的进展，以及机械化、自动化技术的发展，工厂化养猪具备工业生产的特点，在密集的厂房内采取大规模集中生产，各生产环节具有严密的计划性、流水性和节奏性，并可使各项作业实现机械化和自动化。

工厂化生产要有完善的工艺过程，各生长阶段猪群的周转，采取“全进全出”制，即同一批的猪只同时进舍，最后又同时出场。转群后，对猪栏进行彻底消毒后，再转入新的一批猪群。这样做，是为了彻底切断传染病的循环周期和传播机会。同时，也便于饲养管理。提高饲养效果。猪舍建筑设计还要不断满足机械化、自动化发展的需要。

（四）各部分结构的建筑要求

一个完整的猪舍，主要由墙壁、地面、屋顶、门窗、通风换气装置和隔栏等部分构成。不同结构部位的建筑要求不同。猪舍建筑还应该根据生产工艺需要，提供各种适当的建筑形式和构造。如猪舍环境的控制很大程度取决于建筑外围护结构。

1. 墙壁

墙壁是将猪舍与外部空间隔开的主要外围结构，对舍内温湿状况的保持起着重要作用。据测定，冬季通过墙散失的热量占整个猪舍总失热量的35%～40%。墙壁除必须坚固、耐久、抗震、耐水、防火、抗冻等外，还要便于清扫、消毒，并有良好的保温与隔热性能。不同的材料决定了墙壁的坚固性和保暖性能的差异。草泥或土坯墙具有造价低、保温性能好的优点，但容易被雨水冲塌和猪只拱坏，补救的办法是用石料或砖砌50～60cm的墙基。石料墙壁的优点是坚固耐久，缺点是导热性强，保温性能差和易于在墙壁上凝结水汽，补救的办法是在墙壁上附加一层5～10cm厚的泥墙皮，以增加其保温防潮性能。砖墙兼有保温性能好与防潮好、坚固性强等优点，故应尽量采用砖墙。

2. 屋顶

屋顶是猪舍上部的外围护结构，用以防止漏水或风沙侵袭及隔绝太阳的强烈辐射。屋顶的保温与隔热要求比墙高，屋顶是猪舍散热最多的部位，如当屋顶热阻值和外墙相同时，通过屋顶单位面积散失的热量必然多于外墙。屋顶除要求防水、保温、承重外，还要求不透气、光滑、耐用、耐火、结构轻便等。在寒冷地区，吊顶是一个重要的防寒保温结构。因而要求结构简单，经久耐用，保温性能好。采用草料建造屋顶，造价低，保温性能好，但其不耐用，易腐烂。瓦顶的保温性能不及草顶，但其坚固耐用。大棚的功能在于加强猪舍冬季的保温和夏季的隔热。大棚应保温，不透气，不透水，坚固耐久，结构轻便简单。棚上是否铺设足够厚度的保温层，是大棚能否起到保温隔热作用的关键，而结构严密（不透水、不透气）是重要保证。保温层材料因地制宜，可选用珍珠岩、锯末、亚麻屑等。

3. 地面

地面是猪舍建筑的主要结构，猪只直接在地面上生活，地面直接关系到舍内的空气环境、卫生状况和使用价值。地面散失的热量，占猪舍总失热量的12%～15%。地面除要求坚实、平坦，还要求保温，不透水，易于清扫与消毒。土质地面具有保温、富有弹性、柔软、造价低等特点，但易于渗尿渗水，难于保持平整，清扫消毒困难。石料水泥地面具有坚固平整、易于清扫消毒等优点，但质地过硬，导热系数大，造价也较高。综合考虑，可选用碎砖铺底，水泥抹平地面为宜。

4. 门

门是供人、猪出入猪舍及运送饲料、清粪等的通道口，每栋猪舍至少需两个门，要求坚固耐用，能保持舍内温度和便于出入。通常设在畜舍两端墙面，正对中央通道，便于运入饲料和运出粪便，门外设坡道而无门槛、台阶等。双列猪舍，门的宽度不小于1.3m，高度2.0m左右，单列猪舍宽度不小于1.0m，高度1.8～2.0m。猪舍门应向外打开。在寒冷地区，通常设门斗加强保温，防止冷空气侵入，并缓和舍内热能的外流。门斗的深度应不小于2m，宽度应比门大出1～1.2m。

5. 窗

窗户的功能在于保证舍内自然光照和自然通风，但也是失热的重要部分，封闭式猪舍，均应设窗户，以保证舍内的光照充足、通风良好。窗户距地面1.1～1.3m，窗顶距食槽40～50cm，两窗间隔为固定宽度的2倍左右。在寒冷地区，应兼顾采光与保温，在保证采光系数的前提下，尽量少设窗户，并少设北窗，多设南窗，以能保证夏季通风为宜。

6. 通风设备

为了保持适当的舍内温度、湿度和空气的清新，应安装通风设备。目前的通风设备多采用流入排出式通风系统，出气管装置要求数量少而宽度大，进气管要求正相反。进气管通常嵌在纵墙上，距天棚40～50cm处，两窗之间的上方。排气管沿猪舍屋脊两侧交错垂直安装在屋顶上。下端由天棚开始，上端高出屋脊0.5～0.7m。有条件的可采用机械通风设备。

（五）注意环境保护和节约用地

环境污染，包括空气污染、水体污染、土壤污染、噪音污染等。环境保护，既要防止养猪场本身对周围环境的污染，又要避免周围环境对养猪场的危害以保证生产顺利进行。养猪场对环境的污染，主要以恶臭与害虫为主，其次为粪尿污水对水质造成的污染。

合理规划养猪场是搞好环境保护的先决条件，应妥善处理猪粪便，可将其用作肥料、产生沼气，或经过处理加以利用。

养猪场建筑规划一定要注意节约土地。一个大型养猪场占地面积很大。由于养猪场性质不同，规模的大小，地形的差别以及猪舍建筑形式的差异，其用地面积相差很大。另外，养猪场所采用的工艺流程不同及养猪场建筑设计不同，其用地差别也是很大的。因此，要减少养猪场的占地，一个途径是提高猪舍的饲养密度，它涉及饲养工艺、舍饲密度、建筑利用系数等；另一方面，可以提高建筑密度，这与猪舍间距、建筑层数等因素有关。

第三节　猪舍建筑方法

一、猪舍的建筑式样

（一）单列式猪舍

这种猪舍建筑形式在我国传统的养猪生产中占有重要地位，即在一栋猪舍内，猪栏排成一列，根据形式又可分为带走廊的单列式与不带走廊的单列式两种。单列式猪舍投资少、结构简单、维修方便，且通风透光，因此非常适合于养猪专业户及其他规模较小的养猪场（图4-1）。

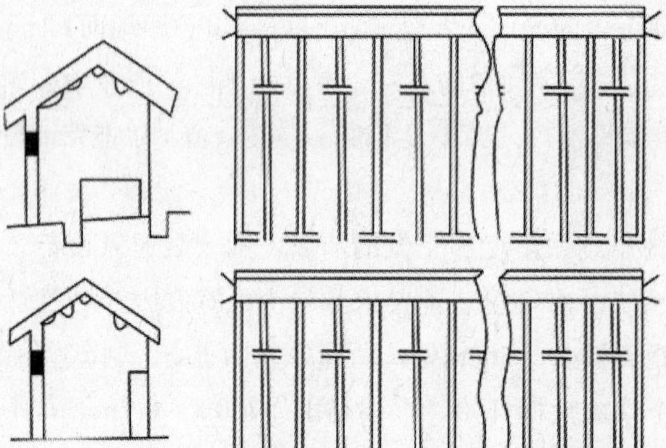

图4-1　单列式猪舍（带走廊）示意图

单列式猪舍根据其屋顶的形式又可分为单坡式、双坡式、平顶式、拱式和联合式等，其示意图见图4-2。

单坡式猪舍屋顶前檐高，后檐低，屋顶向后排水，这种结构通风透光，但保温性差；双坡式猪舍屋顶中间高，前后檐高度相等，两面排水，其通风透光及保温性能均较好，但造价比单列式猪舍高；平顶式猪舍屋顶一般用钢筋混凝土制成，因此其造价较

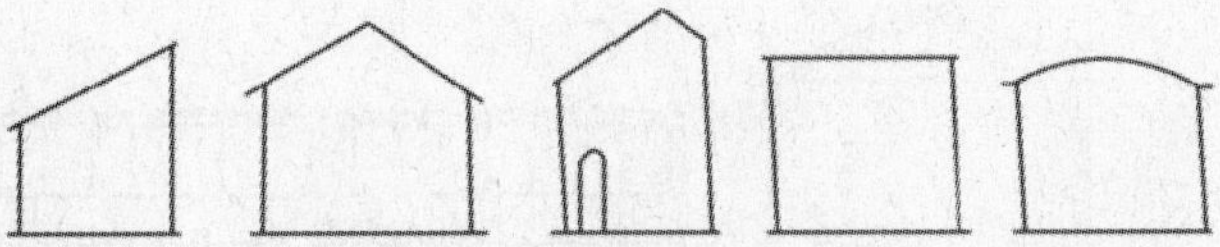

图4-2　猪舍屋顶式样示意图

高，其隔热性能和排水性能均较差，不适合于南方高温多雨地区，但这种猪舍的结构牢固，可抵御风沙的侵袭，因此在北方较为适用。

单列式猪舍根据墙的设置又可分为开放式和半开放式两种，见图4-3。开放式猪舍三面设墙，一面无墙；半开放式猪舍三面设墙，一面为半截墙。

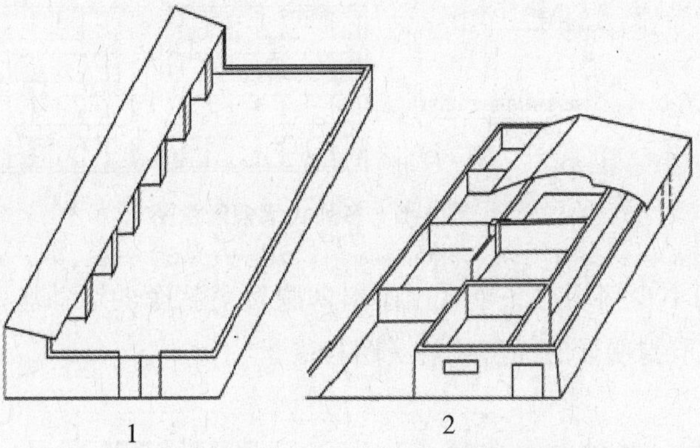

图4-3　开放式和半开放式猪舍示意图
1. 开放式猪舍　2. 半开放式猪舍

（二）双列式猪舍

双列式猪舍舍内有南北两列猪栏，中间有一条通道或南北中三条走道。这种猪舍结构紧凑，容量大，能充分地利用猪舍的面积，且便于管理，其劳动效率比单列式猪舍高，因此较适合规模较大、现代化水平较高的猪场所使用。但这种猪舍跨度较大，结构复杂，造价较高，尤其是北面的猪栏采光较差，冬季寒冷，不利于猪群的生长和繁殖（图4-4）。

（三）多列式猪舍

即舍内有三列或三列以上的猪栏，这种猪舍容纳的猪只数量多，猪舍面积的利用率高，有利于充分发挥机械的效率，因此多为大型的机械化养猪场所采用。但是，多列式猪舍南北跨度较大，因此采光、通风差，舍内的空气污浊，不适合南方高温、高湿的地区（图4-5）。

（四）塑料大棚式猪舍

在我国北方寒冷的地区采用开放式和半开放式猪舍，冬季的防寒保温性能很差。近

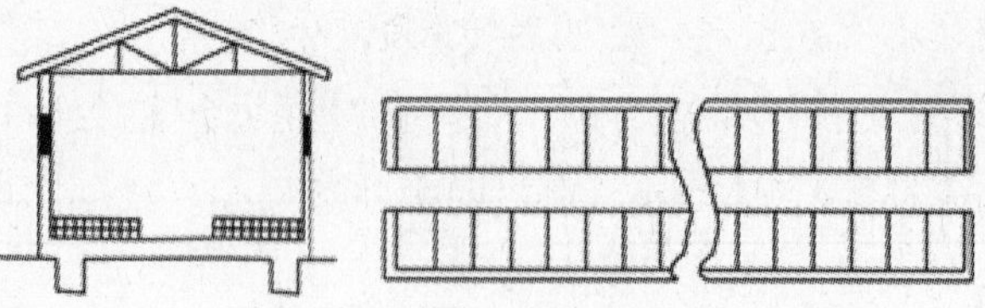

图4-4　双列式猪舍示意图

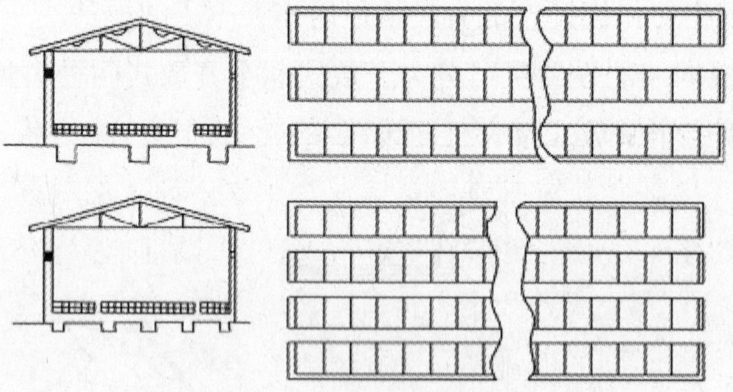

图4-5　多列式猪舍示意图

年来，北方地区的不少猪场在冬季采用塑料薄膜覆盖猪舍的运动场，有效地提高了猪舍的防寒保温性能，取得明显的经济效益（图4-6）。

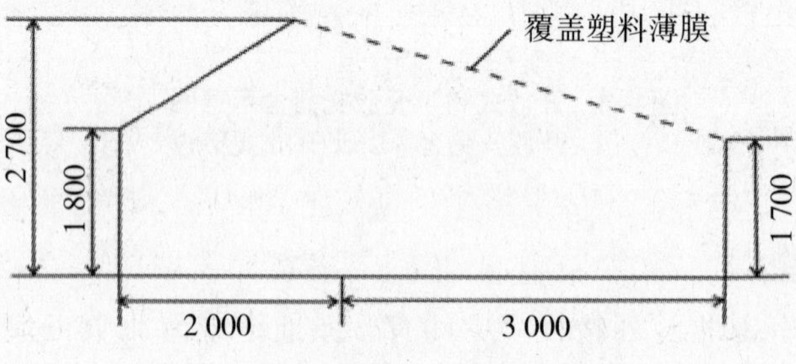

图4-6　塑料大棚侧面（毫米）示意图

二、猪舍的建筑要求及其结构

饲养不同类型的猪，对猪舍有不同的建筑要求。种公猪舍通常使用单列式猪舍，每栏饲养1头种公猪或2～3头后备公猪。每栏的使用面积为8～10m^2，隔栏的高度一般为1.2～1.4m。每栏的舍外部分还应设有一个小的运动场，整个公猪舍还应有一个共用的泥土运动场，供公猪经常运动。

母猪舍可使用单列式或双列式两种，每栏面积7～9m^2，并附有2m^{2}左右的仔猪补料间，隔栏的高度为0.9～1.0m，如采用群养，每栏饲养母猪5～6头，舍外部分也应设有运动场。哺乳仔猪与母猪同栏饲养，断奶后转入肥猪舍饲养。

肥猪舍也有单列式和双列式两种，每栏的使用面积在12～16m^2，每栏饲养育肥猪15～20头，隔栏的高度为0.8～0.9m，每栏的舍外部分设有12～16m^{2}的运动场。

以上几种类型的猪舍在建筑结构上大体一致。

1. 地基

猪舍一般不是高层建筑，对地基的压力不会很大，因此除了淤泥、沙土等非常松软的土质以外，一般中等以上密度的土层均可以作为猪场的地基。

2. 基础

基础是猪舍的地下部分，也是整个猪舍的承重部分，由它将建筑的重量传给地基。常用碎砖、卵石或混凝土等做成方形柱墩。基础深入地下的程度由建筑物的大小、地基的种类、地下水的高低以及冻土层的深度等所决定。在任何情况下，基础都必须高于地下水位0.5m以上。

3. 墙脚

墙脚是墙壁与基础之间的过渡部分，一般比室外的地面高出20～40cm，在墙脚与地面的交接处应设置防潮层，以防止地下或地面的水沿基础上升，使墙壁受潮，通常可用水泥砂浆涂抹墙脚。

4. 墙壁

猪舍的墙壁要求既坚固耐用，同时又具有良好的隔热保温性能，保护舍内的小环境不受外界气候急剧变化的影响。在我国多采用草泥、土坯、砖以及石料等材料建筑猪舍。草泥或土坯墙的造价低且具有良好的隔热保温性能，冬暖夏凉，但是很容易被暴雨或大水冲蚀，因此需经常维修，一般只适合于气候干燥地区。石料墙坚固耐用，但保温性能很差。砖墙坚固耐用，且保温防潮，是较为理想的猪舍墙体。砖墙的结构可分为实心墙和空心墙两种，实心墙坚固耐用，但造价较高，空心墙不及实心墙坚固，但其造价低廉，且具有良好的隔热保温性能。若在空心墙体中再填充稻草、谷壳等隔热材料，则可以获得更好的保温效果。

5. 屋顶

猪舍的屋顶要求结构简单、坚固耐用、排水便利且应具有良好的保温性能。在我国多采用稻草、瓦、预制板、泥灰、石棉瓦等材料修建屋顶。草料的屋顶造价低，且具有良好的保温性能，但不耐用，防火性能差。瓦、预制板、石棉瓦等修造的屋顶坚固耐用，但造价较高，且保温性能不及草料的屋顶。

6. 地面

猪舍的地面要求坚实平整、无缝隙，保暖性能好，具有一定的弹性，不透水，且具有适当的坡度，易于清扫和消毒。在我国多采用土、砖、石料水泥等修建地面。

土质地面包括夯实黏土地面和三合土地面（黄土、煤渣、石灰三合一）。这种地面的造价低，且保温性能好，地面柔软，但容易渗水，地面不易保持平整，不利于清扫和消毒。砖砌地面坚固耐用，保温性能良好，但是如果施工不当，地面不平整，则砖缝易渗水，不易清扫和消毒，容易造成地面的污染和受潮。石料水泥地面坚固、平整，耐酸碱，不透水，易于清扫和消毒，但地面硬度大，导热性大，不利于猪只的生长，且地面的造价高。一般来讲，三合土和砖砌较适合作为猪舍的地面。

7. 门窗

猪舍门的设置首先应保证猪群的自由出入，以及运料和出粪等日常生产的顺利进行。因此猪舍的门一般不设门槛，也不应设台阶，而应建成斜坡状，以免猪群出入时损伤蹄脚。另外，门是猪舍通风散热的重要部分，因此在北方寒冷的地区，门的设计应密实且保温性能好，在冬季的主风向应少设或不设门。

窗户的设置对猪舍的采光和通风有重要的影响。窗户的数量越多，面积越大，舍内的光照和通风也越好。但是窗户的数量和面积不能无限地增大，因为数量和面积增大了，冬季通过窗户散失的热量也就越多，并且夏季通过窗户进入舍内的太阳辐照的外界热量也越多。可见，窗户的的数量和面积应根据猪舍的建筑结构和当地的气候条件来确定。

第四节　现代养猪设备

一、猪栏

猪舍的隔栏一般有三种，即砖砌隔栏、金属隔栏和综合式隔栏。砖砌隔栏坚固耐用，耐酸碱，且造价低廉，但却有影响舍内空气流通的缺点；金属隔栏一般用25～30mm的钢管或12～15mm的线钢焊接而成，其优点是能通风、透光，便于清扫和消毒，缺点是造价高，且容易被水分和酸碱所腐蚀；综合式隔栏即将上述两种形式的隔栏融合在一起，使两者互为补充。综合式猪栏也有两种形式：一种是猪栏的走道面采用金属隔栏，猪栏与猪栏之间采用砖砌隔栏；另一种是猪栏的下部采用砖砌结构，上部采用金属结构。

猪栏面积的大小及隔栏的高低随猪只的种类、体型、数量的不同而有所差异。具体见上节所述。

（一）公猪栏与待配母猪栏

其配置方式一般有两种。第一种是公猪栏与待配空怀母猪栏紧密相连的配置方式，即3～4个待配母猪栏对应一个公猪栏，公猪栏同时又是配种栏，母猪配完种后赶回原来的猪栏。采用这种配置方式，母猪必须是单栏定位饲养，每个公猪栏内也只能饲养一头公猪（图4-7）。这种配置方式的占地面积小，不需另设配种区，配种时仅需驱赶母猪到公猪舍，从而简化了操作程序。

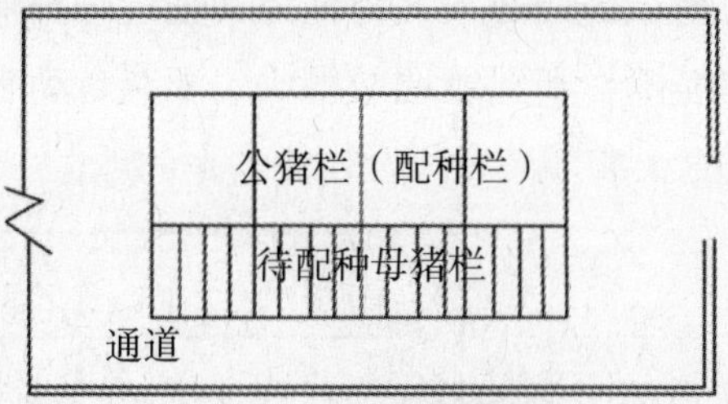

图4-7 紧密配置方式

另一种配置方式是将公猪和待配母猪分为两列，相对配置，两列中间作为配种区（图4-8）。这种配置方式的占地较大，但有利于断奶母猪体质的恢复和公猪的运动。

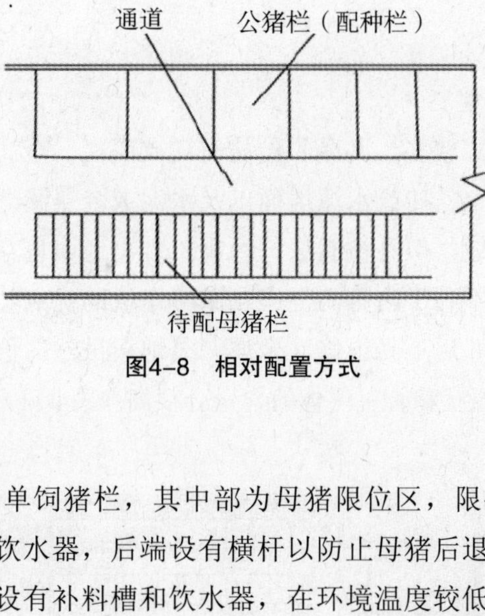

图4-8 相对配置方式

（二）分娩母猪栏

分娩母猪栏一般采用单饲猪栏，其中部为母猪限位区，限位区的两侧为仔猪活动区，前端设有母猪食槽和饮水器，后端设有横杆以防止母猪后退，保证两侧活动区的仔猪安全往来。仔猪活动区设有补料槽和饮水器，在环境温度较低时还应设红外线灯、保温箱等保温装置。分娩栏长度一般为2.1～2.3m。宽1.6～1.8m，母猪限位区长2～2.1m，宽0.6～0.7m（图4-9）。

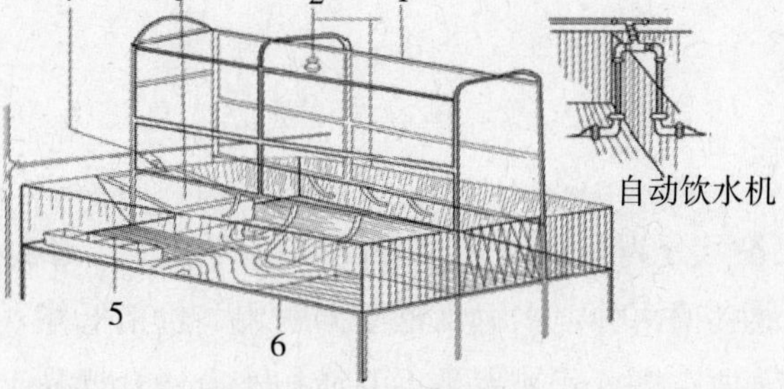

图4-9 分娩母猪栏

1. 产仔架 2. 红外线灯 3. 食槽 4. 自动饮水器 5. 仔猪补料槽 6. 网栏床

（三）断奶仔猪保育栏

刚刚断奶的仔猪生长发育旺盛，相对日增重大，饲料利用率高，但同时其各种生理机能尚不完善，适应能力差，因此必须人为地为其创造一个清洁、干燥、温暖的适宜环境。仔猪保育栏一般由钢筋围栏和漏缝地网组成，配有自动食槽和自动饮水器，猪栏由支架架在粪沟上（图4-10）。

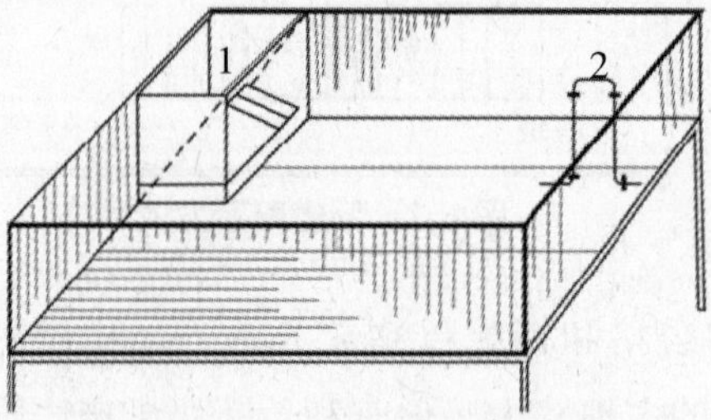

图4–10　断奶仔猪保育栏

1. 自动采食箱　2. 自动饮水器

（四）生长育肥猪栏

生长育肥猪栏的形式较多，其隔栏结构有砖砌隔栏、金属隔栏及综合式隔栏等三种形式，地面结构有三合土、砖或水泥地面以及水泥或金属漏缝地板等几种形式。三合土地面导热性小，柔软舒适，但易被粪尿等污染，砖砌地面也存在同样的缺点，水泥地面则太硬，且导热性大，不利于猪只的健康。漏缝地板的优点是易于清洗和消毒，水泥漏缝地板造价低廉，但损坏后不易维修，金属漏缝地板虽然造价较高，但使用和维修都较方便，其缺点是猪舍的湿度和有害气体的含量会很高（图4-11）。

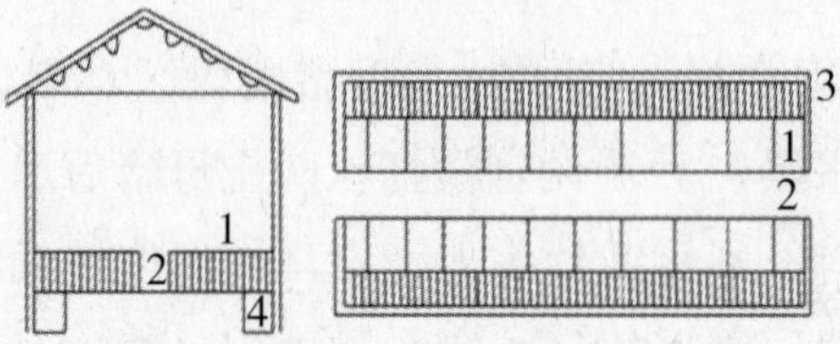

图4–11　双列式生长育肥猪栏

1. 猪栏　2. 通道　3. 漏缝地板　4. 粪沟

二、喂料设备

猪舍的喂料设备可分为普通食槽和自动食槽两类。普通食槽根据其使用材料又可分为水泥食槽和金属食槽两种。水泥食槽坚固耐用，价格低廉，既适合喂干料也适合喂湿拌料，同时还可兼做水槽，其缺点是不易清扫；金属食槽易于清扫，但只适合饲喂干料。自动食槽也称自动采食箱，一般由饲料箱和食槽两部分组成（图4-12），食槽中的饲料被吃掉后，饲料箱中的饲料会自动添加到食槽中，猪可以在任何时候自由采食，因此这种饲喂方式可以大大地节省劳动力，适合于机械化养猪。

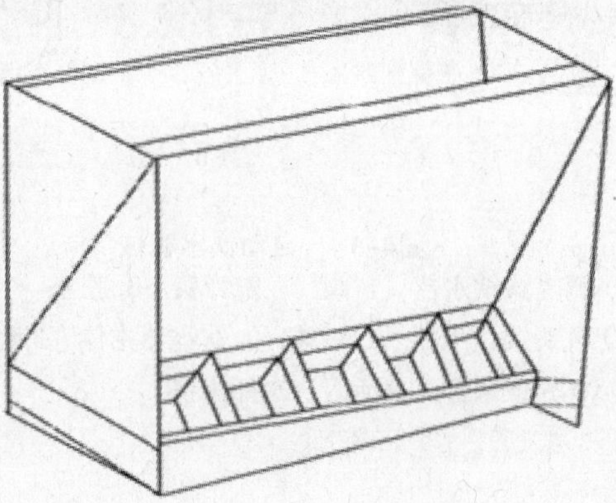

图4–12　自动采食箱

三、饮水设备

猪场的饮水设备有水槽和自动饮水器两种形式。水槽是我国传统的养猪设备，有水泥水槽和石槽等，这种设备投资小，较适合个体养殖户或没有自来水的小型猪场，其缺点是必须定时加水，工作量较大，且水的浪费大，卫生条件也差；自动饮水设备一般包括供水管道、过滤器、减压阀及自动饮水器等几个部分（图4-13）。自动饮水器有吸吮式、乳头式、背式和鸭嘴式等三种（图4-14）。自动饮水设备可以日夜供水，减少了劳动量，且清洁卫生，一般规模化猪场多采用这种形式。

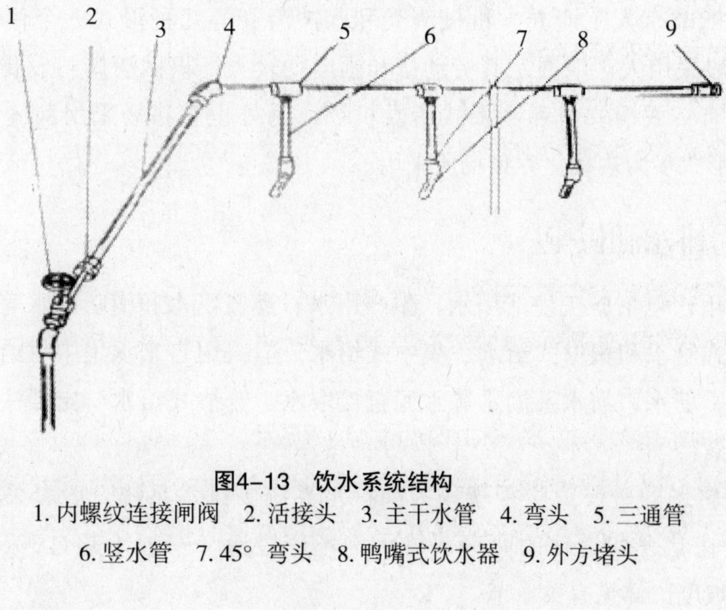

图4–13　饮水系统结构

1. 内螺纹连接闸阀　2. 活接头　3. 主干水管　4. 弯头　5. 三通管
6. 竖水管　7. 45°弯头　8. 鸭嘴式饮水器　9. 外方堵头

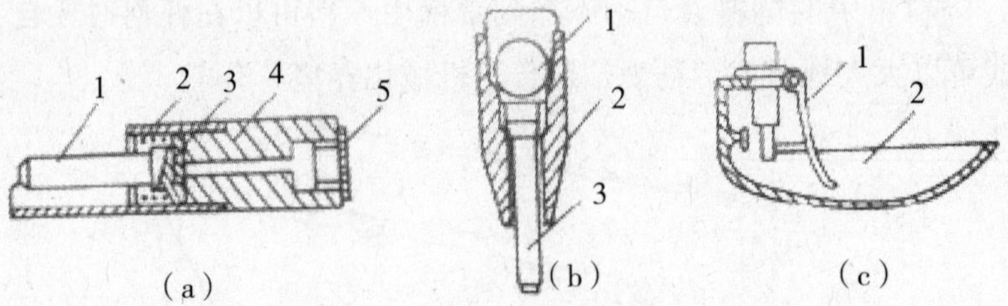

图4-14 自动饮水机械

(a)鸭嘴式饮水器 1.阀门 2.弹簧 3.胶垫 4.阀体 5.栅盖

(b)乳头式饮水器 1.钢球 2.饮水器主体 3.阀杆

(c)杯式饮水器 1.活门 2.杯体

四、漏缝地板

漏缝地板的种类较多，从采用的材料可分为水泥、金属、塑料地板，从地板形状可分为块状、条状和网格状等。水泥漏缝地板的表面应平整光滑，无蜂窝状疏松孔隙，以免刮伤猪只，同时还可避免粪尿的积存，漏缝地板应具有足够的强度以承受猪只的重量及外界的机械损伤。金属漏缝地板可分为网格状地板和焊接式条状地板。网格状地板适用于分娩母猪栏和断奶仔猪栏，条状地板则适合于生长育肥猪栏。塑料漏缝地板是以工程塑料压制而成，可以小块拼装组合，使用很方便。这种地板的导热性小，保温性能好，因此很适合于哺乳仔猪的休息区和断奶仔猪保育栏。

五、清粪设备

猪场的清粪有人工清粪、机械清粪和水冲清粪等几种形式。个体养殖户及规模较小的猪场一般采用人工清粪，其劳动量和强度均较大；机械清粪一般要配合漏缝地板使用，其形式有铲式清粪机和刮板式清粪机等；另外也有猪场采用漏缝地板配合水冲清粪。后两种形式多为规模化养猪场所采用。

六、给排水和供电

猪场的用水包括职工生活用水、生产用水、灌溉用水和消防用水等，按供水的方式可分为分散式给水和集中式给水。集中式给水一般采用自来水集中供给，分散式给水则是指由井水、塘水、河水及湖水等水源直接取水。分散式给水一定要注意保护水源，严防水源被污染。

为保证猪场的干燥，应重视场内的排水系统。排水系统一般多采用斜坡式或方形排水沟，设在猪舍和道路的两旁，排水沟不应过深（一般不超过30cm），沟底应有1%～2%的坡度。详见有关章节。

猪舍的供电较简单，每栋猪舍根据猪舍面积的大小设2～4盏照明灯。

第五章

猪品种资源及其利用

第一节　我国的地方猪种

一、我国地方猪种的分类

我国地方猪种按其外貌体型、生产性能、当地农业生产情况、自然条件和移民等社会因素，大致可以划分为如下六个类型。

（一）华北型

华北型猪种分布最广，主要在淮河、秦岭以北。包括东北、华北以及内蒙古、新疆、宁夏，陕西、湖北、安徽、江苏四省的北部地区和青海的西宁市、四川的广元市附近的小部分地区。

华北型猪毛色多为黑色，偶在末端出现白斑。体躯较大，四肢粗壮；头较平直，嘴筒较长；耳大下垂，额间多纵行皱纹；皮厚多皱褶，毛粗密，鬃毛发达，可长达10cm；冬季密生绒毛，抗寒力强。乳头8对左右，产仔数一般在12头以上，母性强，泌乳性能好，仔猪育成率较高；耐粗饲和消化力强。如民猪、八眉猪、黄淮海黑猪等。

（二）华南型

华南型猪种分布于云南西南部和南部边缘，广西和广东偏南的大部分地区，以及福建的东南角和台湾各地。

华南型猪毛色多为黑白花，在头、臀部多为黑色，腹部多为白色。体躯偏小，体型丰满；背腰宽阔下陷，腹大下垂，皮薄毛稀，耳小直立或向两侧平伸；性成熟早，乳头多为5～7对，产仔数较少，每胎6～10头；脂肪偏多。如两广小花猪、滇南小耳猪、香猪等。

（三）华中型

华中型猪种主要分布于长江南岸到北回归线之间的大巴山和武陵山以东的地区，大致与华中区相符合。

华中型猪体躯较华南型猪大，体型则与华南型猪相似。毛色以黑白花为主，头尾多为黑色，体躯中部有大小不等的黑斑，个别有全黑者。体质较疏松，骨骼细致，背腰较宽而多下凹；乳头6～7对，每窝产仔10～13头；肉质细嫩。如金华猪、大花白猪、华中两头乌猪等。

（四）江海型

江海型猪种主要分布于汉水和长江中下游沿岸以及东南沿海地区。

江海型猪种的毛色自北向南由全黑逐步向黑白花过渡，个别猪种全为白色。骨骼粗壮，皮厚而松，多皱褶，耳大下垂；繁殖力高，乳头多为8对或8对以上，窝产仔13头以上，高者达15头以上；脂肪多，瘦肉少。如太湖猪、姜曲海猪、虹桥猪等。

（五）西南型

西南型猪种主要分布于云贵高原和四川盆地的大部分地区，以及湘鄂西部。

西南型猪种毛色多为全黑和相当数量的黑白花（“六白”或不完全“六白”等），但也有少量红毛猪。头大，腿较粗短，额部多有旋毛或纵行皱纹；产仔数一般为8～10头；屠宰率低，脂肪多。如内江猪、荣昌猪、乌金猪等。

（六）高原型

高原型猪种主要分布于青藏高原。被毛多为全黑色，少数为黑白花和红毛。头狭长，嘴筒直尖，犬齿发达，耳小竖立，体型紧凑，四肢坚实，形似野猪；每窝产仔5～6头；生长慢，胴体瘦肉多；背毛粗长，绒毛密生，适应高寒气候，藏猪为典型代表。

根据不完全统计，我国优良地方猪种约117个，在1983年猪种资源调查中，发掘了一批新品种猪，研究解决了大部分地区的“同种异名”和“同名异种”问题，这为我国猪种的保存、开发和合理地利用，科学地搞好品种区划和品种改良工作提供了科学依据。目前，我国地方优良猪种归纳为上述六个类型。

二、我国优良地方猪种

（一）太湖猪

包括二花脸猪、枫泾猪、梅山猪、嘉兴黑猪、横泾猪、米猪和沙乌头猪等类群。

体型外貌：头大额宽。面微凹，额有皱纹。耳特大，耳软下垂。背腰宽而微凹，腹大下垂，斜尻，大腿欠丰满，后躯皮肤有皱褶。毛色全黑或青灰色。梅山猪、枫泾猪和嘉兴黑猪具有“四白脚”，也有尾尖为白色。乳头8～9对。

生产性能：产仔数平均15.8头，3月龄即可达性成熟，泌乳力强、哺育率高。生长速度较慢，6～9月龄体重65～90kg，屠宰率67%左右，瘦肉率39.9%～45.08%，成年公猪平均体重140kg，母猪平均体重114kg。

太湖猪具有很高的繁殖力，居世界之冠。许多国家如法国、英国、匈牙利、朝鲜、日本、美国等引入太湖猪与其本国猪种进行杂交，以期提高其本国猪种的繁殖力。据法国的试验结果太湖猪与长白猪杂交，太湖的血统占1/2时每胎比长白猪多产6.4头，如太湖猪血统占1/4时每胎比长白猪多产3.6头，但是同时杂种猪的瘦肉率也会降低。

（二）民猪

原产于东北地区。

体型外貌：全身黑色，体质强健，耳大下垂，背腰平直，四肢结实粗壮。

生产性能：产仔数平均13.5头，10月龄体重136kg，屠宰率72%，在体重90kg屠宰瘦肉率为46%。成年平均体重：公猪200kg，母猪148kg。

民猪与其他猪正反交都表现较强的杂种优势。以民猪为基础培育成的哈白猪、新金猪、三江白猪和天津白猪均能保留民猪的优点。

民猪具有抗寒力强、体质强健、产仔数多、脂肪沉积能力强和肉质好的特点，适于放牧和较粗放的管理，与其他几种猪进行二品种和三品种杂交，所得杂种后代在繁殖和育肥等性能上均表现出显著的杂种优势。但脂肪率高，皮较厚，后腿肌肉不发达，增重较慢。

（三）金华猪

产于浙江金华的义乌市、东阳市和金华县。

体型外貌：具有“两头乌”的毛色特征。凹背，腹下垂，臀宽而斜，体型不大，成年公猪平均体重140kg，成年母猪平均体重110kg，乳头8对左右。

生产性能：产仔数平均13.78头，8～9月龄肉猪体重为63～76kg，屠宰率72%，10月龄瘦肉率43.46%。

金华猪性成熟早，繁殖力高，肉质好，适于腌制优质的金华火腿及腌肉。缺点是肉猪后期生长慢，饲料利用率较低。

（四）荣昌猪

产于重庆市荣昌县和四川隆昌县等地区。

体型外貌：是我国唯一的全白地方猪种（除眼圈为黑色或头部大小不等的黑斑外）。体型较大，面部微凹，耳中等稍下垂，体躯较长，背较平，腹大而深。鬃毛洁白刚韧，乳头6～7对。

生产性能：每胎平均产仔11.7头；成年公猪平均体重158.0kg，成年母猪平均体重144.2kg；在较好的饲养条件下不限量饲养育肥期日增重平均623g；中等饲养条件下，育肥期日增重平均488g。87kg体重屠宰时屠宰率69%，胴体瘦肉率42%～46%。

荣昌猪有适应性强、瘦肉率较高、杂交配合力好和鬃质优良等特点。用国外瘦肉型猪作父本与荣昌猪母猪杂交，有一定的杂种优势，尤其是与长白猪的配合力较好。另外，以荣昌猪做父本，其杂交效果也较明显。

（五）两广小花猪

原产于陆川、玉林、合浦、高州、化州、郁南等地，是由陆川猪、福绵猪、公馆猪和两广小耳花猪归并，1982年起统称两广小花猪。

体型外貌：体型较小，具有头短、耳短、身短、脚短、尾短的特点，故有“五短猪”之称。毛色为黑白花，除头、耳、背腰、臀为黑色外，其余均为白色，耳小向外平伸。背腰凹，腹大下垂。

生产性能：性成熟早，平均每胎产仔数12.48头；成年公猪平均体重130.96kg，成年母猪平均体重112.12kg；75kg屠宰时屠宰率为67.59%～70.14%，胴体瘦肉率37.2%。育肥期平均日增重328g。

两广小花猪具有皮薄、肉质嫩美的优点，但生长速度较慢，饲料利用率较低，体型也比较小。

（六）香猪

产于贵州的从江县和三都县以及广西的环江县等地。

体型外貌：体躯矮小。头较直，额部皱纹少，耳较小、略向两侧平伸或稍下垂。背腰宽、微凹，腹大丰圆触地，后躯较丰满。四肢短细，皮薄肉细。毛色多全黑，但亦有“六白”或不完全“六白”的特征，并有少量白色。

生产性能：成年母猪一般体重40kg，体长80cm，体高45cm左右。性成熟早，一般3～4月龄性成熟，具有繁殖能力。抗逆性强，对不良的生态和饲料条件有很强的适应能力。产仔数少，一般为5～6头。

香猪的利用途径主要有两个方面，一是做实验动物，由于猪和人在生理解剖、营养代谢、生化指标等特征上有较大的相似性，尤其是心血管系统结构与人更为相似，所以是研究人类疾病防治的理想实验动物；二是烤乳猪，香猪早熟、肉嫩味鲜、皮薄骨细，断乳仔猪和乳猪无腥味、加工烤乳猪；外焦里嫩，别具风味。

三、我国地方猪种的优良遗传特性

与国外猪种相比，中国猪具有以下优良遗传特性。

（一）繁殖力强

我国的地方猪种除华南型和高原型的部分品种外，普遍具有很高的产仔数。如东北民猪每窝平均产仔13.5头，尤其是太湖猪平均窝产仔15.8头。在太湖猪的各类群中产仔数以二花脸猪为最高，其次是枫泾猪、嘉兴黑猪、梅山猪等。

太湖猪产仔数多的原因首先是排卵数多。太湖猪成年母猪的平均排卵数为28.16个，比我国其他地方猪种的平均排卵数21.58个多6.58个，比国外猪种平均排卵数21.10多7.06个。其次是我国地方猪种的胚胎死亡率低，许多学者对太湖猪和欧洲猪的胚胎存活率和死亡率的比较研究表明，太湖猪早期胚胎死亡率平均为19.99％，国外猪种则为28.40％～30.07％，可见太湖猪的早期胚胎死亡率比国外猪种要低8.41％～10.08%，这预示着太湖猪具有高的活产仔猪数。

另外，我国地方猪种的性成熟早。初情期平均为98日龄，范围在64日龄（二花脸）至142日龄（民猪），平均体重24kg，范围在12kg（金华猪）至40kg（内江猪），而国外主要猪种在200日龄左右，几乎是中国猪的2倍。

（二）肉质优良

中国猪种在肉质优良这一特性上，表现尤为突出。根据10个地方猪种肌肉品质的研究表明，中国猪肌肉颜色鲜红（没有PSE肉），系水力强，肌肉大理石纹适中，肌内脂肪含量高。由于具有以上几种特性，反映到口感上是“肉嫩多汁，肉香味美”，而这些是国外猪种无法相比的。

（三）抗应激和适应性强

通过对粗纤维利用能力、抗寒性能、耐热性、体温调节机能、高温高湿下的适应性、高海拔下的适应性、耐饥饿及抗病力等8项内容的测定，表明中国猪种具有高度的抗应激性和适应性，有些猪种对严寒（民猪等）、酷暑（华南型猪）和高海拔（藏猪和内江猪）有很强的适应性。绝大多数中国猪种没有猪应激综合征（PSS）。

（四）矮小特性

我国贵州和广西的香猪、海南的五指山猪、云南的版纳微型猪以及台湾的小耳猪，成年体高在35～45cm，体重只有40kg左右，是我国特有的遗传资源。具有性成熟早、体型小、耐粗饲、易饲养和肉质好等特性，是理想的医学实验动物模型，也是烤乳猪的最佳原料，具有广阔的开发利用前景。

以上中国猪种的几个优良遗传特件是十分可贵的。实践证明这些优良特性还可以稳定遗传给杂种后代，因此它们将对猪的遗传改良起到重要作用。

我国地方猪种虽具有以上优良特性，但存在生长慢、体成熟早、脂肪多和皮厚等缺点，需要扬长避短，合理利用。养猪工作者的任务一是保种，二是开发利用，防止遗传资源灭绝，以发挥其独特的作用。

第二节　引入的国外优良种猪

我国自19世纪末期以来，从国外引入的猪种有十多个，其中对我国猪种改良影响较大的有中约克夏猪、巴克夏猪、大白猪、苏白猪、克米洛夫猪、长白猪等，20世纪80年代，又陆续引进了杜洛克猪、汉普夏猪和皮特兰猪。目前，在我国影响大的瘦肉型猪种有大约克夏猪、长白猪、杜洛克猪、汉普夏猪和皮特兰猪。主要品种的种质特性：生长速度快，体格大，体型均匀，背腰微弓，四肢较高。在良好的条件下，后备猪生长发育迅速。成年猪体格大，育肥期增重快。屠宰率较高，背膘薄，眼肌面积大，腿臀比例大，胴体瘦肉率高。引入猪种与我国地方猪种相比，存在一个共性问题是肉质较差，即肉色、肌内脂肪含量和风味都不及我国地方猪种。尤其是皮特兰猪的PSE肉的发生率高。适应性差。繁殖率低。

（一）长白猪（兰德瑞斯猪）

长白猪原产于丹麦，是世界上著名瘦肉型品种，特点是产仔数较多，生长速度快，饲料利用率高，胴体瘦肉率高，但适应性差，对日粮的营养水平要求较高。长白猪全身被毛白色。头小，鼻嘴发达，耳大向前倾或略下垂。身躯平直、背平直而稍呈弓形，大腿和整个后躯发达，整个体躯呈前窄后宽。乳头7～8对。性成熟较晚，公猪一般在6月龄时性成熟，适配年龄是8月龄。初产母猪产仔数8～10头，经产母猪产仔数9～13头。在良好的饲养管理条件下，长白猪生长发育迅速，6月龄体重可达90kg以上，日增重

500～800g，每千克增重消耗配合饲料3～3.5kg。体重90kg屠宰，屠宰率69%～75%，胴体瘦肉率58%以上。

（二）大约克夏猪

大约克夏猪原产于英国的约克夏及其附近的萨福克、兰克夏，也是世界著名的瘦肉型品种。主要优点是生长速度快，饲料利用率高，产仔较多，胴体瘦肉率高。大约克夏猪被毛白色。头大，面稍凹，颊部较清瘦，鼻部基本呈直线。耳长而薄，稍前倾。胸部深而宽，背部长而平伸，肋骨开张良好。后躯宽广，大腿的肌肉很充实丰满。四肢稍长，骨骼稍粗。乳头6～7对。成年公、母猪体重分别为250～300kg和230～250kg。在良好的饲养管理条件下，生长育肥猪从断奶至体重90kg阶段，日增重为700g左右，每千克增重消耗配合饲料3kg左右。体重90kg屠宰，屠宰率70%以上，胴体瘦肉率60%以上。性成熟较晚，5月龄母猪出现第一次发情，母猪产仔数在10头以上。

（三）杜洛克猪（红毛猪）

杜洛克猪原产于美国东北部的新泽西州等地，俗称红毛猪。其特点是生长速度快，体质健壮，饲养条件较其他瘦肉猪要求低，饲料利用率高，胴体瘦肉率高，肉质较好，缺点是后肢的系部较软。该品种全身被毛棕红色，色泽深浅不一。体躯深厚，头部较小，颜面稍呈凹形，耳朵向前弯垂，肩部丰满。腿部粗壮，紧凑。在良好的饲养条件下，6月龄体重可达90kg，生长育肥猪体重25～100kg阶段，平均日增重可达650g，每千克消耗配合饲料3.0kg左右。体重100kg屠宰，屠宰率75%，胴体瘦肉率61%。性成熟较晚，母猪在6～7月龄（体重90kg）开始第一次发情，产仔数在10头以上。

（四）汉普夏猪

汉普夏猪原产于美国肯塔基州，是美国饲养最多的品种。其优点是生长发育快，适应性强，饲料报酬高，胴体品质好。公猪性欲旺盛，是较理想的杂交父本猪。缺点是产仔数较少。该品种猪中、后躯被毛黑色，颈肩结合处有一白带。头中等大，耳直立，嘴较光且直，体躯略长于杜洛克猪，背宽大略呈弓形，体质强健，结构紧凑。成年公、母猪体重分别为315～410kg和250～340kg。在良好的饲养管理条件下，6月龄体重可达90kg，生长育肥猪平均日增重600～700g，每千克消耗配合饲料3.0kg。体重90kg屠宰，其屠宰率70%以上，胴体瘦肉率60%以上。母猪一般在6～7月龄（体重90kg）开始发情，产仔数7～8头。

（五）皮特兰猪

皮特兰猪产于比利时的布拉邦特省，是我国引进较晚的品种猪，也是目前世界著名的瘦肉型品种之一。其特点是生长速度快，饲料利用率高，胴体瘦肉率高。缺点是适应性差，发情特征不明显，繁殖性能差。该品种毛色呈白色并带有不规则的深黑色斑点，偶尔出现少量棕色毛。头部清秀，颜面平直，嘴大且直，双耳略微向前。体躯呈圆柱形，腹部平行于背部，肩部肌肉丰满，背直而宽大。在较好的饲养管理条件下，6月龄体重可达90～100kg，日增重750g左右，每千克增重耗料2.8kg左右。90kg屠宰，屠宰率可达75%，瘦肉率可达70%。母猪的初情期一般6～7个月，产仔数10头左右。

第三节　我国的培育品种

一、类型与特征

我国的培育品种，按经济用途可分为四个类型，即瘦肉型、肉脂兼用型、脂肉兼用型和脂肪型。如果按毛色和亲本来源进行分类，一般分为以下三个类型。

（一）白色品种

这类培育猪种是以苏联大白猪、长白猪、大白猪、中约克夏猪等四个白色引入猪种为父本，本地猪种为母本，进行复杂杂交选育而成。被毛全白，有的皮肤上有少量黑斑。头型、耳型、体躯结构、后躯发育和四肢特征，品种间大体一致。头较长直，颜面、额部平直少皱纹。耳大小适中，多数略向前外方倾斜。背腰较长而平直，腹部不下垂但较引入品种大。后腿较丰满。品种间因所用亲本及组合方式的不同而有所区别。比黑色品种繁殖力高，平均产仔数11～12头，初生重1.1～1.2kg。成年猪活重较大，公猪226kg，母猪180kg。瘦肉率与生长发育速度均优于黑色品种，平均日增重654g，瘦肉率53%左右。

（二）黑色品种

它们以巴克夏为主要父本，掺有少量其他品种的血统，以本地猪种为母本杂交选育而成。这类培育猪种被毛以黑色为主，但某些品种具有“六白”或不完全“六白”特征。黑色培育猪种与白色培育猪种比较，头较粗重，面额多皱纹，嘴较短。耳中等大小，略向前外方倾斜。背腰宽广，胸较深，腹较大但不下垂。繁殖力、育肥期日增重和胴体瘦肉率较白色猪种略低。含巴克夏血统较多的品种繁殖率尤低。平均产仔数9.5～11头，初生重1～1.1kg，瘦肉率52%左右。成年猪体重，公猪210kg，母猪182kg。

（三）黑白花品种

这类培育猪种是以克米洛夫为父本，或以巴克夏和苏联大白猪为父本，与本地猪种杂交选育而成的。毛色为黑白花。其中黑花猪以黑色为主，有少量零散的小块白毛。体质外形与所用父本品种有关。个体中等大小，很多性状介于白猪种和黑色猪种之间。

二、主要培育品种

（一）苏太猪

1．产地和分布

苏太猪是由江苏省苏州市太湖猪育种中心在1999年培育成功的瘦肉型猪新品种，已被农业部批准为国家级新品种，目前苏太猪已被推广到全国29个省、市、自治区。

2. 品种特征和特性

（1）体型外貌：苏太猪全身被毛黑色，耳中等大小且垂向前下方，头面皱纹清晰，嘴中等长而直，部分有玉鼻，四肢结实，背腰平直，腹小，后躯丰满，乳头为7对以上，身体各部分发育良好，具有明显的瘦肉型猪特征，是生产三元杂交商品瘦肉猪的理想母本。

（2）生长发育：一般饲养条件下，苏太猪母猪9月龄体重可达116.31kg，公猪10月龄时体重为126.56kg。成年母猪体重为140～180kg。

（3）育肥性能：育肥猪体重25～90kg阶段，平均日增重为623.12g，饲料利用率为3.18%，达90kg体重时日龄为178.90天。

（4）胴体品质：苏太猪肉质鲜美，肥瘦适度，肉味香醇，肉质鲜嫩，这是其他猪种无法媲美的。体重达90kg屠宰时屠宰率为72.88%，平均背膘厚为2.33cm，眼肌面积为29.03cm^2，胴体瘦肉率为55.98%，肌内脂肪为3%。苏太猪肉色鲜红，背最长肌的pH在6.1～6.4，肌肉颜色评分为3.3分，系水率较高，肌肉表面无水分渗出和干燥现象。经氟烷基因检测，其结果全部表现为阴性。

（5）繁殖性能：苏太猪性情温驯，母性良好，发情明显，产仔数高，性成熟早，初情期平均在4月龄左右，6～7月龄配种。初产仔数为11.68头，经产仔数为14.45头，35日龄断奶育成仔猪为11.80头，60日龄仔猪窝重为216.25kg。平均排卵14.62枚，胚胎死亡率为16.14%。泌乳量大，母猪在产后35天内总泌乳量为224.38kg，日泌乳量平均为6.41kg。

3. 杂交利用

苏太猪是目前生产商品瘦肉猪较理想的母本之一，与大白猪或长白猪杂交生产的商品瘦肉猪都有较大的杂种优势。以苏太猪为母本，与长白公猪杂交生产的苏太杂种猪，其后代163.23日龄时体重可达90kg，胴体瘦肉率可达到60%以上，饲料转化率为2.92%，活体膘厚为1.8cm，平均窝产瘦肉量达到487.08kg。

苏太猪保持了太湖猪繁殖力高、肉质优良、耐粗饲的优点，同时在生长育肥性能和胴体性状等方面较太湖猪有较大的改良和提高。因此，可以预计苏太猪作为目前生产瘦肉型商品猪的优良母本之一，其市场前景将十分可观。

（二）新淮猪

1. 产地和分布

新淮猪产于江苏省淮安市。新淮猪育成后，迅速推广到淮河中下游地区，其分布主要集中在江苏省淮阴市，徐州、盐城、扬州市也有一部分。全国28个省、市、自治区先后引入新淮猪累计约9万头。1987年，主产区淮阴市共有新淮猪母猪15万头。

2. 品种特征和特性

（1）体型外貌：新淮猪被毛黑色，但允许体躯末端有少量白斑，头稍长，鼻嘴平直或微凹，耳中等大小且垂向前下方，背腰平直，腹部稍大但不下垂，臀略斜，四肢强健有力，行动灵活，毛稍厚，皮较薄而有弹性，乳头为7对以上。

（2）生长发育：在种猪场一般饲养管理条件下，后备公母猪2月龄平均体重分别为19.69kg和19.62kg，6月龄分别为75.31kg和73.00kg。在青绿饲料供应充分，混合精料增至每头日喂1.69kg时，后备母猪2月龄平均体重为20.70kg，6月龄时达81.60kg。成年公猪平均体重为244.2kg，成年母猪平均体重为188.2kg。

（3）育肥性能：新淮猪在饲喂青料比例较高的情况下，育肥猪8月龄体重达76kg，平均日增重为350g，每千克增重需混合精料2.83kg、青料9.96kg，屠宰率为62.34%。在饲喂青料比例较低的情况下，育肥猪8月龄体重达100.8kg，平均日增重为490g，每千克增重需混合精料3.65kg、青料4.83kg，屠宰率为63.01%。

（4）繁殖性能：经产母猪平均窝产仔为13.30头，产活仔数为11.96头，初生仔猪窝重为11.53kg，断乳仔猪窝重为133.75kg。

3. 杂交利用

新淮猪具有耐粗饲、适应性强、产仔数较多等优点，但其经济早熟性较差。

（三）三江白猪

1. 产地和分布

三江白猪主产于黑龙江省东部合江地区境内的国有农场及其附近各县、市，是在当地特定条件下培育成的肉用型新品种。1980年以来，逐步推广到黑龙江、吉林、辽宁、山东、河南、广东等十几个省、自治区、直辖市。

2. 品种特征和特性

（1）体型外貌：三江白猪具有肉用型猪的体躯结构，头轻嘴直，两耳下垂或稍前倾，全身被毛白色，毛丛稍密，背腰平直，腿臀丰满，肢蹄结实，乳头为7对，排列整齐。

（2）生长发育：三江白猪6月龄后备公、母猪平均体重分别为85.55kg、81.23kg，体长分别为119.70cm、116.75cm，胸围分别为96.55cm、97.11cm。三江白猪成年公猪平均体重为250～300kg，母猪为200～250kg。

（3）育肥性能：三江白猪具有生长快、饲料利用率高的特点。据1982年测定，每千克饲粮含消化能12.97MJ、可消化蛋白160g时，育肥猪20～90kg育肥期为182天，平均日增重为600g，每千克增重耗料不超过2.5kg。

（4）胴体品质：活重90kg屠宰时，胴体长为95.59cm，背膘厚为3.44cm，胴体瘦肉率为57.86%，腿臀比29.51%，皮下脂肪率为26.80%，板油率为3.99%，肌肉（背最长肌）pH为6.26±0.06，系水力良好，肉质良好，无PSE肉，大理石纹丰富而且分布均匀。

（5）繁殖性能：三江白猪性成熟较早，发情特征明显，公猪4月龄即出现性行为；

母猪初情期平均为137～160日龄，发情周期为17～23天，排卵速度快，排卵集中，每次为15.8枚左右，初配日龄为8～9月龄，体重为100～110kg。公猪平均射精量为179mL，活力为0.80，密度为0.81，公猪利用年限4～5年，后备母猪发情期利用年限为3～4年，受胎率为87.16%以上。初产母猪平均窝产仔数为10.17头，经产母猪为12头以上。初生个体重为1.21kg，窝重为11.32kg，20日龄窝重为41.56kg，35日龄窝重为67.77kg，平均个体重为7.8kg，育成率为85%。

3. 杂交利用

三江白猪继承了民猪的许多优良特性，对寒冷气候有较强的适应性，对高温、高湿的亚热带气候也有较强的适应能力，具有生长速度快、耗料少、瘦肉率高、肉质良好、繁殖力较高等优点，与国外引入猪种和国内培育及地方猪种都有很好的杂交配合力。以三江白猪为母本，与杜洛克猪的杂交后代，平均日增重为663g，瘦肉率为63.81%，肉质优良，效果理想。

（四）上海白猪

1. 产地和分布

中心产区位于上海市近郊的原上海县和宝山县，主要繁殖中心在上海县的虹桥、宝山县的彭浦和嘉定县的长征等地。近年来由于外贸出口基地的扩大，上海白猪及以其为基础的“长上”杂种母猪已广泛分布于上海市的南汇、奉贤、嘉定、青浦、川沙、金山、松江等县，并推广到云南、福建、江苏、新疆等省、自治区。

2. 品种特征和特性

（1）体型外貌：上海白猪体型中等，全身被毛白色，面部平直或微凹，耳中等大小且略向前倾，背部平直，体躯较长，腿臀丰满，体质结实，乳头排列较稀，为7对左右，属肉脂兼用型猪。三个品系根据头型和体型略有差别：农系体型较高大，头和体躯较狭长；上系体型较短小，头和体躯较宽短；宝系介于两者之间。

（2）生长发育：6月龄后备公猪平均体重为68.79kg，体长为111.72cm，后备母猪体重和体长分别为65.92kg、111.29cm；成年公猪的体重为258kg，体长为167.10cm，成年母猪体重、体长分别为177.59kg、146.18cm。

（3）育肥性能：在每千克混合饲料含消化能11.8MJ的营养水平下，平均始重为22.30±0.10kg，末重为89.67±0.28kg，育肥期为196天，平均日增重为615±2.47g，每千克增重耗料3.62kg、消化能44.86MJ。

（4）胴体品质：据对上海白猪育肥猪286头进行屠宰测定，平均宰前体重为（87.23±0.45）kg，屠宰率为（72.58±0.47）%，膘厚为（3.69±0.06）cm，眼肌面积为（25.63±0.61）cm^2，腿臀比例为（27.12±0.31）%，胴体瘦肉率为（52.78±0.58）%，育肥猪适宜屠宰体重为75～90kg。

（5）繁殖性能：公猪多在8～9月龄，体重100kg以上开始配种；母猪多于8～9月龄、体重90kg左右初配。成年公猪一次射精量为250～300mL。平均产仔数第一胎为9.78头，2胎为11.22头，3胎以上为12.84头。在较好饲料条件下测定，母猪3～4胎2个月内总泌乳量为498.3kg。仔猪双月龄时平均断奶窝重，第一胎为112.07kg，2胎为145.51kg，3胎以上为162.90kg。

3. 杂交利用

上海白猪产仔较多，生长较快，屠宰率和瘦肉率均较高，猪皮质优，适应性强，既能耐寒又能耐热，因此是商品瘦肉猪和优质皮革原料猪的优良杂交亲本。从1971年开始先后完成苏白猪×上海白猪、长白猪×上海白猪、杜洛克猪×上海白猪、杜洛克猪×（长白×上海白猪）等39个杂交组合研究，其中以杜洛克猪×上海白猪杂交优势最为显著。

（五）北京黑猪

1. 产地与分布

北京黑猪主要育成于北京市国有双桥农场和北郊农场，集中分布于北京市朝阳区、海淀区、昌平区等各区县，并已推广到河北、河南、山西等25个省、市、自治区。

2. 品种特征和特性

（1）体型外貌：北京黑猪体质结实，结构匀称，全身被毛黑色，头中等大小，外形清秀，两耳向前上方直立或平伸，面微凹，额宽，嘴筒直，粗细适中，中等长。其颈肩结合良好，背腰平直且宽，腹部平直，四肢强健，腿臀丰满，背膘较薄，乳头一般为7对以上，属优良瘦肉型的配套母系猪种。

（2）生长发育：6月龄后备公、母猪的平均体重分别为（90.1±7.77）kg、（89.55±7.15）kg，成年公猪的体重、体长分别为260kg、168cm，母猪的体重、体长分别为220kg、158cm。

（3）肥育性能：据对北京黑猪6个系216头育肥猪测定，按体重分20～50kg、50～90kg两个阶段，平均日增重为（578±69）g，试验站群（系）的平均日增重达（729.11±41.71）g。每千克增重耗混合精料3.14～3.53kg。

（4）胴体品质：活重90kg屠宰时的屠宰率为74.38%，背膘厚为2.72cm，瘦肉率为54.59%，胴体长为78.42cm，腿臀比例为28.85%，眼肌面积为31.47cm^2，背最长肌重为1.83kg，肌肉的pH为5.68～6.32，肉色评分为2.75，熟肉率为69.47%，系水率为72.7%，未发现PSE肉和DFD肉。

（5）繁殖性能：母猪初情期平均为198～215日龄，持续53～65h，排卵数为14枚左右，经产母猪排卵数为16～18枚；小公猪8月龄体重100kg左右可用于配种。初产母猪平均每窝产仔数为10.5+0.12头，产活仔数为10.13头，初生重为1.12kg。3胎以上母猪平均产仔数为11.67头，产活仔数为11.01头。

3. 杂交利用

中国农业科学院畜牧研究所等单位，先后曾以北京黑猪为母本，分别与荣昌猪、太湖（枫泾）猪等国内品种和大约克夏猪、杜洛克猪等国外品种进行杂交筛选，发现北京黑猪与国外瘦肉型良种长白猪、大约克夏猪杂交均有较好的配合力，在瘦肉率、产仔数等方面均有显著杂交优势。大约克夏猪×（长白猪×北京黑猪）三元商品猪胴体瘦肉率达58.16%，长白猪×北京黑猪的平均窝产仔数达13.03头。更为可贵的是，三元杂交商品猪肉质良好，从未发生PSE肉和DFD猪肉，瘦肉率高。今后应继续加强对北京黑猪的选育，提高肉脂的品质，增强配合力和繁殖率，进一步发展北京黑猪的优良特性，以适应市场需求和规模化养猪的需要。

（六）哈尔滨白猪

1. 产地和分布

哈尔滨白猪简称哈白猪，产于黑龙江省南部和中部，以哈尔滨市及周围各县较为集中，并广泛分布于松花江、牡丹江、滨州、滨北等铁路沿线。目前已推广到全国20多个省、市、自治区和越南、朝鲜、阿尔巴尼亚等国家。

2. 品种特征和特性

（1）体型外貌：哈尔滨白猪体型较大，全身被毛白色，头中等大小，两耳直立，额面微凹，背腰平直，腹部稍大但不下垂，腿臀丰满，四肢健壮，体质结实，乳头为7对以上。

（2）生长发育：在一般饲养管理条件下，8月龄公猪平均体重为96.2kg，体长为115.2cm，母猪平均体重和体长分别为88kg和114.2cm。成年公猪和成年母猪的平均体重分别为（222.1±2.1）kg和（176.5±1.81）kg，体长分别为（149.1±1.6）cm和（139.0±0.5）cm，胸围分别为（114.0±1.8）cm和（131.8±0.5）cm，体高分别为（84.7±1.0）cm和（75.6±0.4）cm。

第四节　我国猪种资源的保护与利用

一、我国猪种资源的保护

现代猪种的遗传改良集中在少数瘦肉型良种猪，世界各国都以很大的比例逐渐取代了地方猪种，占据了世界养猪生产的主导地位。尤其是发达国家，随着养猪生产的集约化，饲养的只是少数生产性能与经济价值高的猪种及其杂交组合。如采用长白猪、大白猪、杜洛克猪、汉普夏猪、皮特兰猪等配套生产商品猪的模式，其他品种只有少量的饲养。对于发展中国家，虽有较丰富的猪种资源，由于盲目引进外来品种杂交和保种措施不当，造成地方猪种的退化和数量的锐减。总之，世界性的猪种资源危机已成为严峻的现实。

我国猪种资源的多样性是我国人民长期辛勤劳动的创造性成果、是养猪业可持续发展的重要资源。我国各级政府一直很重视地方猪种的保护工作，几乎每个地方猪种都设有国家或省、县级保种场，因此除少数猪种濒临灭绝外，绝大多数还是基本上保存下来了。由于经济与财力的不足，保种工作仍有很多不足。主要问题是缺乏明确的保种目标和保种经费，限制了猪多样性保护和利用的深入开展。

（一）保种的重要性

地方猪种多样性保护就是要尽量全面、妥善地保护现有的遗传资源，使之免遭混杂和灭绝，其实质就是保全现有的畜禽基因库中的基因资源。遗传多样性保护就是管理和利用现有资源以获得最大利益，并保持满足未来需求的潜力，它是对自然资源进行保存、维持、持续利用、恢复和改善的积极措施。

经过高度选育的几个瘦肉型优良猪种是现代养猪业的基础，但对大多数具有一定特色的地方猪种形成了极大的威胁。然而随着人口的增长，人们生活水平的不断改善和对自然资源需求的日益提高，对资源多样性的要求也越来越迫切。有许多不可预见的因素会改变人们对猪肉产品的需求，进而引起生产方式的改变。例如，过去倍受欢迎的脂肪型猪，已被更适应市场需求的现代瘦肉型猪种及其杂交配套系所取代，其销售价格也随瘦肉量的多少而变化。然而随着生活质量的提高，目前人们对肉质的要求越来越高，在注重瘦肉率提高的同时，重视对肉质性状（肌肉颜色、肌肉系水力、肌间脂肪含量和肌肉风味等）的选择。而我国地方猪种普遍具有肉质优良的遗传特性，是改良肉质的重要育种素材。

总之，保种的重要性体现在以下三个方面：一是经济重要性，即现有遗传资源具有潜在的重要经济价值；二是科学价值，畜禽遗传多样性是动物遗传育种研究的基础，可以利用群体间以及个体间的遗传变异来研究动物的发育和生理机制，深入了解动物驯化、迁徙进化、品种形成过程以及其他一些生物学基础问题；三是文化和历史意义，畜禽品种是在特定的自然生态环境和社会历史条件下，经过人类长期驯化、培育而成的，对这些遗传资源的保存也为一个国家的文化历史遗产提供了活的见证，具有一定的历史和文化价值。

（二）保种的基本方法

猪种遗传资源保存主要有三种方法：活体原位保存、配子或胚胎的超低温保存、DNA保存。此外，体细胞保存也是很有希望的一种方式。这些方法各有利弊，需要共同使用，互相作为一种补充。

活体保存是目前最实用的方法，可以在利用中动态地保存资源，但是其弊端在于一般需要设立专门的保种群体，维持成本很高，同时管理问题以及畜群会受到各种有害因素的侵袭，例如疾病、近交、有害基因的存在、其他畜群的污染、自然选择带来的群体遗传结构变化等。

随着生物技术的发展，尽管目前超低温冷冻方法保种还不能完全替代活畜保种，但作为一种补充方式，仍具有很大的实用价值，特别是对稀有品种或品系，利用这种保存方法可以较长时期地保存大量的基因型，免除畜群对外界环境条件变化的适应性改变。一般情况下，超低温冷冻保存的样本收集和处理费用并不是很高，特别是精液的采集和处理是相对容易和低廉的，而且冷冻保存的样本也便于长途运输。

DNA基因组文库作为一种新型的遗传资源保存办法，目前基本上处于研究阶段。随着分子生物学和基因工程技术的完善，可以直接在DNA分子水平上有目的地保存一些特定的性状，即基因组合，通过对独特性能的基因或基因组定位，进行DNA序列分析，利用基因克隆，长期保存DNA文库。这是一种最安全、最可靠、维持费用最低的遗传资源保存方法。

1. 地方猪种原位保存

根据群体遗传学原理，为了在整体上保存一个品种的遗传结构稳定，目前我国地方猪种一般采取以下的措施。

（1）划定保种基地：在基地中禁止引进其他品种的种猪，严防群体混杂，这是保种的一项重要措施。

（2）建立保种群：在保种基地中，根据猪种、资金等因素确定保种群的规模，并且要保证有足够的种公猪，以维持一定的性别比例。

（3）实行各家系等量留种：在每一世代留种时，实行每一公猪后代中选留一头公猪，每一母猪后代中选留相同数量的母猪，并且尽量保持每个世代的群体规模一致。

（4）制定合理的交配制度：在保种群体中实行避免全同胞、半同胞交配的不完全随机交配制度；或采取非近交的公猪轮回配种制度，可以降低群体近交系数增量；也有采用划分亚群，并结合亚群间轮回交配的方式。

（5）其他：适当延长世代间隔，尽可能降低群体近交系数增量。外界环境条件相对稳定，控制污染源，防止基因突变。在保种群中一般不进行选择，在不得已的情况下，才实行保种与选育相结合的所谓“动态保种”。

显然，要满足上述要求，核心是必须有强大的财力作保证，对于拥有丰富遗传资源的发展中国家而言，这些保种措施在实际的家畜遗传资源保存中是难以付诸实践的。实际上，这些要求即使对发达国家来说，也难以在实际的家畜遗传资源保存中全面实施。

2. 保种新技术的应用

随着分子生物学、动物繁殖以及基因工程等生物技术的不断发展和完善，为猪种遗传资源的保存和利用创造了越来越多的新途径，这里试从以下几个方面进行讨论。

（1）种群遗传变异分析

作为遗传多样性保存工作的基础，首先就需要对现有畜禽遗传资源的种群内和种群间的遗传变异有一个全面的了解。随着分子遗传学技术的发展，对遗传变异的分析已经从表型、蛋白质多态深入到DNA分子水平，利用DNA多态性可以更全面、准确地分析种群的遗传变异，利用DNA多态性还可以确定种群间亲缘关系。

（2）冷冻保存：目前超低温冷冻技术对大多数畜禽的精液进行长期保存已基本可行。冷冻精液库最好是与活体保种结合起来，以减轻自然选择、近交和遗传漂变的影响，不受群体大小的限制。但是，冷冻精液的一个重要缺陷是，如果将来想要获得与现有遗传特性基本一致的纯种，必须通过利用冷冻精液对畜群进行一系列的回交。

为了克服冷冻精液的缺陷，最好是结合冷冻胚胎来进行畜禽的易位保存，在需要纯种时可以通过适当的受体及时获得。

（3）繁殖技术：随着各种繁殖技术的进步，在遗传资源保存中已经发挥了越来越重要的作用，如超数排卵和胚胎移植、胚胎分割和胚胎克隆等。利用超数排卵和胚胎移植技术可以充分发挥优秀母畜的作用，这对低繁殖力的家畜，如牛、马、羊等是很有价值的。

胚胎分割和克隆也已经在多种哺乳动物获得成功，而且体细胞克隆也已经有成功的报道。正常胚胎可以用机械的方法进行分割，获得遗传上完全一致的胚胎。

（4）基因定位和DNA文库：随着分子遗传技术的进步，一些高效率的DNA分子遗传标记将各种畜禽的遗传图谱研究推向实用化，通过基因定位将一些独特功能的基因定位于某一染色体特定区段，并测定基因在染色体上线性排列的顺序和相互间距离。更重要的是，通过与畜禽生产性能密切相关的一些数量性状基因定位也取得了很大的进展，一些影响数量性状较大的QTL数量性状基因座得到定位。

（5）疾病诊断和控制：种猪健康状况是遗传资源国际间交流和利用的重要限制因素之一，伴随优良种猪的引入，一些传染性疾病也有可能引进，它所造成的副作用有可能抵消引种获得的潜在效益，甚至产生长久的影响，而种质进口的检疫程序非常繁琐和昂贵。精液过滤和胚胎冲洗等新技术对改善种质健康状况具有相当大的应用前景。

二、我国猪种资源的开发与利用

我国猪种资源的利用主要体现在利用杂种优势和选育新品种两方面。

（一）利用杂种优势

利用中国猪与西方现代猪种的显著差异，通过杂交、获得明显的互补效应和杂种优势。我国地方猪种普遍具有繁殖力高、肉质好、耐粗放的优点，西方现代猪种则具有生长快、饲料转化能力强、瘦肉率高的优点，双方的优点又正好是对方的弱点，杂种大多兼具双方的优点，既有较高的繁殖力和良好的肉质，又生长较快、瘦肉率较高、适应性强，对饲养环境和繁殖技术要求较低，适合农村饲养。我国地方猪种与欧美猪种杂交，不但具有较大的互补效应，而且出于遗传差距较大，杂种优势也非常明显。据统计，欧美猪种（约克夏猪、长白猪、杜洛克猪等）相互杂交（二元或三元杂交），生长速度的杂种优势都在1%以下，而我国地方猪种和欧美猪种杂交明显高于前者。统计了6个地方猪种与5个欧美猪种的8个组合，日增重的平均杂种优势在16%以上。可见中西猪种间显著的遗传差异也是中国猪重要的多样性资源之一。这种资源正在并必将为中国养猪业提供巨大效益。

（二）培育新品种（系）

以我国地方猪种的突出优点作为育种素材，培育新的品种和品系。

太湖猪是中国优良的地方猪种，具有高于西方猪80％的产仔数，且肉质优良而耐粗放管理。但作为一个现代猪种，它具有明显的弱点，即生长慢、瘦肉率低、精饲料转化能力差，缺乏市场竞争力。用它作为三元杂交的母本，效果是很好的，但经济上不合算。纯用于繁殖的公猪需要量不多，经济利用价值小，而且三元杂交不易组织。为此需要培育一个新品种。苏州市太湖猪育种中心（现名为苏州市苏太猪育种中心），引入50％的杜洛克猪血液，经过10年的选育，基本上育成了生长较快、瘦肉率较高、繁殖力高、肉质鲜美、无主要慢性传染病的新品种，命名为苏太猪，并于1999年3月通过国家畜禽品种审定委员会猪品种审定专门委员会的审定。苏太猪核心群母猪经产平均产仔15.67头，生长育肥猪90kg屠宰，瘦肉率54.31％，料重比为3.19。其与约克夏猪杂交，杂优猪167.5日龄达90kg体重，瘦肉率59.15％；与长白猪杂交，杂优猪169日龄达90kg体重，瘦肉率58.42％。苏太猪适合当前农村饲养，其产品适合中国当前内销市场。

欧美各国也都引进太湖猪以提高现代猪种的繁殖力，效果也是明显的，一般都能提高产仔数1～3头，这是西方猪种上百年选种得不到的成绩。英国学者提出利用太湖猪高繁殖性能的方式更是独特，他们设想用太湖猪作为胚胎移植的受体来利用其高产仔能力，这是所谓“超级猪”计划的重要措施之一。

里岔黑猪产于胶东半岛，除具有一般中国猪种的共有优点外，突出的是体长，中心产区成年母猪平均体长145.8cm，成年公猪156.1cm。据对167头猪的统计，14个胸椎的占21.56%，15个胸椎的占58.08%，16个胸椎的占20.36%；胸椎加腰椎平均21.45个，其中20个的占8.38%，21个的占41.32%，22个的占46.71%，23个的占3.59%，且生长较快，瘦肉率较高，繁殖力也不低。利用这个特性，正在培育中国的“长黑猪”。

我国农民历来没有养大猪的习惯，很多地方经常选留本村的小公猪，当年配种，配后屠宰，加上很多山区交通闭塞，当地的猪近亲交配非常普遍，久而久之，自然形成许多近交系。如皖南花猪就是数个近交群体构成的遗传特性极为稳定的地方猪种。近交系的猪具有耐近交的特性，且用以杂交，杂种优势非常明显。这些近交系现今虽保存不多，但还是一种值得开发利用的多样性资源。

第六章

现代养猪的育种技术

种（良种猪）、料（营养饲料）、舍（猪舍环境控制）、病（猪病防治）、管（经营管理）是构成现代养猪生产的五大基本要素。从一定意义上讲，良种是关键。利用丰富的猪种资源，采取科学有效的选育种方法，选育出适合多种市场需求的优良种猪，建立完整的良种繁育体系，发挥良种猪的最大遗传潜能，实现高产（增重快）、优质（瘦肉多）、高效（经济效益好）的现代养猪生产，这就是猪育种工作的根本目的。

提高猪的生产性能，有两条基本途径，即实现猪生产性状的遗传改良与性状发育所处环境条件的控制。猪的遗传改良是提高其生产力的内在因素，而环境控制则是其外部条件。前者只有通过挖掘遗传潜力（基因频率和基因型频率）才能实现，需要较长的时间，但其影响是永久的；后者通过改进饲养管理条件就能实现，在短期内会有明显的效果，然而其影响是暂时的和可逆的。为此，从提高猪的生产性能或养猪生产的经济效益这一目标考虑，必须实现猪的遗传素质的改良和环境条件的改善，两者同步进行和密切配合。就猪群的遗传改良而言，其实质是选择出生产性能和经济价值高的优良基因型群体，并将其优良基因迅速传递到生产群的过程。

猪育种大体上经历了以“相畜”为基础的传统选育和主要考虑动物形态机能的近代选育，进入以遗传学，尤其是数量遗传学为理论基础的现代育种阶段。经过半个多世纪的努力，猪的遗传育种工作已取得了辉煌的成就，尤其是良种繁育体系的建立和推广，培育出许多生产性能卓越的良种猪，为现代养猪生产奠定了坚实的基础。现代分子信息技术的发展与应用，为猪种改良提供新手段和开辟了新途径，现代养猪生产必将展现更加美好的前景。

第一节　猪的育种目标

猪的育种目标是改良猪种，实现养猪生产与加工的最大经济效益。可见育种目标是由市场和消费需求决定的，它强调了三点：①育种的最终目标在生产群实现；②目标的制定以未来可预见的生产条件和市场需求为基础；③目标的着眼点是经济效益的最大值。

20世纪以来，猪的主要目标性状是生长速度、饲料效率和胴体瘦肉率。30年前，超声波活体测膘技术的应用，加速了胴体瘦肉率的遗传进展。背膘厚、眼肌面积和胴体瘦肉率的年遗传进展分别为：-0.1～-0.5mm、0.2～0.5cm^{2}和0.3%～0.6%（Scllier和Rothschild、1991）。因此，欧洲一些国家的育种者主张不再把胴体瘦肉率纳入育种目标，因为背膘厚已降低到需要的程度。但发展中国家还应将胴体瘦肉率包括在育种目标中。

提供优质的鲜肉和加工制品，是养猪生产的主要目的。肌内脂肪含量（IMF）是猪肉质代表性的指标。一般认为2%～3%是鲜肉的理想水平。随着胴体瘦肉率的提高，IMF也大幅度下降。丹麦1978～1992年长白猪、约克夏猪、杜洛克猪和汉普夏猪的IMF下降了

50%，如长白猪和约克夏猪仅为1%左右，杜洛克猪也由4.15%下降到2.05%。如果肉质指标不纳入育种目标，肉质变劣将发展到使消费者难以接受的程度。此外，猪应激敏感基因（Haln）和酸肉基因（RN^{+}）也应纳入育种目标，因为它们对肉质变劣的影响是严重的。加拿大的研究表明，每头RN突变基因携带者肉猪约带来12加元的损失。2001年2月加拿大300头用于人工授精的公猪将进行RN^{+}基因检测，这项研究将对猪的肉质改良提供科学依据。

21世纪猪的育种目标必须根据未来的市场及消费的不同需求不断调整，除继续降低生产单位产品的成本外，将加大产品质量和一致性的选择差。在保持适度胴体瘦肉率的前提下，继续提高瘦肉组织的生长速度和饲料利用率，加强繁殖性状、肉质、使用年限、抗病性的选择。

Devries和Kanis（1994）在对猪育种目标（包括短期与长期考虑）的研究中指出，开放的世界和特殊的市场将要求不同的育种目标和丰富多彩的系群。因此，对于瘦肉生产不仅要考虑生长速度和胴体品质（如背膘厚、肉脂比等），而且要重视对采食能力、消化能力和（与活动相关的）维持需要的选择，繁殖性能除产仔数外，还要包括母猪使用年限和发情性状（初情年龄和断奶至发情间隔）。从养猪业的长期利益出发，要考虑公众接受能力，这意味着不仅是重视产品质量而且要重视生产质量（如抗病性）。

随着企业规模的扩大，以及许多致病因子的更加复杂化，许多企业已丧失了30%的现有遗传潜力。因此、需要增加产品的可靠性和管理能力。进一步的目标为：①致力于生产性能的遗传潜力；②加大这些遗传潜力能在生产中实现的概率。

毫无疑问，畜禽遗传改良面临的最大挑战是：①疾病的抗性，包括改善动物福利、改良性能、低医药费用和减少残留的风险；②提高质量和一致性的标准；③对于一个育种方案，在不损失遗传变量的前提下，加快改良速度，同时使核心群和繁殖群的成本最小化；④畜牧业的可持续发展系统，包括人类的健康、动物的环境等（Webb，1998）。

显然，用传统育种技术是难以实现上述育种目标的，因为常规方法改良那些不能直接度量或度量困难的性状是十分困难的，而这些性状对于动物生产的获利性有重要意义。因此，必须采用育种新技术，进行畜禽的遗传改良。数量方法、或数量与标记辅助选择（MAS）结合至少在未来10年将会继续实现畜禽有竞争力的改良速度（Webb，1998）。动物分子育种技术将带来畜禽遗传改良的重大突破，并在众多相关领域引发新的科技革命。

第二节　性状的遗传与选择

确定各种目标，进行育种规划，实施选育方案是现代育种工作的基本特征。而在确定育种目标时，应该考虑影响养猪生产获利性的生产性状以及与生产性状有关的次级性状（secondary traits），并且相应地根据这些性状的经济重要性分别进行加权。猪的选种进程，实质上是对其经济性状持续进行遗传改良的过程。因此，必须研究和了解各类性状的遗传规律。

选择就是选优汰劣，其最重要的任务就是通过个体表型值准确地判断其育种值。我们将遗传力定义为加性方差或育种值方差占表型方差的百分率，即$h^2=\sigma 2A/\sigma 2P$，显然其中只有加性方差是遗传的。因此，猪各类经济性状的遗传力和性状间的遗传相关及以此为依据而采用的适宜的选择方法，是确定数量化育种目标、制定育种方案和科学有效育种工作的基础。

一、繁殖性状

猪的多产性（prolificacy）即窝产仔数（litter size），包括总产仔数和产活仔数两性状。从遗传学和综合经济效益的高度出发，产仔数是猪繁殖性状中最重要的性状，当然从短期获利目的来看，似乎断奶窝重更为重要。其次，窝产仔数记录容易，可供利用的遗传信息量大，是繁殖性状中被研究得最多的性状。另外，猪的繁殖性状，还有初生重、断奶仔猪数、21日龄窝重（泌乳力）、产仔间隔和初产日龄等。

20世纪70年代以来，对于猪的遗传改良，在全世界范围内多注重生长和胴体性状，而繁殖性状则多依赖于杂种优势的利用。研究表明，产仔数在过去20年中事实上是基本保持不变的。但是，母猪的年生产力（每头母猪年提供的断奶仔猪数）提高了许多，其主要原因是科学饲养管理水平的提高，杂优母猪的利用以及品种的更换等。因此，在现代养猪生产中，除上述性状外，人们又以母猪年产仔猪数、母猪年产断奶仔猪数、产仔间隔和死亡损失率等性状来衡量母猪的繁殖性能。

近年来，对猪产仔数的选择正日益受到重视，其原因在于：①对猪产仔数的遗传特征的了解更加深入；②BLUP技术和分子标记技术的应用；③在养猪发达国家猪的瘦肉率等经济性状正接近于最适值，继续选择改良难度较大，结合产仔数进行选择，其总体经济效益可能会提高；④我国猪种的高繁殖性能已引起世界各国的瞩目。太湖猪引入欧美一些国家后，产生了积极的作用，这使人们重新认识到，产仔数尚有较大的改良潜力。

（一）繁殖性状的遗传力

总的来说，繁殖性状属于低遗传力性状。

1. 产仔数

即总产仔数（包括木乃伊胎和死胎在内）和产活仔数。大量研究表明，产仔数的遗传力低，一般只有0.1左右，其估计值的变动范围为0.05～0.30（McCarter等，1987）。我国猪与此接近，就是繁殖力高居世界首位的太湖猪，其主要类群产仔数的遗传力也是低的，总产仔数为0.07～0.16和产活仔数0.11～0.22（张文灿等，1982）。

产仔数是一个复合性状，受排卵数、受精率和胚胎成活率等三个因素的影响。在一个发情周期内，母猪所排出的卵子均多于产仔数，可达14～20个。通常将母猪在一个发情周期内的排卵数称为猪的潜在繁殖力。

受精率的高低，受精子和卵子的生活力及其配合力以及配种时间和方式等因素的影响。由于猪是异期排卵动物，所以，受精率一般较其他家畜高。

猪的胚胎成活率一般较低，造成实际繁殖力与潜在繁殖力之间差距较大。猪胚胎死亡大部分发生在受精后25天内。一般认为，猪胚胎的死亡时期有3个高峰：①受精后第9～13天，即受精卵着床的初期；②妊娠后大约第3周，即器官形成期，该时期胚胎的死亡率占合子的30%～40%；③妊娠后期60～70天时，胎盘停止生长，而胎儿迅速生长，此时也易引起胎儿死亡。死亡的原因，在着床前决定于合子的生活力，着床后决定于子宫条件。近年来，国外在研究太湖猪的高繁殖性能时，认为子宫内环境与胚胎成活率有很大关系。Bidanel等（1990）认为，梅山青年母猪产仔数高的主要原因是胚胎死亡率低，这与子宫内各种激素分泌较早以及前列腺素的产量较高有关。试验表明，梅山猪在妊娠30日龄时，胚胎存活率高达85%～90%，而大约克夏猪只有66%～70%。Bazer等（1989）认为，胚胎—子宫内膜互作是高繁殖力的主要决定因子。Haley等（1990）的研究表明，梅山猪在排卵数及胚胎存活率方面均比大约克夏猪高，并进一步指出，卵子成熟不完全以及染色体异常是引起胚胎死亡的一个重要原因。

关于产仔数遗传力低的原因，可以总结为以下几点：①加性遗传方差小；②环境方差过大；③负的母体效应。为此曾提出种种假说，主要有环境方差和母体效应两种。

环境方差假说：猪的产仔数受母猪泌乳期、初配年龄、胎次、排卵数、交配次数、交配时间、交配方式、公猪精液品质与数量、公猪的性机能、受精率、胚胎死亡、子宫内环境、子宫能力、季节、环境温度以及营养与饲养管理等因素的影响，从而造成环境方差加大，而遗传方差相对减小，导致遗传力很低。

母体效应（maternal effects）假说：由于母体环境的负效应造成来自大窝的青年母猪生理成熟期推迟，达到初配年龄时生殖系统及其机能发育不完善，导致产仔数少。窝越大则母体环境负效应越大，从而造成母女两代在产仔数上呈负相关，即出现多子而寡孙，或寡子而多孙的现象。母体负效应的存在可能带来两方面的后果，一是产仔数的遗传力估计向下偏倚；二是可能对产仔数的选择反应产生不利影响。

总之，上述假说从不同角度试图解释产仔数遗传力低的现象和对它进行选择是无效或微效的。但同时应看到，随着选择方法的进步，提高产仔数的选择效果是可能的。

2. *初生个体重与初生窝重*

指仔猪出生后吃初乳之前称得的个体重和全窝重。仔猪的初生体重是衡量其质量的重要指标之一。多数研究报道表明，初生个体重的遗传力估计值约0.10，不宜作为选择指标。初生窝重的遗传力为0.20～0.35（Weniger，1980）可作为现场繁殖记录的一项指标，度量起来比较容易。太湖猪初生个体重和初生窝重的估计遗传力分别为0.24和0.18（张文灿等，1982）。除遗传因素外，初生个体重还受品种、母猪年龄、胎次和妊娠期营养等因素的影响。

3. 泌乳力

一般用20（或21）日龄全窝重来表示，其中包括带养仔猪，而不包括已寄养出去的仔猪。母猪泌乳力的高低直接影响着仔猪的成活和哺乳期的生长。由于母猪排放乳汁的生理特点，很难直接准确度量排乳量，因此其遗传力估值较低。国外文献报道为0.15（McCarter等，1987），变动范围为0.08～0.38。国内文献报道，金华猪、滇南小耳猪、荣昌猪、金华猪和内江猪的估计值分别为0.134、0.13、0.10、0.21和0.10（陈润生，1995）。

4. 断奶性状

包括断奶时仔猪数、个体重和窝重。一般情况下，断奶性状的遗传力估值高于初生性状，但仍属低遗传力范畴。国外报道的断奶仔猪数的遗传力估值为0.12（Pond等，1985），变动范围为0.0～0.35（Weniger，1980）。我国地方猪种的估值与之吻合，如二花脸猪为0.13，枫泾猪为0.08，梅山猪为0.19，嘉兴黑猪为0.14，荣昌猪为0.136，滇南小耳猪为0.15。断奶窝重的遗传力高于断奶个体重，据美国全国猪改良联合会估计，21日龄窝重的遗传力为0.20。它与产仔数、初生窝重、断奶仔猪数和个体重等性状密切相关，因此，在实践中一般把它作为选择性状。

（二）繁殖性状与其他性状间的遗传相关

1. 主要繁殖性状间的相关

主要繁殖性状间存在着密切相关。McCarter等（1987）对美国大约克夏猪53 000窝的生产记录的分析结果表明，产活仔数与断奶仔猪数呈强遗传相关（0.58），与断奶窝重为弱遗传相关（0.12），原因是在生产实践中受交叉哺乳的影响。

2. 繁殖性状与生长、胴体性状的遗传相关

不同的资料来源所显示的差异较大，不过可见如下趋势：产活仔数与日增重和饲料转化率间呈有益相关或近似于零；与背膘厚，有的报道为有益的负遗传相关，有的为不利的弱正遗传相关；与眼肌面积和瘦肉率间为不利的弱负遗传相关或呈零相关。总之，大多数研究表明，产仔数在遗传上与生长性状和胴体性状之间相关较弱或基本上无相关。另外，也没有试验证明选择生长性状和胴体性状会影响产仔数。

关于产仔数的重复力，一般为0.15，因此，产仔数的重复力也是低的。

（三）繁殖性状的选择

由于繁殖性状遗传力低，一般认为难以通过个体选择得到遗传改良。纵观所采用的选择方法，大致有多世代选择、家系指数选择、高繁殖力选择、后裔测定、母猪生产力指数、间接选择等，动物模型BLUP法和分子标记技术的应用，大大加快了猪繁殖性状的

遗传改进速度。正如英国猪育种学家Webb（1999）预计，BLUP、梅山猪和ESR基因的可能效应加以综合，在未来10年内，窝产活仔数的遗传改良进量将可能达到4头。

二、生长性状

养猪生产的目的是经济有效地生产瘦肉，以满足消费者的需求，这就要求人们选择育肥性能好，即增重快和饲料报酬高的猪种。由于在商品肉猪生产中，饲料费用占其成本的70%～80%，所以，在瘦肉型猪的遗传改良中，生长性状的改良就显得十分重要。

（一）生长性状的定义

生长性状主要是生长速度、活体背膘厚和饲料转化率，近年来对猪的采食量日益重视起来。

1. *生长速度*

通常用测定期间（30～100kg）的平均日增重或达到一定目标体重（100kg）的日龄来表示。达100kg体重的日龄：控制测定的后备种公、母猪的体重在80～105kg的范围，经称重，记录日龄，并按如下校正公式转换成达100kg体重的日龄（借用加拿大的校正公式）：

校正日龄＝测定日龄－［（实测体重－100）/CF］

式中：CF＝（实测体重/测定日龄）×1.826 040 （公猪）

（实测体重/测定日龄）×1.714 615 （母猪）

2. *活体背膘厚*

在测定100kg体重日龄时，同时测定100kg体重活体背膘厚。采用B超扫描测定倒数第3～4肋间处的背膘厚、以mm为单位。不具备B超的单位，目前暂时可以采用A超测定胸腰结合部、腰荐结合部沿背中线左侧5cm处的两点膘厚平均值。最后按如下校正公式转换成达100kg体重的活体背膘厚：

校正背膘厚＝实测背膘厚×CF

式中：CF＝A÷｛A+［B×（实测体重－100）］｝

A和B由表6-1给出。

表6-1　不同猪种与性别的A、B值

	公猪		母猪	
	A	B	A	B
约克夏猪	12.402	0.106 530	13.706	0.119 624
长白猪	12.826	0.114 379	13.983	0.126 014
汉普夏猪	13.113	0.117 620	14.288	0.124 425
杜洛克猪	13.468	0.111 528	15.654	0.156 646

3. 饲料转化率

从30～100kg每单位增重所消耗的饲料量，计算公式为：饲料转化率＝饲料总消耗量/总增重。

4. 采食量

采食量是度量食欲的性状。在不限食条件下，猪的平均日采食量称为采食能力或随意采食量，是近年来猪育种方案中日益受到重视的性状。通过控制采食量以控制体脂肪的沉积是生产中常用的手段。

（二）生长性状的遗传

生长速度、饲料转化率和日采食均属中等遗传力性状（0.2～0.4），活体背膘厚属高遗传力性状（0.3～0.5）。生长性状遗传力存在一定变异，其原因可能是所用的材料、方法、地区、猪的测定方式、饲喂方式和营养水平不同；另外，抽样误差以及基因型与环境的互作也是造成遗传力差异较大的一个重要原因。Pirchner（1979）的综合研究表明，单栏饲养和群饲时日增重和饲料转化率的遗传力是不同的。单栏饲养时日增重和饲料转化率的遗传分别为0.10～0.50和0.15～0.50，而群饲时其估值相应为0.10～0.25和0.20～0.30。另外，在测定站条件下日增重的遗传力高于现场条件下的遗传力。如Bogner（1982）报道的0.35（测定站）与0.20（现场），Busse等（1986）的结果与之相似，为0.37和0.19。

日增重与饲料转化率无论是表型还是遗传均呈负相关。一般来说，日增重与饲料转化率间有高的遗传相关（r_A＝-0.7），与背膘厚的遗传相关较低（r_A＝0.2）。说明通过选择日增重可改进猪的饲料转化率。另外，在测定站条件下，日增重与饲料转化率间的相关高于现场条件下的，这意味着选择一个适宜的环境条件进行猪的育种工作是十分必要的。

（三）生长性状的选择

由于生长性状的遗传力中等，通过选择可以获得较大的选择反应。在选择实践中，通常采用多性状综合选择。加拿大从1985年开始，应用BLUP法对活体背膘厚和生长速度的综合选择，背膘厚的改良速度提高了50％，达100kg体重日龄的改良速度提高100％～200％。丹麦长白猪从1926/1927～1994年，由于坚持对日增重、饲料转化率等性状选择，使日增重从632g上升到960g，饲料转化率从3.44下降到2.38。尤其是近年来，BLUP法应用于猪育种值估计，使育种工作更加有效，日增重和饲料转化率的年改进量分别为18.8g和-0.03个饲料单位。

选择试验表明，对饲料转化率进行直接选择效果并不理想，不一定比间接选择更有效。一个很重要的原因是饲料转化率的测量误差大，该性状又属于一个比值性状，直接对其选择或许可能不是最有效手段。正如Cleveland和Schinckel（1988）所分析的那样，以下几种情况都会导致饲料转化率的改变：①日增重不变，日采食量下降；②日采食量中等程度下降，日增重轻微下降；③日采食量轻微下降，日增重增加；④日采食量不变，日增重增加；⑤日采食量轻微提高，日增重中等程度增加。因此，仅选择饲料转化率，并不能控制它在哪一种情况下变化，如果要使它的改变符合人们的需要，就必须测定日采食量。

对于日增重、饲料转化率和背膘厚三个性状的指数选择、饲料转化率是朝着有利的方向发展，但日增重、日采食量和背膘厚并不是在任何情况下都令人满意。其原因可能是不合适的指数加权系数和（或）饲料转化率作为选择性状包括在指数里是不适宜的（Cleveland和Schinckel，1988）。如Elliss等（1979）对英国大约克夏猪在自由采食下应用指数，对日增重、饲料转化率和超声波背膘厚进行了11个世代（1967～1978）的选择，其中在前7个世代中，日增重和背膘厚每代的选择反应分别为-2.7g和-2.0mm，在后4个世代中，它们的选择反应分别为4.9g和-0.5mm。澳大利亚的实验结果（McPhee，1981）是背膘厚的年遗传进展在自由采食下为-0.52mm，在限食情况下为-0.35mm，对于日增重在自由采食和限食下的遗传改进量分别为-5.0g和3.3g。上述两个研究结果都表明，日采食量都下降了。日采食量的减少意味着食欲的下降，食欲的显著下降则有可能限制日增重和饲料转化率的长期改进，而减少食欲的选择则可能导致无意识地选择猪应激综合征（PSS）基因型（如果该群体存在这个基因）。因为在自由采食饲养下，应激敏感猪倾向于耗料少、生长慢和效率高（Webb，1981）。食欲对于哺乳母猪至关重要，低食欲会使哺乳母猪不能从饲料中获得足够的能量以保证正向的能量平衡。

当对日增重和背膘厚同时进行选择时，饲料转化率每代的遗传进展为-0.006～0.048（Cleveland和Schinckel，1988），这意味着可以通过间接选择改良饲料转化率。由此看来，这种方法更符合人们的要求，因为它可使日增重、瘦肉率和饲料转化率得到最大的遗传改进，在现场测定中，一般都是根据由日增重和背膘厚构成的指数进行选种，这样既能改善饲料转化率，提高日增重，又能增加瘦肉量。

三、胴体组成性状

猪胴体组成取决于肌肉、脂肪和骨骼所占的比例及分布。依据市场的需求，胴体瘦肉率显然是最重要的性状，但直接取得瘦肉率的测定费用是昂贵的，于是只能取得少量个体的资料。而采用活体度量技术就可以获得大量的测定数据。

（一）胴体组成性状的定义

1. 胴体重

不包含内脏器官，但包含头、蹄、肾和板油的屠宰重量。又分热胴体重和冷胴体重，前者是宰后45min的胴体重，后者是指宰后24h的胴体重。在我国胴体重则指去内脏和去头、蹄的胴体重量。

2. 胴体背膘厚

胴体测量时，将左侧胴体（以下需屠宰测定都是指左侧胴体）取肩部最厚处、胸腰椎接合处和腰荐椎接合处三点膘厚的平均值做为平均背膘厚。

3. 胴体长

一般有两种量法。一是由枕寰关节底部前缘（第一颈椎凹陷处）至耻骨联合前缘中线的距离，称为胴体直长；二是由第一肋骨与胸骨结合处至耻骨联合中线的距离，称为胴体斜长。

4. 眼肌面积

猪背最长肌的横断面积形似眼故名为眼肌。在测定活体背膘厚的同时，利用B超扫描测定同一部位的眼肌面积，用平方厘米表示。在屠宰测定时，将左侧胴体倒数第3～4肋间处的眼肌垂直切断，用硫酸纸描绘出横断面的轮廓，用求积仪计算面积。

5. 后腿比例

指腿臀部重量占胴体重量的百分数。臀和腿是胴体中产瘦肉最多的部位，因此，后腿比例在评定胴体时有重要的意义。在屠宰测定时，将后肢向后成行状态下，沿腰椎与荐椎结合处的垂直切线切下的后腿重量占整个胴体重的比例，计算公式为：后腿比例＝（后腿重量/胴体重量）×100%。

6. 胴体瘦肉率

将半片胴体进行剥离，分为骨骼、皮肤、肌肉和脂肪四种组织并分别称量，然后计算肌肉占四种组织合计量的百分数即为胴体瘦肉率。剥离过程中所造成的组织损失，可以计算也可作为随机误差忽略不计。另一种方法不是剥离为四种组织，而只是分出其瘦肉，用瘦肉占胴体重的比例表示。大多数欧洲国家计算瘦肉率是指胴体完全剥离所获得的瘦肉量（不包括头部瘦肉）占整个胴体重的百分数。由于我国胴体计算方法与国外的不同（见胴体重），所以，胴体瘦肉率的数值往往比别的国家要高（3%～5%）。因此，在比较各国猪胴体瘦肉率时应当予以注意。

（二）胴体组成性状的遗传

胴体组成性状属于高遗传力性状，其估计值为0.4～0.6。这些性状通过个体选择可以获得较大的遗传进展。

背膘厚反映猪的脂肪沉积能力，它与肌肉生长存在强遗传相关（r_A）。Cameron（1990）报道的背膘厚与胴体重、瘦肉量、剥离脂肪量、皮下脂肪重和肌肉脂肪重的遗传相关分别为0.35、-0.82、0.96和0.66。Bereskin等（1998）根据正反交重复选择试验资料估计的平均背膘厚与胴体瘦肉块重量、瘦肉块生长速度、胴体长、眼肌面积和平均日增重的遗传相关分别为-0.50、-0.52、-0.73、-0.36和0.23。由此可见，通过选择背膘厚可望使胴体瘦肉率获得较大的相关反应。

关于膘厚和日增重的遗传相关，一般认为是弱相关或基本上这两种性状呈独立遗传。Smith（1965）总结了 8 个研究结果的估计值为 -0.15。有报道表明，公猪的膘厚与平均日增重间几乎没有遗传相关（$r_A = 0.08$），而后备母猪的遗传相关为中等（-0.39）（Gu 等，

1989），其差异可能由饲养制度不同所导致（即公猪自由采食，后备母猪实行限制饲养）。另一报道认为，在定量限制饲养下，选择日增重可使膘变薄（$r_A = -0.22$），而在自由采食情况下，却会使膘变厚（$r_A = 0.35$）。由此看来，背膘厚与平均日增重的遗传相关受饲养方式影响较大，可能与瘦肉和脂肪沉积过程中能量有关（McPhee，1988）。总之，背膘厚与生长速度的遗传关系仍待进一步研究。

胴体长与瘦肉块重量、瘦肉块生长速度、平均背膘厚、眼肌面积和平均日增重的遗传相关分别为0.33、−0.11、−0.38、0.12和−0.08（Bereckin，1981）。由于胴体长容易准确度量，遗传力高，故人们曾将活体体长这一性状纳入选择指数，试图改善猪的产肉能力。

眼肌面积的遗传力较高，在以提高胴体瘦肉率为目的的选择中都重视对它的选择，特别是一些活体直接测量眼肌厚度或扫描出其完整图像的先进仪器设备问世以后，为个体表型选择以增大眼肌面积提供了现代化手段。Bereskin等（1987）估计的眼肌面积与瘦肉块重量、瘦肉块生长速度、达91kg日龄、平均背膘厚和日增重的遗传相关分别为0.79、0.12、0.74、−0.88和0.51。

后腿比例的遗传力高又与其他产瘦肉性状呈强遗传相关。Fredeen等（1987）对拉康比（Lacombe）猪进行了参数估计，其中后腿比例与平均背膘厚、眼肌面积和修整胴体的遗传相关分别为-0.34、0.37和0.63。

长期以来在提高胴体瘦肉率的选择中都十分重视对它的选择，所以，现代瘦肉型猪的腿臀部发育良好。近年来发现，腿臀部肌肉过度发育与肌肉品质呈负相关。如比利时的皮特兰猪和长白猪以及德国长白猪的腿臀部极端发达，PSE肉的发生率也最高。这就提示我们在瘦肉型猪的选择中，不要过度追求腿臀部的发达程度，要注意猪的整体结构的协调性，腿臀部某些肌肉不成比例过度发育会对肉质产生不良的影响。

（三）猪胴体瘦肉率（量）的选择

胴体瘦肉率是胴体组成性状中最重要的性状，虽然该性状的遗传力较高，个体选择有效。但是，胴体组成性状是屠宰后才能直接度量的性状，目前仍依靠后裔和（或）全同胞的屠宰资料。由于超声波扫描仪、电子瘦肉率测定仪、眼肌扫描仪、X射线扫描仪（特别是CT）和核磁共振等——现代高新技术设备的应用，为实现胴体瘦肉率的活体度量提供了可能性，为胴体组成性状的遗传改良开辟了个体选择的途径。

纵观众多的累积选择试验，通过辅助性状选择胴体瘦肉率的效果是明显的。由于各试验的条件不同，难以比较哪种方法最优。下面简单介绍一下不同的选择方法与试验结果。

1. 瘦肉生长的选择

采用包括日增重（ADG）和背膘厚（BF）两性状的指数选择法。Cleveland等（1982）对汉普夏猪进行了5个世代瘦肉生长速度的选择，使用的选择指数为：

I=100+286ADG（kg）－39.4BF（cm）

5个世代的累积选择反应日增重为77g，背膘厚为-1.82mm和指数单位（I）为29.4，充分说明选择指数对选择瘦肉生长速度是有效的。

Ollivier（1986）对约克夏猪的公猪进行了20世代的选择试验，从1966～1968年使用的指数为：I_1＝10ADG（kg）－6FCR－0.8BF（mm），式中FCR为饲料转化率，活体背膘厚为6点平均，从1969～1984年所用的指数为：I_2=10ADG(kg)－0.8BF(mm)

结果达100kg（测定期为30～100kg）体重时公猪的年遗传改进量为：背膘厚-0.38mm，平均日增重11g、胴体瘦肉率0.71%、瘦肉生长速度每日6.4g和瘦肉组织饲料转化率-0.03。这些试验结果表明，对日增重和背膘厚的选择可导致瘦肉生长速度、瘦肉率和瘦肉组织饲料转化率等性状显著提高，而使背膘厚明显下降。

2. 臀部瘦肉量的选择

McPhee等（1988）采用个体选择法研究了不同饲养方式下的瘦肉生长速度，实行的选择标准是臀部瘦肉量（HL），其指数的构成为：

在自由采食的情况下，臀部瘦肉量5个世代的选择反应为1.01kg，实现遗传力为0.29，限制饲养情况下的选择反应为0.47kg。

3. 背膘的选择

以平均膘厚作为选择标准进行双向选择，即建立厚膘系和薄膘系。如Hetzer等（1973）分析了杜洛克猪16个世代和大约克夏猪14个世代的材料，每个品种中的厚膘系和薄膘系之间的相对离差分别为：胴体膘厚76%和83%，脂肪切块率73%和82%，瘦肉切块率59%和60%。杜洛克猪膘厚的直接选择反应非常明显，与对照相比，厚膘系年平均增加1.7mm（4.4%），而薄膘系则年平均降低0.8mm（2.1%）。

四、肉质性状

随着胴体瘦肉量的增加而导致肉质变劣的现象已日益引起研究工作者、生产者以及消费者的重视。许多国家已将肉质性状纳入猪的综合育种值评定之中。肉质的优劣是通过许多肉质指标来判定的，常见的有pH、肉色、系水力、大理石纹、肌肉脂肪含量、嫩度、风味等指标。

然而像嫩度、多汁性和风味等指标，在德国等国家均不测定，尽管有测定嫩度和多汁性的仪器供使用。我国种猪遗传评估方案中的肉质性状有：肌肉pH、肉色、滴水损失和大理石纹。

1. 肌肉pH

在屠宰后45～60min内测定。采用pH计，将探头插入倒数第3～4肋间处的眼肌内，待读数稳定5s以上，记录pH。

2. 肉色

肉色是肌肉颜色的简称。在屠宰后45～60min内测定，以倒数第3～4肋间处眼肌横切面用5分制目测对比法评定。

3. 滴水损失

在屠宰后45～60min内取样，切取倒数第3～4肋间处眼肌，将肉样切成2cm厚的肉片，修成长5cm、宽3cm的长条，称重，用细铁丝钩住肉条的一端，使肌纤维垂直向下，悬挂于塑料袋中（肉样不得与塑料袋壁接触），扎紧袋口后吊挂于冰箱内，在4℃条件下保持24h，取出肉条称重，按下式计算结果：

滴水损失＝（吊挂前肉条重－吊挂后肉条重）/吊挂前肉条重×100%

4. 大理石纹

大理石纹是指一块肌肉范围内，肌内脂肪（即可见脂肪）的分布情况，以倒数第3～4肋间处眼肌为代表，用5分制目测对比法评定。

胴体后熟方面的缺陷一直引起人们的关注，这就是PSE肉和DFD肉（暗黑、坚硬、干燥），引起缺陷的原因或是肌糖原分解过度（PSE）或是屠宰前肌糖原缺乏（DFD）。下面介绍一下德国在猪生产性能测定中所用的指标。

pH_1：屠宰后45min眼肌处测定的pH，以之判定PSE肉，界值为＜5.8。

pH_2：屠宰后24h后臀处测定的pH，用之判定DFD肉，界值为＞6.0。

5. 肉质值（FBZ）

由pH计算而得。经测定表明肉质不理想的皮特兰猪的均数为50±10，界值为＜55。

6. 导电性（LF_2）

屠宰后24h后臀处测定的导电性，反映肌肉的系水力，仅可以验证PSE肉，界位为＞5。

7. 色度

屠宰后24h眼肌处的色度值，用之判定两种劣质肉，其界值：PSE肉＜50，DFD肉＞70。

猪的氟烷基因（Hal）是影响猪肉质的主效基因。如果猪只携带两个隐性突变基因（nn）就发牲猪应激综合征。这种隐性遗传病严重影响到猪的存活率和猪肉品质，导致猪的应激死亡和产生劣质肉（PSE肉）。这个隐性基因与瘦肉率有关，选择瘦肉率会提高它的基因频率。由于利用传统的育种技术（如氟烷测定），无法在种群中鉴别nn和Nn（杂合子），也就无法根除这种遗传病或有效地利用（如利用专门化品系）。利用基因定位技术，证实了应激综合征坐位是位于第6号常染色体上的兰尼定受体基因突变造成（Fujii等，1991）。兰尼定受体结构与功能的改变，导致猪应激时骨骼肌钙离子非正常释放而引起应激综合征发生。用PCR或PCR-RFLP方法可以清楚地得到3种不同基因型的DNA图谱，这给猪育种中检出氟烷敏感基因（Nn和nn）个体带来了极大的方便。

肉质性状的遗传力一般为低到中等水平（0.2～0.4），而肌内脂肪含量、脂肪酸组成等性状的遗传力较高（0.5～0.7）。

必须指出的是，从育种角度看，肉质与瘦肉率间存在着遗传负相关。当在高瘦肉率的选择工作强度过大时，将引起肉质下降。近年来，养猪发达国家已开始重视肉质性状的改良，并将肉质性状纳入育种目标性状。

五、毛色

猪的毛色是品种的重要标志，尽管其与经济性状的关系不大，但一直受到人们的关注。尤其是在进行杂交育种或利用杂种优势时，弄清各种毛色的遗传规律，有利于获得所需要的毛色类型。

（一）猪的主要毛色类型

猪的毛色类型很多，主要由于黑色素的种类和分布情况不同所造成的。黑色素有两种，一种是真黑色素，以黑色和褐色两种形式存在；另一种为褐黑色素，以黄色和红色两种形式存在。黑色素是一种结合蛋白质，各种猪都含有，只是所含的数量和分布不同，如白色的大约克夏猪被毛中的含量为0.07%，黑猪则含6.18%。猪的毛色类型主要有以下几种。

1. 白色

这类猪的被毛全为白色，如约克夏猪、长白猪等。

2. 纯黑色

被毛全为黑色，我国的许多地方猪种，如民猪、八眉猪、黄淮海黑猪、内江猪、圩猪、槐猪等；英国的巴克夏猪和美国的波中猪等都属此类。

3. 白环带

这类猪在腰部或颈肩部为白色，躯体两端为黑色。我国地方猪种金华猪，华中两头乌猪、宁乡猪以及美国的汉普夏猪都属此类。

4. 棕红色

这类猪全身都为棕红色或金黄色，如我国乌金猪类型中的云南大河猪、贵州的可乐猪，美国的杜洛克猪、泰姆华斯猪等。

5. 花猪

这类毛色的猪种在我国较多，如广东大花猪、赣中南花猪、皖浙花猪、闽北花猪、泛农花猪、北京花猪、太原花猪以及比利时的皮特兰猪。不同猪种中黑白花斑的比例不同。

6. 污白毛

这类毛色的猪被毛白而带污灰色，如蒙古猪、匈牙利的曼格利察猪等。

（二）猪的毛色显性遗传

1. 全白毛色显性遗传

长白猪、约克夏猪等白色猪与其他毛色类型的猪交配，后代均为白色，白毛色对其他毛色及野猪毛色为显性。一般认为，控制长白猪、约克夏猪的上位基因I是A座位上的基因。长白猪的白色毛对我国大河猪的棕红色呈不完全显性，当长白猪与大河猪紫红色类型杂交，子代出现灰花和白色两类。

2. 白环带毛色显性遗传

白环带毛色类型的猪（如汉普夏和宁乡猪）与棕红色类型（如杜洛克猪等）和黑毛色类型（如巴克夏猪）猪交配，白环带趋向显性遗传，但白环带对我国的某些黑猪为不完全显性（许振英，1941）。

另外，波中猪和巴克夏猪的六白特征对全黑的中国地方猪种呈隐性遗传。

3. 黑毛色显性遗传

猪的黑毛色对棕红色基本上是属于显性遗传。因显性强度不同又可分为：

（1）完全显性遗传：具有白环带的汉普夏猪黑毛色对棕红色的杜洛克猪是完全显性，我国多数黑猪对棕红色猪呈显性遗传。

（2）不完全显性遗传：将有六白特征的巴克夏猪和波中猪与杜洛克猪等交配时，后裔的毛色有红色和黑色斑点，即所谓虎斑毛色（Lush，1921；Warwick，1926）。黑毛色对污白色呈显性遗传。

4. 野猪毛色显性遗传

野猪毛色对黑色的巴克夏猪等品种为显性，但与棕红色或其他黑色品种杂交时出现复合毛色。

Rendel（1968）认为野猪色型与巴克夏猪的黑色之间的差异是由于野猪有一个显性基因，这个基因相当于啮齿动物的野灰色基因。

猪的毛色遗传十分复杂，但在许多情况下两种相对毛色类型的遗传，可粗略地看作只有一对等位基因不同。如选育一个白色猪品种，所使用的亲本是中国地方猪种和长白猪，其子一代为全白色，子二代分离出全白和非白毛类型，其比例仍为3:1。为此，在实际育种工作中可将毛色的遗传看作是一对等位基因控制进行处理，这样应用于选种可得到好的效果（彭中镇等，1982）。

（三）猪毛色的选择

在杂交育种过程中，若选择隐性基因控制的毛色类型，则只需淘汰由显性基因控制的毛色类型。例如：利用黑毛与白毛猪进行杂交育种时，若希望选育出黑色品种，则在选育过程中只淘汰群中的白毛个体，就可使猪群中显性白毛基因的频率降低为零。但是要选育出由显性基因控制的毛色类型，如要育成一个白毛色猪种，就必须在猪群中淘汰非白毛基因。

1. 猪毛色表型选择

以选择白毛色猪种为例，除测交外主要有三种选择方法：①只淘汰猪群中的非白毛个体；②出现了非白毛个体的窝全部淘汰；③出现了非白毛个体的窝内白毛母猪可留种，但窝内公猪全部淘汰。这三种选择方法，第二种效果最好，第一种最差，第三种介于二者之间（彭中镇，1994）。

2. 猪毛色测交

由于携带非白毛隐性基因的杂合子猪与显性结合子猪的表型一致，因此，只有通过测交后才能将杂合子识别。测交的方法有：①让被测者与非白毛隐性纯合子交配；②让被测者与已知含有非白毛基因的杂合子交配；③让被测者与猪群中猪进行随机交配（Johansson法，1963）；④让被测者与其有亲缘关系的猪或与一已知杂合子的女儿交配。

第三节　种猪性能测定

生产性能测定对种猪的客观评定是不可缺少的。就测定的客观性而言，种猪的评定工作应建立在实际测定的生产性能基础之上。对种猪的评定是选种的基础，而选种则是实现遗传改良最重要的育种措施。

生产性能测定得到的仅是性状的表型值，它是由育种值和环境效应所构成的函数。如果所有被测猪处于完全相同的环境条件下，这样所得到的性能值便可直接比较。但就选种而言，还要对处在不同环境影响下的被测猪进行比较，因此，在估计育种值时，应当尽可能地将环境影响剔除。种猪的种用价值涉及各种性能指际，由于选种决策只能进行一次，所以，必须将单个性状的育种值纳入一个综合育种值。在选种时，除了依据个体本身的生产性能外，还需要考虑亲属的生产性能。尤其是当一个性状遗传力很低时，亲属的信息对于育种值的估计就十分重要了，如猪的繁殖力就是这类性状。总之，没有一个基础的育种值估计，而只凭主观评价是无法全面评定一头种猪的。

一、性能测定的方法

种猪测定依据其测定方式大致分为场站测定和现场测定或农场测定两种方式。在现场测定中，所有性状记录在本猪场进行。这种方式适用于猪繁殖性能和生长性状的测定；而场站测定是指性状的记录均在特定的中心测定站进行。许多国家为了测定猪的生长性状和胴体品质而建立了测定站，在相对一致的环境下测定，最后选留下来的种猪进入人工授精站。现场测定的测定容量大，且测定成本低廉，虽然在场站测定中得到的遗传力要比现场测定高一些，但测定容量有限，并且测定成本高。

种猪性能测定的方法可分为个体性能测定、同胞测定和后裔测定。个体性能测定是指对需要估计性能素质的个体直接进行测定。同胞测定是指对需要估计性能素质个体的半同胞和全同胞进行测定。根据亲缘系数（1/4或1/2）测定结果的准确性有所下降，但提高测定的同胞数可以改善测定的可靠性。采取后裔测定使得世代间隔加长，而且测定能力有限，这将影响性状的年遗传改进量。目前，世界各国多采用个体性能测定与同胞测定，或个体性能与后裔测定相结合的综合测定制度。

随着种猪测定制度的发展，其内涵又有了延伸，一是中心测定站测定和现场测定同步测定，用两方面的测定结果一次决定种猪的选留，如英国等国家实行此法；二是根据种猪一生中不断出现的测定结果进行育种值估计，并由育种值的高低决定其在群体中的存在时间，即所谓“连续测定”，如德国、丹麦等国家实行这种方法。

二、测定制度的发展

1907 年丹麦首创建立测定站，对猪实行后裔测定制度，通过系统的后裔测定成功地培育了世界著名瘦肉型猪种——长白猪（Landrace），并对世界猪的遗传改良起了重要的推动作用和广泛而深刻的影响。20 世纪 30 年代和 40 年代，欧洲一些国家相继效仿，随后又扩展到北美。经过半个多世纪的实践，特别是数量遗传学理论及其理论指导下的选择试验的成就，以及活体测量技术的出现和发展，从 60 年代起欧洲和北美一些国家开始探索新的测定制度，试图补充、修正或取代传统的后裔测定制度，并且已取得了显著进展。目前，所有国家都开展了现场测定。美国自 1965 年在衣阿华州建立了第一个种猪测定站，到 1971 年，在 26 个州共建立了 36 个测定站。加拿大在 1935 年建立了第一个种猪性能测定站，目前全国具有 7 个公猪性能测定站。日本于 1960 年建立了日本国立种猪性能测定站，随后在各都道府县相继建立了 25 个测定站。中国 1985 年在武汉建立了第一个种猪测定站——中国武汉种猪测定中心。随着时间及技术的发展，后裔测定及同胞测定等方法逐渐暴露出存在的一些缺点，由此在测定方法与技术上有很大的改进，主要有：①提倡场内测定，各农场自己按照统一的饲养标准、度量方法进行场内测定，由测定站有关技术人员到场进行监督、认定，以保证结果的可靠性。改进了原来集中测定中存在的设备与条件的限制；②测定对象，是公猪本身，不是被测公猪的后裔；③在大群测定时，可以只计算生长速度（达 100kg 体重日龄）与背膘，不计算饲料的消耗；④用同胞屠宰，胴体性能以同胞性能作为参考；⑤采用电子识别自动记料测试系统。由法国制造的 ACEM-64 新一代自动化测试同一圈里（约 15cm^2）15 头体重 25 ～ 120kg 的测定猪，通过猪耳上的电子识别环，每一头个体在采食时会自动得到计量（采食量可精确到 ±2g），主机可记录猪号，开始采食时间、结束时间、进食次数、日采食量等，通过电脑进行数据分析。这种系统目前已被法国、德国、荷兰、丹麦等许多国家采用。我国北京、深圳等地也引进使用。由于这套设施价格较贵，有时有记录缺失现象，国内已有厂家改进制造，所生产的种猪生长性能自动测定机，在猪吃料时，同时称体重，在停电时可实现人工饲喂，也可单独作为畜用移动式电子秤使用，效果好，价格便宜。

三、种猪性能测定方案

制定科学、切实可行、有效的种猪测定方案。是使种猪测定走向规范化、制度化的重要措施。正确地开展种猪测定，以较省的人力、物力、财力，获取最佳的测定结果，为选种提供可靠的信息，是制定种猪测定方案的根本宗旨。所谓种猪测定方案，是指为在某个国家或某地区有计划地开展种猪测定，根据现代遗传育种学原理，结合国情或地域实际而制定的规范化、标准化测定模式。不同国家、不同地域，由于国情和地域条件的不同，其测定方案不尽相同。

（一）测定站测定

测定站集中测定（或测定站测定方案）是把各核心群的被测种猪集中到中心测定站，在相对一致的环境条件下，按统一的测定规程进行测定。测定后，统一公布测定结果，并进行评等分级和良种登记。测定站集中测定，其目的是为了创造相对标准的、统一的、长期稳定的环境条件，使供测猪能充分发挥其遗传潜力，对其性能做出公正的评价，为养猪生产者选购种猪、育种工作者选择优良种猪提供可靠的依据和指导。测定后，对其遗传品质优良的种猪，可送人工授精站，以充分发挥其作用；或返回原核心群，以加快遗传改良速度；或举行现场拍卖会，将种猪推向市场，实施优质优价，促进养猪业的发展。集中测定一般实行公猪个体性能测定或个体性能与同胞测定相结合的方案。

1. 公猪个体性能测定

在相对一致的环境条件下测定公猪的生长性状，根据估计育种值或综合选择指数的高低，结合体型外貌评分，进行分等分级。近年来，随着测定手段、测定方法的不断改进和完善，以及计算机网络技术在猪育种中的应用，其分析手段的提高，尽量简化测定方案，仅采用此法进行集中测定。单纯采用公猪性能测定方案时，要求对育种场每个血统的种公猪都进行测定，每头公猪配3头核心群母猪，每窝选1头公猪送测定中心进行测定。

2. 公猪性能加同胞测定

公猪性能加同胞测定（或综合测定）是对公猪进行性能测定的同时进行全、半同胞测定，根据测定成绩、综合评定公猪的性能水平。其方案是在公猪性能测定的基础上，每窝加选一去势公猪和一母猪，即每窝3头为一个测定组。公猪单栏饲养，其余的同胞关在一个栏内，自由采食，按栏计料。当同胞测定猪体重达目标体重（如100kg）时，结束育肥测定后，进行屠宰测定，测定胴体性状和肉质性状。

对猪来说，尽管现在一般都不开展后裔测定，但在当代来说，是个体性能测定和同胞育肥测定，而对上一代来说，实际上则是后裔测验。可根据个体性能测定和同胞测定的结果，对上一代的育种值进行再估计，并根据再估计的育种值的高低决定其在群体中存在的时间，即将育种值仍然高的个体继续留作种用，增加优良基因频率。

3. 电子识别自动记料饲喂系统

由法国ACEMO公司推出的ACEM-64新一代猪自动化测试系统，可以准确记录自由采食情况下群养猪的个体采食量，改变了个体测定方式。ACEM-64是在ACEM-48系统上发展来的，ACEM-48系统曾经在1990年国际农业畜牧饲养机械设备展览会SIMAVIP上获得金质奖，此系统技术成熟，已被法国、德国、荷兰、丹麦等许多国家的猪育种测定站（中心）所使用，我国北京、深圳、武汉等地也已引进使用。

ACEM-64系统拥有1至64个主机与中心电脑相联接，中心电脑通过其软件与各主机对话并储存和处理信息。

（二）现场测定方案

现场测定（或农场测定）是依靠育种场自身的力量和条件，在中心测定站指导下，按统一规程进行测定，为本猪群的遗传改良提供信息，其测定结果报测定中心统一公布，并进行良种登记。现场测定一般进行公猪性能测定和后备母猪生长发育测定及母猪繁殖性能测定。

公猪性能测定应单栏饲养，后备母猪生长发育测定应尽量在一致的环境条件下进行测定，母猪繁殖性能测定要记录同窝仔猪的遗传缺陷性状。被测定种猪必须有个体系谱及其他记录档案，所有仔猪都必须编耳号。

现场测定必须按现场测定规程，统一测定方法、评定标准，统一营养水平。有条件的种猪场也可进行同胞测定。

（三）同步测定方案

同步测定是指根据统一的测定规程，中心集中测定与现场测定同时进行，并用双方测定结果，利用动物模型BLUP法进行遗传评估，可消除场间等环境偏差，进行个体育种值估计，以提高群内选择差，加大选择强度。选留的种猪既可用于本场更新，又可用于场际交流；采用人工授精技术，扩大优良基因的频率。现虽然多提倡此方案，但由于我国地域辽阔，种猪场数量多，完全采用此方案是不现实的。可采用以现场测定为主，现场测定与集中测定相结合的方案。

第四节　育种值估计

种猪的遗传评估是选种的基础，而选种则是实现遗传改良最重要的育种措施。生产性能测定得到的仅是性状的表型值，它是由育种值和环境效应所构成的函数。如果所有测定猪处于完全相同的环境条件下，这样所得到的性能值便可直接比较。但就选种而言，还要对处在不同环境影响下的测定猪进行比较，因此在估计育种值时，应当尽可能地将环境影响剔除。种猪的种用价值涉及各种性能指标，由于选种决策只能进行一次，所以，必须将单个性状的育种值纳入一个综合育种值。在选种时，除了依据个体本身的选择生产性能外，还需要考虑亲属的生产性能。尤其是当一个性状遗传力很低时，亲属的信息对于育种值的估计就十分重要了，如猪的繁殖力就属此类性状。总之，没有一个基础育种值估计，而只凭主观评价是无法全面评定一头种猪的。

一、估计育种值的一般方法

（一）育种值的概念

数量性状的表型值受遗传和环境共同影响。根据数量遗传理论，数量性状在遗传上受多个微效基因的控制，各个基因的效应是可加的，所有基因效应的累加值称为育种值（加性效应值）。除了育种值外，一个基因座位内不同等位基因之间以及不同座位之间还可能存在交互作用，这种互作效应的总和分别称为显性和上位离差，但这种互作与特定的基因型相联系，因此不能稳定地遗传给后代，只有育种值才能稳定遗传，所以育种值才是决定种畜遗传素质优劣的唯一指标。但是猪的育种值是无法直接度量的，除非某个性状的遗传力等于1，或者某个种猪有无穷个后代，而且人们可以完全又准确地取得后裔的成绩。显然这种极端的情况在养猪生产实践是无法实现的，我们只能根据猪本身或它的亲属、后裔的性状表型值，借助于统计方法来估计它的育种值。因此，畜禽的遗传评估的根本任务就是要尽要可能地将影响性状表型值的各种环境因子及非加性遗传效应（显性和上位）剔除出来，以得到育种值的可靠估计。

一头种猪的性状表型值（P）中除了包括育种值（A）以外，还包括了显性效应（D）、上位效应（I）以及环境效应（E）的影响，可以表达为以下模式：

$P=A+D+I+E$

其中$G=A+D+I$为基因型值

就全群而言

$\Sigma G=\Sigma A+\Sigma D+\Sigma I$

其中后两项为0，因此，$\Sigma G=\Sigma A$。育种值又可称为加性基因型值或遗传值。

育种值的估计方法最初是分别采用个体本身成绩、祖先成绩、同胞成绩和后裔成绩进行，后来人们又采用了充分利用一切现有资料来估计育种值，计算出一个合并选择指数，即复合育种值。当进行多个外性状选择时，采用综合选择指数法，计算出一个以货币为单位的综合育种值。

（二）选择指数

1. 单性状的育种值估计

将个体单个性状不同信息来源（其中包括：个体本身、祖先、同胞和后裔成绩）分别进行加权，合并为一个数值，它可以尽可能准确地反映个体的遗传素质，当多个个体都利用这样的方法进行遗传评估时，可以根据其数值大小进行排队，作为选种的标准，上述这种估算出来的数值称为选择指数。

选择指数的方法是由Smith（1936）首先应用于植物育种上的，以后Hazel和Lush（1942）研究了选择指数的特征和优点。制定选择指数的原则是，通过对现有资料进行适当加权而计算出来的选择指数与真实育种值的相关系数最大，使选择指数与真实育种值的误差方差为最小，从而在其他选择条件不变时，可望获得最大的遗传进展。

据定义，选择指数的公式为：

$I=\Sigma b_i(y_i-u_i)$

式中：I——个体一个性状的选择指数；

b_i——与该个体有关的第i个信息来源的偏回归系数；

y_i——第i个信息来源的表型均值；

u_i——该性状的总体均数。

2. 多性状的育种值估计

在猪的育种中人们不仅希望单个性状得到改进，而更期望多个性状同时获得遗传进展。为此在选留种猪时常常进行多个性状的综合选择。由于各性状的单位变异幅度不同，需要将各性状的育种值或变为无单位的相对值，然后加在一起形成一个指数，或者根据各性状的经济重要性，对各性状育种值给予加权，最后综合为一个以货币为单位的指数，将之称为综合育种值。由于每个性状的真实育种值是无法得到的，因此，仍需要通过表型值加以估计，这样计算出的是综合育种值的估计值，又称综合选择指数。

所谓综合育种值，实际上并不代表动物的育种值，而是与育种值有最大相关的指数。该方法的优点在于，考虑了多个性状的遗传素质、经济重要性和市场需求。因此，它所反映出的个体种用价值是全面的，选择方法也简单，一次即可完成。

为了估计个体综合育种值，可依据各性状的表型值，建立一个综合选择指数，可将公式写成：

$I=\Sigma w_i h_i^2\ (\frac{p_i-\overline{p}_i}{p_i})$ 或 $I=\Sigma w_i h_i^2 \frac{p_i}{\overline{p}_i}$

式中：h_i^2——性状i的遗传力；

p_i——性状i的表型值；

$\overline{p}_i$——性状i的群体均值。

为了便于对综合选择指数的理解，试举例如下。

设综合选择指数中考虑日增生和活体背膘厚两个性状，它们的遗传力分别为0.35和0.5，经济加权值分别定为0.8和0.2。由于日增重与背膘厚的遗传相关较低（$r_A=0.20$），因此，这里近似地将两者看作是独立遗传的。因为背膘是越薄越好，故取$W_2=-0.2$。代入上式可得到选择指数：

$I=0.8\times0.35p_1/\overline{p}_1-0.2\times0.5p_2/\overline{p}_2=0.28p_1/\overline{p}_1-0.10p_2/\overline{p}_2$

如果该猪群的均值为$\overline{p}_1=600$g、$\overline{p}_2=1.2$cm，则上式可变换为：$I=0.28p_1-50p_2$

将猪群中各个体的日增重和背膘厚分别代入以上选择指数，即可计算出各个体的选择指数值，再按其大小对猪群进行选种。

二、估计育种值BLUP法

畜禽的遗传评估的理论和方法在过去的30多年中不断发展，这在奶牛育种中表现的尤为突出。长期以来，人们使用的主要方法一直是基于个体性能记录或后裔均值的选择指数，这种方法虽然简单易行，但有两个缺陷，一是没有对环境因子或一些非遗传因子进行有效的校正，二是不能充分利用所有亲属的信息。

20世纪50年代初，美国数量遗传学家Charles R.Henderson博士提出了BLUP方法，他于1973年又对该法的理论和应用进行了系统阐述。由于当时受计算工具的限制，这一方法在育种上的应用推迟了20年。也就是说，70年代以来这一方法首先在奶牛的遗传改良中得到了广泛的应用，成为多数国家奶牛育种值估计的常规方法。80年代中后期，一些国家开始把这一方法应用于猪的遗传评估中，大大提高了遗传改良的速度。如加拿大自从1985年开始应用BLUP法以来，背膘厚的改良速度提高了50%，达100kg体重日龄的改良速度提高100%～200%（Sullivan和Dean，1994）。目前，这一方法已成为猪遗传评估的标准方法。

（一）BLUP法选育的基本原理

BLUP法是Best Linear Unbiased Prediction的英文缩写。中文意思是“最佳线性无偏预测法”，也是多性状估计育种值的一种方法。它是1949年由美国学者Charles R.Henderson博士在20世纪70年代初首先提出来的。

1. *动物模型BLUP法的一般表达式*

选择指数估计个体育种值时，假定个体观测值间没有系统的环境效应，并假定个体都是来自于同一均数的群体。但是，随着育种工作中选优去劣的不断进行，群体每年均可获得一定或较大的遗传进展，使每年群体平均数都存在变化。假如种畜来自不同年度即来自不同均数的群体，就不能满足选择指数法的假定条件，同时种畜可以来自不同牧场甚至不同地区，个体观测值间明显存在系统的环境差异，如用综合选择指数来估计个体育种值就不准确。然而BLUP法则可以弥补综合选择指数的缺陷，可以估计出系统的环境偏差和年度间的群体均数变化，并进行校正，准确地估计出个体的育种值。动物模型BLUP法是较理想且应用较多的种猪育种值估计方法。动物模型的一般表达式如下：

$y_{ij}=u+hys_i+a_{ij}+e_{ij}\sin^{-1}\theta$

式中：y_{ij}——个体的观测值；

u——群体均数；

hys_i——场一年一季固定效应；

a_{ij}——个体的加性效应或育种值；

e_{ij}——随机残差效应。

动物模型BLUP法不仅可以估计单个性状种猪的育种值，同样可以估计多个性状的育种值。例如加拿大以前采用两个性状动物模型BLUP法预测后备猪两个性状的育种值，并分别给予适当经济加权，组成一个两性状的综合育种值指数。其公式如下：

$$INDEX=100-17.68\times\frac{EBV_{age}}{SD_{age}}-17.68\times\frac{EBV_{fat}}{SD_{fat}}$$

式中：$INDEX$——个体综合育种值指数；

EBV_{age}和EBV_{fat}——分别是个体体重达100kg的天数和超声波背膘厚的估计育种值；

SD_{age}和SD_{fat}——分别是个体体重达100kg的天数和超声波背膘厚的估计育种值的标准差。

动物模型BLUP法估计育种值同样需要遗传力和遗传相关等遗传参数，并通过混合模型中的亲缘系数矩阵充分利用个体及其亲属资料，更加精确地估计个体的综合育种值。

2. BLUP法的基本步骤

（1）根据现有的畜群生产情况和资料结构建立一线性混合模型：这个模型应尽可能地描述真实的情况，同时又不能过于复杂而使估计的精确性降低或计算过于困难。估计值的准确性和精确性完全取决于模型是否合理。

（2）根据这一模型构造线性方程组：即混合模型方程组，方程组中的方程个数等于模型中所有因子的所有水平之和。

（3）对方程组求解：计算出估计育种值（EBV）和环境效应值。这需要借助电脑来完成。

（二）BLUP法育种值估计的主要优点及计算问题

1. BLUP育种值估计的主要优点

①充分利用个体及其父母、同胞、后代等所有信息，提高了育种值估计的准确性。

②可消除环境因素造成的偏差，获得个体真实的育种值。运用BLUP法，育种值和环境效应可在一次计算中同步估计。由于育种值与环境效应不是随机分布的，若将两者分开估计会导致偏倚。而用BLUP法估计育种值可以避免这种偏倚。

③能校正由于选配所造成的偏差，例如优良公猪配质量不同的母猪。

④能考虑不同群体、不同世代的遗传差异。依靠群体间的遗传联系，比较群体内或群体间种猪的优劣。遗传联系的建立是通过人工授精站、性能测定站以及种猪的拍卖或销售完成的。由于考虑了每年的遗传进展，决定了不同年龄组育种值之间的可比性，即不同世代的种猪能进行准确比较。这一点对于连续的育种工作，对于青年种猪与成年种猪的比较是非常重要的。

⑤当利用个体的多次记录时，可将由于淘汰所造成的偏差降到最低。例如繁殖母猪淘汰的胎次不同。

BLUP法提供了个体所有单个性状的估计育种值，然后在考虑性状间相关和性状的经济重要性的情况下，计算出综合育种值指数。这个结果就是选种选配的重要基础。如果每一个猪群（场）都计算出平均育种值，就可以得到一个按照遗传水平排队的猪群（场）排序，从而选出遗传水平最高的猪群（场）。如果将环境效应按猪场进行排队，则可以用之评定猪场的管理水平，也可以作为技术咨询时参考的依据。同时还需要指出，BLUP法仅是一种特殊的统计分析方法，此方法是否能完全体现它的优越性，关键在于能否以一定的育种措施，如合理的选种选配、科学的性能测定、完整的记录系统、人工授精系统、数据处理系统等多项育种工作为基础，以先进的计算设备为手段，以优秀的计算软件为工具，以严密的育种组织为保证。此外，BLUP法的计算问题也很重要。

2. BLUP法的计算问题

如果说模型是BLUP法的关键，那么，计算问题则是BLUP法的难点。对于猪的资料，在BLUP法中所涉及的线性方程组一般都很大，仅是场内的育种值估计，方程组个数可达数百至数千，如果是跨场的遗传评定，方程组个数可达几万至几十万，如此庞大的方程组用常规的解法往往是很难求解的，需要一些特殊解法。近年来世界各国育种学家在BLUP法的计算问题做了大量的工作，提出了一些非常有效的方法。如用简化动物模型（RAM）可使方程个数大大减少，用直接对数据进行迭代的简捷迭代解法，可使几万个方程的方程组在普通的微机上求解。国内外已开发出相应的电脑软件，如PEST、VENESIS、PIGBLUP、GBS和NETPLG等，这些软件已商品化，在世界各国广泛应用。

三、BLUP法在猪遗传评估中的应用

（一）影响猪生产性能的主要环境因素

如前所述，BLUP法的第一步是建立数学模型，而建立模型时首先要了解影响性状的各种因素。遗传上的因素主要是猪个体的加性遗传效应，即育种值，而显性和上位效应对多数性状来说不重要。而且如考虑它们会使问题变得十分复杂，因而在实际的育种值估计中很少考虑。而环境上的因素往往很复杂，且对不同的性状来说，影响因素也不完全相同，需要认真加以分析。目前，各国在估计猪育种值时考虑的主要因素有：

1. 繁殖性状（母猪）

主要指总产仔数和活产仔数。其影响因素主要有：①猪群（场），这是一个综合因素，包括了饲养管理、饲养方式等方面的差异；②产仔年份、季节；③胎次；④配种方式，人工授精或自然交配；⑤窝别，来自同一窝的猪除了在遗传上有相似性外，在环境上也有相似性；⑥母猪内永久环境效应。

2. 生产性状

包括生长性状、胴体组成性状和肉质性状。生长性状主要指生长速度和饲料转化效率，胴体组成性状主要指背膘厚度、瘦肉率等；肉质性状主要指肌肉内脂肪含量、肉质指数等。影响生长性状的因素主要有：①猪群（场）；②出生年份、季节；③性别；④圈舍；⑤窝别；⑥遗传组，按年度和性别划分基础动物的遗传组（虚拟组）；⑦育肥天数；

⑧屠宰体重。

（二）建立线性混合模型

1. 建立线性混合模型时应考虑的因素

（1）影响观察值的各因素及其性质：如前所述建立模型实际上是将观察值表述为影响它的各个因素效应之和。因此，模型中应尽量将我们已知的影响观察值的所有因素包括进去，同时还要考虑各因素的性质，即考虑因素的效应是随机效应还是固定效应。原则上讲，固定效应来自非随机样本，如性别、胎次、年龄、季节、圈舍、配种方式等都应是固定效应；而随机效应则来自随机样本，如动物个体的加性效应、窝效应和永久性环境效应等都应为随机效应。

（2）资料结构：在设计模型上，一方面要尽量考虑所有影响观察值的因素，另一方面还需考虑数据资料的结构。首先，有些因素固然很重要，但对它没有进行记录或记录得不完整，这样在模型中只好放弃它们。其次是有些因素在加入模型后会使资料变得极端不平衡，或者各因素水平组合内的观察值个数太小。这样也只能放弃这些因素或者将其合并。

（3）计算上的可行性：BLUP法是通过解线性方程组来获得各因素效应的估计值。模型中考虑的因子越多，方程组就越庞大，求解就越困难。所以在设计模型时还要考虑实际的计算条件，如果计算条件不允许在一个模型中同时考虑到所有因子，而这些因子又确实比较重要，则可对某些因子按常规统计学方法进行预先校正，然后再将剩余的因子包括在线性模型中。

2. 我国种猪遗传评估采用的BLUP动物模型

全国性遗传性评估和场内评估要求采用多性状动物模型（MTBLUP）估计个体育种值。根据国内目前猪育种的实际情况，以及未来猪育种的发展趋势，并参照国外先进经验，从简单、实用、容易操作出发，将遗传评估性状分为以下两类，共计15个性状。①基本性状：包括达100kg体重的日龄、达100kg体重的活体背膘厚和总产仔数；②辅助性状：达50kg体重的日龄（场内测定和遗传评估的选择性状）、饲料转化率，产活仔数、21日龄窝重、产仔间隔和初产日龄，眼肌面积、后腿比例、肌肉pH、肉色、滴水损失和大理石纹。

（1）生长性能：包括生长速度和背膘厚。生长速度以体重达100kg日龄来度量，控制测定的体重在80～105kg，称重、记录日龄，用校正公式转换成达100kg体重的日龄。在测定100kg体重日龄时，同时测定l00kg体重活体背膘厚，用校正公式转换成达l00kg体重的活体背膘厚。其育种值估计模型为：

$$y_{ijklm}=u_i+h_{yssij}+l_{ik}+g_{ij}+a_{ijklm}+e_{ijklm}$$

式中：i——第i个性状（1＝达100kg体重日龄，2＝达100kg体重活体膘厚）；

y_{ijklm}——个体生长性能的观察值；

u_i——总平均数；

h_{yssij}——出生时场、年、季、性别固定效应；

l_{ik}——窝随机效应；

g_{il}——虚拟遗传组固定效应；

a_{ijklm}——个体的随机遗传效应，服从（0，$A_{\grave{o}_a^2}$）分布，指个体间亲缘关系矩阵；

e_{ijklm}——随机剩余效应，服从（0，$I_{\grave{o}_e^2}$）分布

（2）繁殖性能：

$y_{ijk}=u+h_{ysi}+l_j+a_{ijk}+p_{ijk}+e_{ijk}$

式中：y_{ijk}——总产仔数的观察值；

u——总平均数；

h_{ysi}——母猪产仔时场、年、季、固定效应；

l_j——母猪出生窝随机效应，服从（0，$I_{\grave{o}_1^2}$）分布；

a_{ijk}——个体的随机遗传效应，服从（0，$A_{\grave{o}_a^2}$）分布；

p_{ijk}——母猪永久环境效应，服从（0，$I_{\grave{o}_p^2}$）分布，指个体间亲缘关系矩阵；

e_{ijk}——随机剩余效应，服从（0，$I_{\grave{o}_e^2}$）分布

其他繁殖性状的场内遗传评估可以参照该模型进行。

（三）计算综合育种值指数

对综合育种值需考虑两个问题，一是选择目标性状，二是确定目标性状的经济加权值。

1. 目标性状与选择性状

综合育种值中所包含的性状称为目标性状。大多数目标性状与选择性状是一致的，如产仔数、生长速度、饲料转化率。但有些性状却不是这样，如瘦肉率这个目标性状的相应选择性状通常是背膘厚或眼肌面积。这里需要指出的是，对目标性状和选择性状的划分也是相对的，如背膘厚一般作为选择性状，但有时也可认为是目标性状。在确定选择性状时要遵循以下原则：①选择性状必须是活体容易度量的；②选择性状应具有较高的遗传力，这样性状的加性效应值大，选择的准确性高，遗传改良效果好；③选择性状必须与目标性状间有较高的遗传相关。只有这样通过对选择性状的直接选择，才能使目标性状获得期望的相关选择反应。

目前在瘦肉型猪的育种中，父系猪种一般主要考虑生产性状（如日增重、背膘厚、饲料转化率、瘦肉率、眼肌面积等）以及肉质性状（如肌内脂肪含量、肉质指数等），而不把繁殖性状包括在内；对于母系猪种繁殖性状（如窝产仔数、产仔间隔、21日龄窝重等）和上述生产性状包括在育种目标中，但不含肉质性状。基于我国的实际情况，猪的遗传改良在今后相当长的时间内，将以提高生长速度和瘦肉率，以及保持母猪高的生产力是育种主攻方向。为此，选择性状应以日增重、饲料转化率和背膘厚为主。另外，

针对我国种猪的销售体重一般为50kg左右的实际情况，应考虑早期生长速度的选择，建议达50kg的日龄作为辅助选择性状。

计算目标性状的经济加权系数的方法中的差额法简单实用，经济加权系数等于边际产出减边际投入。

2. 综合育种值指数的计算

以加拿大计算的综合育种值指数为例。

加拿大猪的遗传评估方案由加拿大猪种改良中心（Canadian Centre for Swine Improvement Inc.，CCSI）主持，是世界上技术最为先进的方案之一。CCSI与圭尔夫大学（University of Guelph）的B.肯尼迪博士合作，在1985年设计了该方案，是世界上第一个使用BLUP的猪遗传评估系统。遗传评估方案估计种猪100kg时的日龄和背膘厚度，以及窝产仔数的估计育种值，计算父系和母系综合选择指数。饲料转化率和胴体瘦肉量的估计育种值已可以用于选种，其他性状的育种值估计也正在研究之中。

设计父系指数的目的是选择终端父本所需的品种或品系，将其日龄和背膘厚度估计育种值综合在一起选种。设计母系指数的目的是选择商品生产的母系品种成品系，将其窝产仔数（NB）、日龄（AGE）和背膘厚度（FAT）等性状的估计育种值综合在一起选种。指数中的经济加权系数以性状的经济加权（＄）和估计育种值的标准差为基础，指数的均数为100，标准差是25。我国种猪遗传评估的综合指数亦采用上述方法。加拿大各猪种的父系和母系综合选择指数见表6-2所示。

表6-2　不同猪种的综合选择指数公式

品种	父系指数	母系指数
约克夏	100－14.2×FAT－3.49×AGE	100+34.9×NB－10.3×FAT－2.64×AGE
长白猪	100－13.3×FAT－3.28×AGE	100+34.3×NB－10.2×FAT－2.50×AGE
杜洛克	100－15.2×FAT－3.75×AGE	100+43.3×NB－12.8×FAT－3.16×AGE
汉普夏	100－15.9×FAT－3.92×AGE	100+45.2×NB－13.4×FAT－3.29×AGE
拉康比	100－14.6×FAT－3.58×AGE	100+44.1×NB－13.1×FAT－3.21×AGE

注：Nicholls，1997。

为了适应商品猪生产和市场的需要，建立了新的EBVs选择指数。新选择指数值用加元/窝表示（Chesnais等，1998）。

（1）父系指数：性状包括瘦肉率（% *lean yield*）、采食量（*feed intake*）、达100kg日龄（*age*）、眼肌面积（*loin eye area*）和胴体眼肌率（% *loin*），其公式为：

Isire(\$)＝\$6.31×*lean yield EBV*－\$1.17×*age EBV*－\$1.30×*feed intake*

＋\$0.39×*loin eye area EBV*＋\$1.91×%*loin EBV*

例如，如果1头杜洛克公猪的FBVs为瘦肉率+1.6%、采食量-7.2kg、达100kg日龄-6.1天、眼肌面积+2.6cm^{2}和胴体眼肌率+0.5%（% *loin*），那么它的指数值就是：

$I=6.31\times1.16-1.17\times(-6.1)-1.30\times(-7.2)+0.39\times2.6+1.91\times0.5=\$28.6$

新选择指数与旧指数的区别在于，它表示了基于指数值为零，一头供选猪其一窝猪的经济价值。如上例这头公猪所生产的一窝商品猪（与指数值为零比较）可以获得＄28.6额外利润（假设窝断奶数为8.7头）。

（2）母系指数：上述性状加上总产仔数（*number of born*），其公式为：

Idam（$）＝$3.16×*lean yield EBV*－$0.59×*age EBV*－$0.65×*feed intake*＋$0.20×*loin eye area EBV*＋$0.96×%*loin EBV* ＋$12.37×*number born EBV*

如果一头长白猪有上述杜洛克公猪相同的EBVs，再加上产仔数的*EBV*1.0，那么它的指数就是：

$I=3.16\times1.16-0.59\times(-6.1)-0.65\times(-7.2)+0.20\times26+0.96\times0.5+1\,237\times1.0=\$26.7$

对于三元杂交繁育体系生产的商品猪来说，父系的遗传贡献为1/2。两个母系中的每一母系的贡献量对商品猪为1/4，对F_1杂种母猪为1/2。出于上述原因，母系指数值小于父系指数值，但就商品猪生产的贡献而言，两个母系指数值应当相加。例如，一头指数值为+30的杜洛克公猪与长大F_1母猪（长白公猪和约克夏母猪的指数值分别为+20和+22）所生产的一窝商品猪应获利（与平均值数值的双亲比较）＄72，即＄30＋＄20＋＄22＝＄72。

（四）BLUP法的其他问题

1. 资料的收集

收集资料要注意资料的完整性，资料包括生产性能记录和系谱记录，在收集过程中不能按主观意愿加以取舍，要尽可能利用以前各个世代的记录，记录越完整，估计的准确性和精确性就越高。

2. 遗传参数

在建立混合模型方程组时，需要知道随机效应的方差值或方差比值，这种方差比值也可以遗传参数（遗传力、重复力）推算出来。一般来说，这些方差比值或遗传参数的真值是未知的，只能用估计值去代替。目前，世界上用于遗传参数估计方法主要是约束最大似然法（REML）。遗传参数有群体特异性，原则上应该用本群体资料估计的遗传参数。但估计遗传参数需要有较大的样本，而当样本较大的用REML方法估计遗传参数在计算上是困难的。我国目前所发表的一些遗传参数估计值一般样本都很小，而且方法也较落后，因而可靠程度不高。为此，在尚不能用大样本和新方法估计遗传参数的情况下，建议仍借用国际文献中报到的遗传参数估计值。目前，国际流行的参数估计软件有DFREML、REML、VEC和MTDFREML等。

四、关于种猪测定与育种值估计问题

当一个地区内环境条件的差别很大时，可能会出现基因型与环境效应的互作。由此看来同胞测定或后裔测定在不同的环境中进行更为合适。育种工作应在中等环境水平下进行。当环境差异仍然很大时应该测定一下，已经适应了的种猪能否在生产中也可以表现出其优良特性。在设置性能测定站的环境条件时，必须考虑基因型与环境的互作效应。测定站的环境条件应与生产场的条件尽可能一致。随着BLUP方法的应用，群体现场测定技术的引入，大大地扩大了测定规模，加速了遗传改良速度。如丹麦自1994年以来，每年猪群中测定猪的数量超过了9万头，而过去每年仅测1万头，遗传改良速度与过去相比提高了40%。同时人们期待着基因型与环境间的互作将会低于过去那种只采用测定站的方式。

参数信息的不完整将影响育种值估计的可靠性，这一点特别表现在猪只数量较少的小群体。由于遗传参数对于各育种单位是特异的，有时借用一些文献中查出的遗传参数只能看成是权宜之计。遗传参数估计对于特定的群体而言是必须要做的工作。

繁殖性能首先要受母体效应的影响，如断奶仔猪数就是一个很好的例子。仔猪的抵抗力很大程度是一个“子代效应”，而母猪哺乳性能则是“母体效应”。一般在断奶仔猪数的选种上仅考虑母体效应，而在育肥性能的选种上只考虑子代效应。将来能够在性能测定和育种值估计时将子代效应和母体效应同时估计就更理想了。

在繁殖性状上一般出现了明显的杂种优势效应，因此，除基因加性效应外，显性效应也是很重要的。要想利用杂种优势效应，要求对测定方法和选种措施进行调整。在一个群体内的选种中，要考虑到它与另一群体杂交后代性能，即要通过“测交”进行测定和选择。

上述一些问题使我们认识到，如果要追求一个理想的育种进展的话，急需进一步深入开展工作。在这一问题上，大规模的性能测定、功能良好的计算机以及育种组织管理人员与专家们的密切合作是进行群体分析与育种值估计所必须的三要素。

第五节　猪的杂交繁育体系

一、杂交与杂种优势

（一）杂交

在育种工作中，杂交是指不同品种或不同品系个体之间的交配。从遗传学上讲，凡是基因座位拥有不同等位基因的两个亲本的交配就是杂交。杂交的基本效应是使基因型杂合，使后裔群体中杂合子比例增加，表型变异减少，从而使群体更加一致。下面将一般性讨论主要的杂交效应即杂种优势和遗传互补性。

（二）杂种优势

杂种优势可定义为杂种一代（F_1）与纯合亲代均值间的差数。杂种优势取决于基因的非加性效应，即显性效应和上位效应，而与加性效应无关。显性效应是同一基因座位上两基因的特殊组合效应，在杂种优势中起决定作用。而上位效应是指不同基因座位上基因间的互作效应。

杂种优势与近交退化是同一个遗传机制的两个方面，两个现象的出现取决于动物个体的杂合度或纯合度，降低杂合性可望出现近交退化，而提高杂合度则出现杂种优势。

在育种实践中，杂种优势是群体和性状特异的。这是因为不同的群体以及不同杂交世代间的遗传结构差异很大。在杂种一代获得的杂种优势最大，在杂种二代和回交代中杂种优势仅能获得其一半；亲本群体间的遗传差异，即亲本间的基因频率差异程度愈大，亲本间在遗传起源上彼此无关，其杂交后代的优势愈明显。另外，杂种优势常受到环境条件，如营养水平、饲养方式、温度、健康程度等因素的影响。杂种优势因性状特异仍有相对的趋势，通常，猪繁殖力、生活力这类低遗传力性状的杂种优势水平较高，遗传力中等的日增重、饲料转化效率等性状杂种优势也为中等，而遗传力高的胴体组成性状则可望获得较低或几乎无杂种优势。因此，对于猪杂种优势在繁殖性状上显得特别重要，这也就是目前世界上利用F_1母猪生产商品肉猪愈来愈普遍的原因。杂交已被广泛证明是迅速改良猪繁殖性能的重要措施。

1. 杂种优势的类型

经过性能测定所得到的个体记录可能受到三种效应的作用。如母猪的窝产仔数受到以下三个效应的影响：

（1）父本效应：公猪配种能力以及精液的受精力；

（2）母本效应：母猪的排卵率及子宫内环境；

（3）个体（子代）效应：仔猪（胎儿）的抵抗力和生活力。父本效应的作用直到受精，母本效应对于评价繁殖力的各个指标都具有重要意义，个体效应对于生长发育个体的一些性状的作用更为重要，如胴体性状。

2. 杂种优势效应

根据不同组动物的基因型可以进行相应类型的划分。

（1）父本杂种优势：取决于公猪系的基因型，是指杂种代替纯种做父本时公猪性能所表现出的优势。表现出杂种公猪比纯种公猪性成熟早、睾丸较重、射精量较大、精液品质好、受胎率高，年轻公猪的性欲强等特点。

（2）母本杂种优势：取决于母猪系的基因型，是指杂种代替纯种为母本时母猪所表现出的优势。表现出杂种母猪（F_1）产仔多、泌乳力强、体质强健、易饲养、性成熟早、使用寿命长等特点。

（3）个体杂种优势：亦称子代杂种优势或直接杂种优势。取决于商品肉猪的基因型，指杂种仔猪本身表现出的优势，主要表现在杂种仔猪的生活力提高、死亡率降低、断奶窝重大、断奶后生长速度快等方面。

总之，上述各种优势只有当父系公猪、母系母猪和商品肉猪是杂交个体时才会出现，因此，在二元杂交方案中，只能利用到个体杂种优势。

3. 杂种优势的估计

如前所述，杂种优势应是群体和性状特异的。对于杂种优势的估计必须进行杂交试验，可以采用不同的试验设计，这里仅介绍常见的个体杂种优势和母本杂种优势估计的双列杂交试验设计。

个体杂种优势的估计公式：

H=1/2（AB+BA）−1/2（AA+BB）

式中：AA、BB——分别为纯系A和B的均数；

AB——A为父本B为母本的F_1代均数；

BA——B为父本A为母本的F_1代均数。

两个正反交F_1代含有不同的父本效应和母本效应，因此要对两个F_1代都进行测定。

母本杂种优势的估计公式为：

Hm = 1/2［C（AB）＋C（BA）］− 1/2（CA＋CB）

式中：C（AB）、C（BA）——以C为父本正反交F_1代为母本的三元杂交均数；

CA、CB——以C为父本，A、B分别为母本的二元杂交均数。

由此式可以看出对母本杂种优势的无偏估计的费用很高。

在繁殖性状上杂种优势表现得突出，尤其是母本杂种优势；而育肥性状上的杂种优势表现中等；至于遗传力高的胴体品质性状几乎没有优势。

（三）遗传互补性

互补性指不同亲本群体所具有的优点相互补充。目的在于通过杂交将两个或两个以上群体的不同优良性状结合于商品猪上，使商品猪的优点比任何两亲本群体都全面，从而提高其商品价值，遗传互补性要涉及多个性状的复合。一般说来猪的生产性能与繁殖性能间为负相关。如果两个群体在生产性能和繁殖性能间相互补时，我们说两者存在遗传互补性。

现代养猪生产要求瘦肉型商品猪同时具有生活力强、生长速度快、饲料利用率高、瘦肉率高和肉质好等特点，并且母猪要多产性好，但迄今几乎没有如此全面的品种，只有依赖于杂交。繁殖性能主要依赖于母本的遗传素质，而就生产性能而言，个体的生产性能素质是决定性的。在一个杂交方案中，只有一个具有高繁殖性能的群体为母系，另一个具有特别理想的生产性能的群体作为父系时，就可以利用到遗传互补性，满足现代商品瘦肉猪的要求。这意味着通过杂交从两方面利用了遗传变异，既通过杂种优势利用了非加性效应，又通过遗传互补性利用了加性效应，即群体均值间的差异。这样，杂种优势与遗传互补性结合，既能改良繁殖性状，又能提高生产性状的整体水平。

我国的许多猪种以高繁殖力而著称，这样的群体作为母系是十分适宜的，一些西方猪种具有一个高水平的生产性能，通过杂交可望实现一个持久地提高养猪生产效益的目的。

总之，在养猪生产中，杂交主要应用于杂交育种与杂交生产。前者是指用2个或2个以上的品种或系作为亲本产生杂种后代，然后按照育种目标的要求从后代中选育出符合育种目标的个体，扩大繁殖到所要求的数量，从而育成一个新的品种或系。在我国的培育猪种中，其培育方式有以下三类：一是利用二元杂交种通过选育而形式，如三江白猪、军牧1号白猪等；二是利用三元杂交种通过选育形成，如浙江中白猪、湖北白猪等；三是利用二元或三元杂交种合成选育形成的，如哈白猪和上海白猪都是有4个以上品种参与合成选育的产物。

关于商品猪生产中杂种优势的利用方式有：一是F_1直接用于商品肉猪生产，如二元经济杂交；二是F_1直接用作繁殖种猪，如生产杂优公猪和杂优母猪，进行商品猪生产。

二、商品猪生产的杂交模式

商品猪生产中总会遇到的一个问题就是杂交模式的挑选。杂交模式是杂交方式和亲本群体选配的总称。杂交方式是指采用什么方法进行杂交，而亲本选配则指选择什么品种或系参与杂交。为了实现商品猪生产的获利性，挑选适宜的杂交模式是一个重要的问题。

（一）杂交方式

杂交方式可分为终端杂交、轮回杂交以及终端轮回杂交三种类型。终端杂交包括二元杂交、回交、三元杂交和四元杂交。轮回杂交包括两品种轮回杂交（交叉杂交）、三品种轮回杂交等。终端轮回杂交主要包括纯种公猪与交叉杂交母猪的终端轮回杂交和二品种杂交公猪与交叉杂交母猪的终端轮回杂交。

1. 终端杂交

二元杂交是利用两个品种或系进行杂交，F_1代作为商品肉猪。这是最为简单的一种杂交方式，且收效迅速，F_1个体能获得100%的个体杂种优势。一般要求父本和母本要来自不同的具有遗传互补性的两个群体。在我国一般以地方品种或培育品种为母本，以引入猪种作父本。显然这种方式不能利用母本或父本杂种优势。如表6-3。

（1）回交：有两种形式如表6-3。由于母本杂种优势一般比父本杂种优势重要。因此，常用杂种母猪为母本进行回交，这时可获得全部的母本杂种优势，但只能利用50%的个体杂种优势。目前世界上只有少数国家采用回交方法生产商品肉猪。

（2）三元杂交：这种杂交方式由于母本是二元杂种能充分利用母本杂种优势，终端产品也能充分利用个体杂种优势。另外，三元杂种比二元杂种能更好地利用遗传互补性。因此，三元杂交在商品猪生产中逐步地为世界各国所广泛采用。在我国多次试验证明，以地方猪种作母本时，采用约克夏猪或长白猪为第一父本，用杜洛克猪作为终端父本，能获得较满意的效果。

表6-3　猪不同杂交方式的效应比较

杂交方式	杂种优势			互补性
	个体	母本	父本	
纯种繁育AA	0	0	0	无
二系合成（AB）syn	1/2	1/2	1/2	无
二元杂交AB	1	0	0	有
回交A（AB）	1/2	1	0	减少
（AB）A	1/2	0	1	减少
纯种繁育AA	0	0	0	无
二系合成（AB）syn	1/2	1/2	1/2	无
二元杂交AB	1	0	0	有
回交A（AB）	1/2	1	0	减少
（AB）A	1/2	0	1	减少
三元杂交A（BC）	1	1	0	有
四元杂交（AB）（CD）	1	1	1	有
交叉杂交（AB）rot	2/3	2/3	0	无
三品种轮回杂交（ABC）rot	6/7	6/7	0	无
终端轮回杂交				
纯种公猪与交叉杂交A（BC）rot	1	2/3	0	有
杂种公猪与交叉杂交AB（CD）rot	1	2/3	1	有

（3）四元杂交：即用两种不同的二元杂种公母猪进行交配以生产商品肉猪。由于商品代的父、母本都是杂种，所以，从理论上讲能充分利用个体、母本和母本杂种优势。另外，四元杂交又比三元杂交能使商品代猪更好地利用互补性。这种杂交方式是一种常见的杂交能使商品代猪更好地利用互补性。这种杂交方式是一种常见的杂交商品猪生产方式。20世纪80年代以来由于四元杂交日益显示出优越性而被广泛采用。其原因（与三元杂交相比）除了成本问题以外，主要是要取得最大程度的杂种优势与遗传互补性，需要在一个杂交配套体系中有4个最合适的种猪群。

对四元杂交进一步扩大的方法是4个以上品种或系间的杂交，然后通过选育形成合成系再作为杂交亲本用。合成系的主要特点是具有较多的优良性状。

2. 轮回杂交

这种杂交方式是利用商品肉猪生产过程中的杂种母猪作为后备种母猪，每一代轮换使用不同品种的公猪。最常用的有两品种轮回杂交又称交叉杂交和三品种轮回杂交。从管理和健康角度出发，采用这种方式，可以不从其他猪群引进纯种母本，又可以减少疫病传染的风险。轮回杂交虽能在连续世代获得杂种优势，但不能获得完整的杂种优势，达到平衡时交叉杂交的个体和母本杂种优势只有2/3，三品种轮回杂交的个体及母本杂种优势只有6/7。

这种轮回杂交方式的缺点首先是各世代间的终端产品的不一致性；其次是不能很好

地利用杂交中的遗传互补性，这是因为无法固定参与杂交猪种谁做父本或母本。显然，在我国不宜在猪的生产中推广轮回杂交，因为这对于选择我国地方猪种或培育猪种或是做母本是一个障碍，而这恰恰是十分必要的。这种杂交方式，在20世纪50年代与60年代时国外应用十分广泛，但进入80年代以来，随着商品猪生产方式的改变，终端杂交方式的应用逐渐成为主流。目前除美国外，一般很少使用。

3. 终端轮回杂交

为了克服轮回杂交的缺点，西方一些国家，如美国、德国采取终端轮回杂交的方式进行商品猪生产，即采用轮回杂交方式生产后备母猪，然后将这些杂种母猪与终端父本公猪交配生产商品肉猪。这种方式的操作与轮回杂交相似，只不过是轮回杂交中交配是用来生产终端杂交用的杂种母猪。纯种公猪与交叉杂交母猪的终端轮回杂交以及二元杂种公猪与交叉杂交母猪的终端轮回杂交的生产成绩与利润通常低于类似的三元及四元杂交的水平，这主要是由于母本杂种优势降低了1/3的缘故。由于母猪是生产过程中的杂种母猪，采用这种方式，生产成本降低，故可使经济效益的差异得到一部分弥补。

（二）最佳杂交模式的确定

猪最佳杂交模式应满足以下基本要求：①商品猪适合市场需求，商品价值高，竞争力强；②充分利用各类杂种优势，繁殖和生长性状的杂种优势得到充分表现，并要明显地利用遗传互补性；③合理地利用当地的猪种资源，这一点在我国尤为重要；④适应特定的管理条件和饲养水平；⑤在生产组织操作上可行；⑥经过经济评估，综合经济效益好。当然，所谓最佳是相对的，因为不同的时间、地点、营养水平等都可能有各自的最佳杂交模式。

确定最佳杂交模式通常有两种方法。第一种方法是根据对杂交方式及品种或系特点的了解，根据对父母的要求以及利用杂种优势的规律，参照有关经验与杂交参数以及环境条件（主要是饲料条件）来推测选择最佳杂交模式；第二种方式是在第一种方法作全面考虑后，选择一定数目的组合进行杂交组合试验，筛选出最佳杂交模式和最优杂交组合。这里对杂交亲本品种或系的评估是十分重要的。因为杂交中所用品种的遗传特性代表了整个生产性能的基础，进一步讲，杂种优势效应与亲本的育种值是建立在该基础之上的，它决定了最后的生产性能。因此，品种或系的挑选对生产力的高低有显著的影响。了解品种的性能对于确定杂交方式以及预测性能结果是必要的。

猪的杂交组合试验是件费钱费时的工作，如德国巴符州的杂交试验用了6个品种、33个杂交组合，测定了854窝共计4 284头育肥猪。经过比较发现，作为生产商品仔猪的二元杂交母猪以大长组合（大白猪与德系长白猪）为最好，作为生产商品猪的终端父本以皮特兰猪最优，尤其引人瞩目的是在改良瘦肉率上皮特兰公猪效果最理想。这种三元杂交皮大长在巴符州推行后在养猪生产中获得巨大的成效。

西方养猪发达国家一般都根据自己的当家猪种，从实际出发确定其杂交模式，并且根据市场的需求进行不断的变化。但一般情况是用长白猪和大白猪生产杂种母猪，三元杂交时选用杜洛克猪、汉普夏猪、皮特兰猪以及父系大白猪（约克夏猪）或比利时长白猪作为终端父本生产商品肉猪，四元杂交时选用汉杜等杂种公猪生产商品肉猪。如丹麦三品种杂交时主要为杜大长和汉大长，四品种杂交时多采用汉杜为父本，大长为母本生产商品猪；在瑞典采用大长为母本，三元杂交时汉普夏猪为父本，四元杂交时选用汉大杂种公猪；英国的杂种母猪为大白猪与长白猪的后代，F_1母猪多用大白猪回交；德国的三元杂交模式主要为比利时长白猪或德国皮特兰猪×（大白猪×德国长白猪）；法国的父系猪主要为比利时长白猪和皮特兰猪，杂种母猪主要为法国长白猪×法国大白猪；美国的母系猪多为长白猪和大约克夏猪，父系猪主要为杜洛克猪和汉普夏猪，多采用终端轮回杂交方式和终端杂交方式进行生产。另外，国外的猪育种公司均有自己的父系和母系，并向其他国家倾销，目前我国已从国外引进施格、迪卡、PIC、达兰和法国伊彼得配套系。

（三）我国猪的杂交模式

我国在猪杂交模式的探索上已取得较好的成绩。从20世纪70年代中期起，在全国范围内推行了公猪外来良种化、母猪本地良种化、商品猪杂交化的二元杂交模式，开始改变过去杂交的无计划状态。一些单位还通过杂交组合试验，筛选出若干适合当地推广的杂交组合。从1984年起，国家通过试点工作又先后在26个省、市、区的151个县开展了商品瘦肉猪基地县的建设，推行有组织的二元或三元杂交；1988年已有107个县通过部级验收，成为合格的商品瘦肉猪基地县。外贸出口猪基地场的建设随着出口猪质量的连年提高，杂交模式的探索工作有新的进展。通过1983～1985年国家商品猪科技攻关课题研究，对17个品种或系的265个杂交组合在中等营养水平条件下进行了146批次的试验，筛选出8个立足于我国猪种资源利用、适应我国某些地区饲养和不同市场要求的优良杂交模式。它们分别是：大约克猪×（长白猪×北京黑猪）、杜洛克猪（长白猪×北京黑猪）、杜洛克猪上海白猪、杜洛克猪×湖北白猪、杜洛克猪×浙江中白猪、杜洛克猪×（长白猪×嘉兴黑猪）、杜洛克猪×（长白猪×太湖猪）、杜洛克猪×三江白猪等。

如果对20世纪70年代以来所做的大量杂交生产的配套组合筛选试验进行归纳比较，主要有二元杂交和三元杂交两种类型，每型内各有三种相似组合模式。由于这些筛选试验的时间跨度长、地点分布广，使用品种多，所得结果仅能表现趋势性倾向。试验表明，在我国条件下三元杂交效果优于二元杂交，除屠宰率外，其他各性状均高出5%。

就我国猪的杂交模式挑选问题进行如下讨论。

1. 父母本的挑选

对于猪，从遗传互补的观点出发，对二元杂交（AB）母本（B）的挑选应侧重于繁殖性能；而父本（A）则应要求有很好的生长速度和胴体品质，多产性是次要的。

三元杂交即C（AB），纯种母本（B）应按二元杂交时母本的要求进行挑选。而对第一父本（A）的挑选应考虑到F_1代母猪（AB）仍具有较好的繁殖性能。因此，A要选用与纯种母本B在生长育肥和胴体品质上能互补的且多产性较好的引进猪种。根据我国引进猪种的情况，第一父本A应首先大白猪（大约克夏猪），其次是长白猪。终端父本（C）的挑选应着重考虑生长速度和胴体品质，就我国的情况应选用杜洛克猪作为终端父本。

四元杂交即（AB）（CD），其中A系和B系的挑选重点是相同的，应与三元杂交时对终端父本的要求相似，即侧重于产肉性能；当然从互补角度出发，A系与B系还应有所差别。C系的挑选同三元杂交时的第一父本，D系则同三元杂交时的纯种母本。

2. 我国猪种资源的利用

我国具有丰富的猪种资源，而且与引进猪种比较具有多产性、肉质好、抗应激、适应性强以及耐粗饲等优良遗传特性。因此，在母本的选择上应着眼于我国的优良地方猪种和培育品种或系。在杂交组合中引入我国地方猪种，将会带来更明显的杂种优势和更好地利用遗传互补性，这是因为地方猪种和引进猪种间有较大的差异。另外，根据基因型与环境互作的原理，引进猪种一般是在高营养水平和较优的环境控制条件下选择出来的，在中等营养水平条件下其表现并不一定是好的，相反由于我国猪种具有适应性强和耐粗饲等特点，生产性能可以得到较好的表现，从这个意义上讲，在母本的挑选上，也采用国外引进猪种是不科学的。

我国地方猪种特别是太湖猪的高繁殖性能引起了世界各国的高度重视。1979年以来，法国、英国、美国、匈牙利、日本等国家分别引进我国的太湖猪来改良母猪的生产力并取得了显著进展。正如J.T.Mercer和S.Hoste（1994）所说：梅山猪看来是猪经济杂交中应用价值最高的一个猪种。梅山猪和大白猪杂交产生的杂种优势高于西方猪种之间的杂种优势，通过杂交育种规划可以开发这种优势。并认为，最有可能应用的途径就是利用白色猪种和梅山猪形成合成系，即可以兼顾瘦肉率和高繁殖力。英国的NPD公司正是采取了这个战略培育了合成系（Upton Meishan）。大白猪和长白猪与梅山的合成系，其窝产仔数比大白猪和长白猪多3～4头，合成系的多产性带来的效益能弥补其生产缓慢、耗料多和多脂的缺点。据预测，如果商品猪含1/8的梅山血统，其生长速度就会与其他猪一样快，达到英国屠宰体重时的背膘厚度只高出0.15～0.20cm。梅山猪能在世界市场条件下发挥其优势。如果英国的养猪业采取上述战略组织生产，每头母猪可以增加利润45美元。

因此说，我们再不应该依靠全套引进不同代次种猪来发展商品瘦肉猪生产，完全可以主要依靠自己的力量和有效地利用丰富的猪种资源，结合正确使用已引进的育种素材、按照杂交育种规划来进行。

3. 肉质

我国地方猪种的肌肉鲜红、系水力强、肌肉大理石纹适中、肌肉水分少、肌纤维细、肌束内纤维数多、肌内脂肪含量高，上述特性反映到口感上是肉细嫩多汁，肉味芳香浓郁，这些是国外猪种无法与之相比的。但在杂交生产商品猪中随外血的增高肉质有下降的趋势，因此，在选择杂交模式时应注意考察商品代猪的肉质性状，在亲本选配时尽可能防止商品肉猪肉质的变劣。终端父本对商品猪群的影响很大，挑选时应格外慎重。只有在母本被证实属于纯合氟烷阴性猪（nn）时，才可以考虑选用氟烷阳性率高的品种作父本，因为其后代必然为氟烷阴性，并将母本良好的繁殖性能和肉质与父本的高产肉性能和腿臀丰满的特点结合起来。

三、商品猪生产的繁育体系

商品猪生产的杂交繁育体系是将纯系的改良、良种的扩繁和商品肉猪的生产有机结合起来形成的一套体系。在杂交繁育体系中，将育种工作和杂交扩繁任务划分给相对独立而又密切配合的育种场和各级猪场来完成，使各个环节的工作专门化。

猪完整的繁育体系的建立决定了现代集约化养猪生产的基本框架。

（一）猪杂交繁育体系的结构

商品猪生产的杂交繁育体系形似一个金字塔，由核心群、繁殖群组成，如图6-1。

1. 核心群

核心群即育种猪处于金字塔塔顶位置，主要的选育措施都在这部分进行，其工作成效决定整个繁育体系的遗传进展和经济效益。在这里同时进行多个纯系的选育工作。为了保证育种核心群能够进行准确可靠的选择，欧洲一些国家普遍建立了国家级和地区级的测定站和人工授精站为核心群服务，形成核心群—测定站—人工授精站三位一体密切配合协作，推动整个猪群的遗传改良。

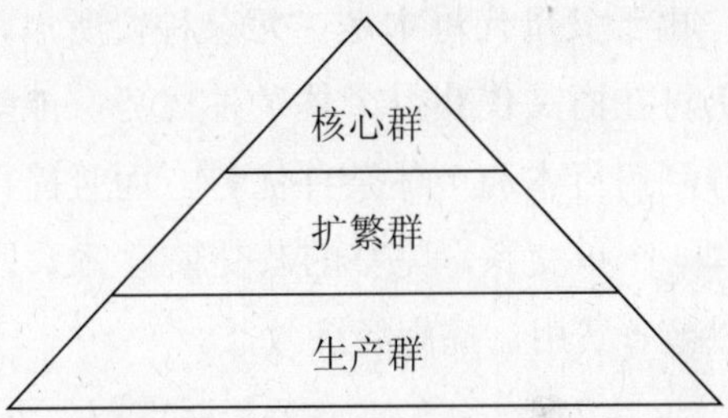

图6-1　猪的金字塔形反应体系模式图

2. 繁殖群

繁殖群在繁育体系中处于中间阶层，起着承上（核心群）启下（生产群）的重要作用。它的基本任务是将育种场所选育的纯种（系）猪进行扩繁，或按照统一的育种规划进行品种或系间杂交生产杂优母猪，以提供商品场所需要的后备母猪，有的国家将繁殖群划分为纯种繁殖群和杂种繁殖群。

3. 生产群

生产群处于金字塔体系的底层，构成繁育体系的基础。它的基本任务是组织好父母代的杂交，以生产有计划杂交的商品世代肉猪。

在金字塔式的杂交繁育体系中，核心群内获得的遗传进展经繁殖群传递下来，最终体现在商品群，使商品代猪的生产性能得以提高。这里基因的流动是自上而下的，不允许基因逆向流动，即祖代猪只能生产父母代猪，而父母代只能提供商品代猪，商品代猪是整个繁育体系的终点，不能再作种用。

（二）常见的杂交繁育体系形式

常见的杂交繁育体系根据参与杂交的纯系数目分为二系、三系和四系杂交繁育体系，其中，在我国应用最普遍的是二系和三系杂交繁育体系。

1. 二元杂交繁育体系

是最简单的杂交繁育体系形式。从纯系育种群到商品代的距离短，因此，遗传进展传递速度快，如图6-2所示。不足之处是不能在父母代利用杂种优势提高繁殖性能。

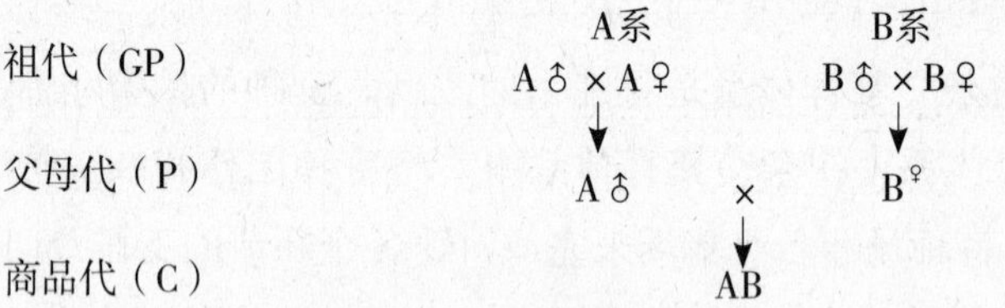

图6-2　二元杂交繁育体系

2. 三元杂交繁育体系

由于父母代母本是二元杂种，所以，繁殖性能可获得一定的杂种优势，再与父本杂交仍可在商品代获得个体杂种优势，能提高商品代的生产性能。三元杂交体系不仅可以充分利用母本和个体杂种优势，而且简化了制种过程，它比四元杂交体系减少了一个纯系和一个单交系，完整的杂交繁育体系只需保持3个纯系和1个单交系，图6-3所示，从而可以节省费用，提高经济效益。

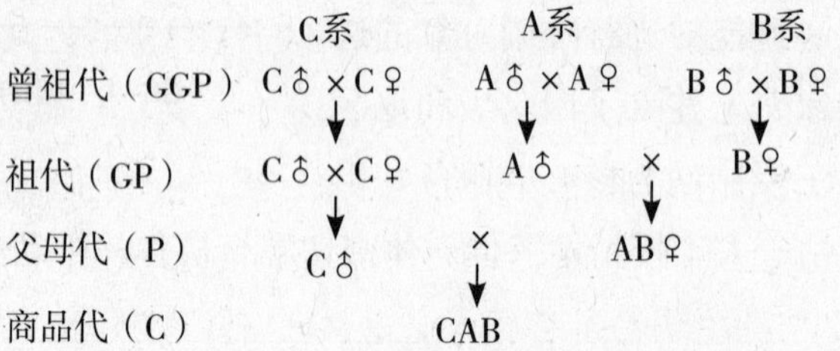

图6-3　三元杂交繁育体系

3. 四元杂交繁育体系

父母代中父母本都是二元杂种，从理论上讲可以利用完整的个体母本和父本杂种优势。4系分化选择可以相对减少每个系的选择性状，缩短育种期图6-4所示。

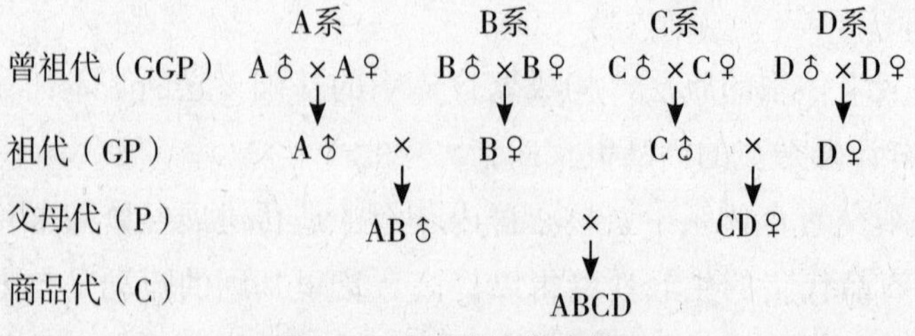

图6-4　四元杂交繁育体系

第六节　育种新技术的应用

30年来，在遗传学理论的指导下，应用现代动物育种技术，改良畜禽的生产性能已取得了显著的成效，所选育的优良畜禽品种在世界范围内推广，大大提高了畜牧业的生产水平和经济效益。据美国农业部（USDA）1996年对美国50年来畜牧业中各种科学技术所起的作用进行的总结，遗传育种的贡献率在40%以上。

20世纪90年代以来，随着生物技术和信息技术的迅速发展，国际上的动物育种已逐渐进入分子水平，朝着快速改变动物基因型甚至是单倍体型的方向发展。动物分子育种技术的出现，完全是由于世界动物基因组计划和动物分子遗传学研究取得了大量的突破性成果。根据美英等发达国家和FAO的预测，21世纪全球商品化生产的畜禽品种将通过分子育种技术培育，品种对动物生产的贡献率亦将超过50%。

一、分子生物技术

（一）猪基因组计划

国际上动物生物技术发展迅猛，畜禽的基因组计划始于20世纪90年代初，其主要目标是寻找重要经济性状（如瘦肉率、产奶量、产蛋量、抗病性等）位点或与之连锁的DNA标记并将其用于分子标记辅助选择来改良畜禽品种，提高选择的有效性及年遗传改进量，从而提高动物生产效率和经济效益。其主要内容是构建高分辨率的遗传连锁图谱和物理图谱，近年来取得了很大进展，猪19对染色体上已发现了丰富的DNA多态性。Rothschild（1998）报道，猪遗传连锁图谱上的基因和标记有约1 800个，其中约250个是基因。

（二）数量性状主效基因的检测与利用

定位数量性状位点（QTL）常用方法是分离分析法、候选基因组扫描法。已检出的主效基因或QTL有猪应激综合征候选基因RYR1基因（或称氟烷基因，Hal）、酸肉基因（RN）、猪大肠杆菌K88受体基因、窝产仔数候选基因ESR基因、肌内脂肪的候选基因、心脏脂肪酸结合蛋白（H-FABP）基因、脂肪组织脂肪酸结合蛋白（A-FABP）基因和猪肌肉生长抑制素（MYOG）基因等（Rothschild和Ruvinsky，1998）。目前，猪应激综合征基因、窝产仔数候选基因等已在猪育种中应用。

（三）数量性状的标记辅助选择

在猪育种选择中，对遗传力较低（如繁殖性状）、度量费用昂贵（如抗病性）、表型值在发育早期难以测定（如瘦肉率）或限性表现（如产奶量）的性状，如采用标记辅助选择（MAS），则可提高选择的准确性和遗传进展，提高育种效率。例如猪产仔数这一低遗传力性状，用传统方法改良进展甚微。Rothschild等（1994，1996）发现雌激素受体（ESR）基因是猪产仔数的主效基因之一，该座位在中国梅山猪合成系中可以控制1.5

头总产仔数和1头活产仔数。在中国二花脸杂交群中，中国农业大学不但证实了Rothschild等人的研究结果，同时还发现了另外一个控制猪产仔数的主效基因座位——FSHβ，这个基因座位可以控制2.0头产仔数和1.5头活产仔数（Li等，1998）。

（四）杂种优势预测

通过DNA多态性可以识别种间、种内、家系间和家系内个体间的遗传差异。用HinfI/3′-HVR-α-珠蛋白探针可获得猪等畜种多态性极高的DNA指纹带（严华祥等，1993），这些多态性可为分析系间亲缘关系的远近和杂交亲本的选配提供了很好的借鉴。用DNA多态性测定品种或品系间的差异，并据此作出的遗传距离（genetic distance）要比根据其他材料稳定，因此用来预测杂种优势也更为准确。

（五）转基因技术

在过去十多年中，外源重组DNA已被成功地转移给许多动、植物，其中大部分转基因能在受体中表达。目前，动物基因转移技术主要有三个方面，包括改善动物生产性状、提高抗病力、开发新的动物产品。

1. 改善动物的生产性能

金属巯因生长激素（MT-GH）融合基因是为了提高饲料效率、生长率、减少胴体脂肪而导入畜禽的第一种基因。这种转基因猪增重率提高15%，饲料效率提高18%，胴体脂肪减少80%。澳大利亚科学家利用转基因技术成功地在小鼠和绵养中表达了细菌半胱氨酸生物合成基因，实验表明，羊毛产量可提高5%。北京农业大学、湖北畜牧所等单位1989年将猪生长激素基因转入湖北白猪受精卵中获得中国首批转基因猪，经过几个世代的观察，其生长速度和饲料利用率分别比同窝非转基因猪提高13.4%和10%（Fan和Wei，1998）。

2. 增强动物的抗病能力

将转基因技术应用于增强动物抗病性。目前主要局限于特定抗病性基因、特异性抗体基因、核酶基因等的转移。如把编码维斯那病毒的被膜蛋白基因导入绵羊，从而产生被膜蛋白，阻断病毒巨噬细胞受体。还可以给猪、羊等导入产生特定抗体所必需的基因。

3. 开发特定的动物产品

利用转基因技术，研究最多的还是对乳腺的遗传控制，从而控制奶的成分。美国的一项研究是增加猪奶中猪乳铁蛋白以减少新生仔猪腹泻，另外，乳铁蛋白有抑菌作用，可预防乳房炎。利用转基因猪作为生物反应器生产药用蛋白。如猪乳腺的人凝血因子Ⅷ（BCF）是人血液中的10倍，用于BCF缺陷的治疗；丝氨酸蛋白酶酶原（hPDC）的转基因猪比人血中高200倍，作为抗凝物用于白血病的治疗；重组Hb转基因猪生产的Hb作为血液代用品已进入临床试验（彭中镇等，1999）。

利用转基因猪作为人的器官移植供体 人与猪生理相似，伦理学争论小。在超急性排斥反应研究发挥重要作用。如阻碍补体激活DAF（衰变加速因子）为人类补体激活调节因子（RCA）的一种，hDAF转基因猪的心脏移植给猕猴后，猕猴成活40天，实验对照仅6h（White 和Langford，1999）。

（六）发展趋势

分子生物技术直接应用于猪的育种，虽然还有一些不确定因素，但目前已展示出十分广阔的前景。据估计，猪基因组的2%～3%是编码序列，10%可能是有功能的。其中已鉴定的猪基因数以百计，曾经预测还有10万个基因有待识别和鉴定。但根据2001年2月，6国科学家公布人类基因组研究成果，发现人类基因数量少得惊人。曾经预测人类约有14万个基因，但塞莱拉公司将人类基因总数定在2.638 3万～3.911 4万个。因此，猪是否会与人类情况相似，有待于研究，总之鉴定和开发有用基因的工作任重道远。

21世纪分子生物技术在猪育种中应用的主要趋势是：①加速功能性基因和重要经济性状基因的定位、分离、克隆和表达调控研究，以及我国猪种特有优良基因资源的鉴定和利用途径研究；②建立高效的基因表达系统和有效的基因转移和鉴定技术；③研究猪杂种优势的分子遗传机理，研究猪的高效、高产、优质、抗逆育种理论，建立标记辅助选择与常规育种相结合的技术体系和方法；④研究高效率细胞克隆的分子生物学基础与技术，建立克隆复制的技术体系（熊远，2000）。

二、计算机与信息技术

计算机与信息技术的应用，使现代动物遗传育种理论得以用于育种实践并显示出重要意义。其主要优势体现在：①提高信息收集、传播和管理效率，在信息网络系统完善时，其作用更加突出；②数据处理与统计分析，在现代育种工作中往往需要对大量数据资料进行复杂的统计分析，只有借助于计算机才能完成；③进行模拟实验，模拟实验能取得一些实际试验需要时间才能获得的结果，是一种很好的导航试验，而且又经济便利。

（一）BLUP法用于猪育种值的估计

见本章第四节“育种值估计”。

（二）计算机图像分析系统在猪育种中的应用

计算机图像分析系统和图文数据库的建立，使育种数据、种质资源、形态特征、生态环境等与猪育种有关的“数”和“形”联系起来，从猪群行为到染色体组型都可以通过图像进行充分的观察和度量，从而可以从宏观和微观两方面提高育种效果。在猪的育种实践中，通过计算机图像可分析超声波活体测定的背部厚度以及眼肌面积，不必等屠宰后进行测定，降低了测定费用，加大了选择强度，提高了选种的准确性；采用先进的核磁共振及计算机图像技术，可在活体上测量系水力、肌内脂肪含量及脂肪含量等肉质性状，加速这些性状的遗传改良（Ollivier等，1990）。

（三）信息网络技术在猪育种中的应用

随着计算机与信息网络技术的发展，发达国家无一例外地在种猪遗传评估体系采用这些现代技术，从而极大地提高了育种效率。如加拿大建立了以加拿大猪改良中心（CCSI）为龙头、省/地区改良中心为中介和育种场为基础的国家猪改良方案。

加拿大猪改良方案拥有12 000头基础母猪的核心群，是世界上最大的群体之一。这一方案能够使每个参与者共同地测定种猪、记录生产性能数据和对种猪进行遗传评估。改良方案以独立而准确的数据、公开而可用的结果为基础，所有个体的EBV都可以从互联网上浏览。育种者可以拿自己的种猪与别人的种猪进行比较，然后通过人工授精获得自己所需要的遗传素材，去改良自己的种猪。通过这一方式，实现了信息共享，使所有育种者或公司都能受益。

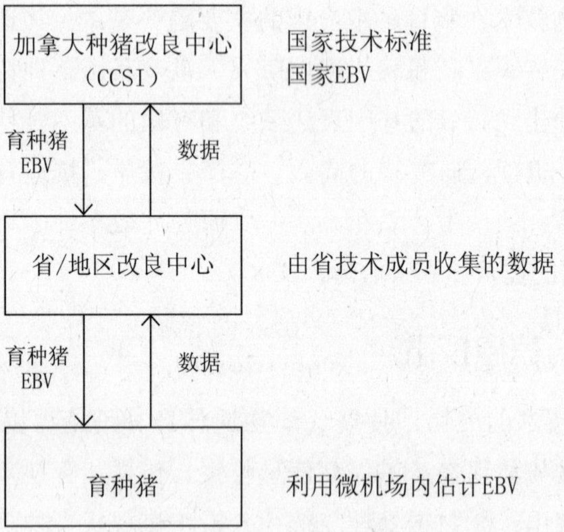

图6–5　加拿大猪改良方案

如图6-5所示，猪遗传改良方案通过一个双层结构与育种者连接。CCSI在加拿大农业部的支持和批准下负责制定国家标准和计算全国的EBV（每月计算一次）；各省或各地区的改良中心，负责向育种者直接提供EBV及改良方案，他们有一大批国家认可的技术员，负责育种场的数据收集和报告制作。在育种场完成性能测定的当天，就到场内计算EBV。在加拿大每年约10万头猪进行测定，几乎所有育种者都参与了评估，全国评估系统综合每头猪及其亲属的信息计算EBV，解释不同畜群间的遗传差异，以便场内的EBV能在不同畜群间进行比较，从而评定出加拿大最好的种猪。

根据我国种猪生产发展的实际情况，组织区域性及至全国性的种猪联合育种工作势在必行。而统一的种猪遗传评估是联合育种工作的基础。全国畜牧兽医总站在实际调研的基础上，组织全国有关种猪遗传育种专家制定了《全国种猪遗传评估方案（试行）》，该方案经过3年多广泛征求国内外专家意见，几经讨论修改，已基本成熟，开始在全国试行。为此，全国畜牧兽医总站于2000年5月31日，发出［2000］60号文件“关于印发《全国种猪遗传评估方案（试行）的通知》”。目前，首期参加全国种猪遗传评估26个种猪场的种猪性能测定和遗传评估工作进展顺利。广东、北京、四川、河南等省市的种猪遗传评估初见成效，为今后区域性的联合育种奠定了基础。另外，大白猪、杜洛克猪等育种协作组已发展壮大，积极组织实施这项工作。因此，完善“以现场测定为主，集中测定为辅”的测定制度、健全种猪监测管理体系和信息系统、开展遗传评估和联合育种是我国当前猪育种工作的重点。

我们将制定统一的育种目标和育种方案，定期交换种猪遗传素材，不断扩大群体，通过AI技术，逐步建立遗传联系，通过计算机联网共享信息资源，进行种猪遗传评估。为此要建立区域性、全国性的种猪场电脑网络系统，各场按统一方法进行场内测定，测定结果按标准数据格式输入计算机并通过猪场电脑网络传送到网络中心，中心采用多性状动物模型BLUP法进行种猪的育种估计，评定个体的种用价值和各场的生产管理水平，评定结果将通过计算机网络传送到各场，逐步建立以场内测定为主的遗传评估体系和良种登记簿。提高选择效率，提高我国种猪的育种技术水平和猪种质量，逐步降低引种数量，进而培育出我国实际需要的优良种猪。

三、系统工程技术

系统工程主要是系统，系统是有组织的或是组织化了的整体，是由组成这个总体的各元素和元素间的有机联系构成的。下面介绍的虽然是一些成熟技术的重新组装，但从系统论的思想出发，各类技术间的有机联系产生了前所未有的效果。

（一）育种方案和繁育体系的优化决策

这是数量遗传学与系统工程相结合应用于动物育种的又一个重要任务。现代育种学的主要目标是从遗传上改良种质并使其达到最大的经济效益。因此无论是选择还是杂交都要考虑到如何使数量性状的遗传改良达到最大的经济效益。在猪的育种优化方案中，从生物学和经济学目标考虑，以猪繁殖力、生长发育、胴体品质等为主要改良的目标性状，通过对性状边际效益的计算和各目标性状经济权重的分析，通过数学模型计算和投入产出分析，可制定出育种进展快和经济效益高的优化育种方案。并对核心群的规模、猪群结构、猪种利用年限、选择方法、饲养工艺等因子在一个优化育种方案中予以考虑。

在繁育体系的优化决策中，要考虑核心群中优良种畜的增效基因向低代繁殖群和生产群的传递过程，使核心群选择的遗传进展尽快地反映到商品生产群去。例如，在商品猪生产中，可以把经性能测定的核心群公猪直接用于繁殖群或生产群，从而缩短了遗传传递的世代数。

（二）“理想猪”和“超级猪”计划

从商品猪生产的要求来看，作为杂交亲本的父系和母系就应具有不同的特点，对理想父系猪的要求是：配种能力强，结实健壮，精液品质良好；生长速度快，瘦肉率高，大量瘦肉分布在经济价值高的部位；显性白色纯合子；允许存在氟烷基因杂合子（Nn）。对理想母系猪的要求是：繁殖力高，母性强；食欲好，适度的生长速度和瘦肉率；肉质好，抗应激，即基因型为NN。

由于科技的发展，在未来猪的遗传改良中，国家与国家之间、公司与公司之间的竞争将十分剧烈。我国是养猪第一大国，也是猪种资源最丰富的国家，有效地开发和利用这些自然资源，提高猪肉的生产效益，只有靠我们自己的努力。我国猪种有着许多突出的优点，如产仔数高、肉质风味好、遗传抗性强、耐粗饲、适应性好等等，但却有着两个共同的缺点，那就是早期增重慢和瘦肉率低，利用育种新技术克服这两个缺点，我国猪种就可能成为世界上最优秀的品种。

英国学者Webb（1990）曾提出一个应用胚胎工程生产“超级猪”的计划。这个计划的目标是：①每年每头母猪提供32头商品猪；②100日龄达100kg；③胴体瘦肉率65%。在完成上述三项指标后，每头母猪年产瘦肉量1 400kg。他建议的具体作法如图6-6所示。

图6-6　“超级猪”生产计划

应用现代育种新技术，发挥我国的资源优势，将会加快猪的遗传改良速度。正如英国猪育种学家Webb（1999）预计，BLUP、梅山猪和ESR基因的可能效应加以综合，在未来10年内，窝产活仔数的遗传改进量将可能达到4头；加强猪场现代化饲养管理意识，实行自动化管理，将有助于提高生产效率，减少环境污染，降低疾病发生率；从提高养猪综合技术效应入手，达到高产、低耗和高效的企业目标，实现新世纪养猪业的可持续发展。

第七章

现代养猪的繁殖技术

第一节　生殖激素和生殖生理

一、生殖激素

激素是一类具有高效生物活性、高效选择性的生物调节物质，由内分泌腺细胞和某些神经分泌细胞合成，释放到血液或淋巴液，通过体液循环传送到的特定靶器官，引起特异的生物化学反应。把与生殖过程有密切关系的激素称为生殖激素，主要有释放激素、促性腺激素和性腺激素等。生殖激素调节公母猪繁殖的整个过程，对公母猪繁殖性能的调节起到关键性作用。

（一）促性腺激素释放激素（GnRH）

又称促黄体素释放激素（LHRH），它由丘脑下部特定的神经细胞分泌，激素释放后通过下丘脑——垂体门脉系统运送到垂体前叶贮存。GnRH是由10个氨基酸残基构成的多肽。近年来，还人工合成了促排 2 号、促排 3 号的GnRH类似物，其生物活性比天然的高许多倍。

GnRH的生理作用：①促进垂体合成与分泌促黄体素（LH）和促卵泡素（FSH），诱发排卵；②GnRH除作用于垂体外，还作用于性腺、胎盘及其他组织。

（二）催产素

催产素是通过分娩时对子宫颈和阴道的扩张压力刺激，以及幼畜吮乳的刺激反馈传至下丘脑，引起催产素分泌并贮存于垂体后叶的激素，又称为缩宫素，通常由垂体后叶提取获得，又称为垂体后叶素，是含 1 个二硫键的 9 肽化合物。

催产素的生理功能：①强烈刺激子宫平滑肌收缩；②刺激乳腺导管上皮组织细胞收缩，引起排乳。

（三）促性腺激素

垂体分泌的促卵泡素和促黄体素、胎盘分泌的孕马血清促性腺激素（PMSG）和人绒毛膜促性腺激素（HCG）都属于促性腺激素，其化学特性为糖蛋白。

1. 促卵泡素（FSH）

刺激母猪卵巢增重，促进卵泡发育，使卵泡颗粒细胞增生，卵泡液分泌增多。促卵泡素与促黄体素协同作用可促使卵泡内膜细胞分泌雌激素。促进公猪睾丸生精上皮发育和精子形成。

2. 促黄体素（LH）

促使母猪卵泡发育成熟并排卵。在正常生理条件下，促进黄体形成，并促进孕酮的分泌。促进公猪睾丸间质细胞分泌雄激素（睾酮）。

3. 孕马血清促性腺激素（PMSG）

来源于怀孕马属动物胎盘分泌（妊娠30天可检测到、70天左右含量最多、180天消失）。PMSG生理功能与促卵泡素功能相似，还具有一定促排卵和黄体形成的功能。PMSG的半衰期较长。

4. 人绒毛膜促性腺激素（HCG）

是人和灵长类动物分泌的一种胎盘激素，具有类似促黄体素的功能，可促进卵泡成熟并排卵，同时也有促卵泡素的一些作用。

（四）性腺激素

包括雄激素类：睾酮、脱氢表雄酮；雌激素类：雌二醇、雌三醇、雌酮；孕激素类：孕酮、孕烯醇酮。以上三类激素的基本结构为“环戊烷多氢菲”。类固醇激素不在分泌细胞中贮存，边合成边释放，经降解后由粪尿排出体外。

1. 雄激素

刺激精子发生，延长附睾精子寿命；促进副性器官的发育和分泌；促进第二性征表现；促进公畜性欲表现；负反馈调节下丘脑。

2. 雌激素

促进母畜发情和生殖道生理变化；促进乳腺管状系统发育；促进长骨骺部骨化，抑制长骨生长；大剂量可造成雄性不育；发情期雌激素峰引起正反馈调节下丘脑，形成促黄体素峰并导致排卵。

3. 孕激素

促进子宫黏膜层加厚，腺体弯曲度增加，分泌功能增强；抑制子宫的自发性活动；大剂量抑制发情；促进子宫颈收缩，子宫颈黏液变黏稠。

（五）前列腺素（PG）

是一类具有较强生物活性的物质，它不是由专一的内分泌腺所产生，属于组织激素。前列腺素$F_{2\alpha}$（$PGF_{2\alpha}$）是其中一个类型，它与动物的生殖机能有密切关系，子宫内膜是其主要产地。

生理功能：①$PGF_{2\alpha}$对黄体有强烈的溶解作用；②具有强烈刺激子宫平滑肌收缩的作用，对子宫颈有松弛作用；③促进公畜精囊腺和输精管的收缩，有利于射精及精卵结合。

二、公猪的生殖生理

（一）公猪的生殖器官

公猪的生殖器官包括：①性腺，即睾丸，位于阴囊腔内；②副性腺，包括精囊腺、前列腺、尿道球腺；③输精管道，包括附睾、输精管和尿生殖道；④外生殖器官，即阴茎，其前端位于包皮腔内，见图7-1。

1. 睾丸

公猪的睾丸1对，重900～1 000g，占体重的0.34%～0.38%，位于阴囊内，其功能是产生精子和雄激素。阴囊是维持精子正常生成的温度调节器官。由一纵隔分为二腔，2个睾丸分别位于一个鞘膜腔中。

2. 输精管道

包括附睾、输精管和尿生殖道3部分。

（1）附睾：是睾丸的输出管，同时也是精子成熟发育和储存的地方。附睾分为头、体、尾三部分，附睾头及附睾体具有吸收液体的作用，而尾部则无此作用。附睾管由附睾尾过渡为输精管，精子在附睾管内的酸性环境中（pH6.2～6.8），缺少果糖，所以，精子不活动，消耗的能量很少。另一方面精子通过附睾尾的时间一般为10天（9～14天）。在这段时间里精子不仅在附睾中被吸水、浓缩和贮藏，而且只有通过此过程才能最后发育成熟。

（2）输精管：附睾管在附睾尾端延伸为输精管，其末端变细与精囊腺的排泄管共用开口于尿生殖道背侧壁上。交配射精时，输精管收缩将精子送入尿生殖道内。

（3）雄性尿生殖道：是尿液和精液共同经过的管道。

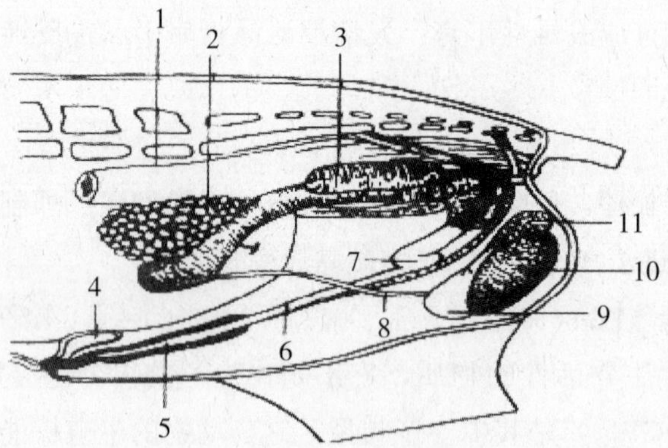

图7-1　公猪的生殖器官

1. 直肠　2.精囊腺　3.尿道球腺　4.包皮憩室　5.阴茎游离端　6. 阴茎
7. S状弯曲　8. 输精管　9. 附睾头　10. 睾丸　11. 附睾尾

3. 副性腺

（1）精囊腺：公猪的精囊腺和尿道球腺都很发达，这就决定了公猪的射精量较大。据统计，精液体积有2％～5％来自睾丸及附睾，有55％～75％来自前列腺，有12％～20％来自精囊腺，10％～25％来自尿道球腺。

（2）前列腺：前列腺分泌稀薄、淡白色、稍具腥味的弱碱性液体可以中和进入尿道中液体的酸性，改变精子的休眠状态，使其活动能力加强。

（3）尿道球腺：位于精囊腺之后，其分泌黏稠胶状物，呈淡白色。

4. 外生殖器

公猪阴茎为纤维型，细，海绵体不发达，不勃起时也是硬的；有S状弯曲，勃起时伸直。阴茎前端呈螺旋状，勃起时尤其显著，阴茎头不明显，没有尿道突，在不交配时，一般阴茎保持于包皮内。包皮腔前端背侧有一圆孔，向上和包皮盲囊相通，囊中常含有刺激性气味的分泌物。

（二）性行为及射精

公猪发育到初情期时，随着性器官和性机能的发育，并能在生殖激素的作用下，通过神经（嗅、视、触、听）接受刺激，从而对母猪发生性反射，并以一定的性行为表现出来。

决定繁殖过程成功与否的一个重要因素是公、母猪的性行为。猪与其他哺乳动物一样，通过进化具有一套复杂的性行为，这种性行为确保繁殖过程的成功。了解性行为是研究应用适宜的种猪管理方式和取得最高繁殖力及经济产出的第一步。了解性行为的关键一点就是适宜配种时间的决定（在人工授精情况下即为公猪精液采集时间和母猪授精时间）。由于公猪配种时，产生大量的精液（可从100mL直至500mL以上），交配和射精过程要花很长时间，公猪的阴茎头必须插入到母猪的子宫颈中。猪的性行为是一个复杂的过程，这一过程能保证受精力和受孕力都处于十分高的水平。交配成功的关键是母猪的站立反射或称不动反应，在长时间的交配中，保证母猪处于静立状态。母猪站立反射是由垂体后叶中分泌的催产素所控制，受到外部刺激时，尤其是遇到性成熟的公猪时，催产素就会分泌出来。不过，催产素的分泌与否，以及母猪的站立反射很容易受到各种不良环境因素的干扰，因此，在配种时，应尽量减少不利的环境因素，小心安静地处理母猪。配种时，公猪对母猪的亲昵动作也是确保交配成功的一种性行为，在公母猪的亲近过程中，公猪表现出一系列亲昵行为，譬如用鼻拱母猪的肚皮和腹侧，这是诱导母猪站立反射的一种重要刺激，保证母猪能接受交配，让其爬跨。另外，饲养员也应了解公母猪之间亲昵动作的重要性，并让它们充分表现这一过程。若为缩短配种过程而减少亲昵行为的表现时间，通常会导致配种失败。

性行为包括性兴奋（除精神兴奋外，还有诱情或称求偶，触弄等性的表现）和性交两个方面。公猪求偶的表现主要是嗅闻母猪阴门和阴道的分泌物，如果这时母猪排尿，那么公猪对此也有兴趣。由于母猪发情后的外激素的刺激使公猪兴奋，唾液腺大量分泌出泡沫状的唾液，并用鼻唇顶触母猪肋腹下部，同时发出特有的声音，调整母猪的位置，而后出现性交。公猪阴茎勃起并爬跨母猪后躯，将阴茎插入母猪阴道，螺旋状阴茎旋转向前。公猪前冲时间较长，当阴茎进入子宫皱褶中去，并固定在此，阴茎向前转动停止，接着出现射精。射精的完整波可能要花3～5min，而整个过程可能会重复2次或3次，每个程序可能会重复插入和子宫颈固定的过程。公猪精液几乎全部排入母猪子宫内，所以，猪是子宫射精型动物。这与牛、羊有所不同。当公猪射精结束后，收回阴茎，并从母猪后躯爬下。一般母猪配种后往往通过子宫颈向后主动排出一些精液，这可能是由于射精的精液量比此时向前流入子宫的量要大，使精液不能马上全部进入子宫。

此外，由于子宫角的收缩，或交配时的紧张，或交配后过度运动，这些都会导致精液的倒流损失。因此，交配时应避免应激。

多数公猪的精液分三阶段射出。通常第一阶段射出的为水样液。第二阶段的精液，富含精子和微量凝胶，是一种稠厚而呈乳白色的液体，亦即富含精子部分。第三阶段所射的精液，以胶状凝块为主。

（三）精子的发生

精子发生，即精子的产生过程，是在睾丸内出现的，精子发生的过程是呈周期性的、连续不断的，每次射出来的精子是连续几天生产出来并储存在附睾内的。正常精子的发生和成熟，需要在比体温低的环境中完成，公猪睾丸和附睾温度为35～36.5℃，低于直肠温度大约2.5℃。体温环境中产生的精子是不育的，为使温度低于体温，睾丸必须位于体腔外的阴囊中，当环境温度高时，公猪睾丸提肌放松，增加阴囊褶折以加大散热面积，降低睾丸和附睾温度；而当温度下降时，睾丸提肌收缩，使睾丸及附睾更贴近身体，以提高睾丸温度。此外，睾丸血管网在睾丸表面经过降温后回到体壁时，与动脉血管接触，也降低了动脉血温，这种温度的调节保证了生产正常精子所需要的温度条件。阴囊表面有丰富的汗腺，其作用是在高温下增加蒸发散热。

（四）精液的组成和生理特性

1. 组成

公猪的精液主要由精子和精清组成，其一次射精量一般为200～400mL（150～500mL），精子的密度为250×10^6～350×10^6个/mL，每次射精总精子数平均为40×10^9～50×10^9个。

正常公猪的射出精液应为乳白色或灰白色，有较强的气味。在显微镜下观察刚射出的浓份新鲜精液为云雾状。

公猪的精液量与体重没有明显的相关，但公猪的总精子数与睾丸大小有关，睾丸大则总精子数一般也较多。

公猪精液数量和品质受很多因素的影响，如品种、年龄、气候、采精方法、营养、体况及采精或交配频率等。交配或采精频率高，则精液量下降，未成熟精子的比率上升，精液品质下降。高温季节公猪的精液量及品质下降较寒冷季节快，说明公猪对高温更敏感。

2. 精液的生理特性

（1）渗透压：精液在一定条件下保持其一定的渗透压，一般以冰点下降度表示。猪精液渗透压一般为0.59～0.63。目前常用每千克溶液中所含溶质的量（mmol）表示，即mmol/kg。

（2）pH：猪新采出的精液是偏碱性。当有微生物污染或有大量死精子时，由于氨的浓度增加而使pH上升。

（3）比重：精液的比重决定于精子密度，精子比重通常高于精清，精子密度越大，精液的比重也越大。

（4）透光性：精液的透光性与精子密度和活动力有关，一般用光电比色计测定。

（5）导电性：由于精液中溶有各种盐类或离子，如果其含量较大，精液的导电性也较强，同时可利用导电性的高低，以测定所含电解质的多少及其性质，一般以25℃时的欧姆$\times 10^{-4}$表示。

（6）黏度：精液的黏度与精液的浓度、精清中黏蛋白唾液酸的多少及精子密度有关。黏度一般以帕秒表示。猪精液的主要生物物理学特性见表7-1。

表7-1　猪精液常见的正常生物物理学特性

项　　目	参考数值
冰点下降度（-℃）	0.62（0.59～0.63）
pH	7.5（7.3～7.9）
比重	1.023
导电性	129（129～135）
黏度（帕秒）	1.18×10^{-3}

三、母猪的生殖生理

（一）母猪的生殖器官

母猪的生殖系统由卵巢、输卵管、子宫、阴道、阴门等构成，见图7-2。母猪的子宫属双角子宫，子宫角比较长似小肠，为多胎动物。其繁殖机能依赖于其生殖器官处于正常的生理状况。了解母猪生殖器官的解剖结构和生理机能对指导临床进行生殖保健和处理繁殖机能障碍很有好处，其发情、排卵、受精、妊娠、分娩和哺乳等都与其生殖器官的正常结构和生理机能密切相关。是学习和运用人工授精技术、生殖护理和保健技术、生殖激素的应用技术和繁殖障碍处理技术的基础。

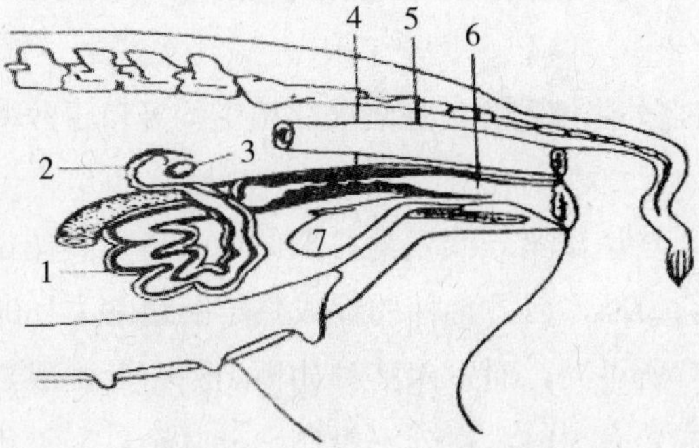

图7-2　母猪的生殖器官
1. 子宫角　2. 输卵管　3. 卵巢　4. 子宫颈　5. 直肠　6. 阴道　7.膀胱

1. 卵巢

卵巢是母猪的主要生殖器官，与公猪睾丸相似。卵巢的作用有三：生产卵子、分泌雌激素及形成黄体分泌孕激素。卵子产生的数目有限，并且在发情周期的特殊阶段产生，一般排卵数和每胎仔数有关。一头成熟母猪在每一发情周期，所排出的成熟卵子数目除了偶然有少数母猪只排出3～4个成熟的卵子外，通常在16～18枚，多者可达20枚以上。但有30%的受精卵死于胚胎发育的初期。

卵子自卵巢内放出叫做排卵，卵子通常在排卵后最初几小时内与精子结合，如果排卵后12h以内不能受精，则受胎及正常胚胎发育的机会就大为减少，因此于发情期间内及时配种，对发挥生产力至关重要。

母猪雌激素的水平不仅代表了卵泡的成熟性，而且也通过下丘脑来调节发情行为与排卵的时间。排卵前所出现的LH峰不仅与发情表现密切相关，而且与排卵时间有关。一般LH峰出现后40～42h出现排卵。由于母猪在一次发情中多次排卵，因此，排卵最多时出现在母猪开始接受公猪交配后约30～36h，如果从开始发情，即外阴唇红肿算起，在发情38～40h之后。

母猪的排卵数与品种有着密切的关系，一般在10～25枚。我国的太湖猪是世界著名的高产品种，平均窝产仔为15头，如果按排卵成活率为60%计算，则每次发情排卵在25枚以上，而一般引进品种的窝产仔在9～12头。排卵数不仅与品种有关，而且还受胎次、营养状况、环境因素及产后哺乳时间长短等影响。

2. 生殖器及外生殖器

（1）输卵管：成对，每一卵巢连接一条，输卵管壁内层黏膜细胞具纤毛，输卵管能蠕动及逆蠕动。卵子从卵巢的卵泡放出以后，它们通过叫伞的漏斗形结构，并从那里进入小管——输卵管，受精作用在输卵管进行，受精卵再降落到子宫角。

（2）子宫：猪的子宫由一长约5cm的子宫体及两个共长达120～150cm发育良好的子宫角组成。受精卵由胎盘组织附着在子宫角的壁上，在多数情形下平均分布在每一子宫角。

（3）阴道：在交配时为公猪阴茎必经的通道，同时在此接受部分精液，分娩时为产出胎儿的最后路径。

（4）阴门：母猪之外生殖器官，尿道及生殖道均开口于此，当发情时，阴门红肿。

（二）初情期

是指正常的青年母猪达到第一次发情排卵时的月龄。青年母猪达到性成熟的时间是以出现首次发情和排卵为准，西方猪种的性成熟年龄通常为180～200天，但个体间的变异较大，性成熟年龄有所不同，而中国猪种如梅山猪，其性成熟年龄要早得多，大约90日龄就达到了，与性成熟有关的激素分泌机制十分复杂。当青年母猪趋近性成熟时，雌激素的分泌大量增加，同时促黄体素的分泌量也达到高峰，两者结合最终启动母猪开始发情并排卵。

虽然性成熟的启动年龄是由猪的遗传决定的，但有许多环境因素表明对其有影响，相对于体重而言，猪的性成熟似乎与年龄的关系更为密切，不过，性成熟在较大的年龄范围内都会发生，很可能与个体的生理年龄有关，特别是当生理年龄涉及生殖激素系统发育的阶段时，它对性成熟的启动是最为重要的，在其他限制因素都正常的情况下，猪的营养对性成熟发生的时间似乎也有一定影响，营养状况还会影响首次和后来各情期的排卵数。性成熟的年龄具有季节性变异，这种变异可能由光照或环境温度的变化所引起。有迹象表明，增加光照长度会使性成熟提早，而提高环境温度会使性成熟推迟，在圈养舍饲方式中，光照和温度的效应可通过调节舍内的光照时间和温度进行控制。

影响猪初情期到来的因素有很多，但最主要的有两个：一个是遗传因素，主要表现在品种上，一般体型较小的品种较体型大的品种到达初情期的年龄早，近交推迟初情期，而杂交则提早初情期；二是管理方式，如果一群母猪在接近初情期与一头性成熟的公猪接触，则可以使初情期提早。此外，营养状况、舍饲、猪群大小和季节都对初情期有影响，例如：一般春季和夏季比秋季或冬季母猪初情期来得早。我国的地方品种初情期普遍早于引进品种，因此，在管理上要有所区别。

如何在保证不影响猪正常身体发育的前提下，获得初配后较高的妊娠率及产仔数，这就必须要选择好初次配种的时间。我们把从生产角度来说的最佳配种时间称为适配年龄。由于初情期受品种、管理方式等诸多因素影响而出现较大的差异，因此，一般以初情期后隔一个或两个情期配种为宜，即初情期后1.5～2个月时的年龄称为适配年龄。猪的适配年龄一般为8～10月龄。

（三）母猪的发情周期

青年母猪初情期后未配种则会表现出特有的性周期活动，这种特有的性周期活动称为发情周期。一般把第一次排卵至下一次排卵的间隔时间称为一个发情周期。母猪的发情周期平均为21天，可分为3个阶段，即发情期（0～2天，这时母猪可接受配种），间情期（第3～15天，也称为黄体期）和发情前期（第16～21天，也称为卵泡发育期），但有些特殊品种又有差异，如我国的香猪一个发情周期仅为19天。猪是一年内多周期发情的动物，全年均可发情配种，这是家猪长期人工驯养的结果，而野猪则仍然保持着明显的季节性繁殖的特征。

母猪在间情期和发情前期，卵巢开始发育，雌激素的产生不断增加，在发情开始时启动垂体前叶大量分泌促黄体素，在发情开始30～40h，促使卵泡排出卵子。不过，发情后开始排卵的时间，个体变异相当大，不一定都相同。排卵后，卵泡破裂并发育成黄体，黄体产生孕酮激素，这种激素的作用是在配种后维持妊娠状态。如果未妊娠或妊娠中止，黄体就会在下个发情周期的第14天左右降解。在妊娠后期，胎盘组织中产生的雌激素水平增加，同时，子宫中产生前列腺素（$PGF_{2\alpha}$），从而引导母猪分娩。

发情持续期是指母猪出现发情症状到发情结束所持续的时间。这里指的发情症状除了行为学上的，还包括生理变化，主要是生殖道的变化。母猪的发情持续期一般从外阴唇出现红肿至完全消退约60～72h，而排卵的时间则出现在有发情表现后的36～40h，也就是在LH排卵峰出现之后的40～42h，当然，在营养状况不好时或初情期时发情持续期相对短些。

母猪发情行为主要是由于雌激素与少量孕酮共同作用于大脑中枢系统与下丘脑，从而引起性中枢兴奋的结果。在家猪中，母猪发情表现最为明显，在发情的最初阶段，母猪可能吸引公猪，并对公猪产生兴趣，但拒绝与公猪交配。阴门肿胀，变为粉红色，并排出少量黏液，随着发情的持续母猪主动寻找公猪，表现出兴奋，对外界的刺激十分敏感。当母猪进入发情盛期时，除阴门红肿外，背部僵硬，并发出特征性的鸣叫。在没有公猪时，母猪也接受其他母猪的爬跨；当有公猪时立刻站立不动，两耳竖立细听，若有所思，呆立。若有人用双手扶住发情母猪腰部用力下按时，则母猪站立不动，这种发情时对压背产生的特征性反应称为“静立反射”或“压背反射”，这是准确确定母猪发情的最有效方法。

1. 卵泡的发育

卵原细胞的增殖以及卵母细胞形成之后，卵母细胞必须由卵泡细胞包裹才具有生长、成熟及排卵的能力。因此，当卵母细胞被单层扁平卵泡细胞所包裹时其复合体称为原始卵泡，此后单层卵泡细胞不断发育为柱形，卵母细胞也开始变大，并在卵母细胞与卵泡细胞之间出现一层透明的膜状保护层，称为透明带。关于透明带的来源多数认为是卵母细胞分泌物的产物，它是一层半透膜，不仅保护卵母细胞免受不利环境的影响，同时还可以通过半透膜有选择地吸收或排出某些物质，以维持卵母细胞的代谢活动，这时的卵泡称为初级卵泡。随着卵泡的发育，包裹在卵母细胞外的卵泡细胞也由单层变为多层，卵母细胞也不断生长、变大，这时卵泡称为次级卵泡。当卵泡继续生长并在多层卵泡细胞之间出现许多互不相连且充满卵泡液的腔时，此时的卵泡称为三级卵泡。当卵泡腔不断增大，并在卵泡中形成一个充满卵泡液的卵泡腔时，卵母细胞在多层有序排列的卵泡细胞当中，被推向卵泡壁的一侧，形成半岛状的形态，这个半岛状的卵母细胞与卵泡细胞的复合体称为卵丘。这时的卵泡称为葛拉夫氏卵泡。卵泡继续发育，卵丘便在溶解酶的作用下逐渐被溶解，卵母细胞以及包裹在外面的多层卵泡细胞开始游离于卵泡液中，形成成熟卵泡或排卵卵泡。一个卵泡从原始卵泡发育到成熟卵泡的过程，不仅有卵泡细胞形态学上的变化，如扁平→柱状，以及单层→多层，卵泡腔及体积的增大，更重要的还包括卵母细胞质和核的成熟过程。其中核成熟的重要标志是排出第一极体，表明第一次减数分裂已经完成，继而进行第二次减数分裂，并中止第二次减数分裂中期，只有当精子入卵并激活卵母细胞之后，这种休止才能重新打破，卵母细胞复苏，继续其减数分裂的过程。卵泡细胞对卵母细胞提供支持和营养的作用，同时它也具有内分泌的功能，主要分泌雌激素，引起生殖管道及乳腺的生长，促进第二性征的形成，并且还影响着母猪的性行为。值得注意的，尽管猪是多胎动物，但就其卵泡发育过程而言，能够完成卵泡发育并排卵的卵泡是很少的，大多数的卵泡在其发育的各个阶段途中发生了退化和闭锁，而不能最终排卵。

2. 卵巢的周期变化

母猪的卵巢也随发情周期而呈现周期性变化。母猪发情开始前2～3天，卵泡开始迅速增大，直到发情后18h为止。卵泡大小不一致，成熟卵泡呈海蚌红色，可能是因微血管网密布于卵泡的表面。母猪中常发现因动脉充血而有血液渗入卵泡腔形成“出血卵泡”。当卵泡顶端出现透明区时，说明排卵时刻即将来临。发情周期的第6～8天黄体完全形成，分泌作用可保持到第16天，然后迅速退化。母猪黄体开始时因腔内充满暗红色的凝固血块，呈暗红色，至发情周期第15天时，渐变为浅紫色，至第18天时，变为浅黄色，以后变为白色。母猪发情周期中，内分泌、卵巢和子宫的变化可参考图7-3和图7-4。

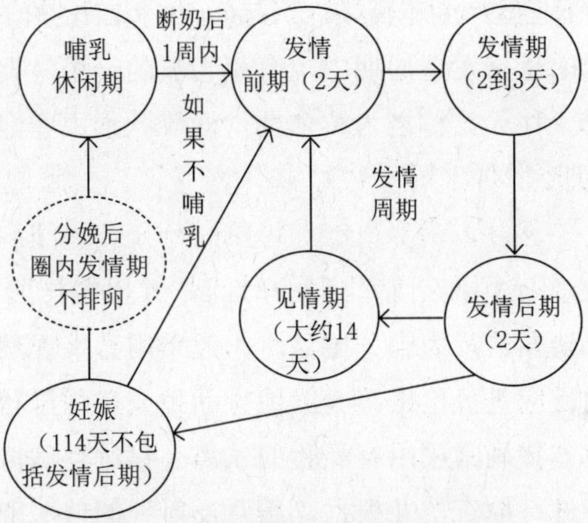

图7-3 母猪发情和卵巢周期的交锋

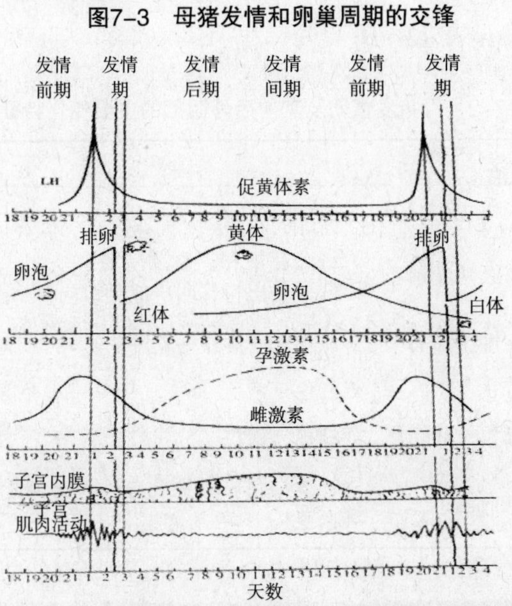

图7-4 母猪发情周期中，内分泌、卵巢和子宫的变化

3. 发情周期的激素调节

母猪体内的各种生殖激素相互协调着母猪卵巢、生殖道及外部表现的变化。当母猪排卵后，卵子通过输卵管伞部进入输卵管中，而排卵后残存在排卵卵泡内的血液及颗粒细胞在促黄体素的作用下内缩并且黄体化。首先形成红色的肉质状的实质性组织称为红体，然后逐渐变化，突出于卵巢表面形成黄体，如果排出的卵子可以受精，则黄体分泌的孕酮可以始终保持在一个较高的水平，一方面抑制雌激素的上升，控制发情的再次出现，同时与少量雌激素共同作用于生殖道为胚胎的发育准备好营养及提供良好的生存环境，如子宫腺体的增长、上皮加厚。但如果母猪发情排卵后没有交配或没有妊娠，那么黄体保持至周期的后期，由于卵巢上卵泡的不断发育增大及雌激分泌的增多，使子宫分泌的$PGF_{2\alpha}$引起黄体的迅速退化。黄体溶解，孕酮分泌量急剧减少，这时多个卵泡在垂体促性腺激素的作用下逐渐成熟，并分泌大量雌激素。当其达到一定高水平时，母猪重新出现发情行为，并诱发下丘脑产生正反馈，引起GnRH和LH的升高，最终导致排卵。由此可以看出，在一个正常的母猪发情周期中，有相当长的一个时期，黄体分泌的孕酮处于优势的主导地位，在15～16天，称之为黄体期，而雌激素由卵泡分泌占优势地位时5～6天，这一时期称为卵泡期。

4. 发情鉴定

发情鉴定的目的是为了预测母猪排卵的时间，并根据排卵时间而准确确定输精或者交配的时间。由于母猪发情行为十分明显，一般采用直接观察法，即根据阴门及阴道的红肿程度、对公猪的反应等可检出。一般地方品种或杂种母猪发情表现比高度选育品种更加明显。在规模化养猪场常采用有经验的试情公猪进行试情，如果发现母猪呆立不动，可对该母猪的阴门进行检查，并根据“压背反射”的情况确定其是否真正发情。母猪发情周期中外阴变化参见表7-2。

表7–2　母猪发情期及其前后外阴部的主要变化特征

发情前后特征	发情前	发情	发情期后
期间（范围）	2.7天（1～7天）	2.4天（1～4天）	1.8天（1～4.8天）
举动	不允许公猪配种	允许公猪配种，食欲减退，举止不安，发出特殊叫声或爬跨同伴	允许公猪配种→不允许
外阴部大小	肿胀→肿胀很大	肿胀很大→肿胀→略肿胀	略肿胀→缩小
外阴部的颜色	浓桃红色	赤红色→紫色	紫色→褪色
阴道前庭的颜色	浓桃红色→赤红色	赤红色→褪色	褪色
阴道黏液的浓度	水样乳白色	水样乳白色→黏稠乳白色→糊状乳白色	糊状乳白色→消失

外激素法是近年来发达国家养猪场用来进行母猪发情鉴定的一种新方法。采用人工

合成的公猪性外激素，直接喷撒在被测母猪鼻子上，如果母猪出现呆立、压背反射等发情特征，则确定为发情。这种方法简单，避免了驱赶试情公猪的麻烦，特别适用于规模化养猪场使用。

此外，还可以采用播放公猪鸣叫录音，观察母猪对声音的反应等。在工业化程度较高的国家广泛采用了计算机的繁殖管理，根据每日可能出现发情的母猪进行重点观察，不仅大大降低了管理人员的劳动强度，同时也提高了发情鉴定的准确程度。

第二节　受精、妊娠和分娩

一、受精及早期胚胎发育

（一）受精

1. 精子的运输

猪精子进入母猪的生殖管道后，将开始“艰难地跋涉”，见图7-5。它们一部分贮存在子宫内陷窝中形成若干个精子贮库，精子在这些贮库中不断释放，以保证受精部位总是不断有受精能力的精子出现，等待卵子的到来。精子沿着母猪的生殖管道向前进行，密度呈现一个梯度状的减少，在子宫颈部分精子密度最高，达10^7个以上，而到达输卵管的上段精子的密度为10^2个（受精部位）。猪精子的这种高选择性和运行期间的巨大损耗，使更有生命力、活性最好的精子才有可能达到受精部位，同时也限制了到达受精部位的精子数目，而绝大多数的精子则被白细胞吞食或杀死。位于子宫陷窝中的精子则始终与精清结合在一起，这样使它们具有可代谢，而且比较稳定的细胞膜，以便可以保持和延长精子的活力，这是动物长期进化的结果。精子在子宫内的运输主要是依靠外力、子宫的收缩及输卵管收缩和纤毛的摆动而到达受精部位的。

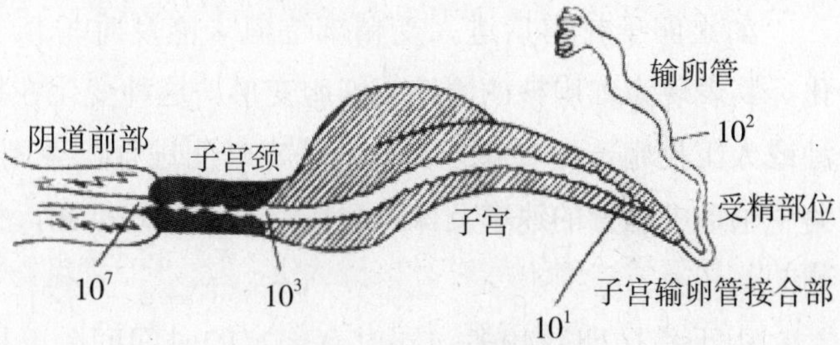

图7–5　精子的运输

2. 精子维持受精能力的时间

精子由公猪体内排出后，维持受精能力的时间为24～42h。母猪的卵子受精寿命很短，仅为8～12h。只有当精子和卵子均处于其受精寿命时，精卵受精才有可能获得较好的受胎率。而当精子或卵子有一方老化，都会导致受胎率的下降，这说明正确的发情鉴定及适时输精对于提高受胎率至关重要。

3. 精子的损失

与其他家畜相比，公猪的精液损失极为严重。除授精时由于母猪子宫收缩，或者紧张导致子宫收缩加剧都会减少有效精子数，多态核型白细胞的吞噬作用也是精子损失的一个重要原因。此外，由于游离的精子侵入子宫及输卵管上皮，有可能产生抗精子的抗体，使受精力下降。

4. 卵子的运输

母猪的卵子可以由卵泡表面进入到输卵管的伞口部，并很快沿着薄壁的伞部进入到壶峡结合部的受精部位。这是因为：①未受精卵被浓密的卵泡细胞包裹着，排卵前这些卵泡细胞重新分布，像手指一样包裹着卵母细胞；②在排卵时，输卵管伞部像一张巨大的网，将整个卵巢完全包裹起来，这个伞内面有很多通向壶腹的纤毛，这些纤毛通过摆动保证了卵子在排卵后的30～45min内运输到壶峡结合部，并与等在那里的精子相遇。虽然在最初的约半小时，卵子处在输卵管的环境中，时间虽短，但这对于卵母细胞的成熟是极为重要的，同时包裹在卵母细胞外的卵泡细胞以及一些卵泡液进入输卵管，也刺激了精子从输卵管的峡部向受精部位的运行，从而保证了卵子的迅速受精。

5. 卵子的老化

如果卵子排出后进入受精部位但未能及时与精子相遇并受精，那么卵子将很快老化。其表现为细胞核的固缩，细胞变形。这种变化在排卵后12h十分明显，由此说明，配种或人工授精一定要在排卵前的适宜时间进行，否则卵子就有可能老化。根据精子在母猪生殖道中运行的速率及保持受精能力的时间推测，排卵前12～14h输精或配种是比较理想的。

由于猪排卵数较多，同时有一定的时间间隔，因此，卵母细胞老化的最终表现往往是体现在母猪窝产仔数较少。卵母细胞的老化主要表现在：①细胞质和核发生异常变化，不能继续受精，即使受精，也会因胚胎发育异常而引起胚胎的死亡；②老化的卵母细胞阻止多精入卵的能力减弱，结果导致多精受精，引起胚胎的早期死亡；③细胞质中细胞器在老化过程中也会出现某些功能区的迁移以及核在减数分裂时出现一条或多条染色体的丢失，从而导致胚胎死亡。

6. 受精

精子在子宫和输卵管内需要经过2～3h的获能，获能的精子，游动能力和呼吸强度增大，达到成熟，具备受精能力。获能的精子细胞膜特别是头部前端发生泡状化，释放一些受精所需要的酶类，例如顶体含有透明质酸酶，可以在卵细胞外的卵泡细胞之间打开间隙，作为进入卵子的通道。此外，顶体素可以将卵子透明带的黏多糖膜消化，造成缺口。获能的精子进入透明带和卵母细胞之间的卵黄间隙，头部和卵母细胞膜结合，尾部停止摆动，大部分和卵母细胞结合，形成受精卵，进行减数分裂，开始胚胎发育。

（二）胚胎的早期发育

猪胚胎在输卵管内一般需要停留2天，然后进入子宫角，这时胚胎已发育到4细胞阶段。胚胎进入子宫角的动力主要来自外部：①发育的黄体分泌孕酮，不断升高的孕酮水平，使输卵管的环行和纵向肌肉层逐渐放松，黏膜水肿下降，输卵管腔扩大，而且向子宫方向收缩；②管液的流动促使胚胎进入子宫，当胚胎达到16～32细胞（桑椹胚）时需要5～6天，此后继续发育，在第6～7天时胚胎从透明带中孵化出来，至第10天，直径可达2～6mm。从第6～12天胚胎可以在子宫腔中迁移，这种迁移可以保证胚胎在两个子宫角内的均匀分布。第13～14天胚胎开始着床，但着床很松散，直到大约第18天着床才完成。

从排卵至胚胎着床，对胚胎来说是一个重要时期，胚胎处于游离状态，同时又需要从外界获取营养。如果这两方面不能同期的话，将导致胚胎的早期死亡，这个时期胚胎的死亡率可占到胎儿总损失的30%。因此，减少这部分的死亡是提高窝产仔数的关键。

二、妊娠

（一）妊娠诊断

母猪妊娠诊断是繁殖管理的一项重要内容，早期诊断对于缩短产仔间隔有着重要意义。最简单的是观察法。

1. 观察法

配种后不久可能发现母猪重新发情，而没有发情的就认为已经妊娠，但实际上没有返情的母猪可能不一定是妊娠，其他一些原因，如激素分泌紊乱、子宫疾病等都有可能引起不返情。因此，观察法不够准确，但该方法简单易行，是最普通而简单的妊娠诊断方法。

2. 直肠检查法

一般是指体型较大的经产母猪，通过直肠用手触摸子宫，如果有明显波动则认为妊娠，一般妊娠后30天可以检出。但由于该方法只适用于体型较大的母猪，有一定的局限性，所以，使用不多。

3. 激素测定法

测定母猪血浆中孕酮或胎膜中硫酸雌酮的浓度来判断母猪是否妊娠，一般血样可在第19～23天采集测定，如果测定的值较低则说明没有妊娠，如果明显高，则说明已经妊娠。激素的测定可以采用放射免疫法或酶联免疫法，准确性较高，但较繁琐，费用较高，一般用于科学研究。

4. 超声波测定法

采用超声波妊娠诊断仪对母猪腹部进行扫描，观察胚胞液或心动的变化，这种方法第28天时有较高的检出率，可直接观察到胎儿的心动。因此，不仅可确定妊娠，而且还可以确定胎儿的数目，晚期还可以判定胎儿的性别，无伤无痛，可重复使用，缺点是一次性投资较高。

5. 阴道剖解法

在母猪配种后20～30天从阴道上皮取一小块样品进行检查。对母猪的阴道上皮组织进行固定染色并进行显微镜观察，如果上皮组织的上皮细胞层明显减少，且致密，一般仅有2～3层细胞，则认为该母猪为妊娠母猪，而未妊娠母猪的阴道上皮细胞不仅排列疏松而且为多层。此法的缺点是在剖解取样时要有一些技巧，还必须小心标记样品，记录配种后的时间，因需要染色不能立即得结果，在生产中难于推广。

上述方法准确率一般为80%～95%。从上述诸多方法可知，进行妊娠诊断是以配种后一定时间作为检查依据，因此，对于一个现代化的规模养猪场，做好配种及繁殖情况记录是极为重要的，它们是繁殖管理科学化的重要依据，必须做好原始资料的记录、保存和整理工作。

（二）胚胎和胎儿的死亡

在养猪生产中，并不是所有卵子都能形成胚胎或胎儿而最终出生的，这种损失称为产前损失，这种损失一般要占到排出卵子总数的30%～40%。在正确及时配种的条件下，受精率应接近100%。胚胎附着开始之前是胚胎死亡的敏感期，胚胎死亡率占全部胚胎死亡的60%以上。造成死亡的原因有遗传、营养应激（能量缺乏、矿物质不平衡或维生素缺乏症）、生殖系统疾病、内分泌紊乱以及管理不当，如配种不适宜、不良的环境应激（特别是热应激），都会导致胚胎的死亡。因此，减少胚胎的早期死亡是提高产仔数的关键。

三、分娩

（一）出生前的准备

母猪的妊娠期一般为111～119天，平均为114天，而不同的品种可能略有差异。一般一胎怀仔较多的母猪，妊娠期较短，反之较长。

母猪自身控制妊娠期长短的机理目前尚不完全清楚，但是随着胎盘液的积累，胎盘和胎儿同步生长，因此，子宫在接近分娩时变得很大。胎儿的许多器官系统功能成熟，特别是妊娠的最后几周，胎儿肾上腺生长尤为突出。而这些腺体在胎儿出生时对分娩的发动有着重要的作用。妊娠的维持要求母猪卵巢黄体不断分泌孕酮，当然肾上腺及胎盘也能分泌一定孕酮作为补充，此时孕酮具有抑制子宫收缩的作用。由此看来，分娩发动前必须要降低体内孕酮水平，只有这样子宫肌肉的敏感性和兴奋能力才能提高，同时骨盆的阔韧带及子宫颈口需要松弛。另外，乳腺腺泡生长加快，为新生儿产后提供初乳及全乳做好准备。现在已经清楚，这些分娩前的变化以及分娩的发动是由胎儿下丘脑分泌的肾上腺皮质激素释放激素控制的，它刺激胎儿垂体前叶分泌大量促肾上腺皮质激素

（ACTH），作用于胎儿肾上腺使胎儿血液中肾上腺皮质激素分泌增多，并通过胎盘传递给母体，使子宫肌肉活性的抑制解除，孕酮水平下降，从而引起分娩。当然，母体血液中孕酮水平的下降，除了肾上腺皮质激素对孕酮分泌产生抑制作用外，还部分地由于母猪子宫壁分泌$PGF_{2\alpha}$的溶黄体作用，使妊娠黄体退化。胎儿胎盘是母体雌激素的来源之一，雌激素不仅使子宫肌肉致敏，同时也促进了子宫收缩时前列腺素的释放。由此分娩主要取决于胎儿的成熟程度，而这种成熟度主要表现为胎儿下丘脑促肾上腺皮质激素释放激素分泌量，这种释放激素又刺激了胎儿垂体前叶大量分泌ACTH。它作用于肾上腺产生较多的肾上腺皮质激素，通过胎儿胎盘作用于母体子宫，并产生抑制孕酮分泌的一系列生理活动。因此，把胎儿下丘脑－垂体－肾上腺轴称为分娩发动的调节系统。

（二）分娩

分娩前母猪子宫发生很大变化，骨盆阔韧带以及产道、子宫颈松弛，使胎儿容易通过。在妊娠后期猪的胎儿不发生转动，头向前和向后部的情况大致相同。

分娩主要分为3个阶段。

1. 开口期

以子宫收缩为主，压迫充满液体的胎膜，同时也机械刺激子宫颈内口，引起子宫颈口开张。

2. 胎儿排出期

胎膜破裂，腹壁肌肉收缩明显，即通过努责逐一排出胎儿。

3. 胎衣排出期

包裹胎儿的胎膜排出。

一旦胎儿头部进入产道，由于机械的牵拉子宫颈的肌肉，引起母猪垂体后叶分泌催产素的反射性释放，这种催产素的释放与子宫前列腺素共同作用，引起子宫肌肉强有力的阵缩，同时松弛素由母体卵巢及胎盘分泌，具有软化子宫颈口组织及提高子宫肌肉韧性和弹性的作用。另一个特点是分泌大量黏液，润滑产道，有利于胎儿的排出，猪是上皮绒毛膜胎盘，这种胎盘结构决定了胎儿胎盘比较容易从母体子宫内膜上脱离。因此，母猪的难产及胎盘滞留的情况极少，分娩时间也较短。胎盘排出后母猪子宫收缩往往还要持续一段时间，使子宫内容物排出。此时仔猪对母猪乳头的吸吮也会引起垂体后叶催产素的分泌，出现子宫收缩，此时，子宫颈逐渐闭合恢复以避免细菌对子宫的污染。

仔猪排出后，脐带断裂。由于子宫温度与环境温度的变化刺激，从而反射性刺激胎儿的心跳及呼吸作用加强，以适应新的环境。胎儿出生后肌肉及肝糖原贮备仅够仔猪几小时的营养需要，因此，要尽可能快地让仔猪吃上母乳，这不仅是营养的补充，更重要的是母猪初乳中含有大量可供仔猪肠壁吸收的免疫球蛋白，这样仔猪就可以从初乳中获取被动免疫保护的抗体，这对于保证仔猪的健康及成活率极为重要。初乳一般指母体产后24～48h或者更长些时间所产生的乳汁。仔猪的初生重一般为0.9～1.5kg，平均为

1.2kg，但一般窝产仔数多时仔猪个体初生重较小，反之则较大。一般引进品种体型较大，故仔猪初生重相对较大，而我国地方品种母猪体型较小，并往往产仔较多，故初生重普遍较小。此外，初生重还与遗传及妊娠期营养水平有关。同窝初生的仔猪体重也常有较大的差异，因此，仔猪出生后，对初生重较轻的仔猪必须要给予特殊的照顾，固定产奶较多的乳头，或者寄养给带仔少、且奶水好的母猪。不过寄养前必须要在仔猪身上涂抹寄养母猪的尿液，使母猪可以认可寄养的仔猪，这是非常重要的，通过这些措施可以保证仔猪有较高的成活率。

（三）新生仔猪的损失

仔猪在初生前或出生不久常发生死亡，从而导致窝产活仔数的减少。这种死亡往往造成较大的经济损失，一般要占胎儿总死亡数的15%～20%。这种死亡是不可避免的，但可以通过加强管理来降低这种损失，如妊娠母猪在分娩前几天出现代谢紊乱，可以通过加强营养和锻炼来避免，同时保持产房的温度尽量恒定，干燥、清洁，尽量避免不良应激因素的影响而引起母猪受惊。母猪分娩时胎向并不重要，但实际上有7%左右的仔猪在产前还是活的，但产出时死亡，而活着产出的仔猪中约有10%出生后48h死亡。因此，出生时的死亡率是很高的，在断奶前可能还有一定的死亡率，这些死亡的原因有些还不清楚。

四、断奶和再配

乳腺的发育及泌乳产生是由垂体的促乳素、生长激素、促甲状腺素、促肾上腺皮质激素和胰岛素及雌激素、孕激素共同作用的结果。除此之外，乳汁的分泌还受吸吮对乳头的刺激强度和频率以及乳汁排出的数量影响。母猪在泌乳期间血浆中促乳素的水平很高，从而抑制了促性腺激素的分泌，母猪表现为乏情状态，卵巢活动受到抑制。因此，称这种乏情为泌乳乏情，这是母猪正常的生理反应，一般可持续4～8周或更长。当然，也有些母猪在产后3～7天，当有公猪出现时，可以表现发情症状，但一般不能排卵，这种发情是由于分娩时胎盘雌激素释放引起的。

母猪分娩后1周还可排出一些子宫内的残留物，但子宫内膜并没有损伤，而正常的柱状上皮细胞的形成大约在第21天，子宫完全恢复原状则需要25～28天，这可能是早配排卵少的原因。实践中，仔猪在3～6周龄断奶，分娩后21天内若不断奶，母猪配种一般是不能受胎的。哺乳期长度明显影响断奶和再发情之间的间隔，少于10天和多于35～40天的哺乳将增加断奶到再发情之间的间隔。当哺乳期为21～35天时，这个间隔是最短的。影响断奶和再配的因素有以下几方面。

1. 品种和胎次

一般母猪的品种不同，断奶和再发情之间的间隔也不同；随胎次的增加，一般断奶和再发情的间隔逐渐减少；而杂种母猪在所有胎次都具有相对较短的间隔。

2. 季节

炎热气候会降低公猪精液的品质和受精力并增加早期胚胎死亡。它还可能延迟断奶后再发情，这一点反映在夏季配种的母猪分娩率降低。

3. 哺乳期的母猪体况

哺乳期间母猪体况与其随后断奶至再配种的间隔存在一定关系。断奶时体况极差的母猪经常表现出延迟发情。

4. 公猪影响

持续接触公猪和每日两次接触公猪对促进断奶母猪发情是有利的。

第三节　猪的人工授精

人工授精是用器械采取公猪的精液，再用器械把精液注入到发情母猪的生殖道内，代替公母猪自然交配的一种配种方法。人工授精之所以被人们接受和广泛采用，是因为随着养猪生产的发展和产业化进程的推进，在现代养猪生产和育种工作中，人工授精正成为一种非常重要的工具。而且它同自然交配相比具有以下优势：

①及时鉴别不育公猪，提高受胎率。在人工授精中，所采用的精液可以通过检查评定鉴别出质量的优劣，而自然交配却做不到这一点，所以从理论上讲，通过人工授精可以淘汰品质差的精液。

②由于猪具有很高的繁殖力，因此，它的人工授精与单胎家畜如牛相比对提高繁殖效率的幅度相对小些。猪的精液常温保存已经相当成功，猪精液常温保存3～4天，甚至7～8天，受胎率仍然较高。这为人工授精的推广提供了技术保障。此外，随着现代化饲养规模的日益扩大，也为人工授精提供了可能。人工授精技术可以减少公猪的饲养头数，加大公猪的选择强度，充分发挥优秀公猪的遗传潜力，同时，可以通过人工授精减少性传播疾病，提高生产效率，获得更多的经济效益。另外，人工授精技术与繁殖控制技术相结合，如同期发情和诱发分娩，使猪群管理更加方便，有利于全进全出的现代化养猪生产体系的建立。

③人工授精还为猪精液的交流提供了方便，使跨地区的母猪配种成为可能。我国是世界第一养猪大国，牲猪饲养量接近4亿头。大力推广猪人工授精技术，具有特殊重要的意义。这可以提高猪群品质，而且还可以减少劳动力和饲料，提高经济效益，一举多得，这应是我国养猪发展的一个方向。

一、采精

采精是人工授精的重要环节，认真做好采精前的准备，正确掌握采精技术，合理安排采精频率，是保证采得多量优质精液的重要条件。

（一）采精前的准备

1. 采精场

采精场应该宽敞、平坦、安静、清洁、场内设有假猪台，供公猪爬跨进行采精。理想的采精场应同时设有室外和室内采精场，并与人工授精操作室和公猪舍相连。室内采精场的面积一般为10m×10m，并附设喷洒消毒和紫外线照射杀菌设备。

2. 采精台的准备

一般应用假猪台采精，简单方便而且安全，是一种有效方法。

假猪台是模仿母猪大致轮廓做成的，并牢牢固定在地面上。公猪的采精台较为简单（图7-6），可做成轻巧灵活的长凳式或具有高低调节装置的两端式，方便实用。

对于初次用假猪台采精的公猪必须进行调教，调教的方法是：①后备公猪7月龄开始进行采精调教；②每次调教时间不超过15min；③在假猪台后躯涂抹发情母猪阴道黏液或尿液，公猪便会因此而引起性欲并爬跨假猪台；④在假猪台旁边拴一发情母猪，引起公猪性欲和爬跨之后，但不让交配而把其拉下。爬上去，拉下来，反复多次，待公猪性冲动至高峰时，迅速牵走母猪，诱其爬跨假猪台采精；⑤也可将待调教的公猪，拴系在假猪台附近，让其目睹另一头已调教好的公猪爬跨假猪台，然后诱其爬跨；⑥还可以利用另一头公猪爬跨过的假猪台，或将其他公猪的尿抹在假猪台上，然后让待调教的公猪接触，则会引起爬跨反射，也能调教成功；⑦一旦采精获得成功，分别在第2、第3天再采精1次；⑧调教公猪要有耐心，不打骂公猪，以防止性抑制而给调教造成困难；⑨注意公猪和调教人员的安全。

图7-6 公猪爬跨假猪台

3. 性准备

公猪精液好坏，与饲养管理、运动和配种利用是否合理密切相关。采精用公猪必须给予全价饲料，精心饲养，适当运动。注意猪体和猪舍的卫生，严格定期检疫。此外，必须定期（半月或1月）用灭菌生理盐水加入抗生素，冲洗猪的阴筒和包皮，并在每次采精前，再如法冲洗一次。经验证明，公猪采精前性准备充分与否，直接影响到射精量、精子密度和精液的纯洁度。因此，猪在采精前，增加性刺激强度很重要。采用不同诱情方法使之有充分的性兴奋和性欲。尤其对性欲迟钝的公猪。

（二）采精技术

理想的采精方法应具备下列四个条件：①可以全部收集公猪一次射出的精液；②不影响精液品质；③公猪生殖器官和性机能不会受到损伤或影响；④器械用具简单，使用方便。

人工采精的方法有：电刺激法、假阴道法及徒手采精法。

1. 电刺激法

是将带有电极的探棒插入公猪的直肠并以低电压脉冲刺激生殖道的射精中枢，诱发射精，即使阴茎没有完全伸直也可获取精液。这种方法取得的精液比自然交配要稀，且成功率不高。此法适合于因腿伤不能爬跨但具有较高种用价值的公猪采精。

2. 假阴道采精法

即制造一个类似猪阴道的工具，利用假阴道内的压力、温度、湿润度和母猪阴道类似的原理来诱使公猪射精而获得精液的方法。

这种采精方法不只用在猪上，其他家畜采精时也有广泛的应用，它是一种历史较长的先进采精方法，在过去很长一段时间内曾被国内外广泛采用。但这种方法使用起来比较麻烦，所需设备多，在现阶段猪人工授精技术普遍使用的情况下，显然不利于生产，故国内外目前使用范围不大。

3. 徒手采精法

因它是根据自然交配的原理总结出来的，简单、方便、可行，目前在国内外养猪界被广泛应用。这种方法所需设备，如采精杯、手套、纱布等，简单易得，不需特制设备，操作也简便。

这种方法的主要优点是可将公猪射精的前部分和中间较稀的精清部分弃掉，根据需要取得精液；缺点是公猪的阴茎刚伸出和抽动时，容易造成阴茎碰到假猪台而损伤龟头或擦伤阴茎表皮，以及难以清洁而易污染精液。

具体做法：将采精公猪赶到采精室，先让其嗅、拱假猪台，工作人员用手抚摸公猪的阴部和腹部，以刺激其性欲的提高。当公猪性欲达到旺盛即将爬上假猪台，并伸出阴茎龟头来回抽动时，采精人员蹲在公猪的左侧，右手抓住公猪阴茎的螺旋头处，并顺势拉出稍微回缩阴茎，直至和公猪阴茎同时运动，左手拿采精杯；用左手采精时，则要蹲在公猪的右侧，左手抓住阴茎，右手拿采精杯。这样做使采精人员面对公猪的头部，主要是能够注意到公猪的变化，防止公猪突然跳下时伤到采精人员，同时，当采精人员能发出类似母猪发情时的“呼呼”声时，对刺激公猪的性欲将会有很大的作用，有利于公猪的射精。

徒手采精法采精必须遵守下列三项原则：①阴茎螺旋龟头应该固定；②精液尽可能避免污染；③防止精子受低温打击。因此，操作时应注意：采精员要带上消毒手套，蹲在假猪台左侧，待公猪爬跨猪台后，用0.1%高锰酸钾溶液将公猪包皮附近洗净消毒，并用生理盐水冲洗；然后将手握成空拳，于公猪阴茎伸出同时，导入空拳内，让其抽送转动片刻；用手指由轻到重带弹性节奏握紧螺旋阴茎龟头不让其转动，随阴茎充分勃起时顺势牵伸向前（不要强牵），手指有弹性而有节奏调节压力，公猪即行射精。另一手持带有过滤纱布和保温的采精瓶收集富精子部分的精液。公猪射精停止，可按上法再次施加压力，即可第2或第3～4次射精，直至完全射完为止。

4. 筒握法

是将假阴道改短，接一个橡胶漏斗而成，它是假阴道和徒手采精法相结合的一种方式，具有假阴道和徒手采精法双重优点。操作时，采精员以右手握住漏斗部成拳握状，紧靠台猪后部，当阴茎伸入假阴道进入漏斗拳握部位时，就同手握法一样采取精液。

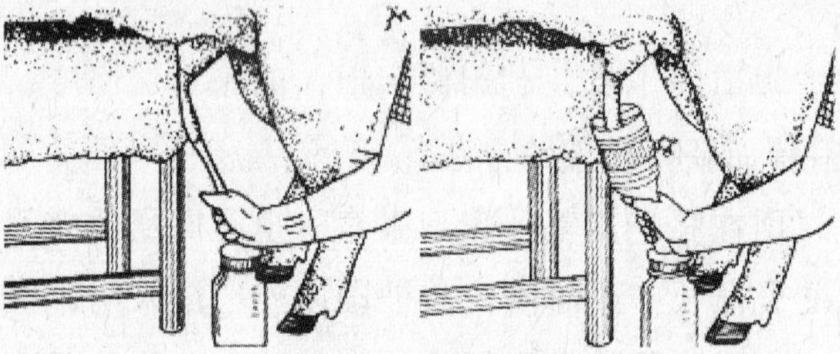

图7-3　采精法

（左）手握法（右）筒握法

（三）采精频率

合理安排公猪采精频率是维持公猪健康水平和最大限度采取公猪精子数量的重要条件。公猪的采精频率要根据精子产生数量、贮存量，每次射精量和公猪饲养管理水平来决定。成年公猪的采精频率及精液特性参见表7-3。

表7-3　正常成年公猪的采精频率及其精液特性

项　目	参考数值
每周采精次数	2～5
平均每次射精量（mL）	150～300
平均每次射出精子总数（亿）	300～600
平均每周射出精子总数（亿）	1 000～1 500
精子活率（%）	50～80
正常精子数（%）	70～90

二、精液的处理

（一）精液的检查

由采精室送过来的精液，要马上进行鉴定，以便决定可否留用，从而保证母猪的受胎率和产仔数的提高。检查精液的主要指标有如下几个：精液量、颜色、气味、精子密度、精子活力、酸碱度、黏稠度、畸形精子率等（图7-8）。每一份经过检查的公猪精液，都要有一份详细的检查记录，以备对比及总结。

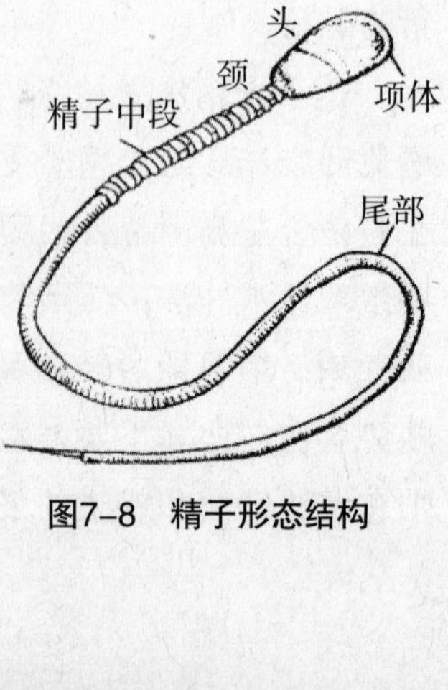

图7-8　精子形态结构

检查前，将精液转移到在37℃水浴锅内预热的烧杯中，或直接将精液袋放入37℃水浴锅内保温，以免因温度降低而影响精子活力。整个检查活动要迅速、准确，一般在5～10min内完成。

1. 精液量

后备公猪的射精量一般为150～200mL，成年公猪的为200～300mL，有的高达700～800mL。精液量的多少因品种、品系、年龄、采精间隔、气候和饲养管理水平等不同而不同。

2. 颜色

正常精液的颜色为乳白色或灰白色，精子的密度愈大，颜色愈白；越小，则越淡。如果精液颜色有异常，则说明精液不纯或公猪有生殖道病变，如呈绿色或黄绿色时则可能混有化脓性的物质；呈红色时则有新鲜血液；呈褐色或暗褐色时则有陈旧血液及组织细胞；呈淡黄色时则可能混有尿液等。凡发现颜色有异常的精液，均应弃去不用，同时，对公猪进行对症处理、治疗。

3. 气味

正常的公猪精液含有公猪精液特有的微腥味，这种腥味不同于鱼类的腥味，没有腐败恶臭的气味。有特殊臭味的精液一般混有尿液或其他异物，一旦发现，不应留用，并检查采精时是否有失误，以便下次纠正做法。

4. 酸碱度

可用pH试纸进行测定。公猪精液的酸碱度一般呈弱碱性或中性，其酸碱度与精子密度呈负相关的关系，pH值越接近中性或弱酸性，则精子密度越大，但过酸过碱都会影响精子的活力。

5. 黏稠度

精液黏稠度的高低，与精子密度密切相关，精子密度越高的精液，则黏稠度也高；精子密度小的精液，黏稠度也小。

6. 精子密度

指每毫升精液中含有的精子量，它是用来确定精液稀释倍数的重要依据。正常公猪的精子密度为2.0亿～3.0亿个/mL，有的高达5.0亿个/mL。精子密度的检查方法有以下几种：

（1）白细胞稀释吸管计数法：这种方法是用手动计数器和血细胞计数板来统计精子密度的。目前，在国内应用较多，成本低，计算较准确，但所用时间多，使用效率低。

主要做法是先用红血球稀释吸管取精液到球下的0.5（稀释200倍）或1.0刻度处（稀释100倍），然后再吸取注射用生理盐水到膨大部上方的101刻度处，用两指（拇指和食指或中指）紧紧压住吸管的两端进行摇动混合均匀，吸取的过程中，不允许有空气混入吸管，以免影响准确度。摇均后，将吸管末端的液体擦干，并去掉前几滴混合液，然后顺着盖有盖玻片的血细球计数板的边缘，让混合液渗入到计数板内，再通过显微镜观察，用计数器点数，这种检查一般为总精子数。然后利用公式计算每毫升精子的密度。

精子密度的计算公式为：精子数/毫升＝全方格内的精子数×10（厚度的倍数）×稀释倍数（100或200）×1 000

（2）简单检查密度法：这种方法不用计数，用眼观察显微镜下精子的分布，精子所覆盖的面积大过空间面积的为“密”，小于空间面积的为“稀”，介于两者之间的为中等。一般只用密和中等的精液，稀的应弃去。这种方法简单，但对于不同检查人员而言，主观性强，误差较大，只能对公猪进行粗略的评价，故大型养猪场一般不采用这种方法，只适应个体户或人工授精数量少的猪场。

（3）用精子密度仪计算精子密度：美国和欧洲等养猪业发达的国家多采用这种方法，它极为方便，检查时间短，准确率高，使用寿命长，但价格较贵，一般国外进口都在1万元人民币以上，但若用国产分光光度计改装，也较为适用。

德国的精子密度仪，是将原精液滴一滴在一个一次性的特制塑料板上，然后通过仪器直接测量精子的密度，这种方法一般要先进行密度仪的校正。光电比色法，以精子对光通透性作为依据，用分光光度计读出一个数字，然后再根据事先准备好的标准曲线确定精子的密度。上述两种方法都有一个缺点，就是会将精液中的异物按精子来计算。

用精子密度仪检查精子密度，将是国内外猪人工授精计算精子密度较好的选择。

7. 精子活力

精子活力的高低关系到受配母猪受胎率和产仔数的高低，因此，每次采精后及使用精液前，都要对精子进行活力检查，以便确定精液能否使用及如何正确使用。

精子活力的检查必须用37℃左右的保温板，以维持精子的温度需要。一般先将载玻片和盖玻片放在保温板上预热至37℃左右后，再滴上精液，在显微镜下进行观察。若有条件，可在显微镜上配置一套摄像显示仪，将精子放大到电脑屏幕上进行观察。在我国，对精子活力大小一般采用10级制，即在显微镜下观察一个视野内的精子运动，若全部直线运动，则为1.0级；有90%的精子呈直线运动则活力为0.9级；有80%的呈直线运动，则活力为0.8级，依次类推。鲜精液的精子活率以高于0.7级为正常，使用稀释后的精液，当活力低于0.6级时，则应弃用。

8. 畸形精子率

畸形精子指断尾、断头、有原生质、头大、双头、双尾、折尾等的精子，一般不能直线运动，受精能力较差。若通过摄像显示仪观察，则很容易区分。若用普通显微镜观察，则需染色；若用位相差显微镜，则可直接观察。公猪的畸形精子率一般不能超过20%，否则应弃用。

（二）精液的处理

对经过检查后留下来的品质好的精液进行稀释处理。优良公猪利用率的高低，关键在于处理保存的好坏。处理后的精液和原精液相比，一是扩大了与配母猪头数，能迅速将优秀公猪基因推广开来；二是增加了精液的营养成分，有利于精液的保存；三是便于运输。

精液稀释可使一头公猪的繁殖力比自然交配扩大很多倍，而且不影响受胎率。稀释液的要求是应该对精子的活率、受精力以及单个精子的总存活能力没有影响。处理精液必须在恒温的环境中进行，检查品质后的精液和稀释液都要在37℃恒温下预热，两者的温度不能超过1℃，否则会对精子造成应激。处理时，应严禁太阳光直射精液，因阳光对精子有一定的杀伤力。所用的稀释水应是经检查有害物质不超标的纯净水或蒸馏水，最好采用双蒸水。稀释液一般要在采精前准备好，并进行预热。

精液稀释倍数的确定：稀释前，应对自己所需稀释的精液头份进行确定。稀释头份可按如下方法进行计算：人工授精的正常剂量一般为精子30～50亿个/1个剂量，体积为80～100mL，美国一般采用30亿个/80mL头份，我国一般采用40亿个左右/100mL头份，不过，这主要是根据实际情况而定。正常的公猪精液，假如密度为 2 亿个/mL，采精量为150mL，并计划稀释后密度为40亿个/100mL头份。则此公猪精液可稀释150×2/40＝7.5头份，即需加（750－150）mL＝600mL稀释液。不过，同一种稀释液，精子密度越大，所消耗能量越多，保存时间也就越短。

稀释倍数＝精液量（mL）×精子密度（$\times 10^6$/mL）×精子活率（%）×（1－异常精子%）/2 000×10^6（单次输精所需的最少有效精子数）

精液稀释后的总体积（mL）＝单次输精量（mL）×稀释倍数

1. 稀释液的成分

一般精液稀释液包括有一种或多种保护剂，尽管目前采用的公猪精液稀释液有多种多样，但就其化学组成上来看主要有以下一些成分：

（1）代谢或营养物质：可减少精子自身能量消耗，以便延长精子寿命，一般为单糖，如葡萄糖。

（2）适宜的缓冲体系：可保持精液的pH值及渗透压的基本稳定。

（3）大分子物质：可保护精子免受降温的不利影响，如牛血清白蛋白。

（4）抗生素：可阻止细菌的生长。

2. 稀释液的配制

精液稀释液的种类很多，正在试验尚未定型的更多，采用何种稀释液应根据其效果、保存方法和成分是否容易得到而定。配制时要注意下列事项：

①配制稀释液所使用的一切用具，必须彻底洗涤干净，消毒后，用前并经稀释液冲洗才能使用。

②稀释液必须保持新鲜，要现配现用。如条件许可，经过消毒、密封，可在冰箱中存放1周，但卵黄、抗生素、酶类、激素类等成分，须在临用时添加。

③所用的蒸馏水或去离子水要求新鲜，pH呈中性。如使用沸水应在冷却后用滤纸过

滤，并经试验，证明对精子无不良影响者，方可使用。

④配制稀释液所用的药品，成分要纯净，称量要准确，充分溶解，经过滤密封后进行消毒（隔水煮沸，或蒸汽消毒30min），加热应缓慢，防止失水和容器破裂。

⑤使用奶类要求新鲜（奶粉以淡奶粉为宜），尤其鲜奶必须经过滤，然后在水浴中灭菌（92～95℃）10min，抑制对精子有杀害作用的乳烃素，并除去奶皮后方可使用。

⑥卵黄要取自新鲜鸡蛋，先将外壳洗净消毒后，取纯净卵黄并充分搅拌后，在室温下加入稀释液，并充分混合使用。

⑦抗生素、酶类、激素类、维生素等添加剂，必须在稀释液冷却至室温时，按用量准确加入；氨苯磺胺可先溶于少量蒸馏水（水量计入总量中），单独加热至80℃，溶解后加入稀释液中。

3. 稀释方法

稀释步骤：

①新采取的精液应迅速放入30℃保温瓶中，以防止温度变化，特别是当室温低于20℃时，由于冷刺激，精子可能出现冷休克现象，不利于精子保存。

②采精后，精液应尽早稀释，原精液放置时间过长则降低其活率，一般最好在30min以内完成稀释。

③稀释液与精液的温度必须调整至一致，一般是将稀释液及精液置于30℃左右的保温瓶内片刻，作同温处理。

④稀释时，使稀释液沿精液瓶壁缓缓加入，防止将精液迅速倒入稀释液内，造成局部稀释打击。

⑤稀释后将精液瓶轻轻转动，使精液与稀释液混合均匀，切忌剧烈震荡。

⑥如作高倍稀释，应分次进行，先低倍后高倍，防止精子所处的环境突然改变，造成稀释打击。

⑦精液稀释后，即进行镜检，如果活率下降，说明稀释或操作不当。

（三）精液的保存

精液保存是为了延长精子的存活时间，扩大精液的使用范围，便于长途运输。现行的精液保存方法，可分为常温（15～25℃）保存、低温（0～5℃）保存和超低温（-79～-196℃）保存。前两者保存温度在0℃以上，以液态形式作短期保存，故称液态保存；后者保存温度低于0℃以下，以冻结形式作长期保存，也称冷冻保存。下面只介绍前两种方法。

1. 常温保存

常温保存（15～25℃）是将精液保存在一定变动幅度的室温下，所以亦称变温保存或室温保存。常温保存所需的设备简单，便于普及推广，特别适宜于猪全份精液保存。

（1）原理：常温保存主要是利用一定范围的酸性环境抑制精子的活动，或用冻胶环境来阻止精子运动，以减少其能量消耗，使精子保持在可逆性的静止状态而不丧失受精能力。常温有利于微生物生长，因此，还要用抗菌物质抑制微生物对精子的有害影响。加入必要的营养和保护物质，隔绝空气，也会有良好作用。

（2）猪精液常温保存稀释液：公猪全份精液在15～20℃下保存效果最适宜，由于保存时间不同，稀释液可分不同种类。采精后立即输精的，可不稀释；1天内输精的，可用单一成分稀释液稀释；如果需要保存1～2天的，可用二成分稀释液稀释；如果需要保存3天以上的，可用IVT等综合稀释液稀释。常用的稀释液列于表7-4。

表7-4 猪精液常温保存稀释液

成 分	葡萄糖液	葡萄糖柠檬酸钠液	氨基乙酸卵黄液	葡萄糖、柠檬酸、乙二胺四乙酸液	蔗糖、奶粉液	英国变温稀液（IVT）*	葡萄糖、碳酸氢钠、卵黄液	葡萄糖、柠檬酸钠、碳酸氢钠乙二胺四乙酸液、卵黄液
基础液								
二水柠檬酸钠（g）	–	0.5	–	0.3	–	2	–	0.18
碳酸氢钠（g）	–	–	–	–	–	0.21	0.21	0.05
氯化钾（g）	–	–	–	–	–	0.04	–	–
葡萄糖（g）	6	5	–	5	–	0.3	4.29	5.1
蔗糖（g）	–	–	–	–	6	–	–	–
氨基乙酸（g）	–	–	3	–	–	–	–	–
乙二胺四乙酸（g）	–	–	–	0.1	–	–	–	0.16
奶粉（g）					5			
氨苯磺胺（g）						0.3		
蒸馏水（ml）	100	100	100	100	100	100	100	100
稀释液								
基础液（容量，%）	100	100	70	95	96	100	80	97
卵黄（容量，%）	–	–	30	5	–	–	20	3
10%安钠咖（容量，%）					4			
青霉素（IU/mL）	1 000	1 000	1 000	1 000	1 000	1 000	1 000	1 000
双氢链霉素（μg/mL）	1 000	1 000	1 000	1 000	1 000	1 000	1 000	1 000

注：*为充二氧化碳，使pH调到6.35。

2. 低温保存

各种家畜的精液都可进行低温保存，一般保存效果比常温保存时间长，但猪精液则不如常温保存效果好。

（1）原理：低温保存主要是在抗冷剂的保护下，防止精子冷休克，缓慢降温至0～5℃保存，利用低温来抑制精子活动，降低代谢和能量消耗，抑制微生物生长，同时加入必要营养和其他成分，并隔绝空气，以达到延长精子存活时间的目的。因此，射出体外的精子，用低温保存，经一定期限，当温度回升后，又逐渐恢复正常代谢机能而不丧失受精能力，所以存活时间比体温（或常温）条件下显著延长。然而，猪精子对冷刺激，特别从体温急剧降温至10～0℃，会使精子发生不可逆的冷休克现象。因此，在稀释液中须添加如卵黄、奶类等抗冷休克物质，提高精子抗冷能力，并采用缓慢降温方法是必要的。

（2）猪精液低温保存稀释液：猪的浓份精液或离心后的精液，可在5～10℃下保存，所以也可进行低温（5～10℃）保存，现将常用的稀释液列于表7-5。表内所列的稀释液保存猪精液在3天之内，保持正常受胎率。

（3）降温速度：精子发生冷休克的敏感温度是10～0℃，为了免除冷休克的发生，降温速度采取缓慢降温方法，从30℃降至5～0℃时，每分钟降0.2℃左右为好，大约用1～2h完成降温全过程。

表7-5　猪精液低温保存的稀释液

成　分	葡萄糖、柠檬酸钠、卵黄液	葡萄糖、卵黄液	牛奶液	葡萄糖、柠檬酸钠、牛奶液	蜜糖、牛奶、卵黄液
基础液					
二水柠檬酸钠（g）	0.5	—	—	0.39	—
葡萄糖（g）	5	5	—	0.5	—
牛奶（mL）	—	—	100	75	72
蜜糖（mL）	—	—	—	—	8
氨苯磺胺（g）	—	—	—	0.1	—
蒸馏水（mL）	100	100	—	25	—
稀释液					
基础液（容量，%）	97	80	100	100	80
卵黄（容量，%）	3	20	—	—	20
青霉素（IU/mL）	1 000	1 000	1 000	1 000	1 000
双氢链霉素（μg/mL）	1 000	1 000	1 000	1 000	1 000

（4）保温处理：精液经低温保存稀释液稀释后，待降至室温即可进行分装，通常是按一个输精剂量分装至贮精瓶中。

分装后加盖密封，用数层纱布包缠精液容器，并裹以塑料袋防水，置于0～5℃低温环境中；也可将贮精瓶放入30℃温水的容器内，直接置于0～5℃低温环境中；约经l～2h，精液温度即降至0～5℃保存。保存期间，尽量维持温度恒定，防止升温。

（5）冷源：最理想的是使用冰箱，也可用冰块放入广口保温瓶内代替，将贮精瓶按上述方法处理，置于冰块之上，盖紧瓶盖，并每日补充冰块，以维持瓶内温度的恒定。如果没有冰源，也可用化学制冷法降温，或吊入水井深处保存。

（6）升温处理：低温保存的精液在输精前要进行升温处理。升温的速度对精子影响较小，故一般可将贮精瓶直接投入30℃温水中升温即可。

3. 液态精液的运输

为了扩大公猪精液的利用，解决母猪不便到人工授精站配种的问题，杜绝疾病传播，进行猪群血液更新等，精液运输就成为保证人工授精顺利进行不可缺少的一个环节。保温或防暑条件做得好的，运到几千公里之外，精子活力等还较强，使用效果还是很好，母猪受胎率和产仔数也仍很高；做得不好的，就是同一场内不同时间、地点使用，死精率也是很高的，使用效果很差。高温的夏天，一定要在双层泡沫保温箱中放入冰块（17℃恒温），再放精液进行运输，以防止天气过热，死精太多，严寒的季节，要用恒温乳胶或棉花等在保温箱内保温。液态精液运输时应注意下列事项：

①按规定进行精液的稀释和保存。运输的精液，应附有详细说明书，标明站名、公猪品种和编号、采精日期、精液剂量、稀释液种类、稀释倍数、精子活率和密度等。

②包装应妥善严密，要有防潮、防震衬垫，包装工具可用精液保温箱、广口保温瓶、冰匣等。

③运输过程中，必须维持保存的温度，切忌温度变化。

④尽量避免在运输过程中剧烈震动和碰撞。

三、输精

输精是人工授精技术最后一个环节，输精效果的好坏，关系到母猪情期受胎率和产仔数的高低，而输精管插入母猪生殖道部位的正确与否，则是输精的关键。适时而准确地把一定量优质精液输到发情母猪生殖道内适当部位，这是保证得到较高受胎率的重要技术环节。

（一）输精方法

1. 发情母猪的鉴定

母猪的发情，后备猪比生产猪难于鉴定，长白猪比大约克猪、杜洛克猪等难于鉴定。具体方法可参见本章第一节相关内容。对于集约化养猪场来说，可采用在母猪栏两边设置挡板，让试情公猪在两挡板之间运动，与受检母猪沟通，检查人员进入母猪栏内，逐头进行压背试验，以检查发情程度，这种方法在美国常被采用（图7-9）。

2. 适时输精

在进行母猪授精时，新鲜精液和保存精液有一个时间差别。新鲜精液因精子活力强，死精率低，配种时母猪受胎率高；保存精液随着保存时间的延长，精子活力逐渐变弱，死精子数增多，母猪受胎率偏低。一般，上午发现有站立反应的母猪，下午应输精1次，第2天下午再进行第2次输精；下午有发现站立反应的母猪，第2天上午输精1次，第3天上午再进行第2次输精。在美国，一般会因精液的性质不同而改变适时输精时间。

3. 输精的准备

输精前，精液要进行镜检，检查精子活力、死精率等。对于死精率超过20%的精液不能使用。对于多次重复使用的输精管，要严格消毒、清洗，使用前最好用精液洗1次。母猪阴部冲洗干净，并用毛巾擦干，预防将细菌等带入阴道。

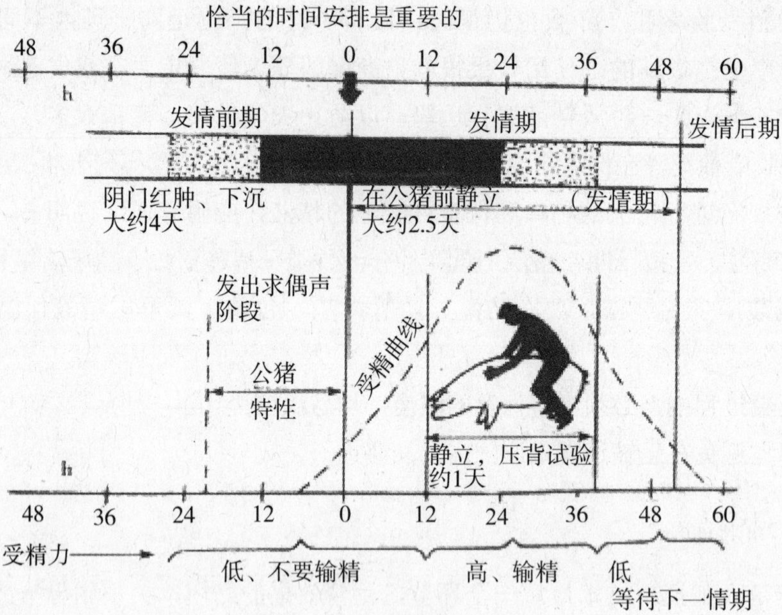

图7-9 发情和适时输精

4. 输精管的选择

输精管有一次性的和多次性的2种。

（1）一次性输精管

目前有国外产的和台湾省产的，有螺旋头型和海绵头型，长度50～51cm。螺旋头一般用无副作用的橡胶制成，适合于后备母猪的输精；海绵头一般用质地柔软的海绵制成，通过特制胶与输精管粘在一起，适合于生产母猪的输精。选择海绵头输精管时，一应注意海绵头粘得牢不牢，不牢固的则容易脱落到母猪子宫内；二应注意海绵头内输精管的深度，一般以0.5cm为好，因输精管在海绵头内包含太多，则输精时会因海绵体太硬而损伤母猪阴道和子宫壁，包含太少则会因海绵头太软而不易插入或难以输精。一次性输精管使用方便，不用清洗，但成本较高，大型集约化养猪场一般采用此种方法。

（2）多次性输精管

一般为一种特制的胶管，因其成本较低可重复使用而较受欢迎，但因头部无膨大部或螺旋部分，输精时易倒流，并且每次使用均应清洗、消毒，若保管不好还会变形。

5. 输精方法

输精时，先将输精管海绵头用精液或人工授精用润滑液润滑，以利于输精管插入时的润滑，并赶一头试情公猪在母猪栏外，刺激母猪性欲的提高，促进精液的吸收。

用手将母猪阴唇分开，将输精管沿着稍斜上方的角度慢慢逆时针旋转插入阴道内。当插入25～30cm时，会感到有点阻力，此时，输精管顶端已到了子宫颈口，用手再将输精管左右旋转，稍一用力，顶部则进入子宫颈第2～3皱折处，发情好的母猪便会将输精管锁定，回拉时则会感到有一定的阻力，此时便可进行输精。

用输精瓶输精时，当插入输精管后，用剪刀将精液瓶盖的顶端剪去，插到输精管尾部就可输精；精液袋输精时，只要将输精管尾部插入精液袋入口即可。为了便于精液的吸收，可在输精瓶底部开一个口，利用空气压力促进吸收。

输精时输精人员同时要对母猪阴户或大腿内侧进行按摩，以提高母猪的性欲。在美国，输精人员倒骑在母猪背上，并进行按摩，效果也很显著。

正常的输精时间应和自然交配一样，一般为3～10min，时间太短，不利于精液的吸收，太长则不利于工作的进行。

为了防止精液倒流，输完精后，需等待一段时间后才拔出输精管，将精液瓶（袋）取下，将输精管尾部打折，插入去盖的精液瓶口或袋孔内，这样即可防止空气的进入，又能防止精液倒流（图7-10）。

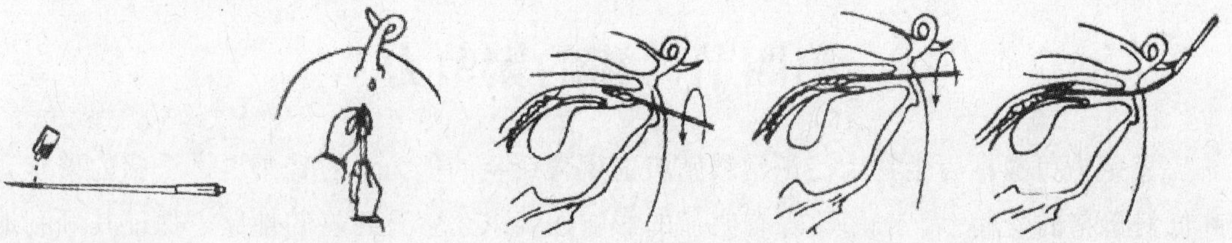

1.润滑输精管前端的螺旋形体

2.插入输精管前端的螺旋形体

3.确保输精管前端的螺旋形体的尖端紧贴阴道的背部表面

4.逆时针方向转动输精管前端的螺旋形体以锁住子宫颈

5.将精液管与输精管前端的螺旋形体联结，并抬高精液管以驱使精液流入

图7-10　输精步骤

（二）输精要求

母猪输精的各项常规要求列于表7-6。

表7-6　猪的输精要求

项　目	液　态	冷　冻
输精量（mL）	30～40	20～30
输入有效精子数（亿个）	20～50	10～20
适宜输精时间	发情后19～30h，或开始接受“压背试验”过后8～12h	
输精次数(次)	1～2	
输精间隔时间（h）	12～18	
输精部位	子宫内	

输精量和输入有效精子数须视母猪体型大小、胎次、生理状况和精液保存方法而有差异。对体型大、经产、产后配种和子宫松弛的母猪，应适当增加输精量；相反，对体型小，初次配种和当年空怀的母猪则可适当减少输精量。液态保存精液其输精量一般比冷冻精液多一些。

适宜输精时间可根据母猪排卵时间并计算进入母猪生殖道内精子获能和维持受精能力时间来决定。在生产实践中，常用发情鉴定来判定适宜输精时间。母猪应在发情高潮过后的稳定时期接受“压背试验”，或从发情开始后第2天输精为宜。输精次数和间隔时间视输精时间与母猪排卵时间的距离和精子在母猪生殖道内维持受精能力时间来决定，以保证活力旺盛的精子和卵子在受精部位相遇。在生产上常采用外部观察法来鉴定发情，但不易确诊排卵的确实时间，因此，在一个发情期内采用2次输精，2次输精间隔12～18h，以增加精卵相遇机会，可以提高受胎率。

输精部位与受胎率有关，猪以子宫内输精为好，采取子宫角输精并不能提高受胎率。无论是自然配种还是人工授精，交配或授精时间的选择与受胎率都有重要的关系。

第四节　猪的繁殖力

繁殖力可概括为生物维持正常繁殖机能生育后代的能力。对猪来说，公猪的繁殖力高低对母猪的受胎率、产仔数等有明显的影响。要求公猪有旺盛的性欲，保证其顺利地完成交配或采精，其次，公猪精液的品质和射精量也是一个重要因素。影响母猪繁殖力的因素主要有受胎率、产仔数和断奶仔猪数。公猪繁殖力基本上依靠它产生的精子。与公猪相比，母猪繁殖力的评估和管理要困难得多。母猪繁殖力包括排卵、受精、胚胎发育及妊娠等一系列生理现象，与精液品质的评定明显不同。

影响母猪繁殖力的因素之一是配种时间和次数。尽管在理想的管理条件下，猪早期胚胎的发育也很容易失败。估计只有55%～60%的受精卵可发育至最后，早期死亡的胚胎多数发生在配种后30天内，因此，下面讨论母猪繁殖力的问题主要集中配种方式和妊娠早期母猪饲养管理方面。

一、繁殖力的表示方法

（一）受胎率

1. 情期受胎率

表示妊娠母猪头数占配种情期数的百分比。

情期受胎率＝妊娠母猪头数/配种情期数×100％

情期受胎率又可分为：

（1）第一情期受胎率：即第一个情期配种的母猪，妊娠母猪占配种母猪数的百分比。

第一情期受胎率＝（妊娠母猪数/第一情期配种母猪数）×100%

（2）总情期受胎率：即配种后妊娠母猪数占总配种情期数（包括历次复配情期数）

的百分比。主要反映猪群的复配情况。

2. 总受胎率

即指最终妊娠母猪数占配种母猪数的百分率。

（二）每次妊娠平均配种情期数（配种指数）

即指参加配种母猪每次妊娠的平均配种情期数。

每次妊娠平均配种情期数＝配种情期数/妊娠母猪数

（三）繁殖率

即指本年度内出生仔猪数占上年度终适繁母猪数的百分比，主要反映猪群增殖效率。

繁殖率＝（本年度内出生仔猪数/上年度终适繁母猪数）×100％

（四）成活率

一般指断奶成活率，即断奶时成活仔猪数占出生时活仔猪总数的百分比。或为本年度终成活仔猪数（可包括部分年终出生仔猪）占本年度内出生仔猪的百分比。

成活率＝（断奶时成活仔猪数/出生时活仔猪数）×100%

或：成活率＝（本年度终成活仔猪数/本年度内出生仔猪数）×100%

（五）产仔窝数

一般指猪在一年之内产仔的窝数。

（六）窝产仔数

即猪每胎产仔的头数（包括死胎和死产）。一般用平均数来进行比较个体和猪群的产仔能力。

二、繁殖障碍

猪的繁殖障碍是养猪生产中最难解决和直接影响养猪效率的难题。由于遗传因素，如染色体畸变而导致生殖道畸形或不全以及后天的疾病或长期的营养严重缺乏等，可能造成生殖器官受损甚至使猪永久不育。猪的繁殖障碍主要表现如下。

（一）母猪

卵巢失调而引起母猪的不孕，最常见的是持久黄体，还有卵巢单侧或双侧的卵泡及黄体囊肿，使母猪的发情受到干扰。卵巢囊肿通常有卵泡囊肿和黄体囊肿两种类型。

1. 卵泡囊肿

在母猪经常表现为双侧卵巢，卵泡直径大于排卵卵泡，直径为2～4cm或更大，且这些卵泡已丧失排卵的潜力。囊肿的卵泡壁较薄，而且细胞膨胀受损，特别是细胞染色体已固缩退化，而卵泡细胞仍具有分泌雌激素的功能，血液中类固醇水平升高，母猪则表现为发情延长或间断或持续发情的现象。

2. 黄体囊肿

是指黄体化卵泡由几层黄体化细胞包裹着充满液体或血的腔，这就形成了一半卵泡一半黄体。黄体囊肿一般与乏情有关，但在很多情况下，两侧卵巢都有可能出现黄体或卵泡囊肿。这些囊肿是造成内分泌紊乱最经常的原因，特别是泌乳最多时概率更大，并且一般不会自愈，必须治疗。黄体囊肿在一些近交系中出现较多，且黄体囊肿往往也随年龄增加而加重，从而造成不育，发现这样的母猪应淘汰。

3. 持久黄体

这种母猪往往表现为不发情，一般只能通过激素分析才能确定，而短发情周期可能是由于没有形成一个完全成熟的黄体。发育的黄体在发情的6～7天就发生退化，使发情周期的时间仅为9～12天。这样的母猪即使是发情配种也会因孕酮分泌不足而导致胚胎早期死亡。如果出现持久黄体，并已确诊，可以用前列腺素$F_{2\alpha}$或其类似物处理，使黄体溶解引起母猪发情，再进行配种。

（二）公猪

公猪在猪群中的数量虽少，但影响较大，特别是集约化饲养条件下，更应重视此问题。

1. 阴茎的缺陷

先天不足，如阴茎偏向一侧，或射精的开口位置不正。这些公猪虽可以表现出正常的性行为，但往往不能正常射精，因而出现不育或低繁殖率的现象。有这类缺陷可以通过手术得到改善，但一般这类公猪应淘汰。

另一类情况是后天受损而导致不育或繁殖力下降，但不多见。

2. 隐睾

是指睾丸未降至阴囊，致使睾丸在体内高温下受损，细精管上皮受到破坏，造成无精症。这种损伤不可逆，隐睾有时是单侧也可是双侧。双侧隐睾尽管公猪也表现性欲及完整的性行为，但无精子产生。单侧隐睾虽可育但精液产量明显少，往往造成繁殖力较低。公猪隐睾如果外观不能确定可通过触摸进行检查。一般公猪隐睾发生率高于其他家畜，且多数为双侧，应引起注意，这样的公猪一旦发现应立刻淘汰。寒冷季节公猪睾丸位置会提高，检查时应格外注意。

（三）间性

是猪不育的重要原因之一。间性猪卵巢和睾丸可能是单侧，有时甚至可以发情排卵，还可以产生后代，但窝产仔很少。间性母猪可能有较小的阴道，突出的阴蒂，其发生率一般在1%～2%，有些还有阴囊发育，有些有明显獠牙，这样的猪应淘汰。有时一些公猪由于染色体异常，如多一个X染色单体，即性染色体XXY型，多数情况下，这样的猪无生育能力。染色体异常只能通过核型分析的方法确定。

三、提高母猪繁殖力的措施

（一）管理

母猪是养猪生产的基础，在工厂化养猪条件下，提高母猪生产能力是提高养猪生产效益的前提，母猪的生产能力主要包括年产窝数与窝均断奶仔猪头数两部分，其中决定年产仔窝数的是母猪繁殖周期的长短，决定断奶窝仔数的是窝产活仔数和断奶前死亡率。要提高母猪的生产能力就要从决定母猪生产能力的因素入手，找出相应的解决措施，提高整个生产母猪群的生产力。

1. 选择优良猪种的杂种母猪

品种对于繁殖有很大的影响，不同的品种繁殖力存在着较大的差异，如我国太湖猪平均产仔可高达每窝15头，而引进品种每窝仅为9～12头。此外，近交系数大于10%时，胚胎的死亡率较高，且胎儿的初生重也较轻，一些遗传畸形也会引起死亡率上升，应有意识地控制近交系数。而杂交有利于提高窝产仔及初生重。工厂化养猪生产中，商品猪的母体大都采用长大或大长母猪，这是因为杂种母猪在繁殖性能上具有杂种优势，同时适合市场对瘦肉型猪的需求，所以这种组合在我国工厂化养猪中普遍采用。在选择长大后备母猪时，体型上应平直或微倾，腹部比较大和松弛，腹部过度收缩的母猪繁殖力都较差。奶头排列整齐均匀，一般在7对以上，奶头饱满不能有瞎头、副乳头等。外阴部大小适中、下垂，外阴部上翘的母猪繁殖性能一般较差，经常有返情或不受孕的现象。保持正常体况的母体（不肥不瘦）繁殖性能较好。瘦肉率过高的母猪，其繁殖性能方面都较差。

2. 适时配种

长大或大长后备母猪配种一般以体重达到110～115kg为宜。高于或低于这一体重对产仔数有影响，偏差越远，影响越大。后备母猪从有明显发情表现到排卵的间隔一般为36～40h，经产母猪为38～44h，排卵时间平均为2～7h，因此开始发情后8～12h配第1次，间隔12h进行复配通常都可以取得很好的效果。发情不明显的母猪有必要进行2次复配。母猪断奶后一般在3～10天发情，妊娠后的母猪都要进行控制饲喂量，保持中等体况能够提高其窝产仔数。

3. 淘汰繁殖性能差的母猪，提高群体繁殖水平

正常生产状态下，有个别母猪长时间不发情或频繁返情，对用药物催情和改善饲养管理无效，或返情3次以上的母猪应该及时淘汰。母猪一般3～6胎产仔数最高，到9～10胎降低，且带仔性能较差，这种母猪应以予淘汰。对哺乳性能差或产后无奶的母猪应做纪录，若下次出现同类情况则应淘汰。

此外，应加强种猪尤其是哺乳母猪饲养管理，做好接产和仔猪腹泻的预防与治疗工作。详细内容可参见本书第九章第一节和第十章第四节。

（二）营养

现代猪种改良使其瘦肉率、生长速度和饲料效率大大增加。遗传改良、选择和高效管理技术的采用使母猪体格更大，瘦肉率更高，生长速度更快，饲料效率更好，并大大增加了产仔数和泌乳力。过去20年中，随着可遗传生产性能的改进，对种猪的饲养方

案也在不断发生变化。母猪饲养的实践证明，针对不同繁殖周期、不同阶段应提供适宜的营养需要，才能获得终身最大的繁殖力。初产母猪因营养因素所受的影响比成年经产母猪要大。有关母猪的营养研究都表明，在母猪培育过程中营养能改进其遗传容量。另外，在养猪业中影响繁殖性能的重要参数是母猪年均产仔数和饲养时间。

日粮因素也能影响与母猪繁殖力有关的参数，如初情期、每胎分娩年龄、母猪寿命、出生活仔数和断奶仔猪数及断奶体重。

1. 后备母猪营养与繁殖性能

（1）营养方案对初情期的影响

日粮因素会影响母猪寿命和产仔年龄，生长母猪正确的饲料方案可使母猪初配和初情期相吻合，而不会导致时间上的不一致，同时使母猪形成壮实的体质以维持随后的繁殖周期。

Den Hartog指出，如果以60%的自由采食量对母猪限饲，则12周龄后能量的摄入会影响母猪的初情期，将几个新品种母猪的采食量降低到自由采食量（12.3MJ/kg和1.06%赖氨酸）的80%时，并没有观察到对初情期年龄的影响。由此表明，青年母猪只有受到严重限饲时，其初情期才会受到影响。

据Cia等的研究结果，当改变饲料水平时，只有对生长影响严重的营养失调才会影响初情年龄。初情期饲粮水平能改变青年母猪机体组分，这一时期随活体重的增加母猪体脂肪和背膘厚也增加。青年母猪的初情期可用外源促性腺激素和前列腺素$F_{2\alpha}$来诱导，同时日粮因素会对血浆孕酮水平发生影响。

（2）营养方案对排卵率的影响

排卵后，大部分卵子受精，而约10%的卵子将不能受精。在受精卵中，有45%的胚胎不能着床，30%在妊娠过程中死亡，15%出生时死亡，而出生仔猪中又有10%在哺乳期内死亡。因此，胚胎损失是制约母猪增加活仔数的最大因素，从初情期到发情期，采食量由2.0kg增加到2.8kg的母猪表现出排卵率增加。Hughes等指出，母猪发情前如果供给足够的能量，且持续至少10～11天，会增加母猪排卵的数量。因此，母猪配种前将采食量增加到2.8kg/天，对增加排卵具有重要意义。

（3）赖氨酸的影响

Rozeboom等指出，当瘦肉型猪的体蛋白沉积达到最大时，体脂含量多少不会影响繁殖性能。最理想的赖氨酸与能量之比应在0.6g赖氨酸/MJDE以上。实施限制蛋白质的育成方案必须慎重，在青年母猪临配种前的日粮中赖氨酸对能量的比例不能太低。过度限饲蛋白质沉积可能很危险，因为氨基酸的供给必须符合生长潜力的需要。低水平的赖氨酸摄入量（16g/天，正常为36g或56g/天）不利于卵泡发育，并且会影响初产哺乳母猪卵母细胞成熟的能力。对一般体况母猪可通过限制育成期能量而改善其终身性能。

2. 妊娠早期营养和繁殖性能

在整个妊娠期有两种不同的饲养方案。一种是整个妊娠期均采用相同饲料；另一种则是根据母猪体况和体增重阶段性地调整采食饲料。阶段饲养法可依据母猪子宫和胎儿发育状况调节营养需要，然而，妊娠早期胎儿对营养的需要还难以确定。

Dyck等的研究证实，减少采食量有利于配种后3～5天母猪胚胎的成活率，还有利于孕酮调节这种作用。孕酮在妊娠早期将调节输卵管和子宫内膜的发育和分泌活动。然而，在任何情况下，血液孕酮水平对受精卵分裂增殖（在10～12天）时期、着床开始（12～15天）和胚胎发育的其余阶段（25～30天）的胚胎成活率没有直接影响。有些研究发现，维生素、生物素、叶酸、维生素A、β-胡萝卜素和维生素E及硒通过影响母猪的排卵、胚胎着床或者胚胎成活率而影响窝产仔数和窝产活仔数，妊娠母猪日粮补充叶酸产生的积极作用是促进胚胎在着床前的发育。配种后12～15天，子宫前列腺素的分泌增加能促进胚胎成熟并着床，具有能提高配种后2～30天的胚胎体积和DNA含量的作用。

3. 妊娠中期营养对繁殖性能的影响

在妊娠中期，有几点应加以考虑，如母猪体况、胎儿生长和肌纤维积聚状况以及乳腺发育等，因为营养变化会影响以上所有性状。

Boyd等的研究表明，妊娠母猪从25～80天日采食量为2.6kg或5.2kg日粮时，在繁殖性能上无差异。这是因为该阶段胎儿对母体营养相对不敏感。在母猪妊娠中期，即25～50天时将每日采食量增加到5kg，则会增加胎儿次级肌纤维的数量。妊娠期的营养限制将对仔猪出生时的肌纤维数量和出生重产生很大的影响。

4. 妊娠后期的营养和繁殖性能

妊娠后期提高饲喂水平对促进仔猪出生重和成活率有一定的效果，但过度采食会引起泌乳期采食量下降、体重损失增大、泌乳减少，从而导致生产能力下降。

5. 哺乳母猪营养和繁殖性能

哺乳母猪的营养水平不仅直接影响母猪的泌乳力而影响到仔猪的生长发育，而且会影响母猪下一胎的繁殖性能。目前达到配种期的母猪年龄较小，瘦肉率越来越高，而食欲却不佳，但都趋向于多产。因此，哺乳期的饲喂是最大限度地促进采食；对现阶段高瘦肉率的品种猪来说，合理的饲养方案对提高母猪泌乳期繁殖性能有重要意义。有研究证实，初产母猪泌乳期体重过大或体况（蛋白质/脂肪）过佳将影响复配间隔，并且将降低受胎率和胚胎成活率。也有报道指出，哺乳期母猪限饲会导致下一胎排卵率和胚胎成活率降低。

近几十年中，依据母猪多产性估计营养需要在母猪饲养中取得了显著成效。哺乳期母猪蛋白质和氨基酸的摄入对整个泌乳期是至关重要的。Sauber等报道，从遗传上讲，瘦肉型母猪发挥最大的泌乳量需要有充足的能量摄入，同时母猪较大的体格有益于泌乳性能。有关其他的日粮因素，初产泌乳母猪喂以含0.34%赖氨酸的日粮会降低泌乳期在15天和20天时LH的分泌量，并会延长达到下次发情的时间。在估计哺乳母猪蛋白质和氨基酸需要量时，应考虑如泌乳量、饲料能量、机体贮备量和母猪利用贮备的能力等因素。

（1）泌乳量和乳成分

泌乳期母猪对高蛋白日粮的反应因基因型不同而异。Sinclair等指出，欧洲基因型母猪（长白和大白猪）泌乳时不利用额外的蛋白质，它们利用体蛋白使体重消耗，以维持乳中蛋白质状况，相反，梅山母猪具有较高的体脂沉积量，它们分解体脂以维持很高的泌乳量，同时也利用高蛋白日粮中的蛋白质。哺乳期限饲能量不会影响产仔后2～21天期间的泌乳量，这主要是因为当日粮能量缺乏时，母猪会动用体脂以维持泌乳量。

泌乳量最终受分泌细胞数量和活力的影响，因为分泌细胞是决定泌乳量的关键因素之一。还有一些日粮因素影响常乳和初乳量及其成分。

（2）母猪体重的变化

哺乳期母猪体重的变化与饲料摄入紧密相关，因为当母猪泌乳所需的营养需要高于日粮供给量时，母猪就会动用体组织以维持泌乳。尤其对于初产母猪，泌乳期随意采食量是泌乳量的一个重要因素，也受妊娠期饲喂的影响。妊娠期采食量高会导致体脂肪的过多沉积，造成泌乳的第一周内采食量降低，以至体重消耗反而增加。在确定泌乳母猪营养需要中考虑母猪体况时，还应把不同器官、不同组织对泌乳产生的营养贡献计算在内，并以每个器官的理想状态为基础来正确估计营养需要，不能过高或过低估计。

养好母猪不是件容易事。配种前、妊娠期和断奶后母猪营养状况将影响母猪的生产性能，而泌乳期的营养状况不仅影响仔猪生长同时会影响下一胎次的繁殖性能。母猪的利用年限及其生产率一方面取决于母猪的整个繁殖周期中躯体组成的变化特点，更重要的是取决于泌乳期间母猪瘦肉和脂肪组织的减少量。对初产母猪来说，营养因素对繁殖性能至关重要，这是因为初产母猪相对采食量较低，而机体及生殖器官的生长发育所需营养却较高。相反，经产母猪在泌乳期食欲很大，而且较初产母猪更有潜力动用机体组织来维持泌乳量。

为减少胚胎死亡率，妊娠早期母猪的采食量应受一定程度的限制。改进基因型和环境条件可增加母猪的采食量，在妊娠期综合应用合理的饲料水平，且保证母猪第一次发情不受影响的情况下，应适当控制母猪体重，保持合适体型。

鉴于哺乳期母猪乳腺的生长发育及泌乳需要大量的营养，当饲料营养不能满足时就会动用机体组织，所以哺乳期母猪常出现负营养平衡现象。因此，为避免母猪过度动用机体组织，应给母猪供给合理而充足的饲料。新生仔猪的生长与母猪泌乳量高度相关，而泌乳量归根结底和乳腺细胞的数量和活动有关。因此，在繁殖周期中母猪妊娠期和泌乳期要有充足的营养供给，以保证乳腺充分生长和发育。

然而，在确定母猪维生素、矿物质需要量和不同母系品种不同的营养需要量方面还有待于大量的研究工作，比较全面地掌握后备母猪营养和繁殖性能间的关系将更有利于母猪的生产性能。

第五节 繁殖新技术

一、繁殖控制技术

（一）同期发情

同期发情的目的在于定时输精，这样有利于组织成批生产及猪舍的周转。有以下几种方法。

1．青年母猪的同期发情

（1）未进入初情期的青年母猪的发情同期化：即促性腺激素$PGF_{2α}$法。每4～6头青年母猪为一群进行群养，根据经验预测青年母猪初次发情的时间，在青年母猪初次发情前20～40天，给每头母猪一次性注射200IU的人绒毛膜促性腺激素（hCG）和400IU孕马血清促性腺激素（eCG）或P.G.600。一般在注射3～6天后母猪表现发情，但发情时间差异较大。如果从注射当日开始，每日让青年母猪与试情公猪直接接触，可增强激素的效果。在禁闭栏内饲养的青年母猪同期发情处理效果不及群养母猪。第一次激素处理尽管能使绝大多数青年母猪在一定时间内发情，即使不表现发情，一般也会有排卵和黄体形成。但发情时间相差天数可达3～4天。要提高第二个发情期的同期发情率，应在第一次注射促性腺激素后18天注射$PGF_{2α}$及其类似物，如注射氯前列烯醇200～300μg，因为此时大多数母猪已经进入发情周期的12天以上，这时，前列腺素对黄体有溶解作用。通常在注射$PGF_{2α}$及其类似物后3天母猪表现发情，而且发情时间趋于一致。如果母猪此时体重已达到配种体重，就可以安排配种。此法达到青年母猪同期发情目的的关键是掌握好青年母猪初情期的时间。如果注射过早，青年母猪在发情之后很长时间仍未达到初情年龄，则不再表现发情；如果注射太晚，青年母猪已经进入发情周期（即在初情期之后），则母猪不会因为注射促性腺激素而发情，发情时间就不会趋于一致。

（2）初情期后或已妊娠母猪发情同期化：

①$PGF_{2α}$法。如果母猪已经超过了初情期，可对发情母猪进行单圈配种2周，2周后对全群注射$PGF_{2α}$及其类似物。这样在注射激素后，妊娠母猪会流产，配种未受孕发情后超过12天的青年母猪都会因黄体退化而同时发情。这种方法的缺点是可能造成部分母猪配种时间推迟。

②孕激素法。初情期后的青年母猪可用孕酮处理14～18天，停药后，母猪群可同期发情。其原理是：孕酮有抑制卵泡成熟和发情的作用，但并不影响黄体退化，所以当连续给母猪提供14天以上的孕酮后，大多数母猪的黄体已经退化，如果停止提供孕酮，孕酮对卵泡成熟的抑制作用被解除，母猪群会在3天后发情。与其他家畜相比，母猪需要较高水平的孕激素来抑制卵泡的生长和成熟。如用烯丙基去甲雄三烯醇酮，每日按

15～20mg的剂量饲喂母猪，18天后停药可以有效地达到母猪群的同步发情，其每窝产仔猪与正常情况下相同或略有提高。

2. 经产母猪的同期发情

（1）同期断奶法：经产母猪发情同期化最简单、最常用的方法是同期断奶，对于分娩21～35天的哺乳母猪，一般都会在断奶后4～7天发情。对于分娩时间接近的哺乳母猪实施同期断奶，可达到断奶母猪发情同期化目的。但单纯采用同期断奶，发情同期化程度较差。

（2）同期断奶和促性腺激素结合：在母猪断奶后24h内注射促性腺激素，能有效地提高同期断奶母猪的同期发情率。使用PMSG诱导母猪发情应在断奶后24h内进行，初产母猪的剂量是1 000IU，经产母猪800IU；使用HCG或者GnRH及其类似物进行同步排卵处理时，哺乳期为4～5周的母猪应在PMSG注射后56～58h进行，哺乳期为3～4周的母猪应在PMSG注射后72～78h进行；输精应在同步排卵处理后24～26h和42h，分2次进行。

应该说明，当采用孕酮处理法对母猪进行同期发情时，往往引起卵巢囊肿，且影响以后母猪的繁殖性能，甚至导致不育。另一方面，前列腺素在有性周期的青年母猪或成年母猪上使用的价值不大，因为只有当在周期的第12～15天处理，黄体才能退化。因此，不能用于同期发情。

（二）母猪的诱导发情技术

目前，我国商品猪的生产一般采用引进品种杂交的二元母猪做母本，但这些外来品种和我国地方品种相比，存在发情表现不明显的问题。所以容易错过配种期，影响受胎率。甚至一些后备猪超过10月龄仍不能发情，经产母猪断奶后不发情的也有相当高的比例。采用激素诱情定时配种技术，可以简化对母猪的发情观察，在激素处理后的某一时间对母猪进行统一配种，从而减轻了配种员的工作强度，提高了配种受胎率。

1. 不发情的后备母猪的诱导发情

用P.G.600或PMSG 400＋HCG 200IU肌肉注射，可使大部分超过初配年龄的不发情母猪发情和排卵，并能达到接近正常的受胎率。

2. 经产母猪的诱导发情

在母猪断奶后24h内注射P.G.600或采用1.的方法，可有效减少断奶后母猪乏情的发生率。但这种方法只对断奶后乏情发生率高的母猪进行处理，如初产母猪，尤其是配种时体重较小的初产母猪、夏秋季节的初产母猪和二产母猪，或只对断奶后超过14天仍未发情的母猪进行处理。

3. 长期不发情母猪的诱导发情

对于超过配种年龄较长的母猪和断奶后超过4周以上不发情的母猪，常常不易确定不发情的真正原因。可采用注射$PGF_{2\alpha}$，同时注射PMSG 1 000IU，母猪发情后注射促排卵激素（HCG或LHRH-A3），也可在注射$PGF_{2\alpha}$同时注射P.G.600。

4. 哺乳期母猪的诱导发情

哺乳是哺乳期母猪不能发情的主要因素。在哺乳期诱导母猪发情和排卵比诱导后备母猪和断奶母猪发情的难度要大得多，但如果能实现母猪在哺乳期受孕，对养猪生产意义十分重大。因为妊娠早期胚胎对营养的要求很低，哺乳不会对胚胎发育产生不良影响。因此有必要进一步研究哺乳母猪的激素生理，以便寻找对哺乳期母猪进行诱导发情处理的有效方案。

（三）同期分娩

在允许的时间范围内控制母猪的分娩时间，达到同期分娩目的，可以保证在有人值守的情况下帮助母猪分娩，有利于降低死胎率、便于进行仔猪交叉寄养。同时也有利于母猪同期断奶、同期发情和集中配种。

1. 前列腺素法

在母猪怀孕的第110～113天注射前列腺素或类似物，如注射$PGF_{2\alpha}$，母猪在注射后24～32h（平均30h）后分娩；注射前列腺素类似物——氯前列腺烯醇100～175μg，母猪在注射20～24h后分娩。前列腺素诱导分娩的副作用是在注射后几分钟内母猪出现呼吸急促、唾液分泌增多、排粪、排尿多等。注射2h内，母猪会出现做窝、用鼻拱土、用蹄刨地及咬栏杆等现象，但会很快平息。若从外阴黏膜注射，则$PGF_{2\alpha}$或氯前列腺烯醇剂量可分别降至5mg和87.5μg。可以注射到外阴和阴道连接处，距阴唇2～3cm。利用此法从注射到分娩的时间间隔与肌肉注射方法相近。

2. 前列腺素+催产素法

注射$PGF_{2\alpha}$或氯前列腺烯醇18～24h再注射催产素可提高同步分娩率。但高剂量的催产素易引起高频率的分娩阻断和难产。而通过外阴黏膜注射5IU的催产素可以诱导分娩且无并发症。

注意：用生殖激素对母猪进行繁殖控制，能够有效地控制母猪的发情及分娩。前东德的研究结果表明，在母猪群中长期使用激素调控技术是没有不良影响的。把繁殖控制技术引入养猪生产是实现猪群繁殖高效率的重要手段。但生殖激素的应用需要相当丰富的生殖生理学尤其是激素生理方面的知识，不正确地使用生殖激素，可能会给猪的繁殖带来较多的问题，采用繁殖控制技术时应在专家的指导下进行。

二、胚胎生物技术简介

（一）猪的胚胎移植

猪的胚胎移植是进行猪胚胎工程，如体外受精、胚胎切割、性别决定、胚胎克隆、基因导入、嵌合体的制作、配子和胚胎冷冻保存等项生物技术的关键技术之一。

1. 供体猪和受体猪的选择

进行胚胎移植的猪无论是供体还是受体都应具备以下基本条件：

①供体或受体猪都应具备在麻醉下能经受手术的体质，无全身性疾病，生殖系统未受感染。

②供体猪应满足胚胎移植目标所要求的遗传学条件。

③受体猪应是适合妊娠、分娩和哺乳的母猪。

2. 超数排卵和胚胎收集

（1）超数排卵：猪是多胎动物，一次发情可排卵10～15个。若用激素处理则排卵数还可再增加。给供、受体母猪同时肌肉注射PMSG（1 000～1 500IU），72h后注射500IU的hCG，供体在hCG注射后24h和48h两次配种输精，2～5天可以手术采卵。受体做发情记录但不输精。

（2）胚胎收集：胚胎的采集一般采用手术方法。胚胎的发育阶段不同，收集的部位也不一样，四细胞期以前的胚胎可从输卵管采集，四细胞期以后的胚胎应从子宫内采集。手术采卵法程序如下。

①手术准备：术前24h停止喂食，仅给予饮水；

②全身麻醉：按体重注射盐酸氯胺酮、846，并配合使用乙醚进行麻醉；

③固定和术部消毒：用肥皂水和毛刷洗刷受术猪腹部和大腿内侧部，将切口部位周围剃毛，水洗后用毛巾揩干。广泛涂上手术用聚乙烯吡咯酮碘液，加少量水，用毛刷刷洗。用灭菌纱布揩干，再涂上手术用聚乙烯吡咯酮碘液，用酒精棉揩净；

④开腹：从最后乳头和耻骨前端的中间，在距肚脐3～5cm的正中线切开皮肤8～10cm，沿着切口左右分开皮下脂肪，使腹膜露出后，用钝头剪刀剪开腹膜；

⑤冲卵：用插进切口的手将子宫角引向切口，从切口处暴露子宫角、输卵管和卵巢，抓住所见卵巢。将导管插入到子宫角，另一头与玻璃插管连接，插入接收冲卵液的试管。装有钝针的注射器插入到输卵管并注入冲洗液，使冲洗液经输卵管向子宫角流去，冲洗结束后要认真观察并记录卵巢情况（黄体数、残留卵泡数、残留卵泡的大小以及排卵情况；

⑥缝合：把卵巢、子宫角纳入腹腔，向腹腔注入防粘连剂和抗生素。为防止腹部疝气产生，缝合时对腹膜要尤加注意，做结节或连续缝合。腹膜缝合后撒布磺胺粉，缝合脂肪层，最后结节或褥状缝合皮肤。缝合后在术部涂上稀碘酊。

胚胎收集后，在显微镜下进行质量评定，选择形态正常，发育阶段与时间相符的胚胎进行移植。

3. 胚胎移植

手术移植与手术采卵一样，先进行麻醉、仰卧保定等，然后切开正中线，使子宫角等露出。把位于离子宫－输卵管接合部约5cm处的子宫角下方的子宫系膜用拇指和食指牢牢固定，避开子宫角背面能看到的血管，用钝针垂直于表面刺入到子宫角内腔，制成小孔。再将预先吸有胚胎的巴斯德吸管从小孔垂直插入子宫角腔内，移植的部位是在子宫角顶端附近，将有0.1～0.2mL保存液一起把胚胎注入子宫腔，一般每头猪可移植15～20枚胚胎。

4. 供体和受体术后观察

供体在下次发情时（或空过一个情期）即可照常配种，或经过2～3个月重复作供体。受体如果发情，说明胚胎移植失败；如未发情，再继续观察，在适当时期进行妊娠检查，如确已妊娠，则应加强饲养管理。

（二）体外受精

体外受精是在体外创造人工环境等，使精子和卵子结合成为合子的过程。1986年在英国诞生了世界上第一批试管猪（即体外受精来源的后代），这是Cheng等人用射出的新鲜精子与体内成熟的卵子进行体外受精而来。经过十几年的发展，猪的体外受精技术也日臻完善，其技术也有了长足进步，主要是屠宰母猪卵巢卵母细胞体外培养成熟，猪冷冻精液精子在体外受精技术中的应用，猪胚胎体外培养体系逐渐完善等。这些技术使得猪的体外受精技术可以更有效地为其他繁殖生物技术如细胞核移植、转基因等提供大量廉价优质的卵子和胚胎，为养猪生产服务。

猪体外受精的主要内容包括：精子的获能，卵母细胞体外成熟或体内卵母细胞的采集，体外受精，胚胎体外培养，胚胎移植等。

1. 卵母细胞的采集和体外成熟

卵巢卵母细胞的采集选择卵丘细胞包被紧密、细胞质均匀的卵母细胞，放于含5mg/mL牛血清白蛋白（BSA）和10IU/mL孕马血清促性腺激素（PMSG）的TCM-199液中，并于39℃、5%CO_2空气的培养箱中培养44～48h。卵丘细胞扩展者为成熟卵母细胞。

2. 精子体外获能处理

用新鲜或冷冻附睾精子解冻后，离心清洗2次，放于含0.9mg/mL乳酸钙、0.1mg/mL丙酮酸钠、0.55mg/mL D-葡萄糖和12%胎犊血清（Fcs）的TCM-199中，培养4h，培养温度30℃，精子浓度为2.4×10^8个/mL。

3. 受精

在5%受精液内，加入20枚成熟卵母细胞和50mL已获能的精子悬液，在与卵母细胞成熟培养相同条件下培养8h，受精液为添加10mg/mL BSA和2mmol咖啡因的BO液，受精培养8h后，部分受精卵经固定染色以评定受精率，卵母细胞内有膨大精子头部和尾部或出现雌雄原核即为受精卵。

4. 受精卵的培养发育

以添加10%FCS的TCM-199作为培养液，制成150μL的小滴，覆盖石蜡油，放入培养箱中平衡12h以上。受精培养8h的受精卵，经上述培养液洗2～3次后，移入培养小滴中，每滴放入20枚受精卵，置于培养箱中培养，24～48h后观察发育情况。

5. 胚胎移植

选择发育正常，体况健壮，体重50kg以上，已达到性成熟期（7～8月龄）的母猪为受体。对受体进行处理和移植。母猪自然发情的第2天上午，每只受体静脉注射40IU人绒毛膜促性腺激素（HCG），注射后24～48h进行移植。移植后观察受体是否返情，用妊娠诊断仪对受体妊娠诊断，并观察产仔情况。

（三）细胞核移植

细胞核移植是指借助显微操作和细胞融合技术把遗传型不同的细胞核和卵细胞质相结合重组成合子的过程。由此得到的胚胎称为重组胚胎，由此得到的动物个体，称为核移植个体，即克隆动物。细胞核移植技术具有重要的理论和实践意义。有可能通过细胞核移植技术建立优秀动物克隆群；利用它生产转基因猪；利用它研究细胞核质关系等发育生物学领域的重要理论问题。猪胚胎细胞核移植的难度较大，在1989年才产出世界上第一例胚胎细胞核移植猪。在其体细胞核移植方面，虽有一定进展，但至今未见成功报道。下面简单介绍猪胚胎细胞核移植的过程。

1. *动物的选择与超数排卵*

选用供卵猪和供胚猪；两者均已性成熟，体重为100～140kg。

每日7：00～8：00时与14：00～15：00时两次检查发情情况，记录。然后实施超排处理。

采用PMSG/HCG法进行超排，肌注，PMSG 750～1 000IU，诱导卵泡发育；72h后，肌注500～1 000IUHCG，诱导排卵。于注射HCG后40～49h，收集卵母细胞。

胚胎供体则在注射HCG后24h和48h交配2次。妊娠第2天取四细胞胚胎。

2. *卵母细胞和胚胎的收集*

（1）体内卵母细胞和胚胎的收集：经手术或屠杀母猪收集卵母细胞或胚胎。

①麻醉：静注安定注射液14mL、氯胺酮12mL。手术过程中，视麻醉状态肌注846或用乙醚熏，手术后视情况注射强心剂或苏醒灵；

②手术：以常规手术法在中线或膁部开刀，暴露卵巢、输卵管和子宫；

③冲卵（胚）：冲洗方法是从输卵管伞口冲向子宫——输卵管结合部。从输卵管伞口插入钝的注射针头，缓缓推压注射器使30～40mL冲卵液（杜氏：PBS+2%FCS）注入，慢慢从子宫角收集流出的液体。

在屠杀母猪冲卵时，于杀猪放血后立即取出输卵管或子宫，用盛有生理盐水的保温杯带回实验室。在26～28℃室内，用冲卵液冲洗输卵管和子宫，收集卵母细胞或胚胎。如卵外有卵丘细胞，则经含300μg/mL透明质酸酶的PBS处理几分钟，去除卵丘细胞，洗涤后备用。

（2）体外成熟卵母细胞的获得：体外成熟的猪卵母细胞的培养方法见上述体外受精的内容。培养成熟后，去除卵丘细胞，选择形态良好并有第一极体的卵母细胞作为核移植的受体胞质。

3. 胚胎细胞核移植

（1）胚胎卵裂球解离：将胚胎（一般为桑椹胚阶段前的胚胎）置入含1%胰蛋白酶的无蛋白的Hank's液中作用30s，去除透明带。再将无透明带的胚胎转入Hank's+10%FCS中37℃培养。10min后用吸管轻轻吹打，使胚胎解离成游离的卵裂球。

（2）细胞核移植：

①将卵母细胞及游离的卵裂球均置入操作液滴中，用固定吸管吸住卵母细胞极体对侧的胞质，调整注射吸管使之与固定管处于同一水平。将注射管轻轻刺入透明带，使其轻轻抵在质膜上，抽吸出第一极体及其下的内容物，轻轻把注射管连同内容物拉出透明带外，完成去核。

②用注射管吸入一个供核的卵裂球，沿去核时的孔插入，缓缓将卵裂球放出，然后松开固定管。

③操作完毕后，将注核胚洗3次，在培养滴中培养30min，然后进行电融合。

4. 电融合

先把注核胚转移入0.3mol/L甘露醇融合液中平衡2min后，再移入电极间的融合液中。首先进行交流定位，交流脉冲为5V，5～10s；然后，用120V/mm、30μs的直流脉冲刺激1次。最后，将电激后的胚胎移入培养液中，在39℃条件下培养30min，检查融合结果。

5. 移核胚体外培养

在39℃，5%CO_2，95%空气和100%相对湿度的CO_2培养箱中培养4～4.5天，观察并记录其发育情况。

6. 胚胎移植

麻醉及手术方法基本同冲卵（胚）操作。受体母猪的发情期与供卵猪同步。其他见前述体外受精内容。

（四）胚胎干细胞

胚胎干细胞（ES）是从早期胚胎分离出来的多潜能细胞系，它具有与胚胎细胞相似的形态特征及分化潜能，在培养基中保持未分化特性，但在一定条件下，又可能诱导分化，能参与各种组织器官的发育。由于这种特性，可以对ES细胞进行基因打靶，利用其生产转基因动物；还可以诱导ES细胞形成某种特定的组织或器官，为临床的器官移植或修复提供原材料。

关于猪的ES细胞的研究报道较多，但成功的报道较少，少数研究者已经建立了类ES细胞系，个别研究者宣称已经建立了猪的ES细胞系，但还未见进一步报道。看来猪胚胎干细胞在生产上的应用还需一定的时间。

（五）转基因猪

转基因动物是指将特定的外源基因导入动物受精卵、胚胎或细胞中，使之能稳定地整合于动物的染色体基因组并能遗传给后代。由此生产的一类动物称为转基因动物。在转基因猪的研究中，人们曾经将人生长激素（HGH）基因导入猪的基因组。之后，又有人将牛生长激素（BGH）基因，人生长激素释放因子（HGRF）基因和人胰岛素样生长因子（HIGF-I）基因分别导入猪受精卵，都导入成功并且能够表达。转基因猪的研究也具有重大的理论和实践意义，人们有可能通过生产转基因猪建立人类遗传病的转基因猪模型，或建立“生物反应器”，生产人类急需的特定蛋白，及生产通过转基因猪生产人类器官替代用品等。

三、新技术展望

（一）胚胎技术

两方面的胚胎技术值得一提。冷冻胚胎技术已臻成熟，实验室的技术已经完成。这样，养猪业将能更有效地利用优秀种母猪，更快地将改良的种猪扩繁至商品猪。另一应用技术为非手术胚胎繁殖，在欧美一些实验室和PIC公司研究中心，这项技术已经能成功地生产胚胎和繁殖后代。该技术使种猪配套系培育有了新的方向，即培育专门化母系，用于生产优秀商品猪，而母本品系的基因并不遗传至下代，这样，我们可以将父系和母系育种彻底分开，商品猪将不含有母系的血缘，母系不再对生长速度和饲料报酬等生产性能产生影响。

（二）冷冻精液技术

猪冷冻精液技术已经成熟并已成功地应用于育种和生产。比如，PIC集团已成功地利用冷冻精液技术建立了它的全球育种和基因转移体系。目前，冷冻精液技术已可获70%的产胎率和每胎7～8头活产仔数的优良结果。一些实验室正在进行低密度精子授精技术研究，结果表明，在实验室条件下，配以特别输精设备，用深部输精方法，每一头份精液可用于10～20次输精，这意味着，一头公猪在不久的将来可以配1 000～2 000头母猪。可以想象，到那时，一个1万～4万头商品猪场将只需要1头公猪。此外，精子性别分离技术也处于发展阶段，估计在10年内可以研究成功，届时，精液可以按性别分类，人类可以控制商品猪性别。

（三）分子遗传学技术

在人类漫长的育种历史中，猪遗传改良一直是一个黑箱，我们只知其输入输出，而不知其内在变化。目前DNA标记技术已大量用于育种研究和实践，已有100多个与猪生产性能相关的DNA标记被发现，一部分已成功地应用于育种和生产。比如，高产仔数基因标记（ESR），抗大肠杆菌基因标记（DR_2），毛色基因标记，采食量基因标记（PT_1）等均被PIC集团发现并用于育种和生产。国内外科学家正以比以往更有效的技术和更快的速度发现和应用基因标记技术，猪育种业正从传统的数量遗传育种向分子育种的方向发展，将来的育种会以基因型和基因作为选样根据，人类在育种技术中将实现一次新的飞跃。

第八章

现代养猪的营养配合技术

营养是动物生长的客观需求，饲料是营养素的供应源，营养与饲料科学研究的目标是解决猪营养物质供与求的矛盾。近年来，随着我国肉猪业的迅速发展，猪的生产水平和营养物质利用率有了极大提高。猪的生长速度和饲料利用率比50年以前提高了1倍以上，出栏时间缩短到6个月以下。我国1990年平均出栏率已达到85%以上，比前10年提高了近1倍。在当前养猪生产中，饲料成本占总生产成本的60%～70%。因此，真正弄清猪需要什么？为什么需要？需要多少？饲料中有什么？有多少？利用率如何？最终实现猪日粮配合科学化，是保障养猪业生产高水平、产品高质量的基本要求。在现代养猪生产中，营养是决定猪生产性能的极其重要的方面。从乳猪到育肥猪，从母猪妊娠阶段到泌乳阶段都应喂给适宜于它们的营养需要、营养价值完全的配合饲料，使它们在生长发育和各生产阶段都不会发生营养不良，能在足够的营养条件下充分发挥其最大生产潜力。要做到这一点，首先要了解猪需要多少种营养素、营养素的生理功能和缺乏后产生的缺乏症，猪各生产阶段对营养素的需要，各类饲料中含有哪些营养素，含量如何，猪对不同饲料营养素的消化利用情况，还要知道如何科学合理地进行搭配使其充分满足猪各生产阶段的营养需要，最后是各类饲料如何加工配制和使用等，使其发挥最大效能。

第一节　猪需要的营养物质

一、猪及其饲料的元素构成

猪机体及其进食的饲料中大约有60余种元素，这些元素有些是猪生命和生产的必需元素，而有些元素的存在对猪机体功能的发挥有不利影响。另外，同样是化学元素，在猪体内发挥作用的方式、存在形式、体内含量差别很大，根据元素在猪体内及其饲料中的含量不同，大致可分为三大类。

1. 主要元素

包括碳、氢、氧和氮4种元素，它们占猪机体的90%以上，主要以复杂的高分子化合物的形式存在，构成猪机体各组织器官的整体结构和形态，如蛋白质、脂肪、碳水化合物、核酸及对猪机体功能具有调节作用的激素、酶和维生素等。

2. 常量元素或大量元素

主要包括钙、磷、钠、钾、氯、硫、镁等。这些元素在猪体内的含量在百分之几到万分之几，除硫以外，它们都是以无机形式存在，如钙、磷、镁是构成骨骼和牙齿的主要成分，钾、钠、氯分布于体液中，硫则主要存在于蛋白质巯基上（—SH）。

3. 微量元素

如铁、铜、锌、碘、锰、钴、硒，在猪体内的含量为十万分之几至千万分之几，是维持生命和生产所必需的。如铁是血红蛋白的组分，承担猪体内氧的运输功能；铜能促进造血；钴是维生素B_{12}的组分等。除此之外，氟、铬、锡、砷、钼、锶等很多元素也是猪所必需的，但它们中有的在自然界中含量较高，猪通过摄食和饮水即可满足甚至超过需要量，如钼、氟等。另一些元素动物需要量则甚微，稍微过量即可中毒，因此在实际生产研究中应高度重视。还有一些元素，如硼、铅等也可在猪体内发现，但其作用尚未明确。

二、猪需要的概略养分

猪机体及其摄取的饲料都是由元素组成，但元素在猪体内是以各种化合物形式存在的。按照常规饲料分析方法，可将猪需要及其饲料中存在的营养素分为水分、粗灰分、粗蛋白质（CP）、粗脂肪或醚浸出物（EE）、粗纤维（CF）和无氮浸出物（NFE）六大成分。因每一成分都包含着多种营养成分，成分不完全固定，故又称之为概略养分。

1. 水分

猪机体和饲料中均含有水分，但猪生理阶段不同，饲料种类不同，其含量差异很大（表8-1）。构成机体和饲料的水分有两种存在形式，一种含于体细胞间，与细胞结合不紧密，容易挥发，故又称之为游离水；另一种则与细胞内的胶体物质紧密结合，形成胶体外面的水膜，较难挥发，故称之为结合水。

表8–1　猪的机体及常用植物性饲料的化学成分（%）

种类	水分	蛋白质	脂肪	无氮浸出物	粗纤维	碳水化合物	灰分
玉米秸秆（乳熟）	19.0	6.9	1.1	44.3	22.5	66.7	6.2
玉米秸秆（腊熟）	18.2	6.0	1.1	44.2	24.1	68.3	6.4
玉米籽实	14.6	7.7	3.9	70.0	2.5	72.5	1.3
苜蓿干草	10.6	15.8	2.0	41.2	25.0	66.2	4.5
大豆籽实	9.1	37.9	17.4	25.3	5.4	30.7	4.9
小麦整粒	10.1	11.3	2.2	66.4	8.0	74.4	10.1
小麦胚乳	3.7	11.2	1.2	81.4	2.1	83.5	0.4
小麦外皮	14.6	17.6	8.3	7.0	43.9	50.9	8.6
小麦胚	15.4	40.3	13.5	24.3	1.7	26.0	4.8
仔猪（体重8kg）	73	17	6				3.4
中猪（体重30kg）	60	13	24				2.5
成年猪（体重100kg）	49	12	36				2.6

水是猪机体一切细胞和组织的必需构成成分，在机体所有化合物中，水的比例最大。水分布于各种组织、器官和体液中，体液以细胞膜为界，分为细胞内液和细胞外液，在健康猪机体中，细胞内液占体液的2/3，主要存在于肌肉和皮肤细胞中，细胞外液

主要指血浆和间质液，约占体液的1/3，细胞内液、间质液和血浆之间的水不断进行着交换，保持动态平衡。

2. 粗灰分

粗灰分是指动植物体所有物质全部氧化后剩余的残渣，即动植物体燃烧后所得灰分，主要为钙、硫、钠、钾、镁等矿物质氧化物或盐类，在实际测定时，有时还含有少量泥砂，故称之为粗灰分或矿物质。

3. 粗蛋白质

粗蛋白质是指机体或饲料中一切含氮物质的总称。在含氮化合物中，蛋白质不是唯一含氮物质，核酸、游离氨基酸、铵盐等不是蛋白质，但它们也含有氮，为此将蛋白质分为两部分，即是纯蛋白质或真蛋白质和非蛋白氮化合物。在自然界中存在的真蛋白质中，含氮量平均为16%，因此，在常规饲料分析法中规定，用含氮量乘以6.25（N%×6.25）来计算粗蛋白质含量。

4. 粗脂肪

脂肪是指机体及饲料中油脂类物质的总称，包括真脂肪即甘油三酯和类酯两类。在营养学研究规定的饲料分析方案中，是用乙醚浸提油脂类物质，把色素、脂溶性维生素等非油脂类物质也包含在其中，故称之为粗脂肪或醚浸出物。

5. 粗纤维

粗纤维由纤维素、半纤维素、多缩戊糖、木质素及角质素组成，是植物细胞壁的主要成分，猪体内不含有粗纤维。粗纤维在化学性质和构成上均不一致，纤维素可称为真纤维，其化学性质稳定；半纤维素和多缩戊糖主要由单糖及其衍生物构成，但含有不同比例的非糖性质的分子结构，猪对纤维素、半纤维素、多缩戊糖的消化利用率很低；木质素则是最稳定、最坚韧的物质，不属于糖，化学结构极为复杂，至今尚未明确，尚未发现其对猪有任何营养价值。

6. 无氮浸出物

饲料中除去水、粗灰分、粗蛋白质、粗脂肪和粗纤维以外的有机物的总称，主要包括多糖、双糖和单糖。猪体内无氮浸出物含量很少，植物饲料中无氮浸出物含量高，主要成分是淀粉。无氮浸出物又称易消化碳水化合物，猪对其消化利用率很高。常规饲料分析不能测定无氮浸出物含量，通常是用有机物与粗蛋白质、粗纤维和粗脂肪之差来计算。

三、猪需要的纯养分

猪营养与饲料科学发展至今，研究内容已进入较深的层次和领域，对猪营养物质需要量的衡量和饲料营养价值的评判，已不仅仅沿用六大概略养分，而是已深入到某些最基本的物质和元素，如蛋白质的研究已不单单从其总量上考虑，而是已应用到蛋白质种类及其基本构成单位——氨基酸。对于微量元素、维生素和氨基酸，不仅仅研究其自身的营养价值，而且已明确了它们彼此间的相互关系，酶、激素和微生态制剂已开始用来改善猪的营养代谢。迄今为止，已发现猪必需的营养物质有50多种。

第二节　猪的营养生理特点

一、猪的消化道结构及其功能

猪对营养物质的消化吸收过程是通过消化器官、消化腺体、消化液和神经调节整体稳定恒控制完成的。消化器官主要有口腔、咽与食道、胃、小肠、大肠。消化液主要指唾液、胃液、肠液、胰液、胆汁等。消化的调节则是由激素和神经系统共同完成。

1. 口腔

由唇、颊、硬腭、下颌骨、舌、齿等器官构成。口腔消化由摄取食物开始，食物进入口腔后，经过咀嚼，混入唾液，然后吞咽。口腔前端以口裂与外界相通，后端通咽。口腔内面（除齿外）衬有黏膜，黏膜较厚，富有血管。口腔黏膜上有唾液腺的开口。口腔是消化系统的起始部，具有采食、搅拌食物、吸吮、泌涎、味觉、咀嚼和吞咽等功能。

2. 咽

咽是呈漏斗状的肌肉囊，为消化、呼吸的共同通道，位于口腔和鼻腔的后方，喉和食管的前上方。

3. 食道

食道是连接口腔和胃的一个肌肉发达的管道，食道的作用是直接把食物通过胸腔送入胃内，而不影响胸部器官的正常功能。

4. 胃

胃位于腹腔内，在膈和肝脏的后方，前端以贲门接食管，后端以幽门与十二指肠相通。胃有暂时贮存食物、分泌胃液、进行初步消化和推送食物进入十二指肠等功能。猪胃壁黏膜分为有腺部和无腺部，有腺部黏膜根据腺体不同分为贲门腺区、胃底腺区和幽门腺区，胃底腺是分泌消化液的主要腺体。无腺部靠近贲门，无消化腺，不分泌消化液。整个胃黏膜表面还分布黏液细胞，分泌黏液形成保护层，防止黏膜受胃酸的侵蚀。胃的主要功能是通过胃壁的紧张性收缩和蠕动将猪在胃内的食物与胃液充分混合，使食团变成半流体的食糜，便于化学性消化，并使胃内容物通过幽门向十二指肠移动。

5. 肠

肠起自幽门，止于肛门，可分为小肠和大肠两部分，小肠分为十二指肠、空肠和回肠三部分，大肠分为盲肠、结肠和直肠三段。

（1）小肠：小肠最长，管腔较小，肠壁黏膜形成许多环行的褶和微细肠绒毛突入肠腔中，以增加与食物接触的面积。小肠部的消化腺很发达，有壁内腺和壁外腺两大类。壁内腺有肠黏膜的肠腺和十二指肠黏膜下层的十二指肠腺，壁外腺有肝脏、胰脏分泌的胆汁和胰液由导管通入。消化腺的分泌物中含有多种酶，能消化各种营养物质。十二指肠是小肠的第一段，较短，肝管和胰管即开口于此。空肠是小肠中最长的一段，也是食物消化和营养物质吸收的重要场所。回肠是小肠末段，较短，肠壁较厚，其末端开口于盲肠或盲结肠交界处。

（2）大肠：大肠黏膜中的腺体分泌碱性、黏稠的消化液，其中含消化酶甚少。所以大肠内的消化主要靠随食糜带来的小肠消化酶和微生物的作用。食糜经过消化和吸收后，其中的残余部分进入大肠的后段。在这里，水分被大量吸收，大肠的内容物逐渐浓缩而形成粪便。

二、猪的消化液及其功能

（一）唾液及其在消化中的主要作用

唾液是腮腺、颌下腺和舌下腺三对主要唾液腺和口腔黏膜中许多小腺体分泌的混合液，分为浆液型、黏液型和混合型三类。唾液为无色透明的液体，呈弱碱性。

唾液的主要作用：

①唾液含有大量的水分，可湿润饲料，便于咀嚼和吞咽，同时唾液溶解食物中某些可溶物质，从而引起味觉，促进消化液的分泌。

②唾液中的粘蛋白富有黏性，有助于咀嚼和吞咽。

③猪的唾液含少量淀粉酶，在适宜环境下将淀粉分解为麦芽糖。

（二）胃液及其在消化中的主要作用

胃液是由胃黏膜分泌的透明、淡黄色液体，pH0.5～1.5。胃液主要由水、盐酸、胃蛋白酶原、黏液和内在因子组成，胃液消化功能主要有以下四方面。

1. 胃酸

①激活胃蛋白酶原变成胃蛋白酶；②维持胃内酸性，为胃内消化酶提供适宜环境，并使钙、铁等矿物质元素游离，易于吸收；③杀死食物中带入的微生物；④造成蛋白质变性，易被消化酶分解。

2. 胃蛋白酶

将蛋白质分解成简单的肽和胨，主要作用于苯丙氨酸和酪氨酸的肽键。

3. 黏液

主要是糖蛋白，有三方面作用：①润滑作用，食物易于通过；②保护胃黏膜不受食物机械损伤；③黏液偏碱性，降低黏膜层酸度，防止酸和酶对黏膜的消化。

4. 内在因子

由细胞壁分泌的一种粘蛋白，可与维生素B_{12}结合成复合物，促进肠壁上皮对维生素B_{12}的吸收。

（三）胰液及其在消化中的主要作用

胰液由胰腺分泌通过胰管，与胆管合并，由胆管口分泌入十二指肠。胰液为无色、无臭、弱碱性液体，pH7.8～8.4，主要由水分、无机盐和酶组成。胰液的酶种类多，作用强，在消化中起主要作用。①胰淀粉酶主要分解α-淀粉；②胰脂肪酶类将脂类分解成甘油一酯和游离脂肪酸；③胰蛋白酶类主要是多种蛋白酶原，在胰液的肠激酶作用下激活，将蛋白质、肽分解成游离氨基酸；④中和作用——胰液的碱性无机盐可中和胃酸，以维持肠内适宜的酸碱度，保护肠壁。

（四）胆汁及其在消化中的主要作用

胆汁由肝细胞合成，在胆囊贮存、浓缩，由胆管排入十二指肠。胆汁为金黄色、味苦、浓稠状液体，主要有水和钠、钾、钙等矿物质的盐、胆盐、胆色素、脂肪酸、磷脂、胆固醇、粘蛋白等组成。其主要作用有：①激活胰脂肪酶；②胆盐、类酯可乳化脂肪，形成脂肪小球；③胆盐与甘油一酯、FFA形成复合物，促进脂肪吸收；④间接促进脂溶性维生素的吸收；⑤胆固醇排泄途径之一，防止动脉硬化。

（五）小肠液及其在消化中的主要作用

小肠液由十二指肠细胞分泌，弱碱性，pH7.6。主要活性物质是各种酶类，对低分子蛋白质、糖进行彻底消化，使之成为直接吸收的小分子化合物。如：氨基肽酶、α-糊精酶、麦芽糖酶、乳糖酶、蔗糖酶、碳酸酶、肠激酶等。

三、猪的后段消化道微生物及其功能

（一）共生微生物

猪的后段消化道通常给微生物生长提供一个理想的温度、湿度和营养环境。由于这些微生物能酶解纤维素和有关化合物，从而提高粗饲料对猪的营养价值。

（二）碳水化合物的降解

未消化的碳水化合物在猪的后段消化道内主要由厌氧细菌发酵产生出挥发性脂肪酸，其中最主要的是乙酸、丙酸和丁酸。挥发性脂肪酸可部分由肠壁吸收，为猪提供一定的能量来源。

（三）微生物蛋白质的合成

细菌和其他微生物为了生长繁殖，利用寄主吃进饲料，猪的前段消化道内未吸收的氮源，可用于合成微生物所需的蛋白质。细菌蛋白质进一步消化，被寄主以氨基酸的形式部分由肠壁吸收，为猪提供一定的蛋白质来源。

（四）B族维生素的合成

正如微生物区能够合成蛋白质一样，在猪的后段消化道内，还能合成多种寄主所需的维生素，如核黄素、烟酸、吡哆醇（B_6）、生物素、泛酸以及B_{12}等B族维生素，而且能满足猪的部分需要。某些维生素的合成速度受某些营养素含量的影响，如日粮中缺钴，维生素B_{12}的合成速度就慢。维生素K是一种脂溶性维生素，它也能在猪的后段消化道内合成。可是维生素的合成是在猪的后段消化道内，很快通过消化道排出体外，对合成B族维生素的吸收量很有限。

第三节　营养物质的可利用性

一、猪对饲料的消化方式

（一）物理消化

物理消化主要靠口腔内牙齿和消化道管壁的肌肉把饲料撕碎、磨烂、压扁，有利于在消化道内形成多水的食糜，为胃肠中的化学性消化（主要是酶的消化）和微生物消化做好准备。同时，通过消化管壁的运动，把食糜研磨、搅拌，并从一个部位运送到另一个部位。口腔是猪等哺乳动物主要的物理消化器官，对改变饲料粒度起着一定的作用。

（二）化学消化

猪对饲料的化学消化主要是酶的消化。酶的消化是高等动物主要的消化方式，是饲料变成动物能吸收的营养物质的一个过程，不同种类动物酶消化特点明显不同。高等动物消化系统分化完全，消化液分泌较多。猪各部位消化酶分泌的特点，消化液的来源，消化酶的种类，前体物，致活物和分解饲料中营养物质的种类，终产物的具体情况见表8-2。

表8-2　猪消化道的主要酶类

来源	酶	前体物	致活物	底　物	终产物
唾液	唾液淀粉酶			淀粉	糊精、麦芽糖
胃液	胃蛋白酶	胃蛋白酶原	盐酸	蛋白质	肽
胃液	凝乳酶	凝乳酶原	盐酸、活化钙	乳中酪蛋白	凝结乳
胰液	胰蛋白酶	胰蛋白酶原	肠激酶	蛋白质	肽
胰液	糜蛋白酶	糜蛋白酶原	胰蛋白酶	蛋白质	肽
胰液	羧肽酶	羧肽酶原	胰蛋白酶	肽	氨基酸、小肽
胰液	氨基肽酶	氨基肽酶原		肽	氨基酸
胰液	胰脂酶			脂肪	甘油、脂肪酸

续表

来源	酶	前体物	致活物	底 物	终产物
胰液	胰麦芽糖酶			麦芽糖	葡萄糖
胰液	蔗糖酶			蔗糖	葡萄糖、果糖
胰液	淀粉酶			淀粉	糊精、麦芽糖
胰液	胰核酸酶			核酸	核苷酸
肠液	氨基肽酶			肽	氨基酸
肠液	双肽酶			肽	氨基酸
肠液	麦芽糖酶			麦芽糖	葡萄糖
肠液	乳糖酶			乳糖	葡萄糖、半乳糖
肠液	蔗糖酶			蔗糖	葡萄糖、果糖
肠液	核酸酶			核酸	核苷酸
肠液	核苷酸酶			核酸	核苷、磷酸

（三）微生物消化

消化道微生物在猪消化过程中起着积极的、不可忽视的作用，这种作用使猪能利用一定程度的粗饲料。猪的微生物消化场所主要在盲肠和大肠。微生物消化的最大特点是，可将大量不能被宿主直接利用的物质转化成能被宿主利用的高质量的营养素。但在微生物消化过程中，也有一定量能被宿主动物直接利用的营养物质首先被微生物利用或发酵损失，这种营养物质二次利用明显降低利用效率，特别是能量利用效率。

猪的盲肠和大肠微生物能分泌蛋白酶、半纤维素酶和纤维素酶等。这些酶将饲料中糖类和蛋白质充分分解成挥发性脂肪酸、NH_3等物质，同时微生物发酵也产生CH_4、CO_2、H_2、O_2、N_2等气体。

二、消化后营养物质的吸收

饲料中营养物质在动物消化道内经物理的、化学的、微生物的消化后，经消化道上皮细胞进入血液或淋巴液的过程称为吸收。动物营养研究中，把消化吸收了的营养物质视为可消化营养物质。

各种动物口腔和食道内均不吸收营养物质，猪的营养物质主要吸收场所在小肠，吸收机制有以下3种方式。

（一）胞饮吸收

胞饮吸收是肠黏膜伸出伪足或物质接触处的膜内陷，从而将这些物质包入细胞内。以这种方式吸收的物质，可以是分子形式，也可以是团块或聚集物形式。初生哺乳仔猪对初乳中免疫球蛋白的吸收是胞饮吸收，这对初生仔猪获取抗体具有十分重要的意义。

（二）被动吸收

被动吸收是通过滤过、渗透、简单扩散和异化扩散（需要载体）等几种形式，将消化了的营养物质吸收进入血液和淋巴系统。这种吸收形式不需要消耗机体能量。一些分子量低的物质，如简单多肽、各种离子、电解质和水等的吸收即为被动吸收。

（三）主动吸收

主动吸收与被动吸收相反，必须通过机体消耗能量，是依靠细胞壁“泵蛋白”来完成的一种逆电化学梯度的物质转运形式。这种吸收形式是猪吸收营养物质的主要方式。

三、猪对饲料的消化力与可消化性

饲料被猪消化的性质或程度称为饲料的可消化性。猪消化饲料中营养物质的能力称为猪的消化力。饲料的可消化性和动物的消化力是营养物质消化过程中不可分割的两个方面。消化率是衡量饲料可消化性和消化力这两个方面的统一指标，它是饲料中可消化养分占食入饲料养分的百分率，计算公式如下：

饲料中可消化养分＝食入饲料中养分－粪中养分

饲料中某养分消化率＝[（食入饲料中某养分－粪中某养分）/食入饲料中某养分]×100%

因粪中所含各种养分并非全部来自饲料，有少量来自消化道分泌的消化液、肠道脱落细胞、肠道微生物等内源性产物，故上述公式计算的消化率为表观消化率。

分析动物对饲料中各种养分的消化过程及其产物表明：饲料中蛋白质的表观消化率小于真实消化率，因为表观消化率计算中把来源于消化道的代谢蛋白质、消化酶和肠道微生物等视为未消化的饲料蛋白质，造成计算粪中排出蛋白质的量与真实情况不符；饲料脂肪含量少，测定表观消化率易受代谢来源的脂肪和分析误差掩盖，测定值有波动；饲料矿物质的消化率，更易受消化道来源的代谢矿物质循环利用的影响，所以矿物质应采用真实消化率。

饲料中某养分的真实消化率＝{[食入饲料中某养分－（粪中某养分－消化道来源物中某养分）]/食入饲料中某养分}×100%

对同一种饲料，在猪的不同生理阶段养分消化力和消化率不同；不同种类的饲料，因可消化不同，猪的同一生理阶段消化率也不同。不同动物之间消化力差别更大。几种动物对概略养分的消化率比较见表8-3。

表8-3　不同动物消化力的差别（%）

种类	动物	有机物质	粗蛋白质	粗脂肪	粗纤维	无氮浸出物
青苜蓿	牛	65	78	46	44	74
	绵羊	63	75	35	44	72
	马	60	79	23	35	73
	猪	66	71	—	43	76

续表

种类	动物	有机物质	粗蛋白质	粗脂肪	粗纤维	无氮浸出物
玉米籽实	牛	87	75	87	19	91
	绵羊	94	78	87	30	99
	马	94	87	81	65	97
	猪	88	56	46	21	69

许振英，1987年。

第四节　猪的营养要求

一、猪的营养需要

（一）蛋白质

蛋白质能更新动物体组织和修补被损坏的组织，可组成体内的各种活性酶、激素、体液和抗体等。缺乏蛋白质，动物产品生产量下降或生长受阻，易导致贫血，降低抗体在血液中的含量，损害血液的健康和降低动物的抗病力。可造成繁殖障碍，出现发情不正常，妊娠期出现死胎，仔猪生后体弱，生命力不强，母猪产后泌乳力变差，甚至无奶，公猪精液质量下降。

（二）脂肪

脂肪在猪体内的主要功能是氧化供能。脂肪的能量很高，所提供的能量是同等质量碳水化合物的两倍以上。除供能外，多余部分可蓄积在猪体内。此外，脂肪还是脂溶性维生素和某些激素的溶剂，饲料中含一定量的脂肪有助于这些物质的吸收和利用。

（三）碳水化合物

饲料中的碳水化合物由无氮浸出物和粗纤维两部分组成。无氮浸出物的主要成分是淀粉，也有少量的简单糖类。无氮浸出物易消化，是植物性饲料中产生热能的主要物质。粗纤维包括纤维素、半纤维素和木质素，总的来说难于消化，过多时还会影响饲料中其他养分的消化率，故猪饲料中粗纤维含量不宜过高。当然，适量的粗纤维在猪的饲养中还是必要的，除能提供部分能量外，还能促进胃肠蠕动，有利于消化和排泄以及具有填充作用，使猪具有饱感。

（四）无机盐

无机盐是机体构成、内代谢所必需的物质。根据各种无机盐在猪体内含量的不同，又可分为常量和微量两大类。常量包括钙、磷、钾、钠、硫、氯和镁等元素；微量包括铜、铁、锌、锰、钴、硒等元素。

（五）水

水是猪机体的重要物质，饲料的消化与吸收和营养的运输、代谢以及粪尿的排出、生长繁殖、泌乳等过程都必须有水的参与。水能保持生理调节和调节渗透压，也能保持细胞的正常形态。因此，在猪体生命活动和生产时都离不开水的供应。

（六）维生素

维生素是饲料所含的一类微量营养物质，在猪体内既不参与组织和器官的构成，又不氧化供能，但它们却是机体代谢过程中不可缺少的物质。维生素分为脂溶性和水溶性两大类，脂溶性维生素包括维生素A、维生素D、维生素E、维生素K；水溶性维生素包括维生素C、维生素B_1、维生素B_{12}、维生素B_2和其他酸性维生素。日粮中缺乏某种维生素时，猪会表现出独特的缺乏症状。

二、猪的饲料种类

（一）蛋白质饲料

蛋白质饲料是指饲料干物质中粗蛋白质含量在20%以上、粗纤维含量在18%以下的饲料。这类饲料的主要特点是粗蛋白质含量多且品质好，其赖氨酸、蛋氨酸、色氨酸等必需氨基酸的含量高，粗纤维含量少，易消化。如肉类、鱼类、乳品加工副产品、豆饼、花生饼、菜籽饼等。

1. 植物性蛋白质饲料

（1）豆粕（豆饼）：大豆原产于我国，主要分布在东北、华北、西北及内蒙古自治区等地。据吉林省农业科学院畜牧所分析，大豆含粗蛋白质36.2%、粗脂肪16.1%，由于富含蛋白质、脂肪等营养成分，适合于作为猪的精饲料。而豆粕是大豆榨油之后的附属品，属蛋白原料。应用豆粕时要注意以下事项：

①作为蛋白饲料原料，配合饲料中，豆粕的含量要根据猪的不同生长阶段和生长要求而定，其量不能太高，也不能太低。

②根据豆粕本身蛋白质的含量，适当调整其在配合饲料中的百分比。因为大豆产区发生自然灾害等情况时大豆的蛋白质含量降低，若不及时调整配方，对猪的生长发育会造成一定的影响。

③大批使用的豆粕，每批都要检验，一是检验有无掺假现象，有时可能发现豆粕里掺有菜籽等；二是检验蛋白质的含量，以确保豆粕的可利用性和有效性。

④豆粕颜色以浅黄色为主，太深则过熟，太浅则过生，过熟或过生的豆粕都会降低其利用率，影响猪的正常生长。

（2）花生粕（饼）：花生粕是脱壳的花生籽实制油后的副产品，其营养价值因花生壳混入量的多少而不同。不含壳的花生粕含粗蛋白43%以上，但蛋白质品质不如豆粕，主要原因是赖氨酸含量低，所以营养价值低于豆粕。花生和花生粕都易感染黄曲霉，产生黄曲霉毒素B_1，我国饲料卫生标准（GB13078—2001）规定：花生粕（饼）黄曲霉毒素B_1＜0.05mg/kg。猪采食含有黄曲霉毒素B_1饲料后，畜产品中残留的黄曲霉毒素B_1同样危害人类。花生粕（饼）含油高，在高温季节容易酸败，所以花生粕（饼）不宜长期贮存。大量饲喂花生粕（饼）能使猪的胴体脂肪变软，肉的品质下降。由于花生粕（饼）中赖氨酸和蛋氨酸含量低，应适当补充合成赖氨酸和蛋氨酸，或与动物性蛋白质饲料配合使用，比单一使用效果更好。

（3）棉籽饼：棉籽饼是棉籽去皮或部分带皮榨油后的副产品。棉籽饼含粗蛋白质30％以上。棉籽饼赖氨酸含量较低，在饲喂时不能单独使用，应与其他蛋白质饲料配合使用。棉籽中含有有毒物质游离棉酚，游离棉酚能使猪发生腹水、心脏肥大、肺水肿等。随着游离棉酚的增多，猪的生长速度下降。为了防止游离棉酚的有毒作用，可用棉籽饼和硫酸亚铁按1∶5（$FeSO_4 \cdot 7H_2O$）或1∶1（$FeSO_4 \cdot H_2O$）的比例添加，经充分混合后饲喂。在仔猪饲料中不要用棉籽饼，在商品肉猪中游离棉酚含量应小于0.02％。

（4）菜籽粕（饼）：菜籽粕（饼）是油菜籽制油后的副产品。含粗蛋白质37％以上，赖氨酸含量低，蛋氨酸含量高。菜籽粕含有硫葡萄糖苷，在体内相应酶的作用下产生有毒物质恶唑烷硫酮和异硫氰酸酯，能使甲状腺肿大。现已培育出含低硫葡萄糖苷的油菜品种，应推广应用。菜籽粕还含有单宁，适口性差。仔猪不要饲喂菜籽粕，育肥猪不要超过8%，母猪不要超过4%。

（5）向日葵仁粕（饼）：向日葵仁粕（饼）是向日葵仁（部分带皮）制油后的副产品。向日葵仁粕因带皮的多少营养水平相差很大。粗蛋白质23％～38％，粗纤维15％～28％，蛋白质中赖氨酸含量低，蛋氨酸和脂肪含量高，B族维生素丰富。向日葵仁粕（饼）与豆粕或动物性蛋白质饲料配合使用效果较好。

（6）其他加工副产品：玉米加工副产品如玉米蛋白粉、玉米蛋白饲料，制酒、酱油加工副产品如酒糟、酱油渣等，此类饲料中粗蛋白质含量在22％～28％，属于蛋白质饲料。玉米蛋白粉是将玉米胚芽和外皮去掉，将淀粉与蛋白质分离后，蛋白质部分脱水干燥后的产品，一般含蛋白质45％～65％，蛋白质品质较差，赖氨酸和色氨酸含量低，蛋氨酸和亮氨酸含量高。玉米蛋白饲料是玉米除胚芽和淀粉外的所有物质，含粗蛋白质20％左右。酒糟是制酒后留下的残渣，有酒糟、啤酒糟和酒精糖等。营养价值因酿酒原料和产品品种不同而有区别，一般酒糟（DDGS）喂猪效果较好。酒糟干物质中含蛋白质20％～30％，含有丰富的B族维生素。在制酒工艺中需渗入稻壳等，使酒精中粗纤维含量高。酒糟不适合饲喂仔猪和母猪。鲜酒糟含水多不易贮存，可晒干粉碎后饲喂。酱油渣和豆腐渣是大豆加工副产品，干物质中含粗蛋白质19％～29％，新鲜产品含水分50％～80％以上，不易保存。酱油渣中含食盐7％～8％，不宜多喂，否则会引起食盐中毒。大豆中含蛋白酶抑制因子应煮熟后饲喂。

2. 动物性蛋白质饲料

动物性蛋白质饲料包括鱼粉、肉骨粉、血粉、蚕蛹和羽毛粉等。最大特点是蛋白质含量高，一般蛋白质含量在50%～80%。动物性蛋白质饲料含碳水化合物少，粗纤维几乎是零，有些如蚕蛹、鱼粉等含脂肪高，所以能量高。由于脂肪含量高易酸败，在饲料中用量不宜过多，鱼粉用量多易使脂肪变软，甚至产生不良气味。这类饲料灰分高，一般在4.9%～6.8%，鱼粉灰分含量在10%以上。灰分中钙和磷的比例适宜，故其也是钙、磷的补充饲料。维生素中B族维生素丰富，尤其是核黄素和维生素B_{12}。动物性蛋白质饲料中血粉和羽毛粉等消化利用率低，在配合饲料中用量不宜过多。鱼粉是优质蛋白质饲料，但价格较高，只用于仔猪和泌乳母猪，商品肉猪可以不用。国产鱼粉中有的产品食盐含量很高，应测定食盐含量，根据食盐含量确定在饲料中的用量，盲目使用鱼粉易发生食盐中毒。

（二）能量饲料

能量饲料主要成分是无氮浸出物，占干物质的70%～80%，粗纤维含量一般不超过4%～5%，脂肪和矿物质含量较少，氨基酸种类不齐全。如玉米、高粱、小麦和大麦、稻谷、麦麸、米糠、甘薯、马铃薯等。

（三）青绿多汁饲料

这类饲料来源广，产量高，成本低，采收时间长，富含维生素，幼嫩多汁，适口性好，但要洗净生喂，不要熟喂。如紫花苜蓿、苦荬菜、番薯秧、水生青绿饲料、蔬菜类等。

（四）粗饲料

这类饲料体积大，粗纤维含量多不易消化。如花生秧、树叶、番薯藤、青干草等。

（五）青贮饲料

在青绿饲料较多的季节，采用窖藏或大塑料袋藏的办法，把青绿饲料贮存起来，这种饲料叫青贮饲料。青贮饲料是长期保存青饲料营养物质和保持多汁性的一种简单可靠的方法，其适口性好，猪也爱吃。坚持饲喂配合饲料的同时，天天添加0.5～1kg的青绿多汁饲料，可保持公猪良好的食欲和性欲，一定程度上提高了精液的品质和数量。

（六）矿物质饲料

矿物质饲料可为猪提供生长发育所需要的各种常量和微量元素，如骨粉、石粉、蛋壳粉和牡蛎粉、磷酸钙和磷酸氢钙等。

（七）维生素及添加剂

维生素饲料主要指工业合成或提纯的脂溶性维生素和水溶性维生素，如常用的维生素有维生素A、维生素D_3、维生素E、维生素K_3、维生素B_2（核黄素）、维生素B_1、维生素B_{12}、烟酸、泛酸和叶酸以及胆碱等。而这里指的饲料添加剂不包括营养性饲料，主要还有抗氧化剂、着色剂、防腐剂、防霉剂、生长促进剂、驱虫剂、抗菌剂、激素等物质。

三、添加剂和全价饲料

（一）饲料添加剂

饲料添加剂是添加到配合饲料中的各种微量成分，主要作用是为了平衡配合饲料的全价性，提高其饲喂效果，促进动物生长和防治动物疾病，减少饲料贮存期间营养物质的损失及改进猪产品品质，提高经济效益。其类型包括氨基酸添加剂、微量元素添加剂、维生素添加剂、酶制剂和防霉剂等。使用饲料添加剂时要注意以下事项：

①饲料添加剂都有一定的保质期，贮存完好的可在保质期内使用，超过保质期效果会明显下降；天气潮湿或贮存不好时，要根据情况及早用完。一旦有变质现象出现，立即停用。

②好的饲料添加剂有很强的稳定性。对于技术不过关的厂家或生产商，其添加剂的稳定性也不可信。经试验对比后，选择使用效果明显、稳定性强的饲料添加剂，在生长正常的情况下，最好不要经常更换，以免影响生长的正常进行。

③一般饲料添加剂的用量比较少，多以4%的为主，最多的可达25%，在配制全价饲料时，与饲料原料混合要均匀，避免结成团块或集中在一起的现象。混合不均匀时，整个猪群的生长发育不平衡，甚至造成猪的正常生长受限。

（二）全价饲料

全价饲料是指由饲料原料、饲料添加剂、矿物质、微量元素等经混合加工后制成的可直接饲喂猪只的饲料，规模较大的猪场一般采用场内加工的方式来配制。使用全价饲料时要注意以下事项：

①原料粉碎时颗粒不能过大或过小，过大时，猪只难以消化，造成下痢；过小时，可造成猪胃溃疡或容易引起呼吸道疾病。一般来说，除了特制的颗粒料或破碎料外，全价饲料的粒径大小依次为：小猪＜中猪＜大猪、种公猪、母猪。

②全价饲料预混时要保证足够的时间，一般预混时间为5min左右。时间太短，各种添加剂等与原料混合不均匀，平衡失调；时间太长，浪费人力、物力，影响生产的正常进行。

③全价饲料从混合好开始至喂完，时间一般不要超过3天，有条件的猪场最好当天喂完，以保证饲料的新鲜度和适口性。保存时间太长，特别是阴雨天气，饲料易发热变质，另外，一些微量元素、维生素等也易氧化，从而影响饲喂效果。

④全价饲料在猪舍内不宜停放太长时间。猪舍内一般空气流通性差，氨气太浓，蚊蝇较多，容易引起一定程度的污染。因此，运到猪舍内的饲料最好当天用完，若需保存，在饲料加工厂或仓库保存效果比较好些。

⑤全价饲料的配制要根据猪只不同生长阶段的需要严格执行营养标准，分阶段配制。

四、猪的日粮营养

（一）能量

能量是饲料中的有机物质——碳水化合物、脂肪和蛋白质氧化时产生的。饲料有机物蕴藏着化学能，这些能量在动物体内逐步释放供动物的各种需要。营养学上所采用的单位是热化学的卡（cal），即使1mL水从14.5℃升温到15.5℃的热量作为1cal。在实践中常用千卡（kcal）或兆卡（Mcal）表示饲料的能量。饲料中碳水化合物的能值约为4.18Mcal/kg，脂肪约为9.4Mcal/kg，蛋白质约为5.6Mcal/kg。

近年来，国际营养科学协会和国际生理科学学会认为衡量能量的单位应以焦耳（Joule）表示较为确切。我国已采纳“焦耳（J）”作为营养代谢及生理研究中的能量单位。卡与焦耳的换算关系如下：

1cal（卡）＝4.184J（焦耳）

1J（焦耳）＝0.239cal（卡）

1．能量分类

（1）总能（GE）：总能是物质在氧弹式测热器中燃烧所产生的能量。一种饲料的总能浓度与该饲料中碳水化合物、脂肪和蛋白质含量有关。水和矿物质不产生能量。假如已知一种饲料的成分，便可非常准确地估测出总能。Ewan（1989）提出了根据醚浸出物（EE）、粗蛋白质（CP）和灰分（Ash）含量估测总能的公式：

GE＝4 143＋（56×EE％）＋（15×Cp％）－（44×Ash％），R_2＝0.98

饲料中所含的总能经动物的消化吸收和代谢过程有一定的损失，一般以固体（粪）、液体（尿、汗）或气体（甲烷）和体温等形式损失，扣除损失的部分，其余能量用于维持和生产。因此用饲料的总能（GE）来衡量动物的能量需要无实际意义。

（2）消化能（DE）：饲料总能减去粪能就是消化能，即饲料可被消化营养物质所含的能量。公认的概念为：

消化能＝总能－粪能

消化能＝总能×有机物消化率（表观消化能）

消化能＝总能－（粪能－肠道代谢物的能量）（真消化能）

因为粪中排出的能量除了未消化饲料所含能量外，还有肠道代谢产物：消化液、脱落上皮细胞和微生物等所含能量，因此测定表观消化能比真消化能偏低，但由于表观消化能测定方法较简便，实用价值较大，故在饲养标准和饲料营养价值表中所列消化能一般均为表观消化能。

猪饲料消化能值除了直接测定之外，还可用回归方程间接推算：

①据饲料的可消化养分推算饲料消化能值。

DE（kJ/kg）$=19.31x_1+42.1x_2+18.5x_3+17.0x_4$

式中x_1、x_2、x_3、x_4分别代表每千克饲料中所含可消化粗蛋白质、可消化粗脂肪、可消化粗纤维、可消化无氮浸出物的克数。

②从化学成分估测消化能。

DE（MJ/kg、DM）＝3 813.89－155.94CF（%）－13.94CP（%）

式中：CF——粗纤维，

CP——粗蛋白质。

（3）代谢能（ME）：代谢能是指被吸收供代谢的养分所含能量。由饲料总能减去粪能，气体能和尿能称为代谢能。猪消化道内气体能损失为消化能的0.5%～1%，因气体能数值小，可以忽略不计。故代谢能公式为：

代谢能＝消化能－尿能＝总能－（粪能＋尿能）

猪的尿能损失占总能2%～3%。虽然尿能损失比较稳定，但也受饲粮中蛋白质含量的影响。猪每克尿氮折合能值28.33kJ。

对多数猪常用饲料，代谢能占消化能的94%～97%，一般认为是96%（Farrell，1989；ARC，1981）。由饲料消化能推算代谢能的公式为：

ME（kJ/kg）＝DF（kJ/kg）×[96－（0.202×CP%）]/100

（4）净能（NE）：代谢能减去体增热称净能。体增热又称食后增热，是指绝食动物饲给饲粮后短时间内，体内产热高于绝食代谢产热的那部分热能。净能分维持净能和生产净能。一般喂常规饲料的猪，代谢能转化为净能的效率为72%～66%。

2. 能量的需要量

（1）维持需要（MEm）：包括维持机体所有功能和适度活动所需能量。MEm通常以代谢体重（BW0.75）为基础表示。每千克代谢体重代谢能需要量估测范围为每日418.4～523kJ ME/kg BW0.75，平均为每日443.5kJ ME/kg BW0.75，相当于460kJ DE/kg BW0.75。

妊娠期间，能量需要量的60%～80%用于维持。NRC（1988）根据所得到的有关文献，总结出妊娠母猪每日每千克代谢体重维持能量需要量为443.5kJ ME或460kJ DE。Beyer等（1994）根据文献报道所总结出的资料表明随着胎次增加，母猪维持能量需要量增高，第一胎每日389kJ ME/kg BW0.75，第二胎每日435kJ ME/kg BW0.75，第四胎每日473kJ ME/kg BW0.75。

泌乳母猪每日维持需要量为460kJ DE/kg BW0.75，与妊娠母猪相同。但有些建议哺乳母猪应比妊娠母猪高5%～10%。国内多用每日502kJ DE/kg BW0.75。

根据文献报道，对于生长猪，似乎每日维持能量需要量按460kJ DE/kg BW0.75计算较适宜。

（2）生长需要：蛋白质存留所需能量范围为39.71～61.09MJ DE/kg，平均为52.72MJ DE/kg。用于沉积脂肪的估计值为39.75～68.20MJ DE/kg，平均值为52.3MJ DE/kg。从数字看沉积蛋白质和脂肪所需能值差不多，但1kg瘦肉组织只含20%～23%蛋白质，而1kg脂肪组织含80%～95%的脂肪。因此肌肉沉积消耗的能量比脂肪沉积耗得多。

（3）妊娠需要：妊娠母猪饲料和能量需要量因体重、妊娠期目标体增重及其他管理和环境因素而异。综合妊娠期能量采食量对母猪增重和繁殖性能的影响，建议经产母猪妊娠期中总增重为45kg，其中母体净增重25kg，妊娠产物（胎儿、羊水等）约为20kg。妊娠母猪能量需要近30年来有趋于下降趋势。从1950年每日需DE37.67～46.88MJ下降到26.37MJ。我国肉脂型养猪标准中按4个体重等级即90kg以下、90～120kg、120～150kg和150kg以上，其妊娠前期分别给消化能17.57MJ、19.92MJ、22.36MJ和23.43MJ，后期分别为23.43MJ、25.77MJ、28.12MJ和29.29MJ。

用析因法表示NRC提出妊娠母猪维持消化能需要平均为每日460kJ DE/kg BW0.75。我国母猪维持需要每日DE为376.7kJ DE/kg BW0.75。母猪每日增重所需能量为4.6MJ DE，妊娠组织需要能量为每日0.79MJ DE，所以妊娠增重能量需要约为每日5.4MJ DE。

（4）泌乳母猪的能量需要：泌乳母猪的能量需要应包括维持需要、泌乳需要。维持需要已如前述。泌乳的能量需要决定于泌乳量及乳的能量转化效率。乳能含量为每千克5.44MJ DE，产奶效率为65%，故产奶的能量需要为每千克乳8.37MJ DE。国内近几年的研究结果表明，地方品种母猪能量水平为每日40～59MJ DE，每增加1头仔猪需DE2.9～3.31MJ。如果日粮能量采食量不能满足维持和泌乳需要，将分解体组织以提供产奶所需养分。组织能量转化成奶能的效率为0.88。

3. 能量来源

猪所需要的能量来源于饲料中的3种有机物质，即碳水化合物、脂肪和蛋白质。蛋白质能值虽然高达23.64kJ/g，但蛋白质作为能源，脱氨及尿能损失7.47kJ，且蛋白质饲料价格昂贵，用它供能经济上也不划算。生产上应保证碳水化合物的供应，蛋白质水平不宜过高，以获得最佳日增重、饲料报酬、胴体品质和经济效益为限，避免蛋白质作为能源被利用。

猪饲料一般含脂肪较少，饲料油脂添加量也较少，所以还不是猪能量的主要来源。猪对碳水化合物中粗纤维利用能力较差，日粮中粗纤维含量过高不但影响本身的消化吸收，而且影响其他营养成分的消化吸收，所以粗纤维也不是能量的主要来源。

碳水化合物中的无氮浸出物在一般植物饲料中含量较多，禾本科籽实为60%～70%，糠麸类47%～61%，块根块茎类68%～88%（干物质计）。其中淀粉是植物的能量储备物质，大量贮存于种子、果实及根茎中，玉米和高粱籽实约含70%的淀粉，并且消化率极高，均在90%以上。所以，无氮浸出物，尤其是淀粉是猪所需能量的最主要来源。

4. 能量浓度与采食量

饲料能量浓度指单位风干饲料所含有的消化能（MJ/kg）。影响因素主要有水分、粗纤维、粗脂肪等。水分每增加1%，消化能浓度约减少160kJ，粗纤维每增加1%，消化能减少430kJ。能量浓度影响猪的采食量，猪有“为能而食”的本能，能量浓度提高，采食量降低，能量浓度降低，采食量提高。但仍局限于一定范围内，超出此范围，多吃饲料也弥补不了所需能量，从而使日采食消化能降低，并影响生产性能。

（二）蛋白质与氨基酸

通常所说的蛋白质一般是指粗蛋白质。饲料中的粗蛋白质含量可以用含氮量乘以6.25求得。蛋白质是由氨基酸组成的，事实上氨基酸才是必需的营养物质。所以日粮是否提供适宜数量和比例的氨基酸和小肽决定着日粮蛋白质含量是否充足。

1. *必需氨基酸与非必需氨基酸、半必需氨基酸*

组成动物体蛋白的氨基酸有20种，但并不是所有的氨基酸都必须由饲料供给。某些氨基酸可由碳链（主要来自葡萄糖和其他氨基酸）和氨基（来自超出需要的其他氨基酸）合成。以这种方式合成的氨基酸称为非必需氨基酸。体内不能合成或合成速度不能满足最佳生长和繁殖需要，必须由饲料中提供的氨基酸称必需氨基酸。研究证明，生长猪需10种必需氨基酸（即赖氨酸、蛋氨酸、色氨酸、组氨酸、异亮氨酸、亮氨酸、苯丙氨酸、缬氨酸、苏氨酸和精氨酸）。另外，还有半必需氨基酸或称条件性必需氨基酸，这些氨基酸平时能满足动物营养需要，但在动物处于应激或病理条件下对这些氨基酸需要量增加，动物自身合成的数量不能满足需要。如谷氨酰胺，研究表明，断奶引起仔猪小肠黏膜绒毛萎缩的原因之一是停止母乳中谷氨酰胺（Gln）的供给，而21日龄以前仔猪肠道消化饲料中结合态Gln的酶系尚未发育完善。早期断奶仔猪饲粮中补充Gln可防止空肠绒毛萎缩，提高抗氧化能力、小肠吸收功能和消化酶活性，增强免疫功能，促进肌肉中RNA和蛋白质合成，从而提高生产性能和减少腹泻。仔猪在断奶应激状态下常常缺乏谷氨酰胺。

少数几种氨基酸不能确切地列为必需氨基酸或非必需氨基酸。例如精氨酸通常划分为必需氨基酸，然而猪能够合成精氨酸，但其合成量不能满足猪早期生长的需要（仅能满足60%～75%），所以生长猪日粮中必须有足够数量的精氨酸。性成熟后的生长猪和妊娠母猪体内精氨酸的合成速度可满足需要，但哺乳母猪精氨酸合成量可能无法满足泌乳需要。半胱氨酸可由蛋氨酸合成，因而被列为非必需氨基酸。然而，半胱氨酸及其氧化产物胱氨酸可以满足总含硫氨基酸（蛋氨酸＋胱氨酸）需要量的50%，从而减少了对蛋氨酸的需要量。蛋氨酸不能由胱氨酸合成，因而是必需氨基酸。在无胱氨酸的情况下，蛋氨酸可以满足对总含硫氨基酸的需要。饲料蛋白的营养价值主要取决于饲料必需氨基酸的组成和含量。饲料必需氨基酸含量及各氨基酸比例越接近于猪的需要，其饲料蛋白的营养价值就越高。饲料蛋白中某一个或某些氨基酸不足，就会限制其他氨基酸的利用，该氨基酸被称为限制性氨基酸。某一饲料或某一日粮中，某一氨基酸含量与动物需要量之比最小的一个为第一限制性氨基酸，稍大一点的为第二限制性氨基酸，依此类推。猪饲料常见的限制性氨基酸有赖氨酸、蛋氨酸、色氨酸、苏氨酸、异亮氨酸。猪日粮第一限制性氨基酸往往是赖氨酸。在猪日粮中由几种蛋白饲料配合使用，可发挥氨基酸的互补作用，使氨基酸的数量和比例更合适，从而提高蛋白质饲料的营养价值。添加合成氨基酸可提高饲料蛋白的生物学价值，在猪日粮中最常添加的氨基酸是赖氨酸。

2. 理想蛋白质

理想蛋白质是指与动物需要相对应的日粮必需氨基酸最佳模式。英国农业研究委员会（ARC）1981年正式提出这一概念，并加载于《猪的营养需要》一书。这种理想蛋白质的新概念是以猪奶中的蛋白和猪肌肉中的蛋白的必需氨基酸成分为模式，订出以赖氨酸为100的其他氨基酸比例。NRC（1988）以表的形式也明确列出了理想蛋白质模式。在美国国家科委（NRC）1998年所著的《猪的营养需要》一书中进一步对于猪的维持、蛋白质沉积和乳的合成专门制定了3种理想蛋白模式，详见表8-4。

表8-4 理想蛋白质的必需氨基酸比例（%）

氨基酸	猪奶蛋白	仔猪体蛋白	猪体蛋白	ARC（1981年）	NRC（1998年）		
					维持	蛋白质沉积	乳合成
赖氨酸	100	100	100	100	100	100	100
精氨酸	—	—	—	—	200	48	66
组氨酸	36	39	38	33	32	32	40
异亮氨酸	54	52	52	55	75	54	55
亮氨酸	113	104	101	100	70	102	115
蛋氨酸					28	27	26
蛋氨酸＋胱氨酸	43	45	43	50	123	55	45
苯丙氨酸					50	60	55
苯丙氨酸＋酪氨酸	111	94	96	96	121	93	112
苏氨酸	55	55	55	60	151	60	58
色氨酸	17	—	—	15	26	18	18
缬氨酸	71	70	70	70	67	68	85
必需氨基酸				40.5			
非必需氨基酸				59.5			

应用理想蛋白模式对猪群饲喂时还应考虑猪群本身对该蛋白质的消化吸收能力，即要对实际日粮的氨基酸消化率进行考虑。

3. 氨基酸消化率及可消化氨基酸

到目前为止，人们在考虑和配制猪日粮中的氨基酸数量与比例时，基本上仍以所含各种氨基酸总量为基础。从理论上讲这种做法不尽合理，因为饲料中的氨基酸进入猪体要经过消化、吸收、利用一系列过程，在猪体内也存在生物学利用效率的问题。由于迄今尚未找到测定氨基酸利用率的满意方法，加之有试验表明，吸收后受交联键之类结构的影响，而不能利用的氨基酸仅为氨基酸吸收总量的很小一部分。因此从实际角度出发，提出采用可消化氨基酸评定饲料蛋白质的营养价值及配制猪的日粮。氨基酸回肠消化率（氨基酸回肠末端消化率）是指饲料氨基酸已被吸收，从肠道消失的部分。它采用回肠末端瘘管技术收集食糜，根据饲料和食糜中不消化标记物（通常是三氧化二铬）的浓度计算得到的氨基酸回肠消化率，即氨基酸回肠表观消化率。计算公式如下：

氨基酸回肠表观消化率＝（食入氨基酸量－食糜氨基酸量）/食入氨基酸量×100%

1988年荷兰已将可消化赖氨酸、可消化蛋氨酸、可消化胱氨酸列入猪、鸡饲养标准与饲料成分表。然而“表观回肠消化率”未考虑到内源氨基酸的损失，导致低蛋白质含量饲料比高蛋白质含量饲料的氨基酸表观消化率低，这是因为前者内源氨基酸损失相对较多。“真消化率”对内源氨基酸损失进行了校正。此外，考虑到理想蛋白质模式的确定方式，它实际上反映的是真回肠消化率，而不是表观回肠消化率。用同位素稀释法、高精氨酸技术和肽营养超滤技术测定的内源氮或内源氨基酸是总的内源损失，包括基础损失和额外损失。用总内源损失校正后得到的消化率为真消化率。它更加客观地反映动物肠道对蛋白质和氨基酸的真实的消化吸收状况。真消化率的计算公式如下：

TDAA＝{[AA]diet－（AAflow－AAeflow）}×100/[AA]diet

TDAA为蛋白质或氨基酸真消化率，[AA]diet为日粮蛋白质或氨基酸浓度，AAflow为食糜蛋白质或氨基酸总流量，AAeflow为食糜中的蛋白质或氨基酸内源流量。

（三）矿物质

猪日粮需要某些无机元素，包括钙、磷、氯、钠、镁、钾、硫等常量元素和铜、碘、铁、锰、锌、硒等必需微量元素，猪也需要钴合成维生素B_{12}。猪可能还需要其他微量元素，如砷、硼、溴、氟、钼、镍、硅、锡、钒，但这些元素的需要水平极低，在饲料中的必需性尚未得到证明。

1. 钙和磷

（1）功能：钙和磷是骨骼和牙齿的主要成分，骨又是钙、磷的贮存库，对骨骼系统的发育和维持起主要作用。钙还是血液凝固所必需的物质。磷是某些辅酶的成分。

（2）钙、磷的吸收和代谢：从饲料中进入消化道的钙、磷主要在十二指肠吸收。肠道对钙的吸收率甚低，仅为20%～30%，其余的钙均随粪便排出体外。饲料中的无机磷可直接为肠道所吸收，而有机磷则需先经酶的作用水解为无机磷，然后才能被肠道吸收。

影响钙、磷吸收的因素有以下几种：

①钙、磷比例：钙、磷比例是影响钙、磷吸收的重要因素，如日粮中钙过多时，则易与磷酸根结合成磷酸三钙而沉淀，影响磷的利用，导致生长和骨钙化减慢，尤其是日粮中的磷处于临界水平时。钙、磷比例为（1～1.5）∶1为宜。

②维生素D：足量的维生素D可使小肠内黏膜合成充足的钙结合蛋白，利于钙、磷吸收。

③乳糖和蛋白质：乳糖对钙的吸收有促进作用，因为钙与乳糖螯合形成可溶性低分子螯合物所致。蛋白质水解产物氨基酸可以与钙形成可溶性钙盐，从而增进钙的吸收。

④磷的存在形式：谷实、糠麸油饼等植物性饲料所含的磷50%以上以植酸磷形式存在，猪对植酸磷的利用率很低。

（3）钙、磷缺乏和过量：猪易出现钙、磷缺乏症，表现为食欲下降，生长停滞，消瘦，跛行，骨骼脆弱和繁殖机能受损。幼猪易患佝偻病，成年猪易患骨软症。佝偻病主要表现骨骼生长发育畸形，长骨端肿大，步态僵硬或跛行甚至骨折，还可发生弓背。佝偻病是钙、磷代谢障碍使生长幼猪骨骼不能钙化的骨组织病，生长猪日粮中钙、磷缺乏，或其中之一缺乏，或两者比例不适，或维生素D不足均可发生。骨松症（溶骨症）是成年家畜钙、磷代谢障碍的疾病，常见于妊娠母猪或泌乳高峰时母猪，是钙、磷负平衡导致。如果日粮中钙、磷不足，则动员海绵状骨内的钙、磷进入血液供给胎儿、泌乳的需要。久之，一旦海绵状骨中钙、磷耗尽，就要动员质密骨中的钙、磷，此时就产生溶骨症。

饲料中供给过多的钙引起直接中毒的症状未见报道，但高钙与其他营养素之间的相互作用则可造成有害的影响。高钙抑制磷、镁、铁、碘、锌、钴的吸收，导致其他元素的缺乏。如高钙低锌日粮，以使猪产生锌缺乏症，出现皮肤不完全角化症状。

2. 钠、钾、氯

主要作用为电解质，维持渗透压，调节酸碱平衡，控制水的代谢。钠、钾维持肌肉神经的兴奋性，氯参与胃酸组成。这3种元素主要存在于体液和软组织内。

钠和氯缺乏会降低猪的生长速度和饲料效率，猪表现为食欲下降、异食癖、互相咬尾巴、舔圈墙等，严重缺乏时肌肉颤抖、四肢运动失调。母猪泌乳量也受影响。缺钾症状与缺食盐相似，一般饲料钾含量丰富，可满足猪的需要，不必在饲料中添加。只要供给充足的淡水，猪能耐受高水平的氯化钠，若饮水受限制或水中氯化钠含量过高，会导致中毒。钠中毒的症状表现为神经过敏、虚弱、蹒跚、癫痫发作、瘫痪或死亡。

生长猪饲粮中钠需要量为0.08%～0.1%，氯的需要量尚未确定。在生长猪玉米—豆粕型日粮中，添加0.20%～0.25%水平氯化钠即可满足需要。种猪对氯化钠的需要量尚未确定。一项研究结果提示，日粮含0.3%的氯化钠是不足的，考虑到母猪乳中钠的含量为0.03%～0.04%，哺乳期日粮需要量应比妊娠期高约0.05%。NRC（1998）建议在妊娠期和哺乳期日粮中分别添加氯化钠0.4%和0.5%。

3. 镁

镁是骨骼的主要组成成分，体内70%的镁存在于骨骼内。镁也是许多酶系的辅助因子，可调整神经肌肉的兴奋性，保证神经肌肉正常功能。猪对镁的需要量较低，镁占日粮的0.03%～0.04%可满足猪的需要。猪乳中含有足够的镁，可满足哺乳仔猪的需要。生长育肥猪对镁的需要可能不高于幼猪。

如果饲料中含有足够的镁，可以完全满足猪的需要。生产中一般较少缺镁，按出现的顺序，缺镁症状有应激过敏、肌肉卷曲、不愿站立、平衡失调、抽搐或死亡。镁的中毒水平尚不清楚，猪对镁的最大耐受水平为0.3%（NRC，1980）。

7种常量元素中，饲料中最常缺乏的是钙、磷、钠、氯，而钾、镁、硫含量与猪需要量比，均能满足需要，一般常规日粮不用添加。

4. 铜

铜是金属酶的组成成分，直接参与体内代谢，并维持铁的正常代谢，有利于血红蛋白合成，且对骨细胞、胶质和弹性蛋白形成有重要作用。猪一般不易缺铜，缺铜地区除外。缺铜可表现为贫血，但不能通过补铜消除。缺铜还表现为腿弯曲，心血管异常，神经障碍，生长受阻。

初生仔猪铜的需要量为5～6mg/kg，生长育肥猪铜需要量与仔猪大致相同或略低。当日粮铜含量125～250mg/kg时促进猪的生长。铜对幼猪的促生长作用不依赖于其他抗菌剂，但与其他抗菌剂之间有加性效应。日粮中添加脂肪可增强猪对高铜的反应，铜可刺激脂肪酶和磷脂酶A活性，从而导致断奶仔猪日粮脂肪消化率的提高。当日粮中铜含量高于250mg/kg时会引起中毒。铜在肝脏中过量沉积，造成血红蛋白水平降低和黄疸，日粮高钙、低锌、低铁加重铜的中毒症状。

5. 铁

铁在动物体内的含量虽少，但极其重要。铁是血红蛋白、肌红蛋白及多种酶的必需组分。铁在体内的主要生理功能为参与氧的转运、交换及组织呼吸过程。

哺乳仔猪必须每日存留7～16mg铁，以维持足够的血红蛋白和铁贮量。猪乳含铁1mg / L，仅食母乳的仔猪很快发生贫血。妊娠和哺乳母猪饲喂各种水平铁化合物，包括硫酸铁和铁螯合剂，不能使乳铁含量提高到防止仔猪铁缺乏的程度。但仔猪进食饲喂高铁母猪的粪便可防止缺铁。

缺铁的主要表现是贫血，因此必须给仔猪补铁。给初生仔猪一次注射右旋糖酐铁、糊精铁（100～200mg铁）是有效的。

6. 锌

锌是多种金属酶包括DNA和RNA合成酶和转运酶及多种消化酶的组成成分，并且与胰岛素结合。所以，它在蛋白质、碳水化合物和脂类代谢中发挥重要作用。

生长猪缺锌的典型症状是皮肤角化过度，即所谓副皮炎。缺锌会降低生长速度和饲料效率。仔猪发病率较高。初产母猪产仔少而小，缺锌导致公猪睾丸炎和仔猪胸腺发育受阻。

猪对锌的需要量，仔猪约为100mg/kg，育肥猪约为50mg/kg。公猪的锌需要量高于母猪，母猪高于育肥猪。饲喂过量钙使锌需要量增加。在仔猪开食料中加入高锌（2 000～3 000mg/kg）能够降低仔猪断奶后腹泻，并有一定的促生长效果，但高铜和高锌并无加性效应。

7. 锰

锰作为与糖、脂和蛋白质代谢有关的酶的组成成分而发挥作用。锰是硫酸软骨素合成所必需。

猪对锰的需要量尚未确定。NRC（1998）建议生长育肥猪需要量2～4mg/kg，种猪为20mg/kg。饲料中含量一般能满足需要，生产中不易出现缺乏症。试验长期饲喂含锰0.5mg/kg的日粮给生长育肥猪，导致骨骼生长异常、脂肪沉积增加。母猪发情异常或消失，胎儿被吸收，初生仔猪弱小，泌乳量下降。

8. 碘

碘大部分存在于猪的甲状腺中。碘的作用方式和其他微量元素不同，它以激素的形式发挥作用。甲状腺素促进蛋白质合成，活化很多种酶，调节能量的转换，加速体组织的生长。

生长猪缺碘导致甲状腺肿大和发育迟缓，妊娠母猪缺碘会导致胎儿死亡和被吸收，或产“无毛猪”。据报道，在菜籽饼、亚麻籽饼等饲料中含有一些促甲状腺肿的物质，引起猪对碘的需要量增加。

猪日粮中碘的需要量尚未确定，玉米—豆粕型日粮碘水平为0.14mg/kg即可防止生长猪甲状腺肿大，添加0.35mg/kg可防止母猪缺碘。NRC（1998）建议生长育肥猪和母猪碘的需要量为0.14mg/kg。

9. 硒

硒是谷胱甘肽过氧化物酶和脱碘酶等的组成成分，前者催化脂肪合成过程形成的过氧化氢和过氧化物的还原，防止细胞和亚细胞膜受到过氧化物的侵害。硒和维生素E都有抗氧化作用，且有相互节省效应，但高水平维生素E不能完全替代硒的作用。

断奶仔猪对日粮硒的需要量为0.3mg/kg，生长育肥猪和母猪为0.1mg/kg。在我国东北、西北、西南的一条倾斜地带和浙江、江苏等地区为缺硒区，饲料中硒的含量只有0.002～0.005mg/kg，所以在配合饲料中要添加0.1～0.3mg/kg的硒。饲料缺硒，猪表现为肝脏坏死、白肌病。猝死是硒缺乏的典型特征。若日粮硒含量长期处于5～10mg/kg时，可引起慢性中毒，其症状为食欲减退、无毛、肝脏脂肪浸润、肝脏和肾脏退化、水肿，有时蹄壳从蹄冠带处与皮分离。

（四）维生素

维生素是饲料所含的一类微量营养物质，是一种具有高度生物活性的小分子有机化合物。猪对各种维生素的需要量极少，在猪体内既不参与组织和器官的构成，又不氧化供能，但它们却是机体代谢过程中不可缺少的物质。动物体的一切新陈代谢都离不开各种酶，而维生素本身就是酶的组成部分，有的直接参与酶的活动。所以，当某种维生素不能满足猪的需要时，就会影响生理上的正常代谢，形成食欲减退，生长停滞，最后表现出一些特有的疾病症状，即维生素缺乏症。大多数维生素都不能在猪体内合成，即使某些维生素可以在体内合成，也往往因合成速度太慢或量太少而不能满足生理上的需要，所以必须由饲料中经常得到补充。

青绿多汁饲料含维生素较多，如保存、调制得当，合理搭配能满足猪的需要。喂给青绿多汁饲料不仅是补充维生素的有效途径，而且可以提高饲料转化率，有利于繁殖、生长和健康。如不能提供足量的青饲料，则日粮中必须添加人工合成的多种维生素添加剂。

脂溶性维生素可在猪体内贮存。水溶性维生素除维生素B_{12}外，其他则不能在体内贮存，其吸收过多时可从尿中迅速排出。脂溶性维生素主要经胆汁由粪中排出，所以脂溶性维生素A和维生素D过多时对猪有中毒危险。

关于维生素需要量，在NRC和ARC营养需要中所提出的需要量为防止出现临床缺乏症的最低需要量，低于该值就会出现临床缺乏症。所以最低需要量不会使猪发挥出最大生产性能。生产中的最适供给量需要在最低需要量的基础上增加一个安全系数，但影响最适供给量的因素较多，有品种、日龄、环境、生产水平等。对猪正常生长和繁殖有影响的维生素有14种：维生素A、维生素D、维生素E、维生素K、维生素B、维生素B_1、维生素B_2、泛酸、胆碱、维生素pp（烟酸）、维生素B_6（吡哆醇）、维生素B_{11}（叶酸）、维生素C（抗坏血酸）和生物素。

第五节　猪的日粮配合

配合猪的日粮首先要根据猪对各种营养素的需要而制定饲养标准，然后要有一个常用饲料营养成分表。饲养标准所要求的各项营养指标在饲料成分表中都要表达出来。

一、猪的饲养标准

（一）基本概念

1. 饲养标准

是指猪在一定生理生产阶段，为达到某一生产水平和效率，每头每日供给的各种营养物质的种类和数量或每千克饲粮各种营养物质含量或百分比。它加有安全系数（高于最低营养需要），并附有相应饲料成分及营养价值表。

2. 营养需要

指猪对各种营养物质的最低需要量，它反映的是群体平均需要量，未加安全系数。生产实际中应根据具体情况适当上调，满足猪对各种营养物质的实际需要量。

3. 营养供给量

是根据猪的最低营养需要量、结合生产实际、加上保险系数后的人为供应量。它能保证群体大多数猪只的营养需要得到满足，安全系数过高也容易造成浪费。

（二）饲养标准的用途

饲养标准的用途主要是作为配合日粮、检查日粮以及对饲料厂产品检验的依据。它对于合理有效利用各种饲料资源，提高配合饲料质量，提高养猪生产水平和饲料效率，促进整个饲料行业和养殖业的快速发展具有重要作用。

（三）饲养标准的形式

猪的饲养标准是以营养科学的理论为基础，以科学试验和生产实践的结果为依据制定的。它是理论与实际结合的产物，具有很高的科学性和实用性。世界上许多国家都制定有本国猪的饲养标准，例如我国1983年制定的《肉脂型猪的饲养标准》，1984年制定的《瘦肉型生长育肥猪的饲养标准》；美国国家研究委员会（NRC）1998年发表的第十版《猪的营养需要》；英国农业科委（ARC）1981年发表的第二版《猪的营养需要》。具有代表性的饲养标准有美国NRC《猪的营养需要》，英国ARC《猪的营养需要》，中国《肉脂型猪的饲养标准》等。

营养需要和饲养标准的区别是前者为最低需要量，未加保险系数；后者为实际生产条件下的营养需要，加有保险系数。

（四）我国猪饲养标准

1．瘦肉型生长育肥猪饲养标准

见表8-5和表8-6。

表8-5　生长育肥猪每日每头营养需要量

指标＼体重（kg）	20～35	35～60	60～90	指标＼体重（kg）	20～35	35～60	60～90
预期日增重（g）	500	600	650	锌（mg）	84	101	105
采食风干料量（kg）	1.52	2.20	2.83	锰（mg）	3	4	6
饲料/增重（kg）	3.04	3.67	4.35	铜（mg）	6	7	9
增重/饲料（g/kg）	329	273	230	碘（mg）	0.20	0.29	0.37
消化能（Mcal）	4.71	6.8	8.77	硒（mg）	0.23	0.33	0.28
（MJ）	19.71	28.54	36.69	维生素A（IU）	1 812	2 622	3 359
代谢能（Mcal）	4.38	6.36	8.18	维生素D（IU）	278	301	323
（MJ）	18.33	26.61	34.23	维生素E（IU）	15	22	28
粗蛋白质（g）	243	308	368	维生素K（mg）	2.7	4.0	5.1
赖氨酸（g）	9.7	12.3	14.7	维生素B_1（mg）	1.5	2.2	2.8
蛋氨酸＋胱氨酸（g）	6.4	8.1	7.9	维生素B_2（mg）	3.6	4.4	5.7
苏氨酸（g）	6.1	7.9	9.6	烟酸（mg）	20.0	24.0	26.0
异亮氨酸（g）	7.0	9.0	10.8	泛酸（mg）	15.0	22.0	28.0
钙（g）	8.4	11.0	13.0	生物素（mg）	0.14	0.20	0.26
磷（g）	7.0	9.1	10.5	叶酸（mg）	0.24	1.21	1.56
食盐（g）	4.6	6.6	8.5	维生素B_{12}（μg）	15.0	22.0	28.0
铁（mg）	84	101	105				

表8-6　生长育肥猪每千克饲粮养分含量

指标　　体重（kg）	20～35	35～60	60～90	指标　　体重（kg）	20～35	35～60	60～90
消化能（Mcal）	3.10	3.10	3.10	铜（mg）	4	3	3
（MJ）	12.97	12.97	12.97	碘（mg）	0.13	0.13	0.13
代谢能（Mcal）	2.88	2.89	2.89	硒（mg）	0.15	0.15	0.10
（MJ）	12.05	12.09	12.09	维生素A（IU）	1 192	1 192	1 187
粗蛋白质（%）	16	14	13	维生素D（IU）	183	137	114
赖氨酸（%）	0.64	0.56	0.52	维生素E（IU）	10	10	10
蛋氨酸＋胱氨酸（%）	0.42	0.37	0.28	维生素K（mg）	1.8	1.8	1.8
苏氨酸（%）	0.41	0.36	0.34	维生素B_1（mg）	1.0	1.0	1.0
异亮氨酸（%）	0.46	0.41	0.38	维生素B_2（mg）	2.4	2.0	2.0
钙（%）	0.55	0.50	0.46	烟酸（mg）	13.0	11.0	9.0
磷（%）	0.46	0.41	0.37	泛酸（mg）	10.0	10.0	10.0
食盐（%）	0.30	0.30	0.30	生物素（mg）	0.09	0.09	0.09
铁（mg）	55	46	37	叶酸（mg）	0.55	0.55	0.55
锌（mg）	55	46	37	维生素B_{12}（μg）	10.0	10.0	10.0
锰（mg）	2	2	2				

2. 母猪的饲养标准

见表8-7、表8-8、表8-9、表8-10。

表8-7　妊娠母猪每日每头需要量

期别　体重（kg）　指标	妊娠前期				妊娠后期			
	<90	90～120	120～150	>150	<90	90～120	120～150	>150
采食风干料量（kg）	1.50	1.70	1.90	2.00	2.00	2.20	2.40	2.50
消化能（Mcal）	4.20	4.76	5.32	5.60	5.60	6.16	6.72	7.00
（MJ）	17.57	19.92	22.26	23.43	23.43	25.77	28.12	29.22
代谢能（Mcal）	3.98	4.51	5.04	5.30	5.30	5.83	6.36	6.60
（MJ）	16.65	18.87	21.09	22.18	22.18	24.39	26.61	27.81
粗蛋白质（g）	165	187	209	220	240	264	288	300
赖氨酸（g）	5.30	6.00	6.70	7.00	7.20	7.90	8.60	9.00
蛋氨酸＋胱氨酸（g）	2.90	3.20	3.60	3.80	3.80	4.20	4.50	4.70
苏氨酸（g）	4.20	4.80	5.30	5.60	5.60	6.20	6.70	7.00
异亮氨酸（g）	4.70	5.30	5.90	6.20	6.20	6.80	7.40	7.80
钙（g）	9.2	10.4	11.6	12.2	12.2	13.40	14.6	15.3

续表

指标 \ 体重（kg） \ 期别	妊娠前期				妊娠后期			
	<90	90～120	120～150	>150	<90	90～120	120～150	>150
磷（g）	7.4	8.3	9.30	9.8	9.8	10.8	11.8	12.3
食盐（g）	4.8	5.4	6.1	6.4	6.4	7.0	8.0	8.0
铁（mg）	98	111	124	130	130	143	156	168
铜（mg）	6	7	8	8	8	9	10	10
锌（mg）	63	71	80	84	84	92	101	105
锰（mg）	12	14	15	16	16	18	19	20
碘（mg）	0.16	0.18	0.22	0.22	0.22	0.2	0.27	0.28
硒（mg）	0.20	0.22	0.25	0.26	0.26	0.29	0.31	0.33
维生素A（IU）	4 800	5 440	6 100	6 400	6 600	7 260	7 920	8 250
维生素D（IU）	240	272	304	320	320	352	384	400
维生素E（IU）	12	14	15	16	16	18	19	20
维生素K（mg）	2.6	2.9	3.2	3.4	3.4	3.7	41.1	4.3
维生素B_1（mg）	1.2	1.4	1.5	1.6	1.6	1.8	1.9	2.0
维生素B_2（mg）	3.8	4.3	4.8	5.0	5.0	5.5	6.0	6.3
烟酸（mg）	12.0	14.0	15.0	16.0	16.0	18.0	19.0	20.0
泛酸（mg）	14.6	16.5	18.4	19.4	19.6	21.6	23.5	24.5
生物素（mg）	0.12	0.14	0.15	0.16	0.16	0.18	0.20	0.20
叶酸（mg）	0.75	0.85	0.95	1.00	1.00	1.10	1.20	1.30
维生素B_{12}（μg）	18	20	23	24	26	29	31	33

表8-8　妊娠母猪的每千克饲粮中养分含量

指标 \ 期别	妊娠前期	妊娠后期	指标 \ 期别	妊娠前期	妊娠后期
消化能（Mcal）	2.80	2.80	锰（mg）	8	8
（MJ）	11.72	11.72	碘（mg）	0.11	0.11
代谢能（Mcal）	2.65	2.65	硒（mg）	0.13	0.13
（MJ）	11.09	11.09	维生素A（IU）	3 200	3 300
粗蛋白质（%）	11.0	12.0	维生素D（IU）	160	160
赖氨酸（%）	0.35	0.36	维生素E（IU）	8	8
蛋氨酸＋胱氨酸（%）	0.19	0.19	维生素K（mg）	1.7	1.7
苏氨酸（%）	0.28	0.28	维生素B_1（mg）	0.8	0.8
异亮氨酸（%）	0.31	0.31	维生素B_2（mg）	2.5	2.5
钙（%）	0.61	0.61	烟酸（mg）	8.0	8.0
磷（%）	0.49	0.49	泛酸（mg）	9.7	9.8
食盐（%）	0.32	0.32	生物素（mg）	0.08	0.08

续表

期别 指标	妊娠前期	妊娠后期	期别 指标	妊娠前期	妊娠后期
铁（mg）	65	65	叶酸（mg）	0.5	0.5
铜（mg）	4	4	维生素B_{12}（μg）	12.0	13.0
锌（mg）	42	42			

表8-9　哺乳母猪每日每头营养需要量

体重（kg） 指标	120以下	120～150	150～180	180以上
采食风干料量（kg）	4.80	5.00	5.20	5.30
消化能（Mcal）	13.92	14.50	15.08	15.37
（MJ）	58.24	60.67	63.10	64.31
代谢能（Mcal）	13.44	14.00	14.56	14.84
（MJ）	56.23	58.58	60.92	62.09
粗蛋白质（%）	672	700	728	742
赖氨酸（%）	24	2	26	27
蛋氨酸＋胱氨酸（%）	14.9	15.5	16.1	16.4
苏氨酸（%）	17.8	18.5	19.2	19.6
异亮氨酸（%）	15.8	16.5	17.2	17.5
钙（%）	30.7	32.0	33.3	33.9
磷（%）	21.6	22.5	23.4	23.9
食盐（%）	21.1	22.0	22.9	23.3
铁（mg）	336	350	364	371
铜（mg）	21	22	23	23
锌（mg）	211	220	229	233
锰（mg）	38	40	42	42
碘（mg）	0.55	0.60	0.62	0.64
硒（mg）	0.43	0.45	0.47	0.48
维生素A（IU）	816	8 500	8 840	9 010
维生素D（IU）	826	860	894	912
维生素E（IU）	38	40	42	42
维生素K（mg）	8.0	8.5	8.8	9.0
维生素B_1（mg）	4.3	4.5	4.7	4.8
维生素B_2（mg）	12.5	13.0	13.5	13.8

续表

指标 \ 体重（kg）	120以下	120～150	150～180	180以上
烟酸（mg）	43.0	15.0	47.0	48.0
泛酸（mg）	48.0	50	52.0	53.0
生物素（mg）	0.43	0.45	0.47	0.48
叶酸（mg）	2.4	2.5	2.6	2.7
维生素B_{12}（μg）	62	65	68	69

表8-10　哺乳母猪每千克饲粮中的养分含量

指标 \ 期别	哺乳期	指标 \ 期别	哺乳期
消化能（Mcal）	2.90	锰（mg）	8
（MJ）	12.13	碘（mg）	0.18
代谢能（Mcal）	2.80	硒（mg）	0.09
（MJ）	11.72	维生素A（IU）	1 700
粗蛋白质（%）	14	维生素D（IU）	172
赖氨酸（%）	0.50	维生素E（IU）	9
蛋氨酸+胱氨酸（%）	0.31	维生素K（mg）	1.7
苏氨酸（%）	0.37	维生素B_1（mg）	0.9
异亮氨酸（%）	0.33	维生素B_2（mg）	2.6
钙（%）	0.64	烟酸（mg）	9
磷（%）	0.46	泛酸（mg）	10
食盐（%）	0.44	生物素（mg）	0.09
铁（mg）	70	叶酸（mg）	0.5
铜（mg）	4.4	维生素B_{12}（μg）	13
锌（mg）	44		

3. 后备母猪的饲养标准

见表8-11、表8-12。

表8-11　后备母猪每头每日营养需要量

指标 \ 体重（kg） \ 型别	小型			大型		
	10～20	20～35	35～50	20～35	35～60	60～90
预期日增重（g）	320	380	360	400	480	440
日采食风干料量（kg）	0.90	1.20	1.70	1.26	1.80	2.10

续表

指标 \ 体重（kg） \ 型别	小型			大型		
	10～20	20～35	35～50	20～35	35～60	60～90
消化能（Mcal）	2.70	3.60	4.90	3.78	5.31	6.09
（MJ）	11.30	15.06	20.50	15.82	22.22	25.48
代谢能（Mcal）	2.50	3.40	4.60	3.50	4.95	5.69
（MJ）	10.46	14.23	19.25	14.64	20.71	23.81
粗蛋白质（g）	144	168	221	202	252	273
赖氨酸（g）	6.3	7.4	8.8	7.8	9.5	10.1
蛋氨酸＋胱氨酸（g）	4.1	4.8	5.8	5.0	6.3	7.1
苏氨酸（g）	4.1	4.8	5.8	5.0	6.1	6.5
异亮氨酸（g）	4.5	5.4	6.5	5.7	6.8	7.1
钙（g）	5.4	7.2	10.2	7.6	10.8	12.6
磷（g）	4.5	6.0	8.5	6.3	9.0	10.5
食盐（g）	3.6	4.8	6.8	5.0	7.2	8.4
铁（mg）	64	64	73	67	79	80
锌（mg）	64	64	73	67	79	80
锰（mg）	1.8	2.4	3.4	2.5	3.6	4.2
铜（mg）	4.5	4.8	5.1	5.0	5.4	6.3
碘（mg）	0.13	0.17	0.24	0.18	0.25	0.29
硒（mg）	0.14	0.18	0.26	0.19	0.27	0.32
维生素A（IU）	1 400	1 500	1 900	1 462	2 016	2 331
维生素D（IU）	160	210	220	224	234	242
维生素E（IU）	9	12	17	13	18	21
维生素K（mg）	1.8	2.4	3.4	2.5	3.6	4.2
维生素B_1（mg）	0.9	1.2	1.7	1.3	1.8	2.1
维生素B_2（mg）	2.4	2.8	3.4	2.9	13.6	4.0
烟酸（mg）	9.5	12.6	17.0	15.1	18.0	18.9
泛酸（mg）	9.0	12.0	17.0	13.0	18.0	21.0
生物素（mg）	0.08	0.11	0.15	0.11	0.16	0.19
叶酸（mg）	0.50	0.60	0.80	0.60	0.90	1.10
维生素B_{12}（μg）	12.0	12.0	17.0	13.0	18.0	21.0

注：后备公猪的营养需要可在“大型”的基础上增加10%～20%。

表8-12 后备母猪每千克饲粮中养分含量

型别 / 体重（kg） / 指标	小型			大型		
	10～20	20～35	35～50	20～35	35～60	60～90
消化能（Mcal）	3.00	3.00	2.90	3.00	2.95	2.90
（MJ）	12.55	12.55	12.13	12.55	12.34	12.13
代谢能（Mcal）	2.78	2.80	2.71	2.78	2.75	2.71
（MJ）	11.63	11.72	11.34	11.63	11.51	11.34
粗蛋白质（%）	16	14	13	16	14	13
赖氨酸（%）	0.70	0.62	0.52	0.62	0.53	0.48
蛋氨酸＋胱氨酸（%）	0.45	0.40	0.34	0.40	0.35	0.34
苏氨酸（%）	0.45	0.40	0.34	0.40	0.34	0.31
异亮氨酸（%）	0.50	0.45	0.38	0.45	0.38	0.34
钙（%）	0.6	0.6	0.6	0.6	0.6	0.6
磷（%）	0.5	0.5	0.5	0.5	0.5	0.5
食盐（%）	0.4	0.4	0.4	0.4	0.4	0.4
铁（mg）	71	53	43	53	44	38
锌（mg）	71	53	43	53	44	38
锰（mg）	2	2	2	2	2	2
铜（mg）	5	4	3	4	3	3
碘（mg）	0.14	0.14	0.14	0.14	0.14	0.14
硒（mg）	0.15	0.15	0.15	0.15	0.15	0.15
维生素A（IU）	1 560	1 250	1 120	1 160	1 120	1 110
维生素D（IU）	178	178	130	178	130	115
维生素E（IU）	10	10	10	10	10	10
维生素K（mg）	2	2	2	2	2	2
维生素B_1（mg）	1	1	1	1	1	1
维生素B_2（mg）	2.7	2.3	2.0	2.3	2.0	1.9
烟酸（mg）	16	12	10	12	16	9
泛酸（mg）	10	10	10	10	10	10
生物素（mg）	0.09	0.09	0.09	0.09	0.09	0.09
叶酸（mg）	0.5	0.5	0.5	0.5	0.5	0.5
维生素B_{12}（μg）	13.0	10.0	10.0	10.0	10.0	10.0

4. 种公猪的饲养标准

见表8-13、表8-14。

表8-13　种公猪每头每日营养需要量

指标 \ 体重（kg）	90～150	150以上	指标 \ 体重（kg）	90～150	150以上
采食风干料（kg）	1.90	2.30	铜（mg）	10.00	12.00
消化能(Mcal)	23.85	28.87	锰（mg）	17.00	21.00
(MJ)	5.70	6.90	碘（mg）	0.23	0.28
代谢能(Mcal)	22.90	27.70	硒（mg）	0.25	0.30
(MJ)	5.47	6.62	维生素A（mg）	6 700.00	8 100.00
粗蛋白质(g)	228.00	276.00	维生素D（IU）	340.00	400.00
赖氨酸(g)	7.20	8.70	维生素E（IU）	17.00	21.00
蛋氨酸＋胱氨酸（g）	3.80	4.60	维生素K（mg）	3.40	4.10
苏氨酸（g）	5.70	6.90	维生素B_1（mg）	1.70	2.10
异亮氨酸（g）	6.30	7.60	维生素B_2（mg）	4.90	6.00
钙（g）	12.50	15.20	烟酸（mg）	16.90	20.50
磷（g）	10.10	12.20	泛酸（mg）	20.10	24.40
食盐（g）	6.70	8.10	生物素（mg）	0.17	0.21
铁（mg）	135.00	163.00	叶酸（mg）	1.00	1.20
锌（mg）	84.00	101.00	维生素B_{12}（μg）	25.50	30.50

注：①配种前一个月，在“标准”基础上增加20%～25%。②冬季严寒期在“标准”基础上增加10%～20%。

表8-14　种公猪每千克饲粮养分含量

指标 \ 体重（kg）	90～150	指标 \ 体重（kg）	90～150
饲粮（kg）	1.00	铜（mg）	5.00
消化能（Mcal）	12.55	锰（mg）	9.00
(MJ)	3.0	碘（mg）	0.12
代谢能（Mcal）	12.05	硒（mg）	0.13
(MJ)	2.88	维生素A（IU）	3 500.00
粗蛋白质(%)	12.0	维生素D（IU）	180.00
赖氨酸(%)	0.38	维生素E（IU）	9.00
蛋氨酸＋胱氨酸（%）	0.20	维生素K（mg）	1.80
苏氨酸（%）	0.30	维生素B_1（mg）	0.90
异亮氨酸（%）	0.33	维生素B_2（mg）	2.60
钙（%）	0.66	烟酸（mg）	9.00

续表

体重（kg）/指标	90～150	体重（kg）/指标	90～150
磷（%）	0.53	泛酸（mg）	12.00
食盐（%）	0.35	生物素（mg）	0.09
铁（mg）	71.00	叶酸（mg）	0.50
锌（mg）	44.00	维生素B_{12}（μg）	13.00

5. 肉脂型猪的饲养标准

见表8-15、表8-16、表8-17、表8-18。

表8-15　中国肉脂型生长育肥猪的饲养标准（每千克饲粮中养分含量）

体重（kg）/指标	20～35	35～60	60～90	体重（kg）/指标	20～35	35～60	60～90
消化能(Mcal)	3.10	3.10	3.10	锰(mg)	4	3	3
(MJ)	12.97	12.97	12.97	碘(mg)	0.13	0.13	0.13
代谢能(Mcal)	2.88	2.89	2.89	硒(mg)	0.15	0.15	0.10
粗蛋白质(%)	12.05	12.09	12.09	维生素A(IU)	1 192	1 192	1 187
赖氨酸(%)	16	14	13	维生素D(IU)	183	137	114
蛋氨酸＋胱氨酸(%)	0.64	0.56	0.52	维生素E(IU)	10	10	10
苏氨酸(%)	0.42	0.37	0.28	维生素K(IU)	1.8	1.8	1.8
异亮氨酸(%)	0.41	0.36	0.34	维生素B_1(IU)	1.0	1.0	1.0
精氨酸(%)	0.46	0.41	0.38	维生素B_2(IU)	2.4	2.0	2.0
钙(%)	0.55	0.50	0.46	烟酸(mg)	13.0	11.0	9.0
磷(%)	0.46	0.41	0.37	泛酸(mg)	10.0	10.0	10.0
食盐(%)	0.30	0.30	0.30	生物素(mg)	0.09	0.09	0.60
铁(mg)	55	46	37	叶酸(mg	0.55	0.55	0.55
锌(mg)	55	46	37	维生素B_{12}(μg)	10.0	10.0	10.0
铜(mg)	2	2	2				

注：磷的给量中应有30%无机磷或动物性饲料来源的磷。

表8-16　中国肉脂型后备母猪的饲养标准（每千克饲粮中养分含量）

型别	小型			型别	小型		
指标/体重（kg）	10～20	20～35	35～60	指标/体重（kg）	10～20	20～35	35～60
消化能（Mcal）	3.00	3.00	2.95	锰（mg）	5	4	3
（MJ）	12.55	12.55	12.34	碘（mg）	0.14	0.14	0.14
代谢能（Mcal）	2.78	2.80	2.75	硒（mg）	0.15	0.15	0.15
粗蛋白质（%）	11.63	11.72	11.51	维生素A（IU）	1 560	1 250	1 120
赖氨酸（%）	16	14	14	维生素D（IU）	178	178	130
蛋氨酸＋胱氨酸（%）	0.7	0.62	0.53	维生素E（IU）	10	10	10

续表

指标 \ 体重（kg） \ 型别	小型			指标 \ 体重（kg） \ 型别	小型		
	10～20	20～35	35～60		10～20	20～35	35～60
苏氨酸（%）	0.45	0.40	0.35	维生素K（IU）	2	2	2
异亮氨酸（%）	0.45	0.40	0.34	维生素 B_1（IU）	1	1	1
精氨酸（%）	0.50	0.45	0.38	维生素 B_2（IU）	2.7	2.3	2.0
钙（%）	0.6	0.6	0.6	烟酸（mg）	16	12	10
磷（%）	0.5	0.5	0.5	泛酸（mg）	10	10	10
食盐（%）	0.4	0.4	0.4	生物素（mg）	0.09	0.09	0.09
铁（mg）	71	53	44	叶酸（mg）	0.5	0.5	0.5
锌（mg）	71	53	44	维生素 B_{12}（μg）	13.0	10.0	10.0
铜（mg）	2	2	2				

表8-17 中国肉脂型后备母猪的饲养标准（每千克饲粮中养分含量）

指标 \ 体重（kg） \ 型别	大型			指标 \ 体重（kg） \ 型别	大型		
	20～35	35～60	60～90		20～35	35～60	60～90
消化能（Mcal）	3.00	2.95	2.90	锰（mg）	4	3	3
（MJ）	12.55	12.34	12.13	碘（mg）	0.14	0.14	0.14
代谢能（Mcal）	2.78	2.75	2.71	硒（mg）	0.15	0.15	0.15
粗蛋白质（%）	11.63	11.51	11.34	维生素A（IU）	1 160	1 120	1 110
赖氨酸（%）	16	14	13	维生素D（IU）	178	115	130
蛋氨酸＋胱氨酸（%）	0.62	0.53	0.48	维生素E（IU）	10	10	2
苏氨酸（%）	0.40	0.35	0.34	维生素K（IU）	2	2	1
异亮氨酸（%）	0.40	0.34	0.31	维生素 B_1（IU）	1	1	1.9
精氨酸（%）	0.45	0.38	0.34	维生素 B_2（IU）	2.3	2.0	1.9
钙（%）	0.6	0.6	0.6	烟酸（mg）	12	12	9
磷（%）	0.5	0.5	0.5	泛酸（mg）	10	10	10
食盐（%）	0.4	0.4	0.4	生物素（mg）	0.09	0.09	0.09
铁（mg/kg）	53	44	38	叶酸（mg）	0.5	0.5	0.5
锌（mg/kg）	53	44	38	维生素 B_{12}（μg）	10.0	10.0	10.0
铜（mg/kg）	2	2	2				

表8-18 中国肉脂型妊娠母猪的饲养标准（每千克饲粮中养分含量）

指标 \ 期别	妊娠前期	妊娠后期	指标 \ 期别	妊娠前期	妊娠后期
消化能（Mcal）	2.80	2.80	锰（mg）	8	8
（MJ）	11.72	11.72	碘（mg）	0.11	8.11
代谢能（Mcal）	2.65	2.65	硒（mg）	0.13	0.13
代谢能（MJ）	11.09	11.09	维生素A（IU）	3 200	3 300
粗蛋白质（%）	11.0	12.0	维生素D（IU）	160	360
赖氨酸（%）	0.35	0.36	维生素E（IU）	8	1
蛋氨酸＋胱氨酸（%）	0.19	0.19	维生素K（IU）	1.7	8.7
苏氨酸（%）	0.28	0.28	维生素B_1（IU）	0.8	1.8
异亮氨酸（%）	0.31	0.31	维生素B_2（IU）	2.5	0.5
钙（%）	0.61	0.61	烟酸（mg）	8.0	2.0
磷（%）	0.49	0.49	泛酸（mg）	9.7	8.8
食盐（%）	0.32	0.32	生物素（mg）	0.08	9.08
铁（mg）	65	65	叶酸（mg）	0.5	0.5
铜（mg）	4	4	维生素B_{12}（μg）	12.0	13.0
锌（mg）	42	42			

（五）美国NRC（1998）饲养标准

1. 生长育肥猪营养需要量

见表8-19。

表8-19 生长猪在自由采食情况下对日粮氨基酸、矿物质、维生素及脂肪酸的需要量（90%干物质）

项目 \ 体重（kg）	3～5	5～10	10～20	20～50	50～80	80～120
该范围的平均体重（kg）[a]	4	7.5	15	35	65	100
日粮消化能含量（MJ）	14.23	14.23	14.23	14.23	14.23	14.23
日粮代谢能含量（MJ/kg）[b]	13.67	13.67	13.67	13.67	13.67	13.67
消化能摄入量估测值（MJ/d）	3.58	7.07	14.23	26.39	36.67	43.74
代谢能摄入量估测值（MJ/d）[b]	3.43	6.78	13.67	25.33	35.20	41.99
采食量估测值（g/d）	250	500	1 000	1 855	2 575	3 075
粗蛋白质（%）[c]	26.0	23.7	20.9	18.0	15.5	13.2
氨基酸需要量[b]以真回肠可消化氨基酸为基础（%）						
精氨酸	0.54	0.49	0.42	0.33	0.24	0.16
组氨酸	0.43	0.38	0.32	0.26	0.21	0.16
异亮氨酸	0.73	0.65	0.55	0.45	0.37	0.29
亮氨酸	1.35	1.20	1.02	0.83	0.67	0.51
赖氨酸	1.34	0.19	1.01	0.83	0.66	0.52
蛋氨酸	0.36	0.32	0.27	0.22	0.18	0.14
蛋氨酸＋胱氨酸	0.76	0.68	0.58	0.47	0.39	0.31
苯丙氨酸	0.80	0.71	0.61	0.49	0.40	0.31
苯丙氨酸＋酪氨酸	1.26	1.12	0.95	0.78	0.63	0.49
苏氨酸	0.84	0.74	0.63	0.52	0.43	0.34
色氨酸	0.24	0.22	0.18	0.15	0.12	0.10
缬氨酸	0.91	0.81	0.69	0.56	0.45	0.35

续表

项目 \ 体重（kg）	3～5	5～10	10～20	20～50	50～80	80～120
以表观回肠可消化氨基酸为基础（%）						
精氨酸	0.51	0.46	0.39	0.31	0.22	0.14
组氨酸	0.40	0.36	0.31	0.25	0.20	0.16
异亮氨酸	0.69	0.61	0.52	0.42	0.34	0.26
亮氨酸	1.29	1.15	0.98	0.80	0.64	0.50
赖氨酸	0.26	1.11	0.94	0.77	0.61	0.47
蛋氨酸	0.34	0.30	0.26	0.21	0.17	0.13
蛋氨酸＋胱氨酸	0.71	0.63	0.53	0.44	0.36	0.29
苯丙氨酸	0.75	0.66	0.56	0.46	0.37	0.28
苯丙氨酸＋酪氨酸	1.18	1.05	0.89	0.72	0.58	0.45
苏氨酸	0.75	0.66	0.56	0.46	0.37	0.30
色氨酸	0.22	0.19	0.16	0.13	0.10	0.08
缬氨酸	0.84	0.74	0.63	0.51	0.41	0.32
以总氨基酸[d]为基础（%）						
精氨酸	0.59	0.54	0.46	0.37	0.27	0.19
组氨酸	0.48	0.43	0.36	0.30	0.24	0.19
异亮氨酸	0.83	0.73	0.63	0.51	0.42	0.33
亮氨酸	1.50	1.32	1.12	0.90	0.71	0.54
赖氨酸	1.50	1.35	1.15	0.95	0.75	0.60
蛋氨酸	0.40	0.35	0.30	0.25	0.20	0.16
蛋氨酸＋胱氨酸	0.86	0.76	0.65	0.54	0.44	0.35
苯丙氨酸	0.90	0.80	0.68	0.55	0.44	0.34
苯丙氨酸＋酪氨酸	1.41	1.25	1.06	0.87	0.70	0.55
苏氨酸	0.98	0.86	0.74	0.61	0.51	0.41
色氨酸	0.27	0.24	0.21	0.17	0.14	0.11
缬氨酸	1.04	0.92	0.79	0.64	0.52	0.40
需要量（%或每千克日粮中含量）						
钙（%）[e]	0.90	0.80	0.70	0.60	0.50	0.45
总磷（%）[e]	0.70	0.65	0.60	0.50	0.45	0.40
有效磷（%）[e]	0.55	0.40	0.32	0.23	0.19	0.15
钠（%）	0.25	0.20	0.15	0.10	0.10	0.10
氯（%）	0.25	0.20	0.15	0.08	0.08	0.08
镁（%）	0.04	0.04	0.04	0.04	0.04	0.04
钾（%）	0.30	0.28	0.26	0.23	0.19	0.17
铜（mg）	6.00	6.00	5.00	4.00	3.50	3.00
碘（mg）	0.14	0.14	0.14	0.14	0.14	0.14
铁（mg）	100	100	80	60	50	40
锰（mg）	4.00	4.00	3.00	2.00	2.00	2.00
硒（mg）	0.30	0.30	0.25	0.15	0.15	0.15
锌（mg）	100	100	80	60	50	50
维生素						
维生素A（IU）[f]	2 200	2 200	1 750	1 300	1 300	1 300
维生素D_3（IU）[f]	220	220	200	150	150	150

续表

项目 \ 体重（kg）	3～5	5～10	10～20	20～50	50～80	80～120
维生素E（IU）[f]	16	16	11	11	11	11
维生素K（mg）	0.50	0.50	0.50	0.50	0.50	0.50
生物素（mg）	0.08	0.05	0.05	0.05	0.05	0.05
胆碱（g）	0.60	0.50	0.40	0.30	0.30	0.30
叶酸（mg）	0.30	0.30	0.30	0.30	0.30	0.30
可利用尼克酸（mg）[g]	20.00	15.00	12.50	10.00	7.00	7.00
泛酸（mg）	12.00	10.00	9.00	8.00	7.00	7.00
核黄素（mg）	4.00	3.50	3.00	2.50	2.00	2.00
维生素B_1（mg）	1.50	1.00	1.00	1.00	1.00	1.00
维生素B_6（mg）	2.00	1.50	1.50	1.00	1.00	1.00
维生素B_{12}（μg）	20.00	17.50	15.00	10.00	5.00	5.00
亚油酸（%）	0.10	0.10	0.10	0.10	0.10	0.10

注：a.公、母猪按1∶1混养，从20～120kg体重，每日沉积优质肌肉325g。

b.消化能转化为代谢能的效率为96%，在本表中所列玉米-豆粕型日粮的粗蛋白条件下，消化能转化为代谢能的效率为94%～96%。

c.本表中所列粗蛋白含量适用于玉米－豆粕型日粮，对可采食含血浆或奶产品的3～10kg仔猪，粗蛋白水平可以降低2%～3%。

d.总氨基酸的需要量基于以下日粮：3～5kg仔猪，玉米－豆粕型日粮，含5%的血浆制品和25%～50%的奶制品；5～10kg仔猪，玉米－豆粕型日粮含5%～25%的奶制品；10～120kg生长猪，玉米－豆粕型日粮。

e.体重50～100kg的后备公、母猪日粮中钙和可利用磷的含量应增加0.05%～0.10%。

f.1IU维生素A=0.344μg乙酸视黄酯；1IU维生素D_3=0.05μg胆钙化醇；1IU维生素E=0.67mg；D_3-a-生育酚=11mgDL-a-生育酚乙酸酯。

g.玉米、饲用高粱、小麦和大麦中的烟酸不能为猪所利用。同样，这些谷物副产品中的烟酸利用率也很低，除非对这些副产品进行发酵处理或湿法粉碎。

2. 母猪营养需要量

见表8-20、表8-21和表8-22。

表8-20 妊娠母猪日粮中氨基酸需要量（90%干物质）[a]

项 目	配种体重					
	125	150	175	200	200	200
	妊娠期体增重（kg）					
	55	45	40	35	30	35
	预期窝产仔数					
	11	12	12	12	12	14
日粮消化能含量（MJ/kg）[c]	14.23	14.23	14.23	14.23	14.23	14.23
日粮代谢能含量（MJ/kg）[b]	13.67	13.67	13.67	13.67	13.67	13.67
消化能摄入量估测值（MJ/d）[c]	27.88	26.23	26.81	27.36	25.60	26.27
代谢能摄入量估测值（MJ/d）[b]	26.77	25.18	25.74	26.27	24.57	25.22
采食量估测值（g/d）	1.96	1.84	1.88	1.92	1.80	1.85
粗蛋白质（%）[d]	12.9	12.8	12.4	12.0	12.1	12.4

续表

项　目	配种体重					
	125	150	175	200	200	200
	妊娠期体增重（kg）					
	55	45	40	35	30	35
	预期窝产仔数					
	11	12	12	12	12	14
氨基酸需要量以真回肠可消化氨基酸为基础（%）						
精氨酸	0.04	0.00	0.00	0.00	0.00	0.00
组氨酸	0.16	0.16	0.15	0.15	0.14	0.15
异亮氨酸	0.29	0.28	0.27	0.26	0.26	0.27
亮氨酸	0.48	0.47	0.44	0.44	0.44	0.46
赖氨酸	0.50	0.49	0.46	0.44	0.44	0.46
蛋氨酸	0.14	0.13	0.13	0.12	0.12	0.13
蛋氨酸＋胱氨酸	0.33	0.33	0.32	0.31	0.32	0.33
苯丙氨酸	0.29	0.28	0.27	0.25	0.25	0.27
苯丙氨酸＋酪氨酸	0.48	0.48	0.46	0.44	0.44	0.46
苏氨酸	0.37	0.38	0.37	0.36	0.37	0.38
色氨酸	0.10	0.10	0.09	0.09	0.09	0.09
缬氨酸	0.34	0.33	0.31	0.30	0.30	0.31
以表观回肠可消化氨基酸为基础（%）						
精氨酸	0.03	0.00	0.00	0.00	0.00	0.00
组氨酸	0.15	0.15	0.14	0.13	0.13	0.14
异亮氨酸	0.26	0.26	0.25	0.24	0.24	0.25
亮氨酸	0.46	0.47	0.43	0.40	0.40	0.43
赖氨酸	0.45	0.45	0.42	0.40	0.40	0.42
蛋氨酸	0.13	0.13	0.12	0.11	0.12	0.12
蛋氨酸＋胱氨酸	0.33	0.31	0.30	0.29	0.30	0.31
苯丙氨酸	0.27	0.26	0.24	0.23	0.23	0.24
苯丙氨酸＋酪氨酸	0.45	0.44	0.42	0.40	0.41	0.43
苏氨酸	0.32	0.33	0.32	0.31	0.32	0.33
色氨酸	0.08	0.08	0.08	0.07	0.07	0.08
缬氨酸	0.31	0.30	0.28	0.27	0.27	0.28
以总氨基酸为基础（%）						
精氨酸	0.06	0.03	0.00	0.00	0.00	0.00
组氨酸	0.19	0.18	0.17	0.16	0.17	0.17
异亮氨酸	0.33	0.32	0.31	0.30	0.30	0.31
亮氨酸	0.50	0.49	0.46	0.42	0.43	0.46
赖氨酸	0.58	0.57	0.54	0.52	0.52	0.54
蛋氨酸	0.15	0.15	0.14	0.13	0.13	0.14
蛋氨酸＋胱氨酸	0.57	0.35	0.37	0.28	0.28	0.30
苯丙氨酸	0.32	0.32	0.30	0.36	0.36	0.24
苯丙氨酸＋酪氨酸	0.54	0.45	0.44	0.43	0.44	0.51
苏氨酸	0.44	0.45	0.44	0.43	0.44	0.45
色氨酸	0.11	0.11	0.11	0.10	0.10	0.11
缬氨酸	0.39	0.38	0.36	0.34	0.34	0.36

注：a. 消化能每日进食量和饲料采食量以及氨基酸需要量根据妊娠模型推算的。

b. 妊娠增重包括母体增重和胎儿增重。

c. 消化能转化为代谢能的效率为96%。

d. 粗蛋白和总氨基酸需要量基于玉米－豆粕型日粮。

表8-21 泌乳母猪日粮氨基酸需要量（90%干物质）[a]

项　目	母猪产后体重（kg）					
	175	175	175	175	175	175
	泌乳期体重变化（kg）b					
	0	0	0	-10	-10	-10
	猪只日增重（g）					
	150	200	250	150	200	250
日粮消化能含量（MJ/kg）	14.23	14.23	14.23	14.23	14.23	14.23
日粮代谢能含量（MJ/kg）[c]	13.67	13.67	13.67	13.67	13.67	13.67
消化能摄入量估测值（MJ/d）	61.30	76.21	91.11	50.73	65.64	80.54
代谢能摄入量估测值（MJ/d）[c]	58.86	73.15	87.47	48.70	63.02	77.32
采食量估测值（g/d）[b]	4.31	5.35	6.40	3.56	4.61	5.66
粗蛋白质（%）[d]	16.3	17.5	18.4	17.2	18.5	19.2
氨基酸需要量以回肠末端真可消化氨基酸需要量（%）						
精氨酸	0.36	0.44	0.49	0.35	0.44	0.50
组氨酸	0.28	0.32	0.34	0.30	0.34	0.36
异亮氨酸	0.40	0.44	0.47	0.44	0.48	0.50
亮氨酸	0.80	0.90	0.96	0.87	0.97	1.03
赖氨酸	0.71	0.79	0.85	0.77	0.85	0.90
蛋氨酸	0.19	0.21	0.22	0.20	0.22	0.23
蛋氨酸＋胱氨酸	0.35	0.39	0.41	0.39	0.42	0.43
苯丙氨酸	0.39	0.43	0.46	0.42	0.46	0.49
苯丙氨酸＋酪氨酸	0.80	0.89	0.95	0.88	0.97	1.02
苏氨酸	0.45	0.49	0.52	0.50	0.53	0.56
色氨酸	0.13	0.14	0.15	0.15	0.16	0.16
缬氨酸	0.60	0.67	0.72	0.66	0.73	0.77
以回肠末端表观消化率为基础（%）						
精氨酸	0.34	0.41	0.46	0.33	0.41	0.47
组氨酸	0.27	0.30	0.32	0.29	0.32	0.34
异亮氨酸	0.37	0.41	0.44	0.41	0.44	0.47
亮氨酸	0.77	0.86	0.92	0.83	0.92	0.98
赖氨酸	0.66	0.73	0.79	0.72	0.79	0.84
蛋氨酸	0.18	0.20	0.21	0.19	0.21	0.22
蛋氨酸＋胱氨酸	0.33	0.36	0.38	0.36	0.39	0.40
苯丙氨酸＋酪氨酸	0.75	0.83	0.89	0.82	0.90	0.96
苏氨酸	0.40	0.43	0.46	0.44	0.47	0.49
色氨酸	0.11	0.12	0.13	0.13	0.14	0.14
缬氨酸	0.55	0.61	0.66	0.61	0.67	0.71

续表

项　　目	母猪产后体重（kg）					
	175	175	175	175	175	175
	泌乳期体重变化（kg）b					
	0	0	0	-10	-10	-10
	猪只日增重（g）					
	150	200	250	150	200	250
以总氨基酸消化率为基础（%）						
精氨酸	0.40	0.48	0.54	0.39	0.49	0.55
组氨酸	0.32	0.36	0.38	0.34	0.38	0.40
异亮氨酸	0.45	0.50	0.53	0.50	0.54	0.57
亮氨酸	0.86	0.97	1.05	0.95	1.05	1.12
赖氨酸	0.82	0.91	0.97	0.89	0.97	1.03
蛋氨酸	0.21	0.23	0.24	0.22	0.24	0.26
蛋氨酸＋胱氨酸	0.40	0.44	0.46	0.44	0.47	0.49
苯丙氨酸	0.43	0.48	0.52	0.47	0.52	0.55
苯丙氨酸＋酪氨酸	0.90	1.00	1.07	0.98	1.08	1.14
苏氨酸	0.54	0.58	0.61	0.58	0.63	0.65
色氨酸	0.15	0.16	0.17	0.17	0.18	0.19
缬氨酸	0.68	0.76	0.82	0.76	0.83	0.88

注：a.代谢能每日进食量和饲料采食量以及氨基酸需要量根据泌乳模型推算；

b.每窝10头仔猪，21日龄断奶；

c.消化能转化为代谢能的效率为96%，对玉米-豆粕型日粮，这一比值为95%～96%，依日粮粗蛋白含量而定；

d.粗蛋白和总氨基酸需要量基于玉米－豆粕型日粮。

表8-22　妊娠和泌乳母猪对日粮矿物质、维生素和脂肪酸的需要量（90%干物质）[a]

项　　目	妊娠	泌乳
日粮消化能含量（MJ/kg）	14.23	14.23
日粮代谢能含量（MJ/kg）[b]	13.67	13.67
消化能摄入量估测值（MJ/d）	26.33	74.72
代谢能摄入量估测值（MJ/d）[b]	25.28	71.73
采食量估测值（kg/d）	1.85	5.25
需要量（%或每千克日粮中含量）		
矿物质元素		
钙（%）	0.75	0.75
总磷（%）	0.60	0.60
有效磷（%）	0.35	0.35
钠（%）	0.15	0.20
氯（%）	0.12	0.16

续表

项　目	妊娠	泌乳
镁（%）	0.04	0.04
钾（%）	0.20	0.20
铜（mg）	5.00	5.00
碘（mg）	0.14	0.14
铁（mg）	80	80
泛酸（mg）	12	12
锰（mg）	20	20
硒（mg）	0.15	0.15
锌（mg）	50	50
维生素		
维生素A（IU）[c]	4 000	2 000
维生素D_3（IU）[c]	200	200
维生素E（IU）[c]	44	44
维生素K（mg）	0.50	0.50
核黄素（mg）	3.75	3.75
维生素B_1（mg）	1.00	1.00
维生素B_6（mg）	1.00	1.00
维生素B_{12}（mg）	15	15
生物素（mg）	0.20	0.20
胆碱（g）	1.25	1.00
叶酸（mg）	1.30	1.30
可利用尼克酸（mg）[d]	10	10
脂肪酸		
亚油酸（%）	0.10	0.10

注：a.需要量的制定分别以每日采食1.85kg和5.25kg饲料为基础。如果采食量较低，应提高这些养分在日粮中的比例。

b.假设代谢能为消化能的96%。

c.换算：1IU维生素A=0.344μg维生素A醋酸酯；1IU维生素D_3=0.025μg胆钙化醇；1IU维生素E=0.67mg；D_3-a-生育酚 = 1mgDL-a-生育酚醋酸酯。

d.玉米、高粱、小麦和大麦中的尼克酸是不可利用的。同样，这些禾谷类谷物副产品中的尼克酸的利用率很低，除非把这些副产品进行发酵或湿法研磨加工处理。

3. 公猪营养需要量

见表8-23。

表8-23　配种公猪对日粮和每日氨基酸、矿物元素、维生素和脂肪酸的需要量（90%干物质）[a]

项　目	妊娠	泌乳
日粮消化能含量（MJ/kg）	14.23	14.23
日粮代谢能含量（MJ/kg）	13.67	13.67
消化能摄入量（MJ/d）	28.46	74.72
代谢能摄入量（MJ/d）	27.33	71.73
采食量估测值（kg/d）	2.00	5.25
粗蛋白质（%）[b]	13.0	13.0

续表

项　　目	妊娠	泌乳
	需要量	
	%或每千克日粮中含量	每日需要量
氨基酸		
精氨酸	—	—
组氨酸	0.19%	3.8g
异亮氯酸	0.35%	7.0g
亮氨酸	0.51%	10.02g
赖氨酸	0.60%	12.0g
蛋氨酸	0.16%	3.2g
蛋氨酸+胱氨酸	0.42%	8.4g
苯丙氨酸	0.33%	6.6g
苯丙氨酸+酪氨酸	0.57%	11.4g
苏氨酸	0.50%	10.0g
色氨酸	0.12%	2.4g
缬氨酸	0.40%	8.0g
矿物质元素		
钙（mg）	0.75%	0.75%
总磷（mg）	0.60%	0.60%
有效磷（mg）	0.35%	0.35%
钠（mg）	0.15%	0.15%
氯（mg）	0.12%	0.12%
镁（mg）	0.04%	0.04%
钾（mg）	0.20%	0.20%
铜（mg）	5.00	10.00
碘（mg）	0.14	0.28
铁（mg）	80	160
锰（mg）	20	40
硒（mg）	0.15	0.30
锌（mg）	50	100
维生素		
维生素A（IU）[c]	4 000	8 000
维生素D_3（IU）[c]	200	400
维生素E（IU）[c]	44	88
维生素K（mg）	0.50	1.00
生物素（mg）	0.20	0.40

续表

项目	妊娠	泌乳
胆碱（g）	1.25	2.50
叶酸（mg）	1.30	2.60
可利用尼克酸（mg）[d]	10	20
泛酸（mg）	12	24
核黄素（mg）	3.75	7.5
维生素B_1（mg）	1.00	2.00
维生素B_6（mg）	1.00	2.00
维生素B_{12}（μg）	15	30
脂肪酸		
亚油酸	0.10%	2.0g

注：a.需要量是按采食量2.00kg设计的，实际生产中日采食量应依种公猪体重和增重而定。

b.玉米-豆粕型日粮，赖氨酸需要量为0.6%（12g/d），其氨基酸是按妊娠母猪相似的模型（总氨基酸基础）推算的。

c.1IU维生素A=0.344μg乙酸视黄酯；1IU维生素D_3=0.05μg胆钙化醇；1IU维生素E=0.67mgD_3-a-生育酚=1mgDL-a-生育酚乙酸酯。

d.玉米、饲用高粱、小麦和大麦中的烟酸不能为猪所利用。同样，这些谷物副产品中的烟酸利用率也很低，除非对这些副产品进行发酵处理或湿法粉碎。

4. 饲料成分及营养价值表

见表8-24。

表8-24　部分饲料成分及营养价值表

饲料种类	干物质（%）	消化能（%）	粗蛋白（%）	粗纤维（%）	钙（%）	磷（%）	有效磷（%）	赖氨酸（%）	蛋氨酸+胱氨酸（%）	苏氨酸（%）	异亮氨酸（%）	精氨酸（%）	样品说明
1. 青绿饲料类													
胡萝卜	12.0	1.09	2.2	2.2	0.38	0.05	0.05						
大白菜	7.0	0.75	1.8	1.1	0.14	0.06	0.06						
白三叶	14.9	1.55	3.8	2.8	0.19	0.08	0.08						
甘薯藤	13.0	1.13	2.1	2.5	0.20	0.05	0.05	0.11	0.12	0.11	0.10	0.12	营养期
聚合草	10.8	1.00	1.9	1.6	0.18	0.07	0.07	0.08	0.25	0.07	0.07	0.09	营养期
苦荬菜	15.0	1.42	3.3	2.7	0.29	0.06	0.06	0.08	0.10	0.08	0.08	0.09	营养期
秣食豆菜	20.0	0.88	0.4	7.2	0.3	0.07	0.07	0.17	0.07	0.11	0.15	0.09	营养期
苜蓿	25.0	1.05	2.6	2.6	0.30	0.05	0.05	0.16	0.10	0.12	0.15	0.09	营养期
苕子	15.0	1.63	3.2	4.3	0.17	0.04	0.04						
紫云英	13.0	1.30	2.9	2.5	0.18	0.07	0.07						

续表

饲料种类	干物质（%）	消化能（%）	粗蛋白（%）	粗纤维（%）	钙（%）	磷（%）	有效磷（%）	赖氨酸（%）	蛋氨酸+胱氨酸（%）	苏氨酸（%）	异亮氨酸（%）	精氨酸（%）	样品说明
2. 树叶类													
槐叶粉	88.0	11.0	26.1	9.6	2.88	0.40	0.40						优质
紫穗槐叶粉	88.0	12.05	24.3	10.0	0.76	0.12	0.12						优质
松针叶粉	90.6	6.23	7.9	27.3	0.28	0.30	0.30						
3. 块根块茎类													
甘薯	25.0	3.85	1.0	0.09	0.06	0.07	0.05	0.13	0.11	0.15	0.12	0.14	
甘薯干	90.0	14.43	3.9	2.3	0.15	0.12	0.12	0.13	0.11	0.15	0.12	0.14	
胡萝卜	12.0		0.9	1.1	0.04	0.02	0.02	0.03	0.03	0.03	0.04	0.03	
萝卜	7.0	1.00	0.9	0.7	0.05	0.03	0.03						
马铃薯	22.0	3.26	1.6	0.7	0.02	0.03	0.03	0.36	0.22	0.26	0.26	0.03	
木薯干	87.0	14.64	3.8	2.8	0.16	0.08							
甜菜	15.0	2.05	2.0	1.7	0.06	0.04	0.01	0.03	0.02	0.02	0.02	0.02	
4. 青干草类													
青干草	90.8	5.48	8.4	30.8	0.57	0.08	0.08	0.28	0.18	0.33	0.22	0.34	初花期
沙打旺	94.4	7.15	12.3	29.0	1.95	0.12	0.12	0.05	0.25	0.78	0.71	0.37	
苕子糠	88.1	7.61	25.6	18.6	1.38	0.37	0.37						
紫云英	90.8	5.90	19.1	29.9	1.50	0.22	0.22						
秣食豆干草	88.0	4.98	23.3	40.9	1.70	0.40	0.40	0.16	0.10	0.12	0.15	0.14	现蕾期
苜蓿干草	87.9	7.95	20.3	23.2	1.65	0.35	0.35	0.53	0.49	0.42	0.52	0.31	成花期
苜蓿干草	88.4	7.32	15.5	25.4	1.10	0.22	0.22						
5. 农副产品													
大豆黏粉	88.1	7.99	18.0	16.7	1.97	0.18	0.18	0.31	0.12	1.08	0.25	0.20	
玉米黏粉	90.7	6.74	7.2	24.4	0.39	0.23	0.23	0.25	0.28	0.27	0.25	0.34	
甘薯藤粉	88.0	5.23	8.1	28.5	1.55	0.11	0.11	0.28	0.18	0.29	0.24	0.25	
花生藤粉	87.5	7.41	11.7	21.8	1.89	0.09	0.09	0.40	0.56	0.36	0.34	0.40	
蚕豆茎干粉	92.0	8.28	17.8	18.6	2.01	0.41	0.41	1.02	0.96	0.90	1.069	0.90	成熟、优质
6. 谷实类													
玉米	88.4	14.48	8.6	2.0	0.04	0.21	0.07	0.23	0.27	0.31	0.26	0.39	
高粱	89.3	13.97	8.7	2.2	0.09	0.28	0.09	0.22	0.25	0.25	0.32	0.35	
大麦	88.8	13.18	10.8	4.7	0.12	0.29	0.10	0.42	0.28	0.38	0.39	0.56	
青稞	88.8	14.23	12.0	2.5	0.08	0.31	0.10	0.40	0.22	0.38	1.74	0.70	
糙米	87.0	13.18	8.8	0.7	0.04	0.25	0.80						
小麦	91.8	14.31	12.1	2.4	0.07	0.36	0.12	0.35	0.48	0.35	0.45	0.60	
稻谷	90.6	11.72	8.3	8.5	0.07	0.28	0.09	0.31	0.30	0.27	0.28	0.62	

续表

饲料种类	干物质（%）	消化能（%）	粗蛋白（%）	粗纤维（%）	钙（%）	磷（%）	有效磷（%）	赖氨酸（%）	蛋氨酸+胱氨酸（%）	苏氨酸（%）	异亮氨酸（%）	精氨酸（%）	样品说明
小米	86.8	14.02	8.9	1.3	0.05	0.32	0.11	0.58	0.73	0.34	0.28	0.55	
燕麦	90.3	12.01	11.6	8.9	0.15	0.33	0.11	0.66	0.24	0.37	0.35	0.71	
7. 糠麸类													
大麦麸	91.2	12.93	14.5	8.2	0.04	0.40	0.13						
小麦麸	89.8	11.38	14.2	7.3	0.14	0.96	0.35	0.65	0.74	0.51	0.47	1.07	七二粉
小麦麸	88.0	12.01	15.4	8.2	0.12	0.85	0.28	0.67	0.74	0.54	0.49	1.15	八四粉
高粱糠	90.0	13.00	9.3	3.9	0.30	0.44	0.15	0.38	0.39	0.35	0.42	1.36	
米糠	90.2	12.64	12.1	9.2	0.14	1.04	0.34	0.36	0.35	0.46	0.49	0.84	
8. 豆类													
大豆	88.0	16.57	37.0	5.1	0.27	0.48	0.16	2.45	1.01	1.53	1.68	3.19	
蚕豆	88.0	12.89	24.9	7.5	0.15	0.40	0.13	1.59	0.78	0.90	1.00	2.37	
黑豆	88.0	13.18	36.1	6.7	0.24	0.48	0.16	1.89	0.43	1.19	1.54	2.48	
豌豆	88.0	13.47	22.6	5.9	0.13	0.48	0.16	1.68	0.68	0.93	0.87	2.41	
9. 饼粕类													
豆饼	90.6	14.60	43.0	5.7	0.32	0.50	0.17	2.38	0.90	1.87	1.78	2.93	
豆粕	92.4	14.52	47.2	5.4	0.32	0.62	0.20						
棉籽饼	92.2	11.80	33.8	15.1	0.31	0.64	0.21	1.29	0.62	1.15	1.00	3.76	
棉籽粕	91.0	11.05	41.4	12.9	0.36	1.02	0.34	1.22	0.37	1.29	1.20	3.15	
花生饼	90.0	14.48	43.9	5.3	0.25	0.52	0.17	1.61	1.05			4.53	
亚麻饼	92.0	12.22	33.1	9.8	0.58	0.77	0.25	1.32	0.8	1.38	1.66	3.25	带壳
亚麻粕	89.0	13.10	36.2	9.2	0.62	0.82	0.27						
葵籽饼	93.8	9.96	28.7	19.8	0.65	0.81	0.27	1.11	1.02	1.16	1.40	2.85	带壳压榨
葵籽粕	92.5	9.12	32.1	22.8	0.40	0.84	0.28	0.58	0.66	0.73	0.59	1.93	带壳浸提
菜籽饼	88.8	11.46	36.2	10.9	0.85	1.02	0.34	1.41	1.11	1.40	1.36	1.98	
菜籽粕	89.8	12.59	41.8	10.2	0.84	0.85	0.28	1.11	1.30	1.55	1.45	1.98	
芝麻饼	92.0	13.39	39.2	7.2	2.24	1.19	0.39	0.82	1.18	1.29	1.42	2.38	
10. 糟渣类													
豆腐渣	10.0	2.05	2.8	1.8	0.05	0.03	0.01	1.23	0.51	0.89	1.07	1.14	
粉渣	15.0	2.05	1.8	1.4	0.02	0.02	0.01	0.27	0.27	0.35	0.30	0.31	玉米
粉渣	15.0	1.17	1.0	1.3	0.06	0.04	0.04						
甜菜渣	12.0	1.13	1.2	2.4	0.06	0.01	0.01	0.05	0.03	0.06	0.05	0.53	
醋渣	25.0	2.43	2.4	5.3	0.06	0.03	0.03	0.08	0.54	0.09	0.09	0.11	
啤酒糟	25.0	2.68	6.9	3.8	0.09	0.12	0.04	0.18	0.25	0.18	0.22	0.30	

续表

饲料种类	干物质（%）	消化能（%）	粗蛋白（%）	粗纤维（%）	钙（%）	磷（%）	有效磷（%）	赖氨酸（%）	蛋氨酸+胱氨酸（%）	苏氨酸（%）	异亮氨酸（%）	精氨酸（%）	样品说明
酒糟	28.0	3.35	4.9	4.9	0.15	0.17	0.06	0.02	0.01	0.26	0.05	0.25	玉米
酒糟	36.3	3.85	7.4	6.3	0.09	0.15	0.05	0.15	0.07	0.16	0.29	0.25	高粱
酒糟	21.0	1.63	3.4	4.0	0.09	0.01	0.003	0.01	0.06	0.04	0.05	0.01	甘薯
酒糟	27.7	4.52	7.4	2.4									大米
酱油渣	22.4	2.80	7.1	3.4	0.11	0.03	0.03	0.14	0.10	0.27	0.9	0.24	
11. 动物性饲料													
鱼粉	89.0	15.52	60.5		3.91	2.90	2.90	3.91	2.14	2.36	2.24	5.42	秘鲁
鱼粉	89.5	14.27	55.1		4.59	2.15	2.15	3.64	2.34	2.22	2.23	3.02	国产
血粉	89.3	13.93	80.2		0.03	0.23	0.23	8.07	1.14	3.48		3.26	
羽毛粉	90.9	14.31	76.1		0.04	0.12	0.12	0.91	0.48	3.66	3.83	5.43	
12. 其他													
全乳	13.1	2.93	3.30		0.12	0.09	0.09	0.24	0.04	0.14	0.15		
动物油	97.4	38.33											
淀粉	87.2	18.12											
酵母	91.9	12.93	41.3										
13. 矿物质饲料													
骨粉					36.10	16.40	16.40						
磷酸钙					27.91	14.38	14.38						
磷酸氢钙					23.10	18.70	18.70						
石粉					35.00								
贝壳粉					40.00								

（六）饲养标准的性质和应用

1. 饲养标准的科学性、实用性与相对合理性

饲养标准以营养科学理论为基础，以生产实践结果为依据，它的各项指标和数值都是从大量的科学试验得来，又经过中间试验和生产验证，因此具有高度的科学性和实用性。然而由于实际生产条件复杂多样，动物的营养需要受许多因素的影响，诸如动物的品种、类型、年龄、性别、生理状态、生产水平、生产目的、地区、气候、饲料资源、饲养条件、饲养方式以及社会经济条件等，所以饲养标准的科学性是相对于生产上的盲目性而言，它本身具有一定的局限性，它规定的需要量数值不可能太细、太具体，反映的是群体的平均数，因而具有概括性。又由于饲养标准是在一定的科学技术水平下制定的，营养科学中还有许多未知的东西尚待探讨，所以它的科学性和实用性是相对于目前科学技术和生产条件下的科学性和实用性，因而具有相对合理性。

2. 饲养标准的普遍性、地域性与特殊性

世界各国制定饲养标准都依据共同的营养、饲养科学的理论基础和实验手段，所以饲养标准的基本原理和基本内容有许多共同之处，一个国家的饲养标准往往被另外一些国家所采用，或作为借鉴以制定自己国家的饲养标准，因此饲养标准具有一定的普遍性。然而，由于各国的社会经济制度、管理条件、生产目标、饲料资源、动物种类、环境条件等存在不同，各国的饲养标准又有差异，所以饲养标准又具有明显的地域性和特殊性。

3. 饲养标准的原则性和灵活性

任何饲养标准的产生，既是当时当地科学技术发展水平的反映，又是来源于饲养实践，反过来又指导新的实践，为畜牧生产服务，使畜牧生产者有了科学饲养的依据。饲养标准的提出，一方面使饲料工业生产配合饲料有章可循，另一方面使畜牧工作者饲养动物有据可依，因此在饲养实践中应力求按照饲养标准配制日粮，核计日粮，进行配合饲料的生产，提高配合饲料质量，坚持饲养标准的原则性；然而，畜牧业生产的条件是非常复杂和千变万化的，影响的因素也很多，因此，在使用饲养标准时，又要掌握灵活性。但是，灵活性不是随意性，因为饲养标准的灵活应用是以当代营养和饲养科学理论为依据，以具体实践为基础的。所以使用时应根据生产条件的具体情况和实际应用后的效果加以适当的调整，灵活地应用，不能生搬硬套，从而使饲养标准更加切合当时当地条件以及某一动物具体的生产实际。

二、猪的饲粮配合

单一饲料不能满足猪的营养需要，难以获得较高的生产水平。在生产实践中应选择几种当地生产较多、价格合适的饲料原料，包括能量饲料、蛋白质饲料、矿物质饲料等，同时购买必需的维生素、微量元素及其他添加剂预混料，依据饲养标准所规定的各种营养物质的数量进行配合，这一过程和步骤称作饲粮配合。

（一）饲粮配合的原则

1. 首先应选用适宜的饲养标准和饲料营养成分表

根据所养猪的品种、类型，依照我国已有的饲养标准，或参考国外的饲养标准如NRC标准，并通过饲养实践中生产性能的反映对标准酌情修正。饲料成分表的选用参照国内的数据库，确定采用相应饲料品种的数据时应注意样品的描述，如含水量、容重、加工方法等。查找氨基酸含量应注意主要指标如粗蛋白、钙、磷等是否与自己准备使用的相接近。在能值确定上，对于一些谷实类及变异较小的、规格上较为一致的原料如玉米、豆粕、菜籽粕等，通过比较含水量、粗蛋白、粗脂肪即可基本确定应查哪一份成分表。

2. 适口性原则

注意日粮的适口性，把握不同原料的适宜比例，尤其控制适口性差的原料比例。避免选用有毒、发霉、变质的饲料。

3. 多样搭配原则

根据不同阶段猪的消化生理特点，选用适宜的原料，并力求多样搭配，饲粮粗纤维含量乳仔猪不超过4%，生长育肥猪不超过6%，种猪不超过8%。

4. 经济性原则

尽量选用营养丰富而价格低廉的饲料。

（二）各种饲料在饲粮中的使用范围

见表8-25。

表8-25 各种饲料的使用范围（%）

饲料种类	仔猪	生长猪	育肥猪	妊娠母猪	哺乳母猪	饲料种类	仔猪	生长猪	育肥猪	妊娠母猪	哺乳母猪
玉米	70	80	90	85	85	胡麻粕	5	10	10	10	10
小麦	60	80	90	85	85	肉骨粉	5	5	5	10	10
高粱	60	85	85	80	80	豆粕	24	20	20	25	25
大麦	25	80	60	80	80	菜籽粕	0	10	10	10	8
燕麦	0	20	20	40	15	脱脂乳粉	40	0	0	0	0
小麦麸	20	30	30	30	30	乳清粉	20	5	5	5	5
血粉	0	3	3	3	3	骨粉	2	2	2	2	2
棉籽粕	0	5	5	5	5	糟渣	0	5	5	10	6
鱼粉	5	10	5	10	10	苜蓿草粉	0	5	5	50	10

（三）饲粮配合方法

饲粮配合的方法主要有两类，一是手工配合，二是利用计算机软件。手工配合又分方块法、联立方程式法、矩阵法、试差法等。下面以简单、常用的试差法为例，说明日粮配合的基本方法。

1. 试差法

根据猪不同阶段的营养要求或已确定的饲养标准，先粗略拟定一个配方，然后计算养分含量，再与饲养标准进行比较，通过调整各原料比例，直到达到标准要求为止。其具体步骤如下：

第一步：查出饲养标准，列出猪的各营养物质需要的数量。

第二步：确定使用的饲料原料，查饲料营养成分及营养价值表，列出所用饲料的营养含量。

第三步：初步拟定所用各种饲料的大致比例，并进行计算，得出初配饲料计算结果。

第四步：将结果与标准比较，依其差异程度调整配方比例，再进行计算、调整，直至与饲养标准接近为止。

下面举例说明试差法配合饲粮的具体方法。

60～90kg生长育肥猪阶段全价饲料配制。

现有饲料种类为：玉米、豆粕、麸皮、胡麻粕、石粉、食盐和预混料。

①查60～90kg肉猪饲养标准：消化能12.97MJ/kg，粗蛋白14%，钙0.5%，总磷0.4%，赖氨酸0.63%，蛋氨酸+胱氨酸0.32%，食盐0.25%。

②查猪的饲料成分及营养价值表（略）。

③试配，初步确定各种饲料在配方中的百分比，并进行计算，得出初配饲料计算结果，并与饲养标准比较（表8-26）。

表8-26　消化能和粗蛋白质的需要量比较

饲料种类	配比（%）	消化能（MJ/kg）	粗蛋白（%）
玉米	67	0.67×14.48=9.702	0.67×8.6=5.762
豆粕	8	0.08×13.3=1.064	0.08×43=3.44
亚麻粕	5	0.05×12.22=0.611	0.05×33.1=1.655
麸皮	17.7	0.177×11.38=2.014	0.177×14.2=2.513
石粉	1		
食盐	0.3		
预混料	1		
合计	100	13.39	13.37
饲养标准		12.97	14
与饲养标准比较		+0.42	−0.63

④调整消化能、粗蛋白质的需要量与饲养标准比较，消化能略高、粗蛋白略低，那么要降低能量水平，提高粗蛋白水平，先考虑降低玉米比例，增加麸皮用量。因消化能比标准高出0.42MJ/kg，每使用1%的麸皮代替玉米，可使能量降低0.031MJ（14.48×1%～11.38×1%），则麸皮代替玉米的数量为0.42/0.031=13.5，调整后的日粮配方如表8-27。

表8-27　调整后营养成分计算结果

饲料种类	配比（%）	消化能（MJ/kg）	粗蛋白（%）	钙（%）	磷（%）	赖氨酸（%）	蛋氨酸+胱氨酸（%）
玉米	53.5	7.75	4.6	0.021 4	0.112 3	0.123	0.144
豆粕	8	1.06	3.44	0.025 6	0.049 6	0.190 4	0.072
亚麻饼	5	0.61	1.65	0.029	0.039	0.066	0.04
麸皮	31.2	3.55	4.43	0.043 7	0.187	0.202 8	0.231
石粉	1			0.35			
食盐	0.3						
预混料	1						
合计	100	12.97	14.12	0.47	0.387 9	0.582	0.487
饲养标准		12.97	14	0.5	0.4	0.63	0.32
与标准比较		0	+0.12	−0.03	−0.012 1	−0.048	+0.167

⑤调整钙、磷含量，氨基酸需要量因钙、磷都略缺乏，故补充既含钙又含磷的饲料，骨粉含钙36.1%，磷16.4%，可代替等量麸皮，添加量为0.03/（36.1%～0.14%）≈0.1，赖氨酸缺乏0.048%，故应补充，若预混料中含有赖氨酸，就不必另行补充了。

调整完毕后的配方为：玉米53.5%，豆粕8%，亚麻饼5%，麸皮31.1%，石粉1%，骨粉0.1%，食盐0.3%，预混料1%。配方含消化能12.96MJ/kg，粗蛋白14.11%，钙0.506%，磷0.404%，与饲养标准接近。

2. 用计算机软件配合饲料

随着饲料工业的发展和饲料行业竞争的日趋激烈，要求配方设计者采用很多种原料，考虑多项营养指标，设计出营养成分合理，价格低廉的饲料配方。手工计算不但十分繁琐，而且准确性差，效率低。计算机配合饲料技术的应用越来越受到用户的欢迎。

用计算机配合饲料需借助于饲料配方软件，饲料配方软件品名繁多，都可以由以下结构组成（图8-1）。

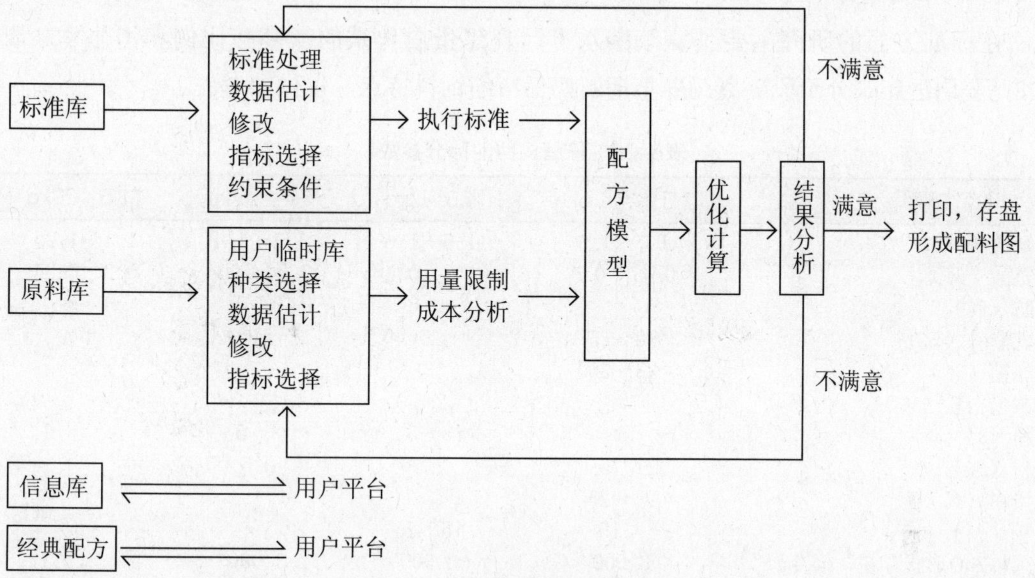

图8-1 计算机配合饲料示意

优选配方的步骤一般如下：

第一步：根据饲料资源、库存情况、价格、被饲动物及其所处的生理阶段、生产水平等情况确定采用哪些饲料原料；

第二步：根据动物的生产水平、生产环境等情况确定动物应用营养指标的需要量；

第三步：饲料原料的营养成分含量因地而异，故最好对原料进行取样分析，依据实际分析结果；

第四步：确定饲料用量范围，否则计算机可能大量采用某种原料而不用另一种，因此要对某些饲料规定使用量；

第五步：查实饲料原料的价格；

第六步：将上述各步的数据分别输入计算机；

第七步：运行配方计算程序，求解；

第八步：审查计算机配出的配方，可进行必要的修正，使配方既符合约束条件，又科学合理，适口性强，价格低廉。

三、猪的配合饲料特点

（一）仔猪的配合饲料特点

除了提供仔猪必需的能量、蛋白质和氨基酸、维生素和矿物元素以外，还应注意仔猪的消化吸收特点。由于早期断奶，仔猪肠道系统的应激，减缓应激，减少下痢，提高增重是仔猪配方应首先考虑的问题。

1. 标准的选择

在标准方面的研究主要是氨基酸水平、理想蛋白体系的氨基酸比例和消化率。表8-28是美国近年来分阶段隔离饲养早期断奶仔猪的饲料特点，仅供参考。

表8-28　仔猪饲料的部分参数

项　　目	7日龄至4.6kg	4.6～7kg	7～11.5kg	11.5～23kg
赖氨酸（%）	1.7～1.8	1.5～1.6	1.3～1.4	1.1～1.25
蛋氨酸（%）	0.47～0.5	0.42～0.46	0.36～0.3	0.3～0.34
脂肪（%）		4～6	3～5	0～5
干乳清粉（%）	20～25	20	10	0
总乳糖（%）	23～30			
血浆蛋白粉（%）	7.5	2.5		
鱼粉（%）	6	3～5	3～5	
血粉（%）	1.75	2.5	2.5	
粗蛋白（%）	24～25			
豆粕（%）	<15	15～25		
锌（以ZnO形式存在，mg/kg）	3 000	3 000	3 000	
铜（mg/kg）				125～250

一般断奶仔猪饲料营养指标为：粗蛋白18%～22%，消化能13.7～14.8MJ/kg，钙0.8%～0.9%，磷0.7%，脂肪3%～5%，赖氨酸1.1%～1.25%，蛋氨酸0.34%～0.4%，苏氨酸0.6%～0.7%。

仔猪的理想蛋白模式已如前述，只有建立在可消化氨基酸的基础上才有意义。

2. 配制仔猪料的原料选择

由于仔猪的消化生理特点，要求饲料原料品质优良，易于消化吸收，适口性好，应有乳糖供应。脱脂奶粉、乳清粉、鱼粉、加工优良的血粉、血浆蛋白粉及分离大豆蛋白或脱壳大豆都是优质原料。

含高乳糖的乳清粉有显著促进生长的作用。油脂的选择以豆油、玉米油、椰子油、棕榈油及棉籽油、菜籽油等为主，要求纯度高，并使用抗氧化剂。豆油、椰子油的配合比例以1∶1效果最好，一般添加1%～5%。乳化剂卵磷脂对提高仔猪的脂肪利用，提高增重有一定意义，一般占日粮的0.5%左右。

3. 断奶仔猪饲料配方举例

见表8-29。

表8-29 断奶仔猪饲料配方

原料（%）	体重			
	Ⅰ（7～22.5kg）	Ⅱ（7～22.5kg）	Ⅲ（8～20kg）	Ⅳ（7～15kg）
玉米	58.95	56.35	61.42	58.6
大豆粕	21.5	19.5	24.6	15
全脂大豆	—	—	—	5
鱼粉	5	5	4	7
脱脂奶粉	5	5	—	5
乳清粉	5	7.5	5	3
油脂	2	3.5	0.6	1
食盐	0.4	0.2	0.4	0.4
磷酸氢钙	1.45	1.1	2.2	1.4
石灰石粉	0.4	0.3	—	0.3
葡萄糖	—	—	—	2
蛋氨酸	—	—	0.12	—
赖氨酸	—	—	0.16	—
ASP-250	—	0.25	—	—
抗生素预混料	0.1	—	—	—
预混料	0.2	0.2	1	1
有机酸	—	1	0.5	0.3
酶制剂	—	0.1	—	—
合计	100	100	100	100
养分含量（%）				
消化能（MJ/kg）	14.23	14.48	13.64	—
粗蛋白	19.7	20.1	19.5	20.1
钙	0.95	1.17	1.01	0.92
磷	0.77	0.71	0.68	0.8
赖氨酸	1.18	1.23	1.33	1.3
粗脂肪	—	5.7	—	4.6
粗纤维	—	2.06	—	2.0

4. 原料选择

肉猪的消化机能已较完善，对各种饲料具有较好的消化能力。选择原料时，除考虑各种饲料的养分含量对生长的作用效应以外，还应注意对肉质品质的影响。例如，喂给过多的玉米、米糠、大豆、花生饼，由于含有较多的不饱和脂肪酸，会使脂肪变软，并呈淡黄色，不易保存。相反，用大麦、小麦、马铃薯等喂猪，会使脂肪硬实洁白。饲粮中配合过多的鱼渣、鱼油、蚕蛹粉等，会使猪肉有腥味，脂肪变黄，严重降低猪肉品质。

5. 肉猪饲料配方实例

提供若干肉猪饲料配方（表8-30和表8-31），仅供参考。

表8-30 生长猪（20～50kg）饲料配方

项目＼配方	1	2	3	4	5	项目＼配方	1	2	3	4	5
玉米	51.7	49.2	49.6	50.7	51.7	磷酸氢钙	1.2	1.1	1.1	1.1	1.1
豆粕	19	16.6	13.4	15	14.9	食盐	0.3	0.3	0.3	0.3	0.3
麸皮	25	25	25	25	25	预混料	1	1	1	1	1
菜籽粕		5	4			合计	100	100	100	100	100
花生饼			4	5		营养水平					
棉籽粕					4	消化能（MJ/kg）	12.4	12.34	12.13	12.13	12.26
石粉	1.8	1.8	1.7	1.9	2	粗蛋白（%）	16.0	16.48	15.95	15.66	15.87

表8-31 育肥猪（50～100kg）饲料配方

项目＼配方	1	2	3	4	5	项目＼配方	1	2	3	4	5
玉米	65	66	67	64	63	磷酸氢钙	1.1	1.1	1.1	1.1	1.1
豆粕	11.3	7.4	2.5	8.4	4.2	食盐	0.3	0.3	0.3	0.3	0.3
麸皮	16.3	13.2	15.1	14.2	17.4	预混料	1	1	1	1	1
鱼粉			2		2	合计	100	100	100	100	100
菜籽粕		6	5	5	5	营养水平					
棉籽粕	3	3	4	4	4	消化能（MJ/kg）	12.72	12.59	12.72	12.64	12.59
石粉	2	2	2	2	2	粗蛋白（%）	13.82	13.71	13.2	14.31	13.92

（二）妊娠母猪

由于母猪妊娠期合成代谢旺盛，极易过肥而导致繁殖机能的下降，所以，妊娠母猪的饲料以低能、低蛋白为主，但应注意饲粮营养的全面与平衡。在妊娠初期和中期，以青粗饲料为主，饲粮粗纤维含量一般不超过10%～12%。

后期可适当提高营养浓度。未脱毒的棉籽饼、菜籽饼，酸性过大的青贮、粉浆和粉渣，含酒精较多的酒糟都应避免使用。妊娠母猪饲料配方示例见表8-32。

表8-32 妊娠母猪饲料配方

项目＼配方	1	2	3	4	5	项目＼配方	1	2	3	4	5
玉米	54.6	52	49.5	54	53.1	食盐	0.3	0.3	0.3	0.3	0.3
豆粕	11.4	8.1	11.6	4.4	8.7	预混料	1	1	1	1	1
麸皮	30	30	30	30	30	合计	100	100	100	100	100
鱼粉				2		营养水平					
菜籽粕		6	5	6	4.2	消化能（MJ/kg）	12.22	12.09	12.05	12.05	12.18
石粉	1.3	1.3	1.4	1.3	1.4	粗蛋白（%）	13.69	14.1	14.7	13.6	14
磷酸氢钙	1.4	1.3	1.2	1	1.3						

（三）哺乳母猪

饲料品种多，营养齐全是提高母猪泌乳量的物质基础。要求哺乳母猪饲料的能量和蛋白质含量较高，以满足高泌乳量的需要。矿物质饲料对维持母猪健康和提高泌乳量同样非常重要，若饲料中钙、磷不足，不仅会降低泌乳量，严重时还会造成母猪泌乳后期瘫痪或骨折。哺乳母猪饲料配方示例见表8-33。

表8-33 哺乳母猪饲料配方

项目＼配方	1	2	3	4	5	项目＼配方	1	2	3	4	5
玉米	60.5	61.6	63.7	62.3	63.3	磷酸氢钙	1.5	1.5	1.5	1.2	1.2
豆粕	16.3	13.2	11.4	9.2	8.1	食盐	0.3	0.3	0.3	0.3	0.3
麸皮	19.2	15.3	11	16.9	13	预混料	1	1	1	1	1
鱼粉				2	2	合计	100	100	100	100	100
菜籽粕		6	6	6	6	营养水平					
花生饼			4		4	消化能（MJ/kg）	12.76	12.85	12.87	12.76	12.89
石粉	1.2	1.1	1.1	1.1	1.1	粗蛋白（%）	14.7	15.05	15.3	14.6	15.2

第六节　饲料加工及其质量检测指标

一、猪的饲料加工

（一）饲料产品类型

饲料产品可分为预混合饲料、浓缩饲料和全价配合饲料。

1. 预混合饲料

又称预混料，是由一种或多种营养性添加剂（如氨基酸、维生素、微量元素）和非营养性添加剂（如促生长剂、保健剂、抗氧化剂、防霉剂等）与某种载体，按配方要求的比例均匀配制而成。这部分虽然在全价配合饲料中占的比例很小，一般在配合饲料中添加量为0.5%～4%，但却是全价配合饲料的核心，具有补充营养、促进生长和繁殖、预防疾病、保护饲料品质、改善猪的产品质量等作用。

2. 浓缩饲料

又称蛋白质补充饲料，是由蛋白质饲料和复合预混合饲料等组成。猪的浓缩料要求含粗蛋白质30%以上，矿物质和维生素的含量也高于配合饲料标准的3倍以上。因此，浓缩料不能直接喂猪，应按照说明与一定比例的能量饲料搭配后才能喂猪。

3. 全价配合饲料

是指能够满足猪全部的营养物质需要的配合饲料。它按照猪的饲养标准配制，充分满足猪的各项营养指标，可以直接用来喂猪。

（二）饲料的加工

1. 饲料生产工艺

（1）预混料生产工艺：按预混料配方要求，将各微量添加剂加入到载体中去，使用卧式混合机搅拌均匀。载体应能与多种活性物质相结合，使其物理性状不变，化学性质稳定。常用作载体的物质有细稻糠、次粉、麦饭石和沸石粉等。

（2）浓缩饲料生产工艺：前面已经说过，浓缩饲料由蛋白质饲料（饼粕类、动物性蛋白饲料）和预混合饲料组成。其加工工艺由以下工序组成：

饼粕破碎→饼粕粉碎→配料→混合→成品包装

（3）全价饲料生产工艺：大型饲料加工厂生产全价配合饲料可一步采用重量式配料、间歇混合、分批生产的工艺。但绝大多数饲料厂采用先粉碎、后混合的生产工艺。

2. 全价配合饲料加工

（1）粉状饲料：粉状饲料是目前仍普遍使用的一种料型，粉状饲料的生产是将配合饲料所需的各种原料先经过粉碎，按要求粉碎到一定的细度之后，称重配料，然后混合均匀即可。粉状饲料的特点是加工工艺简单，耗电少，加工成本低，易与其他饲料种类搭配使用，如青饲料或粗饲料等。但粉状饲料在运输过程中易发生分级现象而造成混合均匀度降低，影响饲料质量。同时由于粉状饲料的原料粉碎的粒度不一，易造成畜禽的挑食。

粉碎是生产粉状饲料的关键一步。粉碎就是用机械的方法包括切削、碾压、撞击、碾磨等作用克服物料的内力而将其分裂的操作。几乎所有饲料原料都要通过粉碎以减少颗粒度。饲料颗粒度降低，表面积增大就有更多的机会同消化酶反应，提高消化率。但如果粉碎过细，颗粒太小，易导致粉尘过多和猪发生胃溃疡。

粉碎成品的大小（颗粒度，以直径表示）依据猪的年龄大小而不同。一般来讲，仔猪咀嚼饲料的能力强于生长育肥猪。有试验表明，饲料颗粒度的大小对仔猪日增重无明显影响，但影响饲料转化率和饲料消化率（表8-34）。

表8-34 玉米颗粒度对营养物质表观消化率的影响

颗粒度（μm）	消化率（%）			饲料/增重比
	干物质	蛋白质	能量	
<700	86.1	82.9	85.8	1.74
700～1 000	84.9	80.5	84.4	1.84
>1 000	83.7	79.1	82.6	1.92

表8-34表明，饲料颗粒度在700μm左右时，饲料转化效率最佳。一般来说，仔猪饲料颗粒度0.7mm，生长育肥猪1.0mm左右。

如果用小麦喂猪，由于小麦多含面筋并易于黏糊，若粉碎过细，会减少猪的采食量。所以用挤压粉碎机破碎小麦较适合于猪的饲用。

决定配合饲料质量的第二关键是饲料混合均匀度，混合均匀度直接影响饲料利用效率。所以，混合机是饲料加工厂的心脏，一般卧式混合机混合效果比立式混合机好。一般要求混合均匀度的变异系数不大于10%。

（2）颗粒饲料：颗粒饲料指经过颗粒机（可以是平模压粒机或环模压粒机）压制成型的粒状饲料，通常是圆柱形，根据猪的年龄不同而有不同尺寸。颗粒饲料的生产首先将所需的饲料原料按要求粉碎到一定的细度，配料混合，制成全价粉状的配合饲料，然后与蒸汽混合均匀，进入颗粒饲料机，加压处理制成。

①料仓：最好两个，便于更换品种或批次，使制粒机连续工作。

②蒸汽：制作颗粒时，蒸汽是重要条件，制粒过程加蒸汽的目的是可以提高饲料的可塑性（在热和水的作用下，蛋白质变得有黏性，淀粉发生局部糊化），使饲料通过压模时起润滑作用，减少摩擦，提高颗粒机台时产量，并延长压模、压辊的使用寿命。

③冷却：从压粒机出来的颗粒饲料水分较高，为16%～18%，温度亦高，为80～90℃，不便保存，因此应通过抽风将颗粒饲料冷却并降低水分。

④破碎和筛分：一般认为压制小颗粒（直径3mm以下）利用压模直接压制成品，动力消耗大，产量低。常用6mm以上的压模压制成大颗粒，再用破碎机破碎，经过筛分筛出所需的小颗粒饲料，一般可提取65%左右的成品。筛上物再回破碎机，筛下细粉再回制粒机。

二、质量检测指标

饲料是满足猪营养需要的保证，饲料的营养缺乏、不平衡或有毒有害物质的存在不但影响猪的生长、繁殖，甚至危及猪的健康，严重影响猪场的经济效益。因此，必须对猪饲料的质量进行监控，可按以下几个步骤进行。

（一）外观检测

对饲料原料和配合饲料外观检测是首要的一步，也是最简单、最初步的检测方法。检测的项目主要有：

①视觉：观察饲料的形状、色泽，有无霉变、虫子、硬块、异物、夹杂物等。

②嗅觉：饲料是否有腐臭、酸败、焦化味道。

③味觉：通过舌舔和牙咬检查饲料的苦、辣、酸、甜、咸味道。

④触觉：通过手捻，观察饲料的粒度大小、硬度、黏稠性，有无夹杂物及水分的含量。

⑤显微镜检测：根据外表特征或细胞特点，对单独或者混合的饲料原料和杂质进行鉴别和评价，判明原料的纯度和质量。该法设备简单（用50～100倍放大镜和100～400倍立体显微镜），快速准确，分辨率高，费用低，较易实现。

（二）化学分析

化学分析的项目包括水分、粗蛋白质、粗纤维、粗灰分、粗脂肪、矿物质、氨基酸等成分。对豆饼（粕）不但要测定粗蛋白质含量，还要测定尿素酶活性。对鱼粉除测定蛋白质外，还要测定含盐量、尿素和粗灰分。骨粉和磷酸氢钙既要测定钙、磷含量，又要测定氟含量。

（三）霉菌和霉菌毒素检测

饲料由于贮存不当，可污染霉菌，并产生霉菌毒素，其中主要有黄曲霉毒素、玉米赤霉烯酮、单端孢霉烯族化合物等。

霉菌及霉菌毒素污染饲料后，其危害性有两方面：一是引起饲料变质，如颜色、味道、气味等变差，适口性降低，某些成分被分解，营养价值降低；二是饲料中的霉菌毒素可引起猪急性或慢性中毒。黄曲霉毒素属剧毒物质，幼猪和公猪较敏感，可影响肝脏的功能，损害肝脏组织。玉米赤霉烯酮具有雌激素的作用，可引起猪发生雌激素亢进症。

（四）动物试验

该法直接，效果好，但需时间较长，费用多，如消化试验、饲养实验、有毒有害物质的毒性试验等。

第七节　预混料与浓缩料

一、预混料生产

预混料是添加剂预混合饲料的简称，它是将一种或多种微量组分（包括各种微量矿物元素、各种维生素、合成氨基酸、某些药物等添加剂）与稀释剂或载体按要求配比，均匀混合后制成的中间型配合饲料产品。由于添加剂的成分在预混料中占的比例很小，大多以mg/kg或g/kg计算。预混料添加剂比例在饲料中用量通常≤4%，预混料是全价配合饲料的一种重要组分。

（一）预混料的种类

1. 单一型预混料

一般由药物或维生素公司生产的单一原料和一种载体混合在一起的单一预混料，这是一种高浓度的商品性预混料，如维生素E制剂、微量元素硒制剂、氯化胆碱制剂等。

2. 复合型预混料

按其微量组分可分为：

（1）同类复合预混料：由同类添加剂组成的预混料，如多种维生素预混料、多种微量元素预混料。

（2）综合复合预混料：由两类或两类以上的添加剂组成的预混料，如维生素、微量元素等组成的复合预混料。表8-35是按配方设计生产的、混合均匀的各类饲料产品中含有的部分微量组分的情况。

表8-35 各类饲料产品中的微量组分

项 目	全价配合饲料	浓缩料	4%料精	1%料精	维生素预混料	微量元素预混料	单项药物预混料
能量饲料	√	—	—	—	—	—	—
蛋白质饲料	√	√	—	—	—	—	—
钙磷盐矿物质饲料	√	√	√	—	—	—	—
维生素	√	√	√	√	√	—	—
微量元素	√	√	√	√	—	√	—
氨基酸	√	√	√	√	—	—	—
药物	√	√	√	√	—	—	√
保质剂	√	√	√	√	√	—	—

（二）预混料的配方设计和配制方法

1. 载体和稀释剂的选择

载体是能够承载或吸附微量活性添加成分的微粒。微量成分被载体所承载后，其本身的物理特性会发生某些改变或不再表现出来，而所得“混合物”的有关物理特性（如流动性、粒度等）基本取决于载体的特性。

（1）载体的基本要求：①载体本身为非活性物质，对所承载的微量成分有良好的吸附能力而不损害其活性；②对配合饲料的主要原料有良好的混合性；③化学稳定性好，不具有药理活性；④价格低廉。

（2）稀释剂的基本要求：稀释剂是指混合于一组或多组微量活性组分中的物质，它可将活性微量组分的浓度降低，并把它们的颗粒彼此分开，减少活性成分之间的相互反应，以增加活性成分的稳定性。对稀释剂的要求是：①稀释剂本身为非活性物质，不改变添加剂的性质；②稀释剂的有关物理特性，如粒度和相对密度等应尽可能与相应的微量组分相接近，粒度大小要均匀；③稀释剂本身不能被活性微量成分所吸收、固定；④稀释剂应是无害的，畜禽可食用的物质；⑤水分含量低、不吸潮、不结块、流动性好；⑥化学性质稳定，不发生化学变化，pH为中性，应在5.5～7.5；⑦不带静电荷。猪饲料常用的稀释剂和载体有沸石粉、石粉等化学性质稳定物。

2. 维生素预混料配方设计和配制方法

（1）维生素预混料配方设计：维生素在全价料中添加量极少，仅占万分之几，各单项维生素添加量更少。在生产全价料时逐个称量很不方便，而且单项维生素在全价料中也很难搅拌均匀，因此人们制备成维生素添加剂预混料，供生产上应用。

维生素添加剂预混料的配方设计较复杂，依研究成果和生产检验而确定，按各畜禽的最低营养需要所示的数字配制成的维生素预混料达不到理想的生产指标和效益。

总结科学工作者试验结果和生产的饲喂效果，饲料中维生素的添加量应考虑下面几种因素：①维生素的稳定性，维生素A和维生素D_3制剂比其他维生素易失活，而且常用饲料中不含维生素A和维生素D_3。即使采用包囊技术，维生素A和维生素D供给量要比最低需要量高出5～10倍。②在常用饲料中维生素B_1、维生素B_6和生物素含量较丰富，为了降低复合维生素的成本，该三者的添加量可比需要量降低一些。③氯化胆碱呈碱性，与其他维生素添加剂一起配合时，会影响到其他维生素的效价，一般不混合在内，单独添加。④饲料中维生素的含量可作为一个安全量。

维生素预混料配方计算示例：

第一步：确定每千克仔猪饲料中维生素的添加量（表8-36）；

第二步：确定每吨饲料中维生素预混料添加量，本示例500g，即添加量为0.05%；

第三步：计算每吨饲料中各种维生素用量，计算过程如下：

维生素A：10 000IU/kg×1 000kg=10 000 000IU

10 000 000IU÷500 000IU/g=20（g）

维生素D：1 500IU/kg×1 000kg=1 500 000IU

1 500 000IU÷500 000IU/g=3（g）

其他依此类推；

第四步：计算1kg维生素预混料中各种维生素含量（表8-36）。

表8-36　维生素预混料配方

维生素原料	每千克全价料中活性成分含量（mg）	原料内活性成分含量（%）	每吨全价料原料用量（g）	每千克预混料原料用量（g）
维生素A醋酸酯	10 000IU	50万IU/g	20	40
维生素D_3醋酸酯	1 500IU	50万IU/g	3	6
维生素E醋酸酯	30	50	60	120
维生素K_3	2.5	50	5	10
维生素B_1	1.5	96	1.6	3.2
维生素B_2	5	95	5.3	10.6
α-泛酸钙	15	92	16.3	32.6
盐酸吡哆醇	1	82	1.2	2.4
生物素	0.1	2	5	10
叶酸	0.6	5	12	24
维生素B_{12}	0.03	1	3	6
烟酸	40	95	42.1	84.2
维生素C	100	95	105.3	210.6
玉米蛋白粉			220.2	440.4
合计			500	1 000

（2）维生素预混料的配制方法：

①维生素预处理：猪常用的维生素有维生素A、维生素D_3、维生素E，种猪还需添加烟酸、硫胺素和维生素B_{12}等。由于维生素的添加量很小，一般先用少量载体将维生素进行预稀释，再与大量原料混合，这样能保证维生素的混合均匀。

用量少的维生素D_3、维生素K_3、维生素B_1、维生素B_2、维生素B_6、维生素B_{12}等需先在鼓式混合机中预混合，然后在卧式混合机中先加入一半载体，再按数量由少到多的次序投入各种维生素原料，最后加入另一半载体，搅拌15min。混合设备宜采用卧式混合机。

②维生素预混料的配制：各种添加剂原料的容重、外观色泽、粒度及含量等要求符合国家标准，要注意生产日期、有效期，有条件的要尽量测定各成分含量。维生素预混剂的载体一般为玉米芯细粉、玉米蛋白粉、小麦次粉等，粒度要求100%小于1mm，90%小于0.8mm，60%小于0.5mm。含水量要求控制在8%以内。

3. 微量元素预混料的配方设计和配制方法

（1）微量元素预混料的配方设计：微量元素预混料的配方设计较维生素预混料设计简单。一般以畜禽需要量为参数，不考虑饲料中的微量元素含量。设计微量元素配方时，应考虑以下问题：①关于微量元素化合物的选择，从目前看，铜、铁、锰、锌一般选用硫酸盐较好，不但价格便宜，而且畜禽对其利用率较氧化物高；②为保证微量元素预混料的含水量不超标，最好选用含1个结晶水的硫酸盐，对于铜，宜选用5个或7个结晶水的硫酸盐。

计算仔猪微量元素预混料的示例（占全价料0.3%）：

第一步：确定所用微量元素的原料元素含量（表8-37）；

第二步：确定对微量元素的添加量（表8-37）；

第三步：计算各微量元素原料的用量，如$FeSO_4 \cdot H_2O$添加量为200/0.32=625（g），其他依此类推。

表8-37　微量元素预混料配方

化合物	每吨全价料内元素含量（g）	化合物中元素含量（%）	每吨全价料化合物（g）	每千克预混料中化合物（g）
$FeSO_4 \cdot H_2O$（Fe）	200	32	625	208.3
$CuSO_4 \cdot 5H_2O$（Cu）	180	25	720	240
$MnSO_4 \cdot H_2O$（Mn）	50	32	157	52.3
$ZnSO_4 \cdot H_2O$（Zn）	150	36	417	139
Na_2SeO_3（Se）	0.3	45	13.3	4.4
KI 5%（I）	0.7	76	18.4	6.1
石粉（载体）			1 049.3	349.9
合计			3 000	1 000

（2）微量元素预混料的配制方法：

①微量元素预处理：猪常用的微量元素一般以无机盐的形式添加，有硫酸锰、硫酸铜、硫酸锌、硫酸亚铁、亚硒酸钠、碘化钾和氯化钴等。有些无机盐易吸水结块，所以用时须先进行粉碎处理，碘化钾和氯化钴在预混料中用量极微，为便于混合均匀，通常将二者准确称量，然后各以1∶15～1∶20的比例溶解于水，再分别按照1∶500的比

例喷洒在石粉等载体吸收剂上进行预混合。猪对硒的需要量也极微，而亚硒酸钠为剧毒物质，特别是亲水性强，极易溶于水。因此，必须进行预处理，一般是将亚硒酸钠加入81.4℃热水中，经过5min完全溶解后制成10kg水溶液，然后喷洒在搅拌机内的米糠粉上，混合均匀后制成硒稀释剂，再与其他原料混合使用。

②微量元素预混料的配制：各种化合物原料的容重、外观色泽、粒度及含量等要符合国家标准，配制前要求测定有效成分含量。微量元素预混剂的载体一般为石粉、轻质碳酸钙、磷酸氢钙或沸石粉等，也可以是它们两种或两种以上的混合物。粒度要求100%小于1mm，90%小于0.8mm，60%小于0.5mm。含水量要求控制在5%以内。载体石粉当中加入1%的植物油进行预处理，以消除静电。投料顺序为在卧式混合机中先加入一半载体，再按数量由少到多的次序投入，最后加入另一半载体，搅拌15min。混合设备采用卧式双螺旋混合机。

4. 1%复合预混料的配制

1%预混料中的重要成分维生素和微量元素已按猪的需要单独制成添加剂预混料，在此基础上，还需添加生长促进剂、氨基酸、氯化胆碱、抗氧化剂、酶制剂、酸制剂、香味剂、防霉剂等。

1%的复合预混料配方示例：仔猪复合预混料的组成见表8-38。

表8-38 仔猪复合预混料组成

原料	每吨全价料中活性成分含量（g）	原料中活性成分含量（%）	每吨全价料中用量（g）	每吨复合预混料用量（kg）
维生素预混剂			500	50
微量元素预混剂			3 000	300
氯化胆碱	500	50	1 000	100
盐酸赖氨酸	2 000	78	2 560	256
蛋氨酸	800	95	840	84
酶制剂			1 000	100
喹乙醇	50	100	50	5
乳猪香			500	50
玉米蛋白粉			550	55
合计			10 000	1 000

5. 4%料精的配制方法

在1%复合预混料的基础上，再加上典型日粮的矿物质饲料含量，即成为4%的料精。用4%的料精再和一定比例的能量和蛋白质饲料组成全价料。

在仔猪日粮组成中，已知骨粉含量1.5%，石粉0.5%，食盐0.3%，推算4%料精组成。4%料精配方示例见表8-39。

表8-39 料精配方组成

成　　分	日粮中含量（%）	4%料精中含量（%）
1%预混料	1	25
骨粉	1.5	37.5
石粉	0.5	12.5
食盐	0.3	7.5
载体	0.7	17.5
合计	4	100

二、浓缩料生产

（一）浓缩料的配制

浓缩料是由蛋白饲料、含常量矿物质元素的复合预混料组成的，按一定比例掺入能量饲料后，配成全价饲料，能满足某种动物的营养需要。这样，养殖户利用浓缩料就减少了玉米等能量饲料的来回运输，降低了饲料成本。浓缩料在猪的日粮中添加比例一般如下：仔猪（15～35kg）30%～40%，中猪（35～60kg）30%，育肥猪（60kg以上）20%～30%，种猪20%～30%。浓缩料可由全价料推算，也可以有设定搭配比例计算。

1. 由全价料推算浓缩料配方

由全价料推算浓缩料配方是在全价饲料配方的基础上，除能量饲料外，其余蛋白质饲料、矿物质饲料、添加剂预混料的百分含量，换算成100kg浓缩料中各种成分的百分数。例如，根据肉猪全价料配方推算浓缩料配方过程为：

第一步：设计20～60kg肉猪全价料配方为：

玉米62%　　豆粕14.4%　　玉米蛋白粉8%

胡麻粕3%　　麸皮9%　　磷酸氢钙1.3%

石粉1%　　食盐0.3%　　预混料1%

第二步：折算成30%浓缩料配方，将去掉玉米62%、麸皮8%的剩余组分，各除0.3，即折算为浓缩料配方（表8-40）。

表8-40 由全价料配方推算浓缩料配方

原　　料	全价料中剩余组分（%）	浓缩料中配比（%）
豆粕	14.4	48
胡麻粕	3	10
玉米蛋白粉	8	26.67
麸皮	1	3.33
磷酸氢钙	1.3	4.33
石粉	1	3.34
食盐	0.3	1
预混料	1	3.33
小计	30	100

这样在应用该浓缩料配制全价料时用浓缩料30%，玉米62%，麸皮8%即可配制成全价配合饲料。

2. 由设定搭配比例计算浓缩料配方

事先给定一个适宜比例，如生产25%中猪浓缩料，根据设计或用户要求、能量饲料等的比例事先给出，如玉米占50%，高粱20%，麸皮5%，然后计算出浓缩料应达到的营养水平，再围绕这一水平进行设计。设计步骤如下：

第一步：根据能量饲料或其他原料的种类、特点制定相应比例，或根据养殖户要求与习惯设定，以上述的玉米50%、高粱20%、麸皮5%、浓缩料25%为例。

第二步：根据动物的营养标准，如20～60kg生长猪的主要营养水平要求为：

消化能12.98MJ/kg　　粗蛋白16%

钙0.60%　　有效磷0.28%

蛋氨酸+胱氨酸0.50%　　赖氨酸0.75%

第三步：计算出玉米、高粱、麸皮等提供的养分含量，然后从标准中减去这些数值，即得到浓缩料（25%）应提供的数值。浓缩料的营养水平可作为一个标准来执行。按这一标准，可用计算机软件进行优化配方设计。

经计算，玉米（50%）、高粱（20%）及麸皮（5%）已提供的营养成分总和为：

粗蛋白6.85%　　消化能10.22MJ/kg

钙0.045%　　有效磷0.105%

赖氨酸0.187%　　蛋氨酸+胱氨酸0.27%

蛋氨酸0.097%

则浓缩料（25%）应提供的成分为：

消化能2.754MJ/kg　　粗蛋白9.15%

钙0.555%　　有效磷0.175%

赖氨酸0.563%　　蛋氨酸+胱氨酸0.23%

折算成浓缩料（100%）的具体成分值，应在上述成分基础上乘以4（即1/0.25=4），得出：

消化能11.016MJ/kg　　粗蛋白36.6%

钙2.22%　　有效磷0.7%

赖氨酸2.25%　　蛋氨酸+胱氨酸0.92%

另外，预混料在浓缩料中的添加量也应乘4倍，盐的用量、药物添加剂的用量等进行同样处理。如全价料应加1%预混料，则25%浓缩料中应含4%，盐1.2%～1.6%。

第四步：根据上述标准和数据进行具体计算。最好输入计算机中进行优化。预混料及盐的比例需固定。

第五步：由手工或计算机算出的浓缩料配方为：

大豆粕40%　　棉籽粕15%　　麸皮4.48%
菜籽饼10.3%　　花生饼9.6%　　芝麻饼7.8%
石粉4%　　磷酸氢钙2.4%　　盐1.6%
添加剂预混料4%　　L-赖氨酸盐酸盐0.82%

（二）生产技术

1. 注意事项

①防止和减少有效成分的损失，保证预混料的稳定性和有效性。选择稳定性好的原料，在维生素方面宜选择经过稳定化处理的原料；使用硫酸盐微量元素，应尽量减少其结晶水或改用氧化物，也可选用有机微量元素；控制氯化胆碱的用量，因其吸水性强，对维生素有破坏作用；维生素应超量添加，尤其贮存时间超过3个月时；应加入质量好的抗氧化剂、防结块剂和防霉剂等。

②微量成分的稳定性。在正常的贮存和使用条件下，预混料中微量元素、维生素等成分的物理和化学性质稳定，但当水分含量高时，其稳定性差，损失率大，应严格控制预混料的含水量，最好不超过5%。

2. 称量与混合

对于微量成分的计量，应选用电子秤，精确到0.01g，大量原料可使用磅秤。混合机多种多样，普通立式混合机由于其上料速度慢，容易产生自动分离、卸料速度慢等缺点，最好使用卧式双螺带混合机或锥形混合机等。

3. 包装与贮存

预混料包装袋大多用三合一纸袋，其优点是防水、避光、不漏料和不易损坏，一般每袋20～25kg。由于预混料中含多种活性微量成分，其相互作用机会增加，贮存过程中应注意防潮。

三、预混料与浓缩料的使用

（一）预混料的使用

添加剂预混料作为配合饲料的核心部分，在饲料工业和现代饲养业中起着举足轻重的作用。然而，这种作用是在科学合理使用的基础上才能显现出来。若不能正确使用，将会适得其反，带来不必要的损失和不利后果。因此，必须掌握各类预混料的应用方法，充分发挥其功能和作用。

1. 正确选择

添加剂预混料种类很多，每一种类又各有其特点、品质要求和功效。在应用时首先要了解这方面的知识，根据饲养目的、动物种类、生理阶段等，准确地加以选择。如幼龄动物比成年动物的生长速度快、强度大，一些生长促进剂用于前者比后者的效果好得多。又如一些药物添加剂，对于环境卫生条件差、患有疾病的非健康动物的作用比正常条件下生长动物的效果要显著。

2. 适时、适量添加

一些药物添加剂在猪宰前的一段时间须停喂，以免在肉中残留，影响人类健康。一些添加剂过量添加，不但饲养成本增加，而且容易导致中毒。

3. 搅拌均匀

添加剂预混料在饲料中所占比例很小，直接混合很难搅匀。应先将添加剂预混料混于少量饲料中，逐步扩大混合量，从而达到均匀搅拌的目的。

4. 及时观察被饲动物的反应

添加剂预混料的质量如何，动物的生产性能是最终的检验标准。应用添加剂预混料后，应观测肉猪的日增重、料重比和种猪的繁殖效果等。

5. 注意事项

使用预混料添加剂前，应看清其用法、用量、有效期，要注意限用、禁用和配伍禁忌等规定。

（二）浓缩料的使用

生产厂商都有建议的用量，如某厂30%的肉猪料建议的配比为玉米62%，麸皮8%，浓缩料30%。按此比例搭配易于满足动物的营养需要，质量也好控制。

浓缩料常常在猪的不同生产阶段有不同的使用比例，故此种浓缩料称为通用型浓缩料。应用此种浓缩料可将其作为单一原料，照顾主要指标进行配方设计。例如可能形成玉米63.7%，麸皮8%，浓缩料28.3%的肉猪饲料配方。

第九章

现代养猪的饲养管理

猪的饲养管理可分为4个主要阶段，即种猪、哺乳仔猪、断奶仔猪和生长育肥猪。本章将论述改善猪的饲养管理，达到提高养猪生产水平和经济效益的目的。

第一节　种猪的饲养管理

种猪包括种公猪和种母猪两种，饲养种猪的目的是让它们持续提供大量的断奶仔猪，提高经济效益。众所周知，猪的繁殖力高，表现在公猪射精量大、配种能力强；母猪常年多次发情，任何季节均可配种产仔，而且是多胎高产。集约化养猪把种猪视为生产和哺育仔猪的机器，饲料是原料，产品就是活猪。可见，种猪是基础，养好种猪是养猪生产的关键。

一、种母猪的饲养管理

在猪的生产中，种母猪的饲养管理是很重要的一个环节，抓好这一环节，就能保持种母猪良好的体况和较高的繁殖率及利用率，并能获得较高的、断奶体重较大的仔猪，从而提高猪场的生产水平和经济效益。

对种母猪应该按照生产阶段的不同进行饲喂：后备母猪的饲喂目标是使猪群210日龄时的体重达120kg，既不能过瘦，也不要过肥。后备母猪过瘦，繁殖力就会很低，断奶后发情会延迟；后备母猪过肥，繁殖力也会很低，并容易发生难产。怀孕母猪应限制其能量和养分的摄入，饲养管理目标是减少胚胎死亡，防止流产，保证胎儿健康生长发育，保证母猪的乳房发育良好和适宜的增重。哺乳母猪应让其自由采食，饲喂目标是使母猪产生充足的奶以哺育自己的仔猪，并防止体重减轻过多，以保证断奶后尽快发情。

母猪群的适宜结构是：后备母猪占30%（凉爽季节25%、炎热季节35%），1～2胎龄（配种即算胎龄）占20%，3～4胎龄占20%，5～6胎龄占20%，7胎龄以上的少于10%。

种母猪年淘汰率一般为30%，具体来说，母猪在出现以下情况时应该考虑淘汰：①连续2胎产活仔数低于7头；②所产仔猪的生长速度和胴体品质差；③健康有问题，四肢、全身患病难康复；④妊娠失败、3个情期未配上种的后备母猪、断奶后46天以上未配上种、2次以上流产、4次反情、2次子宫内膜炎的母猪；⑤后代仔猪中有疝、隐睾、锁肛等遗传性疾病；⑥有恶癖、母性不好。

（一）后备母猪的饲养管理

后备母猪的饲养目标是使母猪一生保持良好的生产性能。一个重要指标是210日龄时的体重达120kg，既不能过瘦、也不要过肥，后备母猪过瘦，繁殖力就会很低，断奶后发情会延迟；过肥繁殖力也会很低，并容易发生难产。

1. 后备母猪的选择

选择后备母猪首先要选择乳房发育好，有12个（最好是14个）发育完整、沿着腹底线均匀分布、功能完好的乳头。瞎奶头、翻转奶头以及排列不整齐的畸形奶头，一般不宜作后备母猪。还要选择外生殖器大小和形状合适，不会妨碍正常交配和以后的分娩。阴户过小或阴户过分上翘的，一般也不宜做后备母猪。更不能有两性体、疝气等异常情况。后备母猪身体要结实，肢蹄健壮尤为重要，因为母猪配种时要支撑公猪体重。选择后备母猪要求有一定年龄的体重，例如150日龄体重达100kg。

2. 饲养管理

一般规模化种猪场基础母猪年淘汰率在25%～35%，加上后备期的淘汰和死亡，每年补充后备母猪数量是基础母猪的30%～40%，按周均衡补充进繁殖群。

后备母猪群养，每栏4～6头，每头占地2.5～3m^2，舍温在20℃左右。

后备母猪的日粮要求含15%粗蛋白、0.7%氨基酸、0.95%钙和0.80%的磷，在5～6月龄前敞开饲喂，6月龄以后适当限饲，一般每日2.6～2.8kg，此时加喂一定数量（每日3～5kg）的青绿饲料，增加维生素和纤维素，并扩大胃的容量。

配种前2周优饲催情，让后备母猪自由采食，增加采食量，催情补饲可增加卵巢的排卵数，从而增加窝产仔数，饲喂量增加到每日3.5～4.0kg，把饲料撒在地面上可以减少打斗。配种后将饲喂量降到每日2.0kg。

后备母猪适当运动和增加光照，对发情、配种和产仔等方面大有好处。饮水器应安在排粪区或漏缝地板上，高度为60cm。

后备母猪要求6月龄时体重达90kg，210日龄达120kg。

每头后备母猪配种前挂一张配种卡，记录母猪耳号，与配公猪品种、耳号，配种日期、预产期、分娩时间以及总产仔数、活仔数、死胎数、木乃伊胎数、畸形仔数等。

3. 发情及配种

（1）发情鉴定：后备母猪在160～180日龄时，可以与经产母猪一起饲养，与公猪隔栏相望或接触，通常就会发情，这段时间每日要观察发情情况，第一次发情不要忙于配种，在第2个或第3个情期进行配种。

经产母猪如果在哺乳期管理得当、无疾病、膘情适中，则断奶后一般4～7天便可发情配种。

每日早晨和下午喂料后0.5h进行发情鉴定，每日2次，用试情公猪进行试情。公猪唾液中含有一种有气味的外性激素，这种气味会引起发情母猪做出交配姿势，公猪在促进母猪做出交配姿势的作用是重要的，在没有公猪的情况下，只有50%左右的发情母猪对饲养员的骑背试验反应正常，当公猪存在时，或者公猪的声音被母猪听到、气味被母猪嗅到，这个比例就增加到90%，这就是公猪刺激促进母猪发情。发情、输精与合适时机的选择参见第七章第一节和第三节相关内容。

（2）本交配种：经过发情鉴定可配种的，应选择适当的公猪与其放在一起，使之交配。由于母猪是多胎动物，在一次发情中多次排卵，因此，发情母猪一般要配种2～3次，第1次在发情鉴定出现静立反应时即配，间隔10～12h再配一次。

在配种前2～3min，一次性注射5IU的催产素，可提高产仔率和窝产仔数。

（3）人工授精：人工授精是一种比较经济实惠的做法，然而人工授精又是一门复杂的技术，在这里只介绍输精技术。输精是人工授精的最后一关，输精效果的好坏，关系到母猪情期受胎率和产仔数的高低，而输精管插入母猪生殖道部位的正确与否，则是输精的关键。相关内容参见本书第七章第二节。

（4）预产期的推算：母猪的妊娠期平均为114天（110～118天）。预产期的推算方法常用下面2种：

①三•三•三法：即在配种日期上加上3个月、3周又3天。如一头母猪的配种日期是6月7日，那么，预产期则是10月1日。是这样推算出来的，6+3=9月，7+（3×7）+3=31天，以30天为1个月。

②月加四，日减六法：即配种月份上加4，日期减去6。如上面这头母猪6月7日配种，推算方法则是6+4=10月，7－6=1日，也是10月1日。

（5）妊娠诊断：母猪配种后不是每一头都能妊娠，由于种种原因会有少数母猪不妊娠，因此，必须在母猪配种后的18～24天进行妊娠诊断。具体方法参见本书第七章第二节。

（二）妊娠母猪的饲养管理

妊娠母猪的饲养管理目标是减少胚胎死亡，防止流产，保证胎儿健康生长发育，保证母猪的乳房发育良好和适宜的增重。从母猪配种当天开始，必须立即把饲喂量降下来，在妊娠前期过量饲喂会导致胚胎死亡率上升、减少窝产仔数。

饲养怀孕母猪有两个关键问题必须牢记和加以解决：①在母猪怀孕和整个一生中，体重应该持续增加；②母猪在分娩时必须有一定的背膘（18～20mm），否则会影响产奶量和断奶重。母猪在哺乳期间体重损失过大，就无法尽快发情配种。

妊娠母猪要单独饲养，栏中有未怀孕的母猪要移走。如果采用限位栏饲养，在限位栏中的时间以30～35天为宜，这种限位饲养模式比妊娠期全程限位有三大好处：①在限位栏内母猪安静，不能咬斗，防止附植前和胚期流产；②妊娠前期必须减料，限位饲养食槽隔开，母猪各吃自己的那份饲料，不致造成多吃与少吃；③妊娠中后期母猪走出限位栏、大栏饲养，适当增加运动，改善母猪的福利，有利于胎儿生长，减少难产发生。

这一阶段管理的重点是防止流产、增加产仔数和仔猪出生重，并为分娩、泌乳做好准备。对妊娠母猪的饲喂应确保其不至过肥，也不至过瘦。

1. 喂料

妊娠母猪能够很好地利用高纤维、低能量（脂肪）日粮，低能量而高纤维日粮可减轻便秘，并可预防母猪肥胖。妊娠母猪每日应进食350～400g的中性纤维（苜蓿粉、酒糟、麦麸、小麦秸）。通过使用高纤维含量的饲料成分，来降低妊娠母猪的饲料成本和提高繁殖性能是很有潜力的，使用较高水平的纤维素可以提高受胎率、分娩率、产活仔数和仔猪断奶体重，还可以减轻母猪的应激，特别是母猪配种后35天内，使用较高水平的纤维素上述效果会更好。怀孕前期多喂青绿饲料或多汁饲料也是这个道理。怀孕后期日粮脂肪应达7%。

妊娠母猪的饲喂按下面程序进行：①母猪完成配种后应立即减少饲喂量，因为大量饲喂往往会减少胚胎的着床，尤其是第一胎母猪更易发生这种情况。妊娠第1～84天，每头母猪每日饲喂妊娠料2.0kg；②妊娠85～107天，每头母猪每日增加1.2kg妊娠料至自由采食；③妊娠108～113天，改喂哺乳料，每头每日喂1.8～2kg，分娩当天可以不喂料。

2. 管理注意事项

①保持圈舍清洁，地面要平整防滑，减少猪只间的争斗；②按程序做好防疫注射和驱虫；③发现病猪及时治疗和消毒，坚持定期消毒；④禁止使用容易引起流产的药物（如地塞米松）。

母猪流产的征兆有：减食或不食，精神不振，喜卧但不进入睡眠状态，阴户红肿并有黏液流出，有时可挤出乳汁。母猪有流产征兆时，应注射黄体酮保胎。

对可能确定胎儿已死的母猪，如连续高烧3天以上的，不再保胎而让其自然产出。

注意妊娠母猪转入产房前（按预产期提前7天）必须用消毒药和杀螨药清洗猪体，严格消毒猪舍。

3. 接产

（1）产前准备：产房中保持适宜的温度，母猪适宜的温度是16～20℃，湿度65%～70%。如果母猪是在实心地板（如水泥地板）上产仔，采用高质量的木屑或柔软的垫草，可防止仔猪体温通过地面传导，从而达到保温的目的。

准备接产用具：预产期前2天检查母猪乳房，并将保温灯箱准备好，灯的瓦数为250W，挂在高度45cm处，也可用电热毯。分娩前清洗母猪乳房及阴门，并按摩乳房。清洗外阴和乳房一般洗3次，第1次用清水洗净粪便污泥；第2次用肥皂水洗；第3次用无刺激性的消毒药水洗，如用高锰酸钾、百毒杀。洗后擦干，这对预防仔猪腹泻有好处。

（2）母猪产前的征兆：母猪产前有一定的规律性征兆即食欲减少，不想吃料，呼吸加快，卧立不安，阴门红肿增大，频频排尿，尾根两侧凹下；乳房膨胀、发亮、有光泽，两侧乳头向外八字形张开，用手挤压乳头有乳汁排出，初乳出现12～24h或最后一对乳头能挤出乳汁2～3h即分娩。

（3）接产方法：接产的任务是呵护母猪顺利产仔，在母猪发生问题时给予适当的帮助，护理好仔猪，防止仔猪假死、压死和冻死。母猪临产前要有专人监护，晚上也要值班，尽可能保持母猪舒适，不到万不得已不要人为帮助母猪分娩。这样做可以明显降低死胎数及哺乳仔猪死亡率。

仔猪出生后，接产人员要快速让新生仔猪从胎衣中脱出，立即用手指将其耳、口、鼻腔中的黏液掏出并擦净，再用抹布将全身黏液擦干，也可用干木屑擦干仔猪全身。这样做有两个好处：一是防止仔猪皮肤水分蒸发，带走热量；二是刺激仔猪，提高运动能力。接产者不许留长指甲，双手及手臂严格消毒。

（4）假死仔猪的急救：正常情况下，每头仔猪的出生时间间隔平均为15～20min。第一头与第二头之间有较长的间隔也是正常的（有的可长达2h），母猪分娩时间过长，体力消耗过大，仔猪不能及时排出，造成仔猪在母体内脐带与胎盘过早断离，使其氧气供应断绝，造成缺氧而窒息，产下时即停止呼吸，但心脏仍在跳动，这种现象叫假死。

遇到假死仔猪，左手立即提住其后肢，头朝下，右手轻轻拍打屁股或右手拇指与另四指分别握住仔猪两肋，一张一合地挤压，直到仔猪咳出声为止，假死仔猪就能活过来。也可进行人工呼吸，方法是将仔猪四肢朝上，一手托肩部，一手托臀部，一曲一伸，反复进行，直到仔猪叫出声为止。也可采用在鼻部涂酒精刺激仔猪的呼吸，进行急救。

（5）断脐、剪牙和断尾：

①断脐：仔猪生下，擦干身体后，将脐带内的血液向仔猪腹部方向挤压，尽量把脐血挤回仔猪体内。现代医学研究发现，脐血有骨髓样作用，可治疗白血病。而且，脐血是仔猪最好的营养来源。然后在离仔猪腹部5cm左右处断脐，断脐时不要一剪刀剪断，这样会使仔猪体内的血液流失过多。较好的方法是：左手指头紧捏着要断脐处，右手捏着脐带末端朝一个方向扭，待扭得很紧时，用线结扎牢固后，在结扎线外0.5cm左右处剪断，并用5%碘酒对断脐处进行消毒。这样就不会流血，也不易感染。

②剪牙：仔猪吃初乳前要剪去针状牙齿，每个仔猪有8颗针状牙齿（成对的上下门齿和犬齿共8颗），将每颗针状牙齿剪去一半，以防咬破母猪乳房发生乳房炎和仔猪互相咬伤，弱仔猪暂时不要剪针状牙齿，可待后几天再剪，让其留下作争乳吃的武器。剪牙时应小心，切勿伤及牙龈、牙床。一旦伤着牙龈、牙床，不仅妨碍仔猪吮乳，而且受伤的牙龈、牙床将成为潜在的感染点。

③断尾：断尾可避免断奶后的保育猪、生长育肥猪咬尾，在集约化养猪中是很有必要的一项措施。一般和剪牙同时进行，留尾的长度一般以达到小母猪阴户末端和小公猪阴囊中部为断尾部位，用断尾钳剪断，然后涂以碘酒；也可将尾的断口在高锰酸钾原粉中蘸一蘸，使断面附着一层高锰酸钾粉，这样既能止血、又能消炎。另一种方法是，用薄的钢板（如废带锯片）制作一把断尾刀，一面稍磨快，断尾时烧红，一切尾就断了，简单易行，既止血、又防止发炎。

（6）防止母猪压死仔猪：初生仔猪有一个天生的习惯，即紧挨母猪腹侧躺卧和吮乳。另外，初生仔猪反应迟钝，行动不灵活，易被压死和踩死，特别是3日龄以内的仔猪，被压死和踩死的占仔猪死亡数的60%以上。接产护理人员应特别注意，小心护理。

采用产床产仔是防止仔猪被压死和冻死的一项重要措施。

（7）千方百计让初生仔猪吃足初乳：接产护理人员的另一项重要任务就是让初生仔猪吃足初乳。刚出生的仔猪擦干被毛、断脐、剪牙后，稍在保温箱中保暖，待毛一干，仔猪能活动时，立即让其吃乳。接产护理人员要帮助将乳头塞入仔猪嘴中并叼住，做到早吃、多吃、吃足初乳（每头仔猪至少要吃50mL初乳）。生一个哺乳一个，生两个哺乳一双，待母猪分娩结束时全窝仔猪都已吃足初乳。据研究，母猪从分娩开始，8h后母乳中的抗体就减少70%，所以应尽早让仔猪吃上初乳。吃初乳一定要把握住母猪分娩这段时间，这时的母乳不仅含免疫球蛋白多，而且乳汁是持续分泌的，奶多奶足。到分娩结束时母猪就改为间断性放乳。为了保证每头初生仔猪都能吃上初乳，在产仔数多时可采用分开吃乳法，即把第一批吃上初乳的仔猪，吃乳0.5h后就拿到保温箱中（注意做好记号，做记号可用浓高锰酸钾液在仔猪背上编号），让母猪休息0.5h，再让剩下的仔猪吃乳0.5h，在24～48h内轮回2～3次。

母猪分娩过程中或分娩之后，可以收集一些初乳，人工喂给弱小以致不能吮乳的仔猪，收集60mL左右初乳，可供3～4头仔猪使用一次（每头一次喂初乳15mL左右），用胃管喂，在24h内每头仔猪应喂初乳3～4次。

哺乳期仔猪平均日增重在225～250g，母猪每哺乳一头仔猪每日平均要产奶0.9～1.0kg。

（8）防止弱仔猪发生低血糖：正常情况下，仔猪的初生重平均为1.3kg，有些仔猪的初生重平均可达1.5kg。出生体重轻的仔猪（初生重0.9kg以下）或弱仔猪，机体能量储备较少，如果出生后不能及时获得足够营养，就可能发生低血糖症。研究表明，向体重较轻的仔猪胃内灌注碳水化合物可以提高其成活率，葡萄糖就是乳猪较好的碳水化合物来源。但必须注意不能用白糖，因喂白糖后易引起腹泻。

（9）难产处理：

1）难产的症状：母猪妊娠期延长超过8天，阴门排出血色分泌物和胎粪，没有努责或努责微弱不产仔；母猪产出1～2头仔猪后，仔猪体表已干燥且活泼，而母猪1h后仍未产仔，分娩中止；母猪长时间剧烈努责，但不产仔，都为难产。

2）常见的2种难产处理方法

①子宫收缩无力型难产：多出现在体质差，带仔多的母猪。治疗上采用每隔30min肌肉注射催产素20IU。小剂量的重复使用催产素比一次性使用大剂量效果更好，注射催产素必须在母猪已流胎水后和经检查确定产道已经开张、胎位正常和不存在产道堵塞时，方可注射。

②胎儿阻塞型难产：主要由于胎儿过大或胎位不正引起，多出现在膘情过肥的母猪。处理时采用掏猪助产。

常用试剂和工具：碘酒（2%）、塑料手套、注射器及针头、石蜡油、催产素、青霉素等。

人工助产：消毒阴门，助产员修短指甲，用肥皂水清洗手和臂，并用2%的碘酒消毒；戴上塑料手套，掌心向下，五指并拢，慢慢进入阴道内，如胎位不正要先纠正胎位，然后抓住仔猪双脚或上颌部，随着母猪努责开始向外拉仔猪，动作要轻，不要强行向外拉，拉出仔猪后应及时帮助仔猪呼吸；必要时可用抗菌素给母猪做预防保健。

母猪难产的比率只有1%，初产母猪容易发生难产，人工助产对母猪的健康和繁殖性能有较大影响，迫不得已才进行人工助产。

4. 死胎或木乃伊胎猪的处理

怀孕母猪到产期并有一些临产表现：乳房膨胀、分泌乳汁，但又无胎儿产出，腹部逐渐缩小，过期不产，胎儿已死，被吸收，人称怀鬼胎。对怀鬼胎的母猪，可注射氯前列烯醇让死胎或木乃伊胎排出。骨骼钙化后死亡的胎儿会形成木乃伊胎，如果全窝或多数胎儿都木乃伊化就要考虑母猪患有伪狂犬病等繁殖障碍性疫病。

（三）哺乳母猪的饲养管理

为了保证长期发挥母猪的最大生产力，营养和管理方面必须注意满足母猪繁殖需要和维持自身的体况，营养的关键在哺乳期，因为这时营养需要非常高，并且要维持体况以提高将来的繁殖性能。

1. 产后母猪管理

产后强迫母猪站立、运动，站立吃料，恢复体况。注意保护母猪的乳头、乳房，第一胎猪尤其重要，特别注意每个乳头的充分利用。采取人工辅助的方法，使母猪养成两侧躺卧的习惯，并给仔猪固定乳头，以免影响以后乳房的发育。此外，对于产仔少、膘情差、哺乳能力差、早产、第一胎的母猪尽早断奶，仔猪并窝，充分利用母猪的每个乳头。

2. 哺乳母猪的饲喂量

哺乳母猪的饲喂目标是使母猪产生充足的奶以哺育自己的仔猪，并防止体重减轻过多，以保证断奶后尽快发情。产后母猪要哺乳，需要逐渐增加饲喂量，在哺乳母猪日粮中添加脂肪会提高泌乳量、初乳和常乳的乳脂率，从而也提高仔猪的成活率；还可防止母猪的体重下降，并促进母猪断奶后的发情。脂肪添加量为3%。

3. 哺乳母猪的饲喂方法

每头母猪2kg基础料（哺乳料，个别母猪产后采食量差，基础料减为1.5kg，个别偏肥的母猪，应适当控制饲喂量），每哺乳一头仔猪增加0.5kg，直至每日增加至7kg。泌乳期的高采食量对于维持高的产奶量、减少哺乳期的体重损失和断奶后再配种都至关重要。到断奶前3天开始减料，每日减0.5kg。

4. 预防母猪应激综合征

母猪应激综合征多发于每年炎热多雨的季节，后备母猪多发，经产母猪相对较轻。主要症状是食欲不振，耳部苍白，磨牙，便秘呈羊粪球状。它主要由于母猪怀孕后期妊娠负担加重，产仔刺激，天气闷热，发热性疾病等应激。母猪发生应激时，立即肌肉注射维生素C或0.1%肾上腺素。

（四）种母猪饲养流程

前面分别讲述了后备母猪、妊娠母猪及哺乳母猪的饲养管理要点，本节归纳性地阐述种母猪的饲养流程，把不同阶段、不同状态的母猪，在不同厩舍饲养的时间，喂什么饲料、喂多少量以及注意事项作了说明，简明易懂，有操作性。

总的来说种母猪的营养策略为：妊娠母猪需要的是较低日粮蛋白和氨基酸及高纤维；哺乳母猪则需要高蛋白、高氨基酸水平及可利用的高营养物质浓度。最大限度地提高哺乳母猪的采食量，而后备母猪和妊娠母猪限制饲喂。

1. 种母猪分阶段饲养

必须分为后备期、妊娠期、哺乳期和空怀期4个阶段饲养。

2. 不同阶段的母猪养在不同的厩舍

（1）大栏：饲养后备母猪、妊娠后期母猪和空怀母猪，后备母猪和空怀母猪每头占地2m^2，妊娠母猪2.5～3m^2。大栏温度要求在20℃左右。

（2）限位栏：又称定位栏，只能饲养配种至妊娠附植期和胚期的母猪，也就是妊娠35天以前的母猪，主要目的有2个：①防止流产；②限制饲料喂量。

限位栏的温度要求在20℃左右，特别怕高热，高热可造成胚胎死亡和热应激流产。如果猪场限位栏较多，可养至妊娠40天，以后就转入大栏，增加运动。

（3）产房：经产猪提前3天，初产猪提前7天进产房适应环境，在此产仔和哺乳。

3. 母猪不同阶段、不同状态喂不同的饲料

（1）后备母猪的营养目标：保证小母猪的正常生长发育，保持适中的种用体况，性成熟与体成熟平衡发展，能够如期发情。地方品种猪4月龄体重在30～35kg，瘦肉型品种4月龄体重在45～55kg，210日龄体重达120kg。后备猪喂大猪料（蛋白14.0%，赖氨酸0.7%），喂量是：后备期，每头每日喂2.6～3.2kg；配种前2周加料催情，每头每日喂3.5～4.0kg。

瘦肉型母猪在后备期可以饲喂低蛋白日粮，目的是增加体脂含量，同时在日粮中添加硒和维生素E，对今后泌乳和再配种有很重要的作用。

（2）妊娠前期：妊娠母猪在妊娠107天以前喂妊娠料（蛋白13.0%，赖氨酸0.5%），配种至妊娠84天，一定要严格把料量限制在每头每日2kg，不能多喂，多喂有害无益，此期胚胎主要是形成各种器官，生长速度慢，妊娠84天以前只长胎儿初生重的34%，此期母猪过肥，不利于受精卵着床。

（3）妊娠后期（产前30天）：是胎儿增长最快的时期，30天要长胎儿初生重的66%。因此，妊娠85～107天要增加饲料喂量，每头每日增加1.2kg，直到自由采食。这一时期的日粮中可把脂肪含量加至7%，好处是可以促进胎儿生长，提高初生重，产出均

匀、健康活泼的仔猪。108天至分娩，喂哺乳料，每头母猪每日喂1.8～2kg，这样可以减少产后无乳综合征的发生。

（4）进入产房：妊娠母猪提前3～7天进入产房后，改喂哺乳料（蛋白14.0%，赖氨酸0.7%），每头每日1.8～2kg。

（5）母猪分娩的当天：不要喂料，分娩时母猪要努责、腹压较大，胃中料多时受到压力，对胃不利。

4. 产仔后母猪

需要增加饲料喂量，从产后第1天基础料2.0kg，每哺乳1头仔猪增加0.5kg，直到每日7.0kg或自由采食。看实际情况，如果前2天料吃不掉，就少增加一点。

饲喂妊娠母猪和哺乳母猪的关键是：妊娠早期严格限饲，哺乳期要加强营养，采用一切已有技术促使母猪最大限度地增加能量摄入，从而促进产乳，提高仔猪存活率和增重，减少母猪泌乳期的体重损失，缩短断奶至发情的间隔。

5. 断奶

母猪断奶前3天要减料，减至每头每日1.8～2kg。目的是减少料，减少乳汁，减轻乳房的负担，断奶当天可以不喂料或少喂料。母猪断奶后出产房4～7天，继续喂哺乳料，每头每日3.5～4.0kg，有利再发情。7天以后不发情者，就要换成大猪料。

从仔猪断奶的第3天起，在母猪日粮中添加200mg维生素E和400g胡萝卜素，到母猪发情时将这2种维生素的添加量减少一半，喂至怀孕后21天为止，采用这种方法，可使母猪产仔数增加22%左右，而且母猪、仔猪体状良好，成活率提高。

（五）母猪体况的评定

母猪体况对繁育有很大的影响，母猪过瘦或过肥都会导致发情延迟、产仔性能降低、淘汰率增高等问题。太肥的母猪到哺乳期就没有很好的食欲，哺乳期时没有很好的食欲将导致母猪体重下降，延长断奶到发情的间隔，减少怀孕及减少胚胎成活率。母猪太瘦不抗冷、不发情或减少排卵，因此，要评定母猪的体况，应根据体况评定确定母猪饲喂量。母猪体况评定最准确的方法是测定背膘，但背膘仪价格昂贵，需有技术人员使用，一般的猪场很难承受。肉眼观察评定母猪体况的方法虽不太精确，但比较实用。

母猪体况一般评定两次，即妊娠后30天和断奶后各评定一次，方法是母猪体型的分数判定，根据不同的体况，评定为1分、2分、3分、4分、5分，3分是理想体型。

母猪的饲养目标是让85%以上的母猪体况评分在2～4分之间，由于断奶母猪会丢失膘情，所以允许大约10%的断奶母猪体况评分为2分，但对于整个母猪群来说，只允许大约5%的母猪体况评分为2分。根据母猪的体况评分，确定母猪的饲喂量。

1分：髋骨、骨盆骨、脊柱及肋骨明显突出，触之很硬。尾根四周塌陷，腹胁明显内陷。背膘厚13mm以下。

2分：髋骨、骨盆骨、脊椎突出，略用力可触到硬骨，腰窄，肋间隙不明显，不易见到一根根肋骨，尾根四周下陷，两腹肋略扁平。背膘厚15mm左右。

3分：髋骨、骨盆骨、脊柱都看不到，仅有肩部脊柱明显突出，用力才能摸到骨骼（肋、脊柱突），骨上被覆肌肉脂肪，呈弹性，尾根不凹陷。背膘厚17mm左右。

4分：摸不出脊柱、腰椎、肋骨，肋间隙消失，臀部很大，尾根四周无凹陷。背膘厚20mm左右。

5分：肥得圆滚滚，脊梁骨和腰椎上堆满肥肉，体中线凹陷，身躯呈圆柱状，尾根四周丰满，腹肋隆起。背膘厚23mm左右。

二、种公猪的饲养管理

种公猪品质好，对猪的繁育起着非常重要的作用。种公猪饲养管理的目的是获得最好的精液品质，最大的精液量和延长公猪的使用寿命，达到配种率高的效果，把良好的种用性能遗传给后代。

（一）种公猪的选择

常言道："公猪好好一坡，母猪好好一窝。"这充分说明选择种公猪的重要性。公猪品质好，对猪的繁育起着非常重要的作用，1头种公猪可以承担15～20头母猪的配种任务，好的种公猪可承担20～25头母猪配种任务。如果是人工授精，1头种公猪可以承担50头母猪的配种任务，因此，要认真选择种公猪。

选择种公猪时，首先要了解其系谱，选择具有高性能指数且身体结实的公猪。2个睾丸要发育良好、对称，不能有两性体、疝气、隐睾等异常情况。腹部既不下垂，也不过分上收。种公猪身体结实是非常重要的，要有强壮的、端正的肢蹄，对不能自由活动，具有直腿或弓形背的不能作种公猪用。对种公猪也要选择乳头，因为公猪可以遗传瞎乳头、翻转乳头给其所生的小母猪，乳头要求7对以上。选育种公猪时一般在3头成年公猪中，选留1头后备种公猪，要求8月龄体重120kg以上。

（二）种公猪的营养

同一般公猪一样，性成熟是一个逐渐的过程，4月龄就开始具有性活动和产生精子的能力，公猪在性成熟前采用群饲有助于减少猪的蹄和腿病，并改善其将来的性行为。6月龄的公猪进入性成熟，此时要将公猪单独饲养，每头占地12m^{2}左右，室温在23℃为宜。后备种公猪体重达100kg以前，一般自由采食，一旦达100kg时每日的饲喂量就要限制在2～2.5kg，种公猪在1～2岁时要限制能量摄入，放慢生长速度，日增重控制在180～250g。但要注意，这段时间随着公猪的性成熟，精液量和精子数不断增加，营养水平要求也较高，因公猪一次射精量一般平均在250mL，高的可达800～900mL，交配时间也比较长，消耗的能量多。要保持高氨基酸、维生素和钙、磷的摄入量，以便保持公猪的繁殖力和性欲。种公猪的生长发育对营养水平的高低非常敏感，直接影响配种能力和精液品质。种公猪日粮的安全临界值为：蛋白质13%、消化能13MJ/kg、赖氨酸0.6%、钙0.95%、磷0.8%。饲喂适量的锌、碘、钴、锰对精液品质有提高作用。使用哺乳母猪日粮即可满足成年公猪的营养需要。对于一般规模不大的猪场，可采用专业厂家生产的哺乳母猪预混料自行配制，大猪场或有条件者最好使用种公猪专门饲料。在种公猪饲料中，不能使用棉籽饼，因为棉籽饼中含有较多棉酚。棉酚作用于种公猪睾丸曲细精管的生精上皮，对各级生精细胞均有影响，尤其对中、后期接近成熟的精子影响最大，并可引起睾丸退化，使种公猪生产性能降低。

（三）种公猪的配种利用

种公猪开始配种的时间不宜太早，最早也要在8月龄或体重120kg以上，一般在10月龄或体重达130～135kg时初配为好。

种公猪的配种、采精频度一般为：1岁以内青年公猪每日只可配种1次，每周最多配5次；成年公猪每日可配2次，间隔时间为8～10h，每周最多配10次；老龄公猪每日配1次，连用2天，休息2天。配种或采精应在饲喂前进行，配种后不要立即饮水、喂料和洗浴，饮水、喂料在配种0.5h后进行，要间隔1～2h以后才可洗浴。

当配种任务比较重时，应该给公猪补充足够的能量和蛋白质，硒在精子发育成熟的过程中比较重要，也应补充。当种公猪处于热应激时，添加维生素C有助于改善精液质量。

定期检查种公猪精液品质，严禁用死精公猪配种。

对于性欲差的公猪，可用前列腺素促进性欲，肌注175μg氯前列烯醇，在10min内可使交配行为增加，公猪正常爬跨、射精。在炎热季节，注射前列腺素可造成公猪过热，故炎热季节禁止使用。

公猪对母猪群具有性传播疾病的危险，因此，公猪的健康和卫生状况将对猪群的繁殖性能产生重要影响，要确保公猪免疫、保健程序的实施和疫病监测，应控制性传播疾病。

适宜的公、母猪比例应为1∶（15～20）。

种公猪年淘汰率一般在33%～39%，使用期2～3年。具体来说，种公猪在出现以下情况之一时应该考虑淘汰：①繁殖性能差；②精液品质差，且持续2个月以上；③健康有问题，四肢、全身患病难康复；④后代中有阴囊疝等遗传性疾病；⑤有恶癖、过分凶恶者；⑥年龄达4岁以上。

（四）公猪的运动

公猪应每日加强运动，才能保证精液的品质，营养过剩、配种负担不重和运动不足的公猪易肥，会引起性欲降低，精液品质下降，影响配种效果。相反，配种频繁、运动过度而营养又不足，则公猪会过度消瘦，射精量少，精子活力降低，受胎率下降。

公猪营养、运动和配种利用，三者之间必须保持平衡。如果公猪日粮能量水平低则睾丸变小，睾丸越大产生的精子越多，公猪睾丸会一直长到12月龄，而精液产量需到18月龄才能达到最高水平。如果蛋白摄入量低，公猪的性欲、精液量和精子量均会降低；如果公猪日粮中钙和磷不足，骨骼和关节会脆化。公猪日粮中应注意提供足够的维生素和矿物质，每千克饲料中含2g维生素C可以改善公猪的射精量，提高维生素E的含量可以改善精液的品质，锌和硒对精子的生成有重要影响。

（五）控制种公猪的体重和背膘

要控制种公猪的体重和背膘厚，根据5分制体况评分（详见母猪体况评定）。种公猪最理想的体况应比母猪低1分，如果种公猪过肥，不仅会越长越大、越长越肥，缩短使用年限，而且会影响配种热情和配种精力，特别是高温季节影响就更大。种公猪到了2岁以后体型已成熟，更应放慢增长速度，日增重不超过180g最为理想。

每日喂种公猪2次，饲料量每日2.5～3.5kg，具体来说90kg时每日2～2.2kg，1岁150kg时每日2.5～2.7kg，配种期每日3.0～3.5kg。种公猪应定时采精，一般3～4天配种或采精1次，不能频繁采精，没有配种任务时也要定时采精，保存精液或遗弃，这样才能保持种公猪的精液品质不受影响。如果种公猪长时间（2周以上）未配种、采精，再用时最初几头交配的母猪最好重复配种，4次以后种公猪可恢复正常使用。

第二节　仔猪的培育技术

从初生到断奶阶段的小猪称仔猪。仔猪是猪一生中发育最快、可塑性最大、饲料利用率最高的时期，是增加猪的存栏数、提高质量、降低成本、增加效益的关键时期。

培育仔猪的任务是获得最高的成活率和最大的断奶窝重。要达此目的，必须掌握仔猪的生理特点，采取相应的饲养管理措施，搞好仔猪的培育。

一、保温和护理

仔猪的体温调节机能差，对寒冷的适应力弱。仔猪在母猪的子宫内，温度是39.0℃，仔猪出生是一个很突然的环境变化，新生仔猪皮薄毛稀、皮下脂肪少、散热快、保温性能差，并且仔猪大脑皮层调温中枢发育不完善。出生后环境温度低于34.0℃时，仔猪就怕冷，没有适当的温度是不能生存的，易被冻死。因此要给新生仔猪增加保温设备，新生仔猪保温箱的温度要求不低于34.0℃，产后每周降低2℃，到断奶时22～25℃。

寒冷对仔猪的直接危害是冻死，同时也是其他疾病发生的诱因，例如新生仔猪腹泻就与温度低有直接关系，据研究，仔猪出生后环境温度低于34.0℃，每低1℃新生仔猪腹泻的发生率就升高5%。所以，加强初生仔猪保温是养好仔猪的特殊护理要求，是提高仔猪成活率的关键。

另外，初生仔猪反应迟钝，行动不灵活，易被压死和踩死，特别是3日龄以内的仔猪，被压死和踩死的仔猪占死亡的60%以上，饲养管理人员要特别小心护理。采用产床产仔是防止仔猪被压死和冻死的一项重要措施。

二、及时喂初乳

猪的胎盘不能传送抗体，新生仔猪在出生时没有抵抗病原体的免疫力，只有吃了含高水平抗体和大量免疫球蛋白（免疫球蛋白占初乳中蛋白质的60%～70%）的初乳，才能在短时间内抵抗病原微生物，这种抗体称母源抗体。

初乳在产前10h开始分泌，并且分娩后不需要吸吮刺激就可以连续排乳，直到产后30～36h。要保证每头初生仔猪都能吃上初乳。

不同乳头的泌乳量不同，以长白猪为例，第4对乳头泌乳最多，依次为第2、3、5、1、6、7对，协助初生仔猪固定乳头，让所有仔猪都能吃足乳，让弱小仔猪吃第4、2、3对乳头，强壮的仔猪吃第1、6、7对乳头。

三、解决仔猪吃不上乳的问题

在母猪因产仔数太多，乳头不够，或母猪无乳，或母猪死亡，或为第一胎母猪，或母猪较瘦等情况下，可将仔猪部分或全部寄养给其他奶水好的老母猪或将被淘汰带仔少的老母猪。将初产母猪的部分仔猪寄养后，还有助于缩短断奶至发情间隔以及增加下一胎的产仔数。

寄养一般在仔猪出生24h内进行，将先出生的仔猪调往后出生的仔猪栏内，被寄养仔猪要挑一窝中最大的，因为这些仔猪更容易接受新环境，并能和原圈仔猪进行竞争；若寄母刚产仔、产仔数又不多，那么弱小的仔猪会有更好的生存机会，在这种情况下也可寄养弱小仔猪。有病的仔猪不能寄养。还应特别注意，要确保被寄养的仔猪吃好初乳。

仔猪寄养，还可以采用反向寄养法：

母猪A分娩24h后把最强壮的仔猪寄养给分娩母猪B，母猪B分娩12h后把最强壮的仔猪寄养给分娩母猪C。

仔猪早期断奶的、产仔少的、一部分仔猪死亡的母猪，也可以做寄母。寄养时，将原窝仔猪和寄养来的仔猪全部放到保温箱中混合2h左右，以混合仔猪身上的气味，使母猪不易识别新来的仔猪，待母猪积乳发胀时，再让全部仔猪一起吃乳。

四、仔猪编号

为了便于管理、育种和科学试验研究记录，需要给仔猪编号，给仔猪编号的方法很多，最常用的有以下2种。

1. 戴耳牌

在塑料耳牌上用记号笔写上数字，再用耳牌钳戴在猪的耳上。

2. 剪耳号

用耳号钳在仔猪的两耳边缘剪缺口，一个缺口代表一个数字，把几个缺口相加即是猪的号数。耳号的剪法和缺口代表的数字有多种，最常用又易识别的是“上1下3、右小左大”法，即右耳上缘的一个缺口为1，下缘的一个缺口为3，耳尖缺口为100；左耳上缘的一个缺口为10，下缘的一个缺口为30，耳尖缺口为200。各养猪场都有自己耳号的剪法。

五、仔猪补铁和补饲

仔猪的初生重一般在1～1.5kg，但出生后生长很快，10日龄体重就为初生重的2～3倍，30日龄为8～10倍，60日龄为10～20倍。为了满足仔猪快速生长的需要，仔猪在哺乳期需要补铁和补饲。

1. 仔猪补铁

初生仔猪极易缺铁，引起仔猪出现营养性、缺铁性贫血。仔猪出生后如果不及时直接补铁，早者3～4日、晚者8～9日仔猪便出现贫血症状，影响仔猪的生长发育。缺铁性贫血的症状是：血液稀薄、水样，皮肤和可视黏膜苍白，呼吸困难，背毛粗乱，生长不良，发育迟缓，食欲减退，饲料效率低下，抗病能力降低，严重者死亡。

补铁的方法是：仔猪3日龄时肌肉或皮下（股内侧）注射含150～200mg铁和1mg亚硒酸钠的铁硒合剂，如富铁力，补充铁硒合剂后，提高仔猪体内血红蛋白含量，防止贫血的发生，可提高仔猪断奶窝重15%～20%。

2. 仔猪补饲

在产仔后7天，母乳量能够满足每个仔猪的生长需要，产后10天母乳的供应量便达到最大限度，以后乳汁开始供应不足，仔猪生长就会受到抑制。为此，提前到仔猪7日龄开始补饲，选用优质全价乳猪颗粒料，在仔猪开食日粮中应添加维生素C促进生长。补饲料要少喂勤添，以保持料的新鲜度，料槽中不可装满饲料，仔猪流出的口水和饮水时口中带来的水甚至尿若混入料中，会使饲料结块、发霉而被仔猪拒食。

六、去势和断奶

1. 去势

一般认为，仔猪去势时间越早，应激越小，而应激越小，仔猪恢复就越快。仔猪最适宜的去势日龄为10日龄。

2. 断奶

仔猪适时断奶，不仅有利于仔猪的生长发育，同时对母猪的再发情和胚胎的早期发育都有利。应根据母猪泌乳、卵巢恢复、再发情和断奶后有利于仔猪保育等因素确定断奶时间。

哺乳仔猪日增重在250g左右，每增重lg需4～4.5g母乳，因此一窝10头仔猪，每日共需母乳10～11kg。从产仔到哺乳10～12天，母猪的泌乳量会逐渐增多，18～22天时达到高峰，然后就下降。

母猪的最佳哺乳期是第20～30天，哺乳期过长会导致早期胚胎死亡，早期断奶（3～4周）比晚期断奶（4周后）少产活仔0.25头。

母猪分娩后至少15天，卵巢才准备好产生更多卵子，分娩后21天，母猪子宫才会从分娩过程中完全恢复，因此，在分娩后21天内给母猪配种是没有结果的。

断奶对仔猪来说是一个很大的应激，断奶越早应激反应越大，5周龄断奶的仔猪要比3～4周龄断奶的仔猪更能对付应激反应。

仔猪猪瘟疫苗首次免疫注射最好在20～30日龄进行，受免疫后5天断奶，把注射疫苗和断奶这两个应激因素错开，减少猪的应激程度，利于仔猪保育和预防断奶后多系统衰弱综合征的发生。

大多数母猪在仔猪断奶后4～7天发情。根据以上因素、饲养管理技术水平和疫病发生情况，仔猪断奶在28～35日龄时比较合适。如果脱离实际情况，盲目进行早期断奶将欲速而不达。

仔猪断奶体重=初生重+（平均日增重×断奶日龄）。断奶体重对仔猪今后的生产性能有很大影响，最小断奶体重的指标为5.5kg，正常断奶时25%的仔猪较大，50%仔猪中等，25%的仔猪较小。对计划35日龄断奶的仔猪，到28日龄时先将大的、中等的、7.5kg以上的仔猪断奶，把剩下的小仔猪集中起来，寄养给其他母性好、产奶多的断奶母猪，到35日龄时整窝断奶。

对断奶仔猪，在日粮中添加维生素C可以提高生长速度；对断奶较早的仔猪，在日粮中添加维生素C效果更明显。

第三节　保育猪的饲养管理

仔猪断奶后便进入保育期，这一阶段一般为35～42天。仔猪断奶后是生长的一个极为关键的时期，也是猪一生中第2个困难时期，这一阶段的生长情况的好坏会极大地影响仔猪到后备猪（商品猪）的生产性能和经济效益。因此，保育期的目标是让断奶仔猪平稳渡过困难的断奶期并保持稳定的生长速度。

断奶对仔猪来说是一个应激，加之广泛流行的猪圆环病毒2型（PCV2）主要感染断奶后2～3天的仔猪，可造成猪断奶后多系统衰弱综合征，引起猪的高死亡率，给养猪业造成大的经济损失。因此，保育猪需要较好的房舍条件，高消化率日粮和精心的饲养管理。

（一）保育舍的基本条件

由于断奶后的几天里，仔猪的采食量较低和体脂损失较大，保育舍的温度应该比产房温度稍高，达到25℃最为合适，待仔猪达8.0kg时，温度可降到24℃，8.0～12.0kg时降至23℃，12.0kg以上可以降至21℃。保育期日温差不应过大，断奶后第1周，日温差超过

2℃，仔猪就可能会发生腹泻、生长不良。

保育舍每头猪占地面积0.3～0.4m^2，一般10头猪一个栏，每头猪的采食面积8cm^2左右，每栏一个饮水器，饮水器高度26cm较合适。

保育舍空气要流通，但又要避免有贼风进入。

（二）保育猪的营养和日粮

保育猪的营养要求根据日龄和体重而变化，5～10kg体重的仔猪，日粮蛋白质含量需20%、消化能3500kcal/kg、脂肪6%～8%，这一阶段的日粮要注意适口性，可消化率至少要达到92%；10kg以上体重的仔猪日粮蛋白含量18%、消化能3300kcal/kg，此阶段可利用消化率稍低、低成本的蛋白和能量饲料。

在仔猪断奶后的头几周内，日粮中添加1.5g甲酸钙，可使仔猪的生长速度提高1.2%以上，饲料转化率提高40%，并能减少仔猪的发病率。

（三）保育猪的饲养管理

保育猪的饲养管理要做到以间为单位的全进全出，在一间保育舍内饲养日龄相近、体重差别不大的仔猪，且公、母分栏和大小分栏饲养。注意圈舍卫生，随时清除网床上的粪便，精心护理，及时治疗病弱猪。

保育猪的饲喂方式为自由采食，不限量，刚进保育舍不要急于换料，继续喂乳猪料1周，到第2周的第1天开始逐渐在乳猪料中加仔猪料，加料量依次为第1天25%，第2天50%，第3天75%，第4天全部喂仔猪料。

（四）保育猪的饲养目标

①达20kg体重时死亡率低于1%；②保育期平均日增重500g，到48日龄时平均体重为18kg。保育猪体重达25～30kg时，转入生长或育肥猪舍。

第四节　生长育肥猪的饲养管理

生长育肥猪一般认为是体重25（30）～120kg的生长阶段，这时每头猪占地面积需1m^2。

生长育肥阶段猪可消耗其一生所需饲料的75%～85%，占养猪总成本的50%～60%。饲喂生长育肥猪有3条基本理论：其一，日粮中纤维含量在3%以内，日粮中每添加1%的纤维，蛋白质、能量以及干物质的消化率至少降低1%；其二，日粮中脂肪添加率每提高1%，日增重就提高1%，而饲料利用率则改善2%；其三，育肥猪的采食量和生长速度是影响猪场利润率的主要因素，生长速度很重要，生长缓慢的猪，其分摊的固定成本就会高于生长快的猪，要从生长缓慢的猪赚到钱是非常困难的。

母猪和阉公猪由于瘦肉和脂肪沉积以及采食量有差异，建议阉公猪和母猪分群饲养，这有助于更精确地配合日粮以满足两种性别猪的营养需要。阉公猪能消耗超过瘦肉组织合成所需的能量，当阉公猪接近上市体重时，能量摄入越多越有害。在生产实践中，阉公猪育肥后期可以考虑限制采食的能量，也可以在育肥后期的日粮配方中加入一些纤维饲料以限制能量摄入，从而减少脂肪沉积。

环境温度影响猪的采食量，从而影响育肥猪的营养需要和生产性能。育肥猪最适宜的温度是18℃。如果饲养在低温环境里，产生的热量将用于维持体温；相反，在高温环境中，机体为了减少产热量而降低采食量。

在生长育肥猪的日粮中添加抗生素和“生长促进剂”，通常可以提高增重和改善饲料报酬，这可能是控制了亚临床疾病的结果。随着日龄的增加，抗生素对猪生产性能的促进作用呈下降趋势。因此，在生长猪（25～70kg）中使用抗生素可改善4%～6%的经济效益，在育肥猪（70～120kg）使用抗生素意义就不大。

生长育肥猪的饲料营养水平为：前期消化能1 300kcal/kg，粗蛋白16%，钙0.6%，有效磷0.3%，食盐0.3%；后期粗蛋白减为14%。

使用含铜25%的五水硫酸铜，在日粮中添加125～250mg/kg浓度的铜可作为生长促进剂，与抗生素相似，添加铜的效果随猪只体重和日龄的增加而下降。

许多生产者在仔猪阶段使用高锌（含锌3 000mg/kg），生长猪阶段则换成高铜（含铜250mg/kg）。

将小苏打加到缺乏赖氨酸的猪饲料中，可以改善因赖氨酸的不足引起的影响，并有利于粗纤维的消化吸收，使猪长肉多、增重快，添加量为5%～8%。

第五节　猪的福利保健

猪的福利保健与防疫同等重要。福利保健、防疫重于治疗。

在猪病防制中，接种疫苗、预防相应的疫病是最重要的一环，但不是唯一的。有些人陷入误区，认为只要接种了疫苗，猪就不会再发病。实际上有很多病到目前为止还没有疫苗预防。最好的疫苗也不可能有100%的保护力。因此，依靠疫苗接种来控制所有猪病是不现实的。

猪场要控制猪病必须综合防制，首先要清洁卫生，有严格的防疫制度，制定科学的免疫程序，定期驱虫。

还有很重要的一环，就是要满足不同日龄、不同生产状态猪只的福利，实行保健，使每一个猪只都通过保健增强对疾病的抵抗能力，达到不发或少发病，就是发病也好治疗。

一、母猪保健

（一）后备母猪的保健

后备母猪是繁殖母猪的基础，特别是新建猪场，首先引入的是后备母猪。

繁殖是猪场管理中最关键的一环，繁殖率主要取决于受精率、产仔数和空怀天数。后备母猪初配前进行保健，可以提高受精率和产仔数。

保健原理：硒对生殖影响很大。研究表明，在第一胎母猪配种前一次性注射含硒2.5mg的亚硒酸盐，可使受胎率提高15%，其主要作用是硒使新生期胎儿死亡减少。根据这一研究成果，对后备母猪进行保健。

保健方法：在配种前7～15天，每头猪注射含150mg维生素E和2.5mg亚硒酸钠的亚硒酸钠维生素E来提高母猪受胎率和分娩率。

（二）产仔母猪的保健

1. 保健原理

①仔猪出生后极易发生新生仔猪腹泻，死亡率很高，存活下来的仔猪多成为僵猪，生长缓慢。

②在不少地方的土壤中都缺硒，因此，这些地区的农作物、牧草中普遍缺硒，给母猪补硒就显得十分重要。

③母猪产完仔后极易发生产后泌乳障碍综合征（PPDS），出现大便秘结、不食、少乳或无乳、乳房炎、阴道炎、子宫内膜炎、发热、瘫痪等，因此严重威胁母猪的生命和繁殖力，影响仔猪的健康成长。

④近年来母猪产后泌乳障碍综合征在规模化养猪场的发病率呈上升趋势，特别是子宫炎、阴道炎在有的猪场发病率高达40%左右。该病使养猪场蒙受较大经济损失。为了防止PPDS的发生，有必要对产仔母猪进行保健。

2. 保健方法

①母猪产前1周，每日每千克体重饲喂土霉素500mg，可减少新生仔猪腹泻。

②美国研究了一种提高仔猪抗病力的新方法，就是在母猪分娩前注射维生素E和硒，采用这种方法能提高母猪初乳中的免疫球蛋白和仔猪血浆中的免疫球蛋白。因而可提高仔猪的抗病力，达到提高初生仔猪抗病力的目的，利用这一方法，对产前母猪实行保健。

③母猪分娩前24h，注射100IU维生素E和5mg亚硒酸钠（相当于5mL亚硒酸钠维生素E）。

④母猪产完仔猪，胎盘正常排出后或部分胎盘滞留时，用达力朗胶囊1粒塞入子宫内。达力朗胶囊是法国进口的一种专门治疗家畜子宫炎、阴道炎、滴虫、念珠菌的新药，在子宫、阴道内药效扩散性强且持久。对种种原因引起的子宫炎、阴道炎有良好的治疗作用，并可消除恶露。使用该药后，确保母猪的繁殖机能正常。

⑤母猪分娩后48h内肌肉注射氯前列烯醇2mL，能有效促进母猪泌乳，并可显著缩短

断奶至发情间隔。

二、仔猪保健

（一）初生仔猪的保健

1. 保健原理

初生仔猪常面对死亡的威胁，能否成活下来受着诸多因素的影响，特别是疫病对其危害很大，常常造成哺乳仔猪大量死亡。例如，由大肠杆菌引起的新生仔猪腹泻（俗称黄痢）和仔猪腹泻（白痢）是规模化养猪场四大顽症之一。在全世界的养猪场都有不同程度的发生，死亡率可高达50%左右。

由C型魏氏梭菌引起的仔猪血痢，对新生仔猪危害也很大，致死率一般为20%～70%。

猪支原体肺炎易感染初生仔猪，7日龄仔猪就能感染。

仔猪还易感染化脓性放线菌及链球菌，造成关节炎、关节肿大、坏死以及形成瘘管、关节变形等，使仔猪残废。

上述仔猪的4种疫病，是仔猪培育的大敌，也是规模化养猪场的一大难题。在防疫卫生和饲养管理较好的猪场，这些病发生少些。但由于规模化养猪数量多、密度大等特点，致使这些病很难根除。因此，要防止这些疫病的发生，提高哺乳仔猪成活率，就必须打主动战，对初生仔猪实行保健，防止或减少这些病的发生，否则这些病一旦发生，损失就会很大。

2. 保健方法

①仔猪出生后，掏净口中黏液，立即滴服链霉素2滴（约5万IU），对预防新生仔猪腹泻有很大好处。

②仔猪2日龄时可肌肉注射纽氟罗（30%氟苯尼考）0.2mL。氟苯尼考是新一代广谱抗生素，对多种革兰氏菌、支原体及螺旋体作用快，作用强，药效持续时间长，不易产生抗药性。

（二）断奶仔猪的保健

1. 保健原理

仔猪断奶后易发生多系统衰弱综合征（PMWS）给养猪场造成极大的经济损失，特别是给规模化养猪场造成相当大的经济损失。PMWS是以猪圆环病毒2型（PCV2）为主感染所致的一种新的猪病毒病。该病主要发生在哺乳期和保育期的仔猪，仔猪断奶后2～3天或1周开始发病，发病最多的日龄为6～8周。最常见的临床症状是猪只渐进性消瘦或生长迟缓，这是初步诊断PMWS所特有的临床依据，其他症状有呼吸困难、腹股沟淋巴肿大、腹泻、贫血和黄疸。

由于PCV2特有的致病性，可以说在近期内开发和研制有效的疫苗还有很大难度。因此，目前我们不能指望通过疫苗免疫来预防和控制PMWS。应采用有效的措施，把PMWS的危害和损失降到最低程度。对猪只进行保健，便是最重要的措施之一。

2. 保健方法

使母猪产生母源抗体，以预防PCV2等病毒。根据免疫学原理，母猪在产前不断接触一些不至于使母猪发病的微生物，可在初乳中产生相应的母源抗体，例如PCV2、大肠杆菌等都具有这样的特性，因此，可给妊娠80天以上的母猪每日饲喂仔猪粪便——感染材料。这样在母猪初乳中可产生高水平的PCV2、大肠杆菌等母源抗体，初生仔猪吃初乳后，可获得抵抗PCV2、大肠杆菌的抗体，对PCV2感染和仔猪腹泻有预防作用。这是巧妙地利用仔猪粪便作保健品。

3. 控制PCV2

造成PMWS的主要病原是PCV2，同时蓝耳病毒、肺炎支原体、细小病毒、霍乱沙门氏菌、链球菌等也是帮凶。要消灭PCV2，首先要消除它的帮凶，因此，综合防制PMWS的方法是：提前采用药物预防，控制感染。①仔猪21日龄时，肌肉注射组氟罗0.4mL；②仔猪料中按每吨饲料添加1～2kg猪喘清或按每千克饲料添加300mg金毒素或土霉素。

三、驱虫保健

猪疥螨也是规模化养猪场四大顽症之一，猪疥螨的感染常常造成猪的慢性皮肤病或皮肤过敏性病变，导致猪瘙痒及不适，进而严重影响饲料效率。

猪的体内寄生虫，如蛔虫、肺线虫等对猪的日增重和饲料转化率有直接影响，患这些寄生虫病时还可能继发其他疾病，所造成的损失是很大的。对猪体内、外寄生虫进行预防性驱虫，使之不能造成对猪的危害，实际就是猪的一项重要保健。

驱虫保健原则：虫体成熟前驱虫和做好驱虫前后的卫生。

驱虫药的选择：应选择高效、安全、广谱的抗寄生虫药物，如：伊维菌素+芬苯达唑。

驱虫保健程序：①种公猪每年4月初、10月底各驱虫1次；②怀孕母猪于产前1～4周驱虫1次；③后备母猪在初配前2～3周驱虫1次；④仔猪在转入生长群前驱虫1次；⑤还有一种简单的驱虫保健程序是：全场同时驱虫，每3个月驱虫1次。

四、饲料保健

目前，猪病流行的新特点是呼吸道综合征、繁殖障碍综合征、无乳综合征以及新的病毒性疫病（如猪蓝耳病、猪圆环病毒病）增多，危害严重，而我们对付这些病还没有研究出好的疫苗，因此，要防治这些病只有定时或不定时地在饲料中添加保健性药物。现将几种常用的、效果较好的药物介绍如下：

1. 猪喘清

主要成分：2%氟苯尼考。

作用：用于防治猪传染性胸膜肺炎、猪喘气病、副猪嗜血杆菌、猪萎缩性鼻炎等引起的呼吸综合征，以及沙门氏菌、大肠杆菌病、猪丹毒、猪肺炎和无乳综合征。

保健方法：每吨饲料添加本药1～2kg，搅拌均匀，连用3～5天。

2. 复方支原净粉

主要成分：支原净和土霉素。

作用：用于猪喘气病、猪萎缩性鼻炎等引起的呼吸道综合征，以及血痢和猪断奶后多系统衰弱综合征。

保健方法：在每吨饲料中添加本药2 500g，搅拌均匀，连用5～7天。

3. 利高霉素

主要成分：林可霉素和壮观霉素。

作用：用于猪喘气病、猪肺炎、猪传染性胸膜肺炎、猪萎缩性鼻炎等引起的呼吸综合征，以及猪血痢、大肠杆菌病、母猪产后综合征等。

保健方法：在每吨饲料中添加本品500～1 000g，搅拌均匀，连用7天。

4. 针对病毒病制剂

主要成分：大观霉素、林可霉素、利巴韦林、磺胺间甲氧嘧啶。

作用：用于预防细菌和病毒的合并感染等。

保健方法：在每吨饲料中添加本品400g，搅拌均匀，连用7天。

:::: 第十章 ::::

猪病的诊断与防治

第一节　猪的重大疫病

一、猪瘟

猪瘟又称烂肠瘟，因其有烂肠、腹泻、粪恶臭而得名，是由黄病毒科瘟病毒属的猪瘟病毒引起的一种急性、发热、接触性传染病。我国把猪瘟列为一类动物传染病，是严重危害养猪业的一种烈性传染病。

（一）病原特性

病原体是黄病毒科瘟病毒属的猪瘟病毒（HCV），HCV含有单股RNA，病毒粒子多为圆形，直径40～50nm，具有脂蛋白囊膜，在胞浆中复制，通过芽生的方式成熟而释出。HCV虽然有不少的变异性毒株，但目前仍认为只有1个血清型，因此，HCV只有毒力强弱之分。HCV野毒株的毒力差异很大，所引起的病变和症状有明显的不同。强毒株可引起典型的猪瘟病变，发病率与死亡率高；中等毒力毒株一般是产生亚急性或慢性感染；而弱毒株只引起轻微的症状和病变，或不出现症状，给临床诊断造成一定的困难；无毒力性病毒可引起高度病毒血症，导致持续感染。应该强调指出，HCV所具有的毒力性状是不稳定的，通过猪体一代或多代后可使毒力增强。HCV对外界环境的抵抗力随所处的环境不同而有较大的差异。HCV在没有污染的或加0.5％石炭酸防腐的血液中，于室温下可生存1个月以上；在普通冰箱放10个月仍有毒力；在冻肉中可生存几个月，甚至数年，并能抵抗盐渍和烟熏；在猪肉和猪肉制品中几个月后仍然有传染性。HCV对干燥、脂溶剂和常用的防腐消毒药的抵抗力不强，在粪便中于20℃可存活6周左右，4℃可存活6周以上；在乙醚、氯仿和去氧胆酸盐等脂溶剂中很快灭活；在2％氢氧化钠和3％来苏儿等溶液中也能迅速灭活。在生产上HCV对2%氢氧化钠、氯制剂、复合醛等消毒药敏感。

（二）流行特点

猪是本病唯一的自然宿主，不同年龄和品种的猪均可感染发病，而其他动物则有较强的抵抗力。病猪和带毒猪是主要的传染源，病猪或带毒猪通过口、鼻、泪腺分泌物、尿液、粪便排毒，并可延续整个病程。慢性感染猪不断排毒或间歇排毒，HCV低毒性感染妊娠母猪时，造成产死胎或产弱仔。另外，感染母猪在分娩过程中排出大量的HCV。易感猪与病猪的直接接触是本病传播的主要方式，采食了被病毒污染的饲料和饮水或吸入含病毒的飞沫和尘埃也可引起发病，所以病猪尸体处理不当，肉品卫生检疫不彻底，运输、管理用具消毒不严格，执行防疫措施不认真，都是传播本病的因素。本病一年四季可发生，一般在春秋季较为严重。表现明显症状时，病死率很高，可达60%～80%。

（三）临床症状

患病猪体温高达41～42℃，病猪弓背垂尾。进食减少甚至废绝，挤堆明显。初便秘后腹泻，排出黄绿色水样稀粪。眼红，眼屎多，眼睑粘连。腹下、鼻端、耳根、四肢内侧形成出血斑。随着病程的延长往往会形成后肢麻痹。公猪包皮发炎，有尿潴留。妊娠母猪感染可导致流产，产死胎、木乃伊胎、弱仔，如产下正常仔猪也会形成免疫耐受现象。经过急性过程未死者，则转为慢性病猪，体温时高时低，食欲时好时坏，便秘与腹泻交替发生，病猪明显消瘦，毛焦膁吊，精神萎靡，行走不稳或不能站立。一般病程可达20天以上，最后衰竭死亡居多，也有耐过者而成为僵猪。若病程较长，在病的后期常有猪沙门氏菌或猪巴氏杆菌等继发感染，使病症和病理变化复杂化。

（四）病理特征

猪瘟病毒主要损伤小血管内皮细胞，可引起各组织器官的出血，病变以出血性败血病变化为特征。皮肤的出血多见于颈部、腹部、腹股沟部和四肢。全身性淋巴结炎的变化表现得非常突出，尤以颌下、腹股沟、肺门、肝门和肠系膜等淋巴结，不仅出现得早而且明显。眼观淋巴结体积肿大呈暗红色，切面湿润多汁，隆突，边缘髓质呈暗红色，围绕淋巴结中央的皮质并向皮质内伸展以致出血髓质与未出血的髓质相嵌，呈大理石样外观。镜检主要的病变为淋巴窦出血和淋巴小结萎缩及有不同程度的坏死。

肾脏肿大，色泽变淡，表面散布数量不等的点状出血，呈雀斑肾，切面不论皮质或髓质均可见到针尖大至粟粒大的出血点。肾锥体和肾盂也常见多量出血。镜检，主要病变是肾小管上皮变性、坏死，小管间有大量红细胞，呈局灶性出血性变化，形成渗出性急性肾小球肾炎或急性出血性肾小体肾炎。

脾脏通常不肿大或轻度肿大，有1/3～2/3病例在脾的边缘有数量不等、粟粒大至黄豆大或蚕豆大、暗红色不正圆形的出血性梗死灶，这是猪瘟的特征性病变。镜检，梗死灶的发生是由于脾小动脉变性、坏死，使管腔内血栓形成所致。

此外，各黏膜、浆膜和器官的出血也很明显，胆囊、扁桃体发生出血、梗死。口腔黏膜、心、肺、膀胱有出血点或出血斑。回盲口有纽扣状溃疡灶。肋软骨联合处到肋骨近端形成明显的骨髓线。镜检可见弥漫性非化脓性脑炎。

（五）诊断要点

猪瘟是一种毁灭性疾病，要求迅速确诊，以减少经济损失。根据流行病学、临床症状和病理变化作出初步诊断。实验室诊断可分为病毒抗原分离、特异性抗体检测，常用的方法有直接荧光抗体（FA）和ELISA试验，其中活体采取扁桃体，再用荧光抗体检查病原是临床上常用的一种诊断方法。此时，可在扁桃体的上皮细胞和腺管上皮中发现大量阳性反应物。

（六）治疗方法

对病猪及可疑病猪应立即隔离饲养，特别是贵重的种猪，在备有抗猪瘟血清的单位，可用于治疗。

1. *西药治疗*

抗病原，抗菌消炎，对症疗法，参考表10-1。

表10-1　西药早期治疗猪瘟

药名	功用	千克体重用量	使用方法
抗猪瘟血清	抗病原	0.5～1mL	未腹泻时肌肉注射
硫酸庆大霉素	抑菌消炎	3～4mg	静脉注射
红霉素		10～20mg	耳静脉缓注
5%～10%葡萄糖	补液	3～5mL	
25%葡萄糖		1～2mL	静脉注射
30%安乃近	解热镇痛	3～4mg	肌肉注射

注：与中草药结合使用。

2. 中药治疗

以清热解毒、活血化淤、凉血救阴为治则。

处方一：生石膏50g，芒硝30g，大青叶、板蓝根各40g，连翘、川大黄各20g，生地黄、玄参各25g，黄连、黄芩各15g，甘草10g。

【作用】治疗早期温和型猪瘟。

【用法】将生石膏粉碎为细末与芒硝混合，其他药水煎2次，去渣，乘热加入石膏、芒硝，候凉供体重50kg猪只灌服。20～50kg猪只剂量减半，20kg以下取1/3的分量。食欲增加，粪便好转后时不能马上停药，需再继续用药1个疗程，剂量则为原剂量的1/2～1/3，若粪便正常时可去大黄、芒硝。

处方二：大黄、黄芩各9g，栀子（炒）、地榆、连翘、黄柏、茯苓、知母各6g，金银花12g，白芍4.5g，黄连、生石膏、枳壳各3g，厚朴、甘草各1.5g。

【作用】猪瘟早期治疗。

【用法】按处方配药，共煎汁取液，供体重25kg猪只2次服用，1天内服完。

处方三：金银花12g，黄芩、大黄各9g，茯苓、知母、地榆、栀子（炒）、连翘、黄柏各6g，白芍4.5g，黄连、枳壳、生石膏各3g，厚朴、甘草各1.5g。

【作用】治疗早期猪瘟。

【用法】按处方配药，共煎汁取液，供体重25kg猪只2次服用，1天内服完。

处方四：侧柏炭、地榆炭各20g，白茅根、黄连、金银花、枳实各10g，白及、板蓝根各12g。

【作用】治疗中期猪瘟和后期猪瘟。

【用法】治疗中期猪瘟：按处方配药，水煎取汁，候温内服，供体重50kg的猪只1次服用，每日1剂，连用3～5天。同时用青霉素320万IU，维生素C注射液5支肌肉注射，连用3～4天。

治疗后期猪瘟：按处方配药，水煎取汁，候温内服，供体重50kg的猪只1次服用，每日1次，连用3～5天。出现大便秘结者，加板蓝根、番泻叶各500g，煎汁，分10天内服，同时多喂青绿饲料。继发感染者口服适量氟哌酸。腹泻不止者取干石灰溶液上浮悬浊液，日服100mL，或用氢氧化铝5g，1次灌服，为防止继发感染，可同时灌服一定数量的抗生素。

（七）免疫预防与饲养管理

1. 免疫预防

（1）每年采取定期注射和经常补针相结合的办法，用猪瘟兔化弱毒冻干苗，按说明书所示方法稀释后，大、小猪一律肌肉注射1mL。注射后第4天即可产生免疫力，免疫期可达1年。要选择和制定适合本场的免疫程序。

（2）发牲猪瘟时的紧急措施。可试用大剂量猪瘟疫苗（10～30头份）肌肉注射，参考剂量按每千克体重0.5头份，个别场有较好的效果。

2. 饲养管理

（1）实行自繁自养的办法，若需要从外地购买猪种，运回后还须隔离饲养半个月左右，并进行疫苗注射，方可混群饲养。

（2）早期确诊，及时采取措施，对控制和消灭猪瘟、减少经济损失有重要意义。发牲猪瘟时，立即隔离治疗，封锁病区，以防传染。对发病猪舍、运动场、饲养管理用具，用消毒药液进行消毒。严格处理病死猪和粪便污物，防止病毒扩散。粪、尿及垫草等污物，堆积发酵后作肥料利用。

（3）加强集市管理和运输检疫。杜绝病猪在集市出售，禁止收购病猪，防止在运输中传播疫病。牲猪交易市场、存猪栏、屠宰场等猪只集中场所，应特别加强兽医卫生管理及检疫措施。

（4）改善饲养管理，以贯众泡水，拌料喂猪，有预防作用。搞好圈舍、环境及管理用具的兽医卫生、消毒工作。

二、猪口蹄疫

口蹄疫是由小核糖核酸病毒科的口蹄疫病毒（FMDV）引起偶蹄兽的一种急性、热性和高度接触性的传染病，临床以口腔黏膜、蹄部和乳房发生水疱和烂斑为特征。

（一）病原特性

口蹄疫病毒粒子呈圆形或六角形，由60个结构单位构成20面体，直径为23～25nm，病毒由中央的RNA核心和周围的蛋白壳体所组成，无囊膜。成熟的病毒粒子约含30％RNA，其余70％为蛋白质。据认为，病毒的RNA决定其感染性和遗传性；而蛋白质则主导其抗原性、免疫性和血清学反应的特点。

FMDV具有多型性，易变异的特点。根据其血清学特性，可将之分为7个血清型，即A型、O型、C型、SAT_1型、SAT_2型、SAT_3型以及亚洲Ⅰ型。其中以A型和O型分布最广，危害最大，单纯性猪口蹄疫是由O型病毒所引起。每一型内又有亚型，亚型内又有众多抗原差异显著的毒株。1977年世界口蹄疫中心公布有7个型和65个亚型，每年还会有新的亚型出现。各型之间在临诊表现方面没有什么不同，但彼此均无交叉免疫反应。在同型中，各亚型之间交叉免疫程度变化幅度也较大，亚型内各毒株之间也有明显的抗原差异，病毒的这种特性，给本病的检疫和防疫带来很大的困难。

FMDV在病猪的水泡皮和水泡液中含毒量最高，对外界环境的抵抗力很强，不怕干燥，在自然条件下，含病毒的组织与污染的饲料、饲草、皮毛及土壤等可保持传染性达数周至数月之久。粪便中的病毒，在温暖的季节可存活29～33天，在冻结条件下可以越冬，但高温和直射阳光对病毒有杀灭作用。病毒对酸碱十分敏感，易被酸性和碱性消毒药杀死。因此，2%～4%氢氧化钠、3%～5%甲醛溶液、0.2%～0.5%过氧乙酸、5%次氯酸钠和5%氨水等均为对付FMDV的良好消毒剂。食盐对本病毒无杀灭作用。在肉品中于10～12℃经24h，或在4～8℃经24～48h，由于产生乳酸使pH下降到5.3～5.7时，则杀灭其中的病毒，但骨髓和淋巴结不易产酸，故位于其内的病毒常不被杀灭，成为废弃物中很危险的传染来源。鲜牛奶中的病毒在37℃时可存活12h，但在酸奶中的病毒则可被迅速杀灭。

（二）流行特点

口蹄疫病毒可侵害多种动物，主要感染偶蹄兽（牛、羊、猪）。各种年龄的猪均有易感性，但对仔猪的危害最大，常常引起死亡。病猪是最主要的传染源，病猪在发热期的粪尿、奶、眼泪、唾液和呼出的气体均含病毒，可通过消化道、空气、皮肤黏膜伤口感染易感动物。口蹄疫是一种传染性极高的传染病，传播迅速，经常可显跳跃式传播。口蹄疫一年四季均可发生，由于口蹄疫病毒怕热不怕冷，一般炎热夏季较少，在冬春季节易发生大流行。

（三）临床症状

潜伏期一般为2～7天，最短的12h就发病，最长的达14～21天。病初体温升高到41～42℃，主要在蹄部、口腔、乳房皮肤形成水疱，猪口蹄疫最早的症状是吻突、唇上发生水疱、烂斑，有时可见口内有白色泡沫，最典型的症状是蹄冠、蹄叉出现局部红肿，手触有热感，站立不稳、跛行，蹄上有水疱，蹄冠边缘、蹄踵、蹄叉、附蹄等处都会发生水疱，蹄冠边缘的水疱长，融合成长条。严重者水疱破裂，表面出现糜烂、出血、溃疡，从而影响采食和运动。哺乳母猪的乳房上也易发生水疱。哺乳仔猪感染可引起急性胃肠炎和心肌炎。部分严重感染猪群的病死率可达100%。

（四）病理特征

口蹄疫病死猪剖检变化除口、鼻、蹄上的水疱和烂斑外，最常见到的变化是心肌疲软，仔猪心内、外膜上有出血斑点和淡黄色或灰白色点状、带状及不规则的斑纹，状似虎皮上的斑纹，故称“虎斑心”。组织切片镜检，可见心肌发生出血性坏死性炎症。

（五）诊断要点

根据流行病学、临床症状和病理变化可作出初步诊断。确诊可通过病毒分离培养、血清学试验及小鼠接种试验。接种口蹄疫病毒后乳鼠的发病特征：呼吸急促，四肢和全身麻痹。口蹄疫病毒接种正常IB-RS-2单层细胞，可引起特征的细胞病变。

（六）治疗方法

1. 西药治疗

以0.1%高锰酸钾溶液冲洗患部，涂碘甘油或龙胆紫溶液，然后按表10-2选药治疗。

表10-2 西药治疗猪口蹄疫

药名	功用	千克体重用量	使用方法
口蹄疫抗血清	抗病毒	0.5mL	混合后，肌肉注射，每日2次，连用3～5天
板蓝根注射液	清热解毒	0.1～0.2mL	
抗病毒Ⅰ号	抗病毒		
复合维生素B粉	加强营养	500×10^{-6}（饲料含量）	混入饲料中添加，连用3～5天

注：适当配合使用抗生素，防继发感染。

2. 中药治疗

处方一：冰片、硼砂、黄连、明矾、儿茶各5g。

【作用】治疗猪口蹄疫。

【用法】按处方配药，各药粉碎为末，患部用消毒药清洗后，将药末撒布其上。

处方二：贯众、山豆根各15g，桔梗、连翘、大黄各12g，赤芍、生地黄、天花粉、荆芥、木通、甘草各9g，绿豆粉30g。

【作用】治疗猪口蹄疫。

【用法】按处方配药，共粉碎为末，加100g蜂蜜为引，开水冲服，每日1剂，连用3～5天。

处方三：青黛、黄柏各3份，黄连、桔梗、儿茶各2份，薄荷1份。

【作用】治疗猪口蹄疫。

【用法】按处方配药，各药粉碎为末，患部用消毒药清洗后，将药末撒布其上。

（七）免疫预防与饲养管理

做好平时的预防工作，如疑为口蹄疫时，立即向上级有关部门报告疫情，并采集病料送检；对发病现场进行封锁，按上级业务部门的规定，执行严格的封锁措施，按“早、快、严、小”的原则处理；对猪舍、环境及饲养管理用具进行严格消毒；病猪隔离，加强护理，对症治疗，促进口腔和蹄早日康复；体重达到一定重量的病猪，经有关部门批准，可集中屠宰，按食品卫生部门的有关法规处理。一定要做好消毒工作，防止病原扩散传播。发病地区可用口蹄疫灭活疫苗注射，有一定预防效果。

1. 免疫预防

（1）预防接种：目前常用的疫苗有弱毒苗和灭活油苗。参考免疫程序（选用与当前流行血清型相同的灭活油苗）如下：公、母猪一年3次普免，每次每头3～4mL，仔猪

50～70日龄首免，100日龄二免。

（2）药物预防：饲料中按下列剂量添加克毒先200×10^{-6}、多维1 000×10^{-6}、阿莫西林200×10^{-6}，作为平时加强的预防保健措施。

（3）紧急免疫：对全场及周围地区进行疫苗紧急免疫接种。

2. 饲养管理

（1）严禁从有病的国家和地区购入种畜及其产品、饲料，引种时应进行严格的检疫和隔离观察。

（2）发生疫情时，对病猪及同群同栏猪应扑杀并作无害化处理。对被污染的场地、用具、饲料等就地封锁，并用有效的消毒药严格消毒。全场用有效消毒药带猪消毒（交替使用），每日3～5次。严禁人员流动，严禁冲洗粪便。

（3）加强卫生消毒工作，对外来人员、外出人员以及车辆要严格消毒，有效的消毒药有过氧乙酸、复合酚、复合碘、蓝光（ClO_2）、氢氧化钠、石灰。

三、猪流行性感冒

猪流行性感冒是由猪流行性感冒病毒（SIV）引起猪的一种急性高度接触性呼吸器官传染病，简称猪流感。其特点是发病突然，很快感染全群，呈体温升高、咳嗽等呼吸道症状。单纯猪流感死亡率不高，但有猪肺疫等病并发感染时死亡率大幅升高。

（一）病原特性

猪流感病毒属于正粘病毒科A型流感病毒属，病毒基因段为8个单股RNA组成。A型流感病毒中已确定的有15种血凝素（H）和9种神经氨酶（N）。引起猪发病的主要是H_1N_1、H_3N_2。本病毒的粒子呈多形性，直径为20～120nm，含有单股RNA，核衣壳呈螺旋对称性，外有囊膜。囊膜上有呈辐射状密集排列的两种纤突，即血凝素（HA）和神经氨酸酶（NA）。前者可使病毒吸附于易感细胞的表面受体，诱导病毒囊膜与细胞膜相互融合；后者则可水解细胞表面受体特异性糖蛋白末端的N-乙酰基神经氨酶，有利于病毒的出芽生长。

本病毒对热和日光的抵抗力不强，但对干燥和冰冻有较强的抵抗力。病毒在–70℃稳定，冻干可保存数年；60℃ 20min可使之灭活；一般消毒药对猪流感病毒有较强的杀灭作用，而且猪流感病毒对碘蒸气和碘溶液特别敏感。

（二）流行特点

病毒主要存在于病猪和带毒猪的呼吸道鼻液、气管和支气管的分泌物、肺脏和胸腔淋巴结中，而在血液、肝脏、脾脏、肾脏、肠系膜淋巴结和脑内则不易检出病毒。病猪和带毒猪是主要传染源，主要以空气飞沫传播，易感猪通过呼吸道感染，各种不同年龄、性别和品种的猪均易感。本病主要发生在天气骤变的寒冷季节，饲养密度过高、空气质量差和营养不良是重要诱因。

（三）临床症状

本病的潜伏期一般为2～7天，自然发病平均为4天。该病发病突然，一旦发生，传播迅速，往往3～5天内整个猪群发病，但单纯猪流感病死率很低。主要表现为高热，体温达39.5～42℃，食欲下降或一点都不食，挤堆明显。呼吸急促，咳嗽，打喷嚏，流鼻水甚至粘脓性鼻涕。无继发感染时，多数猪只在1周左右康复，继发肺炎、胸膜炎时，病情加重或死亡。个别病例转为慢性，发生肠炎和大叶性肺炎，长期不愈，慢慢死亡。妊娠母猪流产，产死胎、弱胎。

（四）病理特征

剖检时多数见到鼻、喉、气管及支气管黏膜充血、出血，表面有泡沫状黏液，并含有大量的纤维素性渗出物。支气管和纵隔淋巴结肿大。肺表面膨胀不全，高低不平，病变部位呈紫红色或鲜牛肉状。

（五）诊断要点

根据流行病学、临床症状和病理变化可作出初步诊断，确诊可通过病毒分离鉴定和血清学反应。

（六）治疗方法

加强饲养管理，在阴雨潮湿和气候骤变的季节，要保持猪舍清洁、干燥、防寒保暖，发现病猪应立即隔离治疗，栏舍彻底消毒，以防病情蔓延。

1. *西药治疗*

发病猪群要加强卫生消毒工作，精心护理，减低饲养密度，减少应激，加强通风、保温工作，供给新鲜的洁净水。选用退烧、缓解疼痛、消炎、控制继发感染的用药方案，可参考表10-3。

表10-3　西药治疗猪流行性感冒

药名	功用		千克体重用量	使用方法
青霉素	抗菌消炎	二选一	1万～4万IU	混合后1次肌肉注射，每日2次，连用3天
硫酸卡那霉素			10～15mg	
板蓝根注射液	清热解毒		0.1～0.2mL	
抗病毒Ⅰ号	抗病毒			
1%氨基比林注射液	退热止痛	三选一	0.3～0.3mL	
30%安乃近			0.1～0.2mL	
柴胡注射液			0.3～0.3mL	

2. *中药治疗*

处方一：苏叶、前胡、麻黄、桑白皮、半夏各10g，桔梗、陈皮、杏仁、薄荷、枳壳各15g，生姜3片。

【作用】治疗风寒感冒。

【用法】按处方配药，共粉碎成粉末，混入饲料里喂服，体重5kg重的小猪每次10g，每日2次，大猪酌情增加，连服2～3天。

处方二：麦冬、款冬花、栀子、瓜蒌仁、牛蒡子各15g，天门冬、桔梗、前胡、桑白皮各10g，石膏50g。

【作用】治疗风热感冒。

【用法】按处方配药，加水1.5L，煎至0.5L，每5kg体重每次100～150mL，日服50～100mL。

处方三：干葛、升麻、陈皮、川芎、紫苏、白芷、赤芍、麻黄、香附、甘草、姜、葱各25～50g。

【作用】此方专治猪四时感冒。

【用法】按处方配药，水煎取汁，候温灌服，供大猪1次服完，每日1次，连用3～5天。

处方四：薄荷、大葱头、芫荽根、山楂、神曲、麦芽各60g。

【作用】用于发热兼有腹胀者，治疗流行性感冒。

【用法】按处方配药，水煎取汁，候温灌服，供大猪1次服用，连服3～5次。

（七）预防与饲养管理

1. 预防

饲料中添加适量抗生素，做好预防保健。

2. 加强饲养管理

保证猪舍卫生、干燥，加强猪群饲养管理和防疫卫生措施，特别是气候多变的秋季和早春季节在阴雨潮湿和气候骤变的时候，要保持猪舍清洁、干燥、防寒保暖（风寒型）或凉爽（风热型）。发现病猪应立即隔离对症治疗和加强群体的护理，改善饲养管理条件，必要时可应用抗生素和磺胺类药物，防止继发感染，栏舍要彻底消毒，以防病情蔓延。

3. 加强卫生消毒工作

选用敏感消毒剂带猪消毒，有效的消毒药有过氧乙酸、复合酚、复合碘和蓝光（ClO_2）等。

第二节　猪的繁殖障碍性疾病

一、猪繁殖与呼吸障碍综合征

猪繁殖与呼吸障碍综合征是猪繁殖与呼吸综合征病毒（PRRSV）引起猪群发生以母猪的繁殖障碍和仔猪呼吸系统症状及高死亡率为特征的一种急性、高度传染性的病毒性传染病，又称“蓝耳病”。由于该病的流行，使许多国家的养猪业蒙受重大的经济损失，是当今造成养猪业损失最大的疾病之一。

（一）病原特性

猪繁殖与呼吸综合征病毒为动脉炎病毒科动脉炎病毒属的猪繁殖与呼吸综合征病毒，又称莱利斯塔病毒（Lelysted virus）。病毒粒子呈卵圆形，直径为50～65nm，有囊膜，20面体对称，为单股RNA病毒。现已证明，欧洲和美国分离的毒株虽然在形态和理化性状上相似，但用单克隆抗体进行血清学试验和进行核苷酸和氨基酸序列分析时，发现它们存在明显的不同。因此，将猪繁殖与呼吸综合征病毒分为A、B两个亚群：A亚群为欧洲原型，B亚群为美国原型，各群在抗原性上有差异。

本病毒对寒冷具有较强的抵抗力，但对高温和化学药品的抵抗力较弱。例如，病毒在-70℃可保存18个月，4℃保存1个月；37℃48h、56℃45min则完全丧失感染力；对酚类、醛类和氯制剂敏感。

（二）流行特点

病猪和带毒猪是主要传染源，可通过鼻分泌物、粪便、尿液向外排毒，怀孕中后期母猪和仔猪最易感染。本病主要经过呼吸道传播。猪场环境差、气候恶劣、饲养密度过大，可促进本病的流行。有些公猪感染PRRSV后不表现临床症状，但从感染后1～4天就向外排毒。PRRSV弱毒苗接种健康猪后，能向外散毒，公猪可通过精液散毒，妊娠母猪可垂直感染和向外排毒感染仔猪。

（三）临床症状

所有猪感染PRRSV以后都出现厌食、精神不振和发热，体温达40～41.5℃；体表皮肤发绀、出血。妊娠母猪感染PRRSV主要造成晚期流产、早产，产死胎、木乃伊胎及弱仔。假发情、返发情比例较高，个别母猪表现肢体麻痹。断奶仔猪表现明显腹式呼吸、后肢麻痹，食欲下降或废绝，病死率可高达80%，继发感染非常明显，有的仔猪耳朵或身体末端皮肤发绀发紫；生长猪发病率相对比较低，表现出明显的腹式呼吸，生长速度非常缓慢，双眼肿胀，继发感染明显；公猪感染后性欲减弱，精液质量下降，射精量减少。

（四）病理特征

主要特征性病变发生于肺，表现为间质性肺炎或大叶性肺炎，并伴有卡他性肺炎和肺水肿。眼观，肺脏胀满，表面有大小不等的点状出血，尖叶和心叶部有灶状肺泡性肺气肿并见瘀斑，肺切面上见血管断端有凝固不全的血液，支气管断端有少量含泡沫的液体，肠系膜淋巴结水肿。继发细菌感染后肺的病变更加严重。镜检肺组织以多中心间质性肺炎为特点。

（五）诊断要点

根据妊娠母猪后期发生流产、耳朵发绀、断奶仔猪死亡率高、临床症状和病理变化可作出初步诊断。实验室诊断可采用病毒的分离鉴定、间接ELISA、RT-PCR等方法可确诊。

（六）治疗方法

1. 西药治疗

可参考表10-4制定用药方案。

表10-4　西药治疗猪繁殖与呼吸障碍综合征

药名	功用	千克体重用量		使用方法
黄芩多糖注射液	抗病毒	0.1～0.2mL		肌肉注射，连用3～5天
清开灵	清热解毒	每头5～10mL		
环球之星注射液	防继发感染	0.1mL		
多种维生素	强化营养	500×10^{-6}	饲料含药量	混料服，连用3～5天
磺胺类药	防继发感染	500×10^{-6}		
氟必康（氟苯尼考）		400×10^{-6}		

2. 中药治疗

处方：板蓝根、蒲公英、大青叶各100g，栀子、苏叶各40g，连翘、柴胡各50g，白术60g。

【作用】治疗猪繁殖与呼吸障碍综合征。

【用法】按处方配药，混匀，按1%～1.5%拌料喂服，连用7～15天。

（七）免疫预防与饲养管理

1. 免疫预防

（1）免疫接种：阴性场不要接种疫苗，阳性场需接种疫苗。常用的疫苗有弱毒苗和灭活苗。

（2）参考免疫程序：后备母猪于配种前60天、30天各接种1次；经产母猪于产前30天用灭活苗免疫1次；仔猪于3周龄首免，间隔3周后二免；有条件的场可制备本场自家灭活苗，也可获得良好效果。

（3）注意事项：加强猪场气喘病、传染性萎缩性鼻炎的免疫，以切断病毒的入侵门户。应选用应激较小的疫苗。

2. 饲养管理

（1）坚持推行自繁、自养，全进全出，早期隔离断奶，分胎次饲养的管理模式；

（2）引进种猪时要严格检疫，并隔离1个月以上；

（3）加强饲养管理，强化营养，选用营养较好的饲料，提高机体抵抗力；

（4）减低饲养密度，注意通风换气，加强保温工作，减少应激；

（5）加强卫生消毒工作，可选用复合酚、复合醛、蓝光（ClO_2）等消毒药，有较好效果。

二、猪伪狂犬病

猪伪狂犬病是由伪狂犬病病毒引起多种家畜和野生动物共患的一种急性传染病。该病引起妊娠母猪发生流产、产死胎、木乃伊胎；仔猪感染出现神经症状、麻痹、衰竭死亡，2周以内仔猪感染，死亡率可达100%。

（一）病原特性

伪狂犬病毒（PRV）属于疱疹病毒科的双股DNA病毒，是疱疹病毒科疱疹病毒亚科的伪狂犬病病毒，常存在于脑脊髓组织中。感染猪在发热期，鼻液、唾液、奶、阴道等分泌物以及血液、实质器官中都含有病毒。该病毒粒子呈圆形，含双股DNA，大小为100～150nm，具有脂蛋白囊膜与纤突。据报道，伪狂犬病病毒只有一个血清型，但各毒株之间存在着毒力差异，PRV的毒力是由几种基因协同控制，主要有ge、go、gi和TK基因。病毒能在一些细胞中产生核内包涵体。

PRV对外界环境的抵抗力很强，在污染的猪圈或干草上能存活1个多月；在肉中能存活5周以上；腐败11天、腌渍20天才能将之杀死。但病毒对化学药品的抵抗力较低，一般的消毒药均有效，如2%氢氧化钠和3%来苏儿均能很快杀死病毒。

（二）流行特点

所有哺乳类家畜对伪狂犬病病毒都易感，猫高度易感。未获得免疫力而第一次感染爆发伪狂犬病的猪群，会带来灾难性后果。可以在1周内传染至全群，有些猪群的仔猪90%以上感染、死亡。病猪、带毒猪是主要传染源，可通过消化道、呼吸道、皮肤黏膜伤口及生殖道传播。

（三）临床症状

仔猪日龄越小，发病率和病死率越高，2周龄内仔猪发病主要表现为发热、呕吐、拉黄色水样稀粪、腹式呼吸并伴有神经症状。病猪倒地作划水状，有时有奇痒现象，病死率可达100%；保育仔猪主要表现为拉黄色水样稀粪，有时表现腹式呼吸，病死率达40%～60%；生长育肥猪症状轻微，但生长速度缓慢，抗应激能力减低；怀孕母猪主要表现为流产、产死胎、木乃伊胎及弱仔，产仔数下降。

（四）病理特征

主要病变为肺出血、水肿，肝、脾形成白色坏死结节，肾脏肿大，表面常见有大量点状出血和灰白色坏死灶，胃底黏膜出血，脑膜充血、出血、水肿、脑脊液增多，严重者脑发育不全、扁桃体坏死、牙龈出血、糜烂。镜检可检出广泛性非化脓性脑炎和嗜酸性包涵体。

（五）诊断要点

根据流行病学、临床症状和病理变化作出初步诊断。确诊可作病毒分离培养、兔体接种试验、琼脂扩散试验和免疫荧光试验。

（六）治疗方法

扑杀病猪，对疫区进行封锁，禁止猪只和饲料的进出。用2%～3%氢氧化钠消毒猪舍及环境，粪便发酵处理。发病仔猪在未出现神经症状之前，注射猪伪狂犬病高敏血清或病愈猪全血。

1. 西药治疗

抗菌消炎、抗病毒、继发感染，制定用药方案可参考表10-5。

表10-5　西药治疗猪伪狂犬病

药名	功用	千克体重用量	使用方法
硫酸卡那霉素	抗菌消炎	10～15mg	混合后，肌肉注射，每日2次，连用3～5天
板蓝根注射液	清热解毒	0.1～0.2mL	
抗病毒Ⅰ号	抗病毒		
复合维生素B粉	加强营养，防继发感染	500×10^{-6}	混入饲料中添加
克毒先		$3\,000\times10^{-6}$	

2. 中药治疗

处方一：延胡索、金银花、知母各15g，细辛、白芷、川芎、天门冬、麦冬、天花粉、黄柏、黄芩、玄参、芍药、贝母、前胡、甘草各10g。

【作用】治疗猪伪狂犬病。

【用法】按处方配药，水煎取汁，候温灌服，供大猪1次服用，每日1次，连用3～5剂。

处方二：大青叶、板蓝根各120g，金银花150g。

【作用】治疗猪伪狂犬病。

【用法】按处方配药，水煎取汁，候温灌服。

处方三：大黄、细辛、竹黄各10g，僵蚕、白芷、石菖蒲、天南星、杏仁、桔梗、广藿香、法半夏、全虫、防风、秦艽各15g。

【作用】治疗伪狂犬病初期病猪。

【用法】按处方配药，水煎取汁，候温灌服，供大猪1日分2次服完，连服3～5天。

处方四：黄连35g，钩藤30g，天麻、胆南星各25g，菊花、法半夏、僵蚕、防风、焦栀子、枳壳、木香、茯苓、胆草各15g，竹黄、广陈皮各10g。

【作用】治疗猪伪狂犬病。

【用法】按处方配药，水煎取汁，候温灌服，供大猪1日分3次服完，连用3～5天。

（七）免疫预防与饲养管理

1. 免疫预防

（1）免疫接种：目前使用的疫苗有PR弱毒苗、弱毒灭活苗、野毒灭活苗和基因缺失苗（自然缺失的Bartha株和Bucharest株已成为世界首选使用的疫苗，但必须注意的是同一猪场不能使用两种基因缺失苗，以免基因重组）。参考免疫程序如下：母猪产前28天，每头1头份；公、母猪一年3次，每头1头份，普免；仔猪50～70日龄免疫1次，每头1头份。

（2）发生疫情，扑杀病猪，对疫区进行封锁，禁止猪只和饲料的进出。全场猪群用猪伪狂犬ge缺失苗紧急接种。全场做好卫生消毒工作，对地面、墙壁、用具用2%氢氧化钠、复合酚、复合碘、ClO_2等消毒药加强消毒，每日1次。执行严格的生物安全措施，牛、羊、猪分群饲养。加强灭鼠工作，加强卫生消毒工作，粪、尿无害化处理。

2. 饲养管理

科学饲养管理，推行全进全出，早期隔离断奶模式。引进种猪必须隔离观察，淘汰阳性猪。

3. 感染场净化措施

严把引种关，加强免疫，定期检疫，淘汰阳性猪。

三、猪细小病毒病

猪细小病毒感染是由猪细小病毒（PPV）引起猪的繁殖障碍病之一。本病主要危害第一胎母猪，造成流产、产死胎等现象，母猪一般没有明显的临床症状。

（一）病原特性

猪细小病毒属于细小病毒科细小病毒属单股DNA病毒。该病毒的粒子呈圆形或六角形，为20面体对称，无囊膜，直径为18～24nm，基因为单股DNA。病毒具有血凝特性，能凝集豚鼠、恒河猴、小白鼠、大白鼠、猫、鸡和人O型血的红细胞，其中以豚鼠红细胞的血凝性最好；在培养细胞的细胞核中可产生核内包涵体。据报道，PPV毒株有强弱之分，强毒株（例如NADL-8毒株）感染母猪后可导致病毒血症，并通过胎盘垂直感染，引起胎儿死亡；弱毒株（例如NADL-2毒株）感染怀孕母猪后不能经胎盘感染胎儿，而被用作弱毒疫苗株。

本病毒对热、消毒药和酸碱的抵抗力均很强，56℃48h、80℃5min才失去感染力和血凝性。对乙醚、氯仿不敏感，pH适应范围很广。病毒对外界环境的抵抗力也很大，能在被污染的猪舍内生存数月之久，容易造成长期连续传播。当被污染的圈舍按常规消毒方法处理后，再放入易感猪时，仍有被病毒感染的可能。

（二）流行特点

猪细小病毒病在全世界的猪群内都有流行，病猪和带毒猪是主要传染源，病毒可通过胎盘传给胎儿，发病母猪的流产物及子宫内分泌物带有大量的病毒，急性感染期猪的分泌物和排出物中其病毒的感染力可保持几个月，所以病猪污染过的猪舍，若消毒不彻底，在空舍4～5个月后仍可感染健康猪。猪是唯一的易感动物，传染途径主要是生殖道和交配，此外，还可通过呼吸道和消化道感染。本病最常发生于第一胎母猪。

（三）临床症状

猪感染细小病毒的主要症状，通常唯一的临床表现就是母猪繁殖障碍，其特征是感染母猪，特别是第一胎母猪流产，产死胎、木乃伊胎、畸形胎、弱仔，所产的木乃伊胎大小不一，而母猪本身却无明显的临床表现。经产母猪感染本病毒后发情不正常或屡配不孕。患病动物体温正常。

（四）病理特征

主要病变为子宫内膜有轻微炎症，胎盘有部分钙化，胎儿在子宫内有被溶解吸收的现象。感染胎儿可见不同程度的发育不良，有时胎重减轻、胎体变小，有时出现溶解、腐败过程中的黑仔、死胎、木乃伊胎，胎儿表现出血、水肿、坏死等病变。

（五）诊断要点

在母猪群中出现以下4方面的临床症状可疑为细小病毒感染：①母猪，特别是第一胎母猪配种30天以内返情率高；②返情母猪周期不规则；③母猪的窝产仔数少；④母猪产仔时木乃伊胎多。细小病毒多感染70天以下的胎儿，所产木乃伊胎长度都小于17cm，这是细小病毒感染和其他繁殖障碍性疫病感染的木乃伊胎的鉴别点。最终确诊要靠实验室检验。血清学诊断一般采木乃伊胎、死胎组织浸出液和初生仔猪的心血，快速检验方法有乳胶凝集试验，此法准确、方便。

（六）治疗方法

本病无有效的治疗方法，主要采取预防措施。将血清学反应阳性的老母猪放入后备种猪群中，或将初产猪赶到污染猪圈内饲养等方法，使其受到自然感染而产生自动免疫，在流行地区可考虑试行。因本病发生流产或木乃伊同窝的幸存仔猪，不能留作种用；同样，受感染的第一胎母猪的后代也不宜留作种用。

（七）免疫预防与饲养管理

1. 免疫预防

用弱毒苗和灭活苗做好免疫接种工作。后备母猪配种前2个月和1个月各用猪细小病毒灭活苗各免疫1次，每次1头份。

2. 防止引入病源

防止将带毒猪引入无本病的猪场。引进种猪时，进行猪细小病毒病的血凝抑制试验，当HI滴度在1∶256以下或阴性时才能引进，引进后隔离饲养2周以上再混群饲养。加强猪场的卫生消毒工作，对流产的胎衣、胎儿等要进行无害化处理。特别对已污染的猪舍要严格清扫消毒，空栏4个月以上方可将猪引入。酸碱消毒剂效果较差，可选用复合酚、复合醛、蓝光（ClO_2）等消毒剂。

四、猪日本乙型脑炎

日本乙型脑炎又名流行性乙型脑炎，是由日本乙型脑炎病毒引起的以怀孕母猪流产、产死胎，公猪睾丸肿大和少数猪只表现神经症状的一种急性人兽共患传染病。

（一）病原特性

日本乙型脑炎病毒属于黄病毒科黄病毒属单股RNA病毒，只有一个血清型。本病毒的粒子呈圆形，含单股DNA，大小为30～40nm，呈20面体立体对称。核心为RNA包以脂蛋白膜，外层为含糖蛋白的纤突。病毒在感染猪的血液中存留时间很短，主要存在中枢神经系统、脑脊髓液和肿胀的睾丸内。流行地区的吸血昆虫，特别是库蚊和伊蚊体内能分离出病毒。小鼠是最常用来分离和繁殖病毒的实验动物，各种年龄的小鼠虽然都有易感性，但以1～3日龄的小鼠最易感。

本病毒对外界环境的抵抗力并不强，在-20℃可保存1年，但毒价降低；在50％甘油生理盐水中于4℃可存活6个月；pH在7以下或10以上，活性迅速下降。常用的消毒药均具有良好的灭活作用，如2%氢氧化钠和3%来苏儿等均可很快将病毒杀死。

（二）流行特点

本病是自然疫源性传染病，猪是主要的病毒增殖宿主和传染源。主要通过带病毒的蚊虫叮咬而传播。在猪群中感染率高，发病率低。在蚊虫滋生的6～9月发病最多。各品种、年龄、性别的猪都易感，但以6月龄左右的猪发病较多，尤其是秋季选留、春季配种的母猪常被感染而发生流产、产死胎；种公猪发生睾丸炎。

（三）临床症状

突然发病，体温升高到40～41℃，呈稽留热，精神不振、喜睡，食欲减少，粪便干、呈球状，表面常附有黏液。有的表现后肢轻度麻痹，个别表现神经症状，最后倒地不起而死亡。妊娠母猪流产、产死胎。公猪睾丸炎。

（四）病理特征

流产胎儿皮下水肿或红色胶样浸润，脑水肿、脑膜充血、切面可见灰质和白质中的血管高度充血、水肿。母猪子宫内膜明显充血，黏膜有出血，胎盘水肿或出血。公猪睾丸肿胀、坏死。

（五）诊断要点

根据流行病学、临床症状和病理变化可初步诊断。可通过病毒分离和血清学试验进行确诊。

（六）治疗方法

1. 西药治疗

可用卡那霉素、板蓝根注射液等，选药时可参考表10-6。

表10-6　西药治疗猪日本乙型脑炎

药名	功用	千克体重用量	使用方法
硫酸卡那霉素	抗菌消炎	10～15mL	混合后，肌肉注射，每日2次，连用3～5天
板蓝根注射液	清热解毒	0.1～0.2mL	
抗病毒Ⅰ号	抗病毒		
30%安乃近	退热止痛		
复合维生素B粉	加强营养，防继发感染	500×10^{-6} 饲料含量	混入饲料中添加，连用3～5天
环球之星预混剂		$1\ 000\times10^{-6}$ 饲料含量	

2. 中药治疗

处方一： 大青叶30g，黄芩、栀子、牡丹皮、紫草各10g，黄连3g，生石膏100g，芒硝6g，鲜生地黄50g。

【作用】治疗猪日本乙型脑炎。

【用法】按处方配药，加水煎至100mL，候温灌服。

处方二： 板蓝根、生石膏各100g，大青叶60g，生地黄50g，连翘、紫草各30g，黄芩18g。

【作用】治疗猪日本乙型脑炎。

【用法】按处方配药，水煎取汁，候温灌服。

处方三： 白附子、天南星、僵蚕各12g，全蝎9g，天麻15g，蜈蚣6条。

【作用】治疗猪日本乙型脑炎。

【用法】按处方配药，共研细末，热酒调后灌服，每日1剂，分3次服完，连用3～4剂。同时肌肉注射盐酸山莨菪碱40mg和天麻注射液8mL，每日2次，连用3～5天。

处方四： 生石膏、板蓝根各120g，大青叶60g，生地黄、连翘、紫草各30g，黄芩20g。

【作用】治疗猪日本乙型脑炎。

【用法】按处方配药，水煎取汁，1次灌服，每日1剂，连用3剂以上。

（七）免疫预防和饲养管理

1. 免疫接种

参考免疫程序：后备母猪在配种前2个月和1个半月分别接种乙型脑炎弱毒活苗，每头1头份；经产母猪、公猪在每年3月用乙型脑炎弱毒活苗进行普免，每头1头份。

2. 灭蚊

灭蚊为主，以切断传播途径，在3～5月选用高效杀虫剂如溴氰菊酯、氯氰菊酯和双硫磷等杀虫剂对猪舍进行灭蚊。

五、猪布氏杆菌病

猪布氏杆菌病是由布氏杆菌引起的一种人畜共患的慢性传染病，简称布病。其特征主要是母猪患病后，发生流产、子宫炎、跛行和不孕症；公猪患病后，发生睾丸炎和副睾炎的一种急性或慢性传染病。

（一）病原特性

猪布氏杆菌病的病原体主要是猪布氏杆菌，它可使猪发生全身性感染，并引起繁殖障碍；而其他种类的布氏杆菌一般只侵害猪的局部淋巴结，多无临床表现。已知猪布氏杆菌主要有4个生物型，但各型在形成上并无太大差异。它们都是细小的球杆菌或短杆菌，无运动性，不形成荚膜和芽孢，革兰氏染色呈阴性反应。由于布氏杆菌吸收染料的过程较慢，比其他细菌难于着色，所以可用2种不同的染料进行鉴别染色，如沙黄-孔雀绿染色，染色后布氏杆菌呈红色，而其他细菌则呈绿色。

布氏杆菌的抵抗力比较强，在土壤、水内和皮毛上能生存较长时间，例如在布片上室温中可存活5天；在干燥的土壤中可生存37天；在冷暗处及胎儿体内能保存6个月。但本菌对消毒药的抵抗力较弱，一般消毒药能在数分钟内将其杀死，如0.1%升汞数分钟、1%来苏儿或2%福尔马林或5%生石灰乳15min即可将其杀死。

（二）流行特点

本病呈地方性流行，以南方省份发病较多，无季节性。猪对本病的易感性随年龄的增长而增高。病猪及带菌猪是主要传染来源，母猪流产胎儿、胎衣和羊水等含有大量布氏杆菌，污染厩舍和周围环境。可通过交配、消化道等途径传播；公猪精液中有病原体，人工授精可引起传染；5月龄以下的猪易感性较低，随着年龄的增长感受性增高；第一胎母猪发病率高，阉割后的公、母猪感染率较低。人可因接触病猪，如接产、助产、冲洗子宫等而感染。

（三）临床症状

母猪的主要症状是流产，多发生在怀孕的第2、3个月，有的在妊娠的第2、3周即流产；早期流产的胎儿和胎衣，多被母猪吃掉，常不被发现；流产前的症状也不明显；流产的胎儿多为死胎，胎衣不下的情况较少，少数母猪可发生胎衣不下及引起子宫炎，影响其配种。重复流产的较少见；新感染猪场，流产较多。公猪主要症状是睾丸发炎和副睾发炎，一侧或两侧无痛性肿大。有的症状较急，局部热痛，并伴有全身症状。有的病猪睾丸发生萎缩、硬化，甚至性欲减退或丧失，失去配种能力。

（四）病理特征

布病特征性的剖检变化是化脓性子宫黏膜和胎膜炎，患病母猪子宫黏膜和胎膜上出现弥漫性、粟粒大的灰白色结节；胎膜变薄，上面散布菜籽粒至绿豆大小的灰白色圆形硬颗粒，好似胎膜上镶着无数“珍珠”，强行挤压“珍珠”可挤出黄白色干涸的脓汁。

（五）诊断要点

做细菌检查，病料（胎水、胎衣、胎儿）做成玻片，用柯兹洛夫斯基染色法染色、镜检，可见成丛的红色球状小杆菌，即可确诊。有条件时，可做细菌分离培养。

（六）治疗方法

西医治疗：2.5%蒽诺沙星注射液。

【作用】治疗猪布氏杆菌病。

【用法】按每千克体重10mg，肌肉注射，每日1次，连用2～3天。

（七）免疫预防与饲养管理

1. 免疫预防

布鲁氏菌病活疫苗用于预防猪的布鲁氏菌病，本品适宜作口服免疫，亦可肌肉注射。妊娠母猪口服后不受影响，猪群每年口服1次，持续数年不会造成血清学反应长期不消失的现象。口服免疫、皮下或肌肉注射均可。猪注射2次，每次活菌200亿，间隔1个月。

2. 注意事项

（1）免疫期：12个月。

（2）注射法：不能用于孕畜。疫苗稀释后应当天用完。混于水饮服或灌服时，应注意用凉水，若拌入饲料中，应避免使用含有抗菌药物的饲料、发酵饲料或热饲料。免疫动物在服疫苗前后3天，应停止使用含抗菌药物添加剂的饲料和发酵饲料。

（3）防护：本疫苗对人有一定的致病力，工作人员大量接触可引起感染，制疫苗人员应注意消毒和防护。使用疫苗时，也要注意个人的防护，用过的用具须煮沸消毒，水、料槽可用日光消毒。

（4）有效期：冻干疫苗在0～8℃保存，有效期为12个月。

3. 种猪场坚持自繁自养的原则

凡经查明为病猪或阳性猪时，应立即隔离，一律淘汰，以除后患；在发病猪场，对检疫证明无病的猪，用猪布氏杆菌2号弱毒冻干菌苗进行预防免疫，最好在配种前1～2个月进行，免疫期为1年；加强一般兽医卫生管理，特别要注意产房、用具及环境的彻底消毒；妥善处理流产胎儿、胎衣、胎水及阴道分泌物。

六、猪钩端螺旋体病

钩端螺旋体病是由致病性钩端螺旋体（简称钩体）引起的人畜共患传染病。猪感染钩体后，大多呈隐性感染，少数感染猪呈急性经过，出现发热、贫血、血红蛋白尿、黄疸等症状。母猪患病可发生流产和产死胎、木乃伊胎、弱仔。

（一）病原特性

病原体为钩端螺旋体属中的“似问号钩端螺旋体”（简称钩体）。钩端螺旋体属共有2个种，一个是似问号钩端螺旋体，对人、畜有致病性；另一个为双弯钩端螺旋体，无病原性。致病性钩体的抗原有表面抗原（P抗原）和内部抗原（S抗原）2种。P抗原为型特异性抗原，存在于钩体的表面，由蛋白多糖复合物构成；S抗原为属特异性抗原，位于钩体内部，其成分为类脂多糖复合物。根据抗原结构的成分不同，目前可将钩体分为18

个血清群，160多个血清型，而且新的血清型还在不断地发现。感染猪的钩体主要是波摩那型、出血黄疸型、犬型和猪型，而在我国以波摩那型所致疾病最为常见。

钩体长6～12μm、宽0.1～0.2μm，具有细密而规则的螺旋。菌体一端或两端弯曲成钩状，并常呈C、S等形状。在暗视野显微镜下可见钩体像一串发亮的微细珠粒，运动活泼。用镀银染色可将钩体染成棕黑色，但染色后的菌体变粗，细密的螺旋看不清楚，有时只略为弯曲而似杆状。在电镜下，钩体中央有一根轴丝，后者从一端盘绕到另一端，整齐而细密。

钩体对外界环境的抵抗力不强，但却能在水田、池塘、沼泽里及淤泥中生存数月或更长，这在本病的传播中具有重要的意义。本菌的最适宜pH为7.0～7.6，超出此范围后，其对酸碱甚为敏感，故在水呈酸性或碱性的地区，其危害受到限制。钩体在25～30℃的池塘和河流中能生存3周以上，对热和日光敏感，在干燥环境中容易死亡。常用消毒药的一般浓度均能迅速将其杀死。

（二）流行特点

本病多在南方发病，夏秋季节呈散发或地方流行。可发生于各种年龄的猪，但以小猪发病较多。病猪和带菌动物，尤其是带菌鼠和感染猪是本病的传染源。可经过损伤的皮肤、黏膜及消化道而感染。此外，交配和胎盘感染也有可能感染本病。

（三）临床症状

急性黄疸型多发生于中、大猪，表现体温升高，厌食，皮肤干燥，1～2天内可视黏膜和皮肤发绀，尿呈茶褐色或血尿，病死率高。母猪患病可发生流产，产死胎、木乃伊胎、弱仔。亚急性和慢性多发生于断奶前后的仔猪，病初体温升高，眼结膜潮红、苍白、发黄，眼睑浮肿；皮肤发红、瘙痒，有的轻度发黄；有的头、颈部出现水肿，俗称“大头瘟”，甚至全身水肿；尿黄色或茶色，甚至血尿。病程10多天至1个月以上。病死率50%～90%。

（四）病理特征

大多数病例的皮下组织、浆膜、黏膜有不同程度的黄疸；心内膜、肠系膜出血，膀胱内积有浓茶样胆色素尿，黏膜有出血；胸腔、心包积液；肝、肾肿大，肝呈棕黄色。水肿型病例头、颈及胃黏膜水肿。

（五）诊断要点

根据流行病学和临床症状可作出初步诊断。确诊可通过病原分离鉴定。

（六）治疗方法

1. 西药治疗

治疗宜杀灭病原、保肝利胆，参考表10-7制定用药方案，可用庆大霉素、强力霉素、土霉素或金霉素替代青霉素、链霉素。

表10-7 西药治疗猪钩端螺旋体病

药名	功用	千克体重用量	使用方法
青霉素	抗菌消炎	1万～4万U	肌肉注射每日2次，连用3～5天
链霉素		20mg	
安乃近注射液	退热镇痛	0.1～0.2mL	肌肉注射
10%葡萄糖注射液	补液	3～5mL	混合后1次静脉注射，每日1次，连用1～2天
维生素C注射液		0.1～0.2mL	
肌苷注射液		0.1～0.2mL	
安钠咖注射液	强心	0.05～0.1mL	

2. 中药治疗

处方一：茵陈19g，黄芩、金银花、连翘、生薏苡仁各12g，蒲公英、赤芍各16g，玄参、黄柏各9g。

【作用】治疗猪钩端螺旋体病。

【用法】按处方配药，粉碎为末，1次喂服，每日1剂，连用3～5剂。

处方二：茵陈19g，黄连、大黄、黄芩各6g，黄柏、栀子各9g。

【作用】治疗猪钩端螺旋体病。

【用法】按处方配药，粉碎为末，1次喂服，每日1剂，连用3剂以上。

处方三：鲜茵陈36g，生大黄（酒炒）25g，生栀子28g。

【作用】治疗猪钩端螺旋体病。

【用法】按处方配药，水煎取汁，候温喂服，每日3次，连服3～5天。

（七）免疫预防与饲养管理

1. 免疫预防

在本病常发地区，应进行疫苗免疫注射，可用单价或多价灭活菌苗3mL，肌肉注射，间隔1周再注射5mL。每隔半年再免疫1次。

2. 加强饲养管理

消灭猪圈及周围的鼠类，加强饲养管理，定期消毒；隔离病猪及可疑猪只，防止乱窜，防止污染水源，消毒猪舍及环境，特别重视粪尿污染的消毒处理，以防止疾病的传播。

第三节 猪的呼吸系统疾病

一、猪传染性胸膜肺炎

猪传染性胸膜肺炎是由胸膜肺炎放线杆菌（APP）引起的以胸膜肺炎症状和病变为

特征的猪的一种高度接触性、传染性、致死性的一种猪呼吸道传染病。临床上和剖检上以纤维素性胸膜肺炎或慢性、局灶性、坏死性肺炎为特征。

（一）病原特性

本病的病原体以前称胸膜肺炎嗜血杆菌，为革兰氏阴性球杆菌，有12个血清型，部分血清型之间有交叉反应，因其与林氏放线杆菌的DNA具有同源性，故于1983年将之列入放线杆菌属，称为胸膜肺炎放线杆菌。本菌为革兰氏阴性小杆菌，具有典型的球杆形态，能产生荚膜，但不形成芽孢，无运动性。本菌的特性是在血液琼脂上具有溶血的能力。本菌的抵抗力不强，一般常用的消毒药均可将之杀灭。

（二）流行特点

APP是一种呼吸道寄生菌，主要存在于患病动物的肺和扁桃体。病猪和带菌猪是主要的传染源。通过呼吸道传播，3～4周龄内的仔猪最易感。猪传染性胸膜肺炎的发生受外界因素影响很大，温差过大、饲养密度过高、通风不良、转群应激等因素均可诱导本病的发生。

（三）临床症状

最急性型一般于断奶到保育舍的猪群中突然发生，病猪体温升高，达41.5℃左右，发病猪最初表现不吃食，懒动，毛松，皮肤苍白，有时发生短暂的呕吐和腹泻，末梢皮肤发绀，后期咳嗽，腹式呼吸明显，临死前口鼻流出血色或白色泡沫。急性型一般在一群或不同猪群中逐渐出现病猪，病猪体温在40.5～41℃，皮肤发红，精神沉郁，不愿站立，厌食，饮水减少。严重者呼吸困难、张口呼吸、咳嗽。该病爆发时怀孕母猪常发生流产。慢性型多在急性型后或同时出现，病猪轻度发热或不发热，食欲减退，间歇性咳嗽，不愿活动，仅在喂食时很勉强地爬起。这种病猪常常被其他呼吸道感染所掩盖或混淆。个别患猪可发生关节炎及在不同部位出现肿胀，感染血清型3时，就常出现这些症状。

（四）病理特征

病理剖检肉眼可见变化主要集中在胸腔和肺部，肺门淋巴结肿大、出血。气管和支气管黏膜肿胀，其内充满白色或血色泡沫。胸腔含有粉红色液体，心包积液，纤维素性心包炎，纤维素性胸膜炎、肺炎，胸膜出血，纤维蛋白把肺、胸膜、心包膜、膈肌、胸壁等不同程度地粘连，剖检时很难分离，常常把肺组织撕破、残留在胸壁等处。肺病变部位出血、变硬，甚至出现脓肿样结节。

（五）诊断要点

根据临床症状和病理变化可作出初步诊断。确诊可通过细菌学检查或细菌分离培养和血清学试验。

（六）治疗方法

1. 西药治疗

抗菌消炎、防继发感染，参考表10-8制定用药方案。

表10-8 西药治疗猪传染性胸膜肺炎

药名	功用	千克体重用量	使用方法
乙基环丙沙星	抗菌消炎	5～10mg	肌肉注射，连用3～5天
清开灵	清热解毒	每头5～10mL	
强效阿莫西林	防继发感染	15mg	
多种维生素	强化营养	500×10^{-6} 饲料含药量	混料服，连用3～5天
氟必康（氟苯尼考）	防继发感染	500×10^{-6} 饲料含药量	

2. 中药治疗

处方：知母、贝母、款冬花、葶苈子、百部、马兜铃、金银花、黄芩、白药子、黄药子各10g，杏仁9g，枇杷叶15g，栀子12g，大黄6g，甘草5g。

【作用】治疗猪传染性胸膜肺炎。

【用法】按处方配药，水煎取汁，候温灌服。供体重40kg左右猪只服用，每日1剂，连用3～5剂。

（七）免疫预防与饲养管理

本病的预防必须采取饲养管理、免疫接种、药物保健相结合的综合措施。

1. 免疫预防

（1）免疫接种：国外已研制出弱毒苗、亚单位苗、灭活苗。另外可分离本地血清型菌株制备自家灭活苗。参考免疫程序：母猪产前21～30天免疫。仔猪3～5周龄首免，间隔3周二免。

（2）药物保健：母猪产前后的饲料或饮水中添加敏感药物，连用5～7天。常用药物及剂量如下：氟必康400×10^{-6}、复方替米先锋800×10^{-6}、环球之星预混剂800×10^{-6}、阿莫西林200×10^{-6}。

（3）加强对PRRS、PR、AR和气喘病的预防工作。

2. 饲养管理

做好保温、通风工作，保证猪舍卫生、干燥。推行全进全出、早期断奶、隔离饲养的管理模式，加强营养，做好环境消毒工作。降低饲养密度，减少应激因素。

二、猪支原体肺炎

猪支原体肺炎，又名猪地方流行性肺炎、猪气喘病，是由猪肺炎支原体引起猪的一种慢性接触性传染病。临床表现以干咳、喘、腹式呼吸为主，病变特征是肺呈融合性支气管肺炎。

（一）病原特性

病原为支原体科支原体属的猪肺炎支原体。由于支原体无细胞壁，故呈多形态性，常见的形态为球状、杆状、丝状及环状。本病原的染色性较差，革兰氏染色呈阴性，可用姬姆萨或瑞特氏染色。猪肺炎支原体对外界环境的抵抗力不强。圈舍、用具上的支原体，一般在2～3天失活；病料悬浮液中的支原体在15～20℃放置36h即丧失致病性。本病原对青霉素和磺胺类药物不敏感，但对土霉素、壮观霉素和卡那霉素较为敏感；常用的消毒药物都可迅速将其杀死。

（二）流行特点

不同品种、年龄、性别和用途的猪均能感染，以土种猪和纯种瘦肉型猪最易感，其中又以乳猪和断奶仔猪易感性高，发病率和致死性都高；成年种公猪、母猪、育肥猪多呈慢性或隐性感染，病猪和带菌猪是主要的传染源。通过咳嗽、喘气排出病原，造成易感猪通过呼吸道感染。本病一年四季都有发生、流行，没有明显的季节性，多于寒冷、潮湿、气候骤变的季节发病较多。饲养密度过高、通风不良等因素可加重病情。继发感染巴氏杆菌病、传染性胸膜肺炎、猪副嗜血杆菌病等导致病情加重，死亡率升高。

（三）临床症状

主要症状以弓背干咳、喘气、腹式呼吸明显，特别是在早上、晚上、夜间和运动时、驱赶时、气候突变时表现明显，有黏性、脓性鼻液，严重时呼吸增数，出现呼吸困难、张口伸舌、口流白沫、发出喘鸣声、呈犬坐姿势。病猪生长缓慢、消瘦，常易继发其他细菌感染而加重病情。

（四）病理特征

猪气喘病的病理剖检变化主要见于呼吸系统，在肺的膈叶、心叶、尖叶及中间叶等处，病初呈对称性出血性肺炎，出血被吸收后就成为渗出性或增生性的融会性支气管炎。其中又以心叶最为显著，尖叶和中间叶次之，肺膈叶病变多集中于下部。病变部位的颜色为淡红色或灰红色的半透明状，界限明显，像鲜嫩的肌肉样，俗称“肉变”。病变部位切面湿润而致密。随病情的延长或病情加重，病变部位颜色加深，呈淡紫色或灰白色，半透明程度减轻，坚韧度增加，俗称“胰变”。部分病猪发生肺水肿、气肿。支气管和纵隔淋巴结肿大。

（五）诊断要点

根据流行病学、临床症状和病理变化可初步诊断。确诊可通过IHA和ELISA等方法。

（六）治疗方法

1. 西药治疗

参考表10-9选药治疗，选1～2种抗菌消炎药配合中草药使用。

表10-9 西药治疗猪气喘病

药名	功用	千克体重用量	使用方法
硫酸卡那霉素	抗菌消炎	4万IU	用注射用水稀释好土霉素后再混入卡那霉素，混匀后肌肉注射，每日1次，连用3～5天
盐酸土霉素		30mg	
泰乐菌素		10mg	肌肉注射，每日1次，连用5～7天
盐酸强力霉素		3～5mg	肌肉注射，每日1次直至痊愈
林可霉素		15～30mg	每日肌肉注射1次，连用5天

2. 中西药结合或中药治疗

处方一： 土霉素碱0.5～3g，花生油适量。

【作用】治疗猪气喘病。

【用法】按每千克体重50mg，分2次肌肉注射，连用5天为1个疗程。也可用硫酸卡那霉素、猪喘平治疗此病，还可试将土霉素碱与经消毒的花生油混匀后肌肉注射，部分病例效果良好。

处方二： 苏子、荆芥、陈皮、白前、杏仁各15g，紫菀、百部各10g，生姜3片。

【作用】治疗猪实喘型气喘病。

【用法】按处方配药，共粉碎为细末，掺入饲料或稀饭内喂，10kg重的小猪每日喂2次，每次喂15～25g。如不能吃食的小猪，可煎水掺入奶中喂，或用喂奶器放在母猪奶头上，让小猪吮食。

处方三： 麦冬、白果各20g，党参、白术、茯苓、款冬花各15g，五味子、麻黄、甘草、半夏各10g。

【作用】治疗猪虚喘型气喘病。

【用法】按处方配药，共粉碎为细末，掺入饲料里喂，体重10kg的猪用15g，日服2次，连用2～3天。

处方四： 麻黄10g，桂枝20g，杏仁、石膏、生姜各25g，甘草、浙贝母、苏子、陈皮各15g，大枣5枚。

【作用】治疗猪实喘型气喘病。

【用法】按处方配药，共粉碎为细末，掺入饲料或稀饭内喂，10kg重的小猪每日喂2次，每次喂15～25g。如不能吃食的小猪，可煎水掺入奶中喂，或用喂奶器放在母猪奶头上，让小猪吮食。

处方五： 蒲公英400g，紫花地丁、柴胡各300g，薄荷、紫苏叶各l00g，吐温-80、苯甲醇各l0mL。

【作用】解表清热，利咽消肿。主治猪咽喉炎。

【用法】按处方配药：①取紫花地丁、蒲公英洗净切碎，加水浸泡煎煮2次，每次

1h，用纱布过滤，合并2次滤液，并浓缩至400mL，放冷后加95%乙醇使药液含醇量达60%，搅拌，放置24～48h，过滤，滤液再加95%乙醇使药液含醇量达80%，放置过夜，过滤，回收乙醇至无醇味；②将柴胡、薄荷、紫苏叶粉碎，加水2 250mL，用蒸馏器蒸馏，收集蒸馏液800mL，再将蒸馏液重蒸馏1次，收集重蒸馏液500mL；③将蒸馏液与水提取液合并，加入苯甲醇和吐温-80，混匀，加注射用水至1 000mL，过滤至澄明，灌封，灭菌即得。本品生药含量相当1.2g/mL。肌肉注射，每日1～2次，每次5～20mL。

（七）免疫预防与饲养管理

1. 免疫预防

可以试用猪喘气病弱毒苗。按疫苗瓶签注明的头份加生理盐水稀释，每头份5mL。在猪右侧胸腔倒数第六肋骨至肿骨后缘3.3～5cm处进针，针头一旦刺透胸壁即行注射。

2. 推行自繁自养的模式

平时注意加强饲养管理，圈舍要经常消毒，发现病猪及时治疗，并严格隔离。避免拥挤，圈舍通风良好，经常见日光。病猪治愈后，不能马上混入健康猪群中，而应观察隔离饲养。

3. 发病时的控制措施

（1）通过听咳嗽、看呼吸早期发现，严格隔离病猪，是控制好本病的重要环节，种猪场应将病猪淘汰。

（2）早期应用土霉素、卡那霉素治疗病猪有一定效果。加强对病猪的饲养管理，隔离病猪，放于安静、干燥、清洁、保温圈舍内，严防抓扑和骚扰。将病猪按大小、强弱及习性分栏饲养，饲喂时要细心照料，少给勤添，定时、定量、定温；无治疗价值的病猪应尽早淘汰。

（3）病猪舍及管理用具，定期消毒，粪便集中堆积于一处发酵后做肥料。

（4）培育健康猪群的关键在于严格隔离饲养和坚决执行各项卫生防疫制度。母猪在严格隔离条件下单圈饲养，观察后代有无气喘病。如能做到“母猪不见面，小猪不窜圈”，连续观察3～5窝后代，到断奶时证明没有发生气喘病者，可认为该母猪是健康的。从仔猪中进行选育，逐渐扩大健康猪群。只要能够做到以上要求，结合较好的饲养管理条件，经过3～5年细致的观察和工作，是能够培育出无气喘病猪群的。

三、猪传染性萎缩性鼻炎

猪传染性萎缩性鼻炎（AR）是由Ⅰ相支气管败血波氏杆菌，产毒D型、A型多杀性巴氏杆菌引起猪以慢性鼻炎，颜面部变形，鼻甲骨尤其是鼻甲骨下卷曲发生萎缩和生长迟缓为特征的一种慢性呼吸道疾病。

（一）病原特性

本病的原发性病原体主要是Ⅰ相支气管败血波氏杆菌。用本菌鼻内接种SPF的新生仔猪，可引起鼻黏膜发生严重卡他，并导致鼻甲骨萎缩。现已证明，D型多杀性巴氏杆菌也是本病的病原体，因为它能产生与波氏杆菌相似的不耐热的坏死毒素。有证据表明，波氏杆菌在美国和日本是AR的主因；而D型多杀性巴氏杆菌和波氏杆菌在欧洲大陆则同是AR的重要病原。诱因在本病的发生中也有重要的作用，如营养成分缺乏（饲料中缺乏蛋白质、无机盐和维生素等）、密集饲养、过热、过冷、通风不良等都可促进本病的发生；而且其他病原菌如绿脓杆菌、放线菌、疱疹病毒也参与致病过程，使病情加重。

支气管败血波氏杆菌为球杆菌，呈两极染色，革兰氏染色阴性，不产生芽孢，有的有荚膜，有周鞭毛，能运动。该菌为严格的需氧菌，多散在或成对排列，偶呈短链。支气管败血波氏杆菌对外界环境的抵抗力不强，一般消毒药物均可将其杀死。

（二）流行特点

各种年龄的猪都易感，引进的猪种比本地猪更易感。随着猪龄增长，易感性下降。本病多散发。病猪和带菌猪是主要的传染源。通过飞沫传染给易感猪，仔猪的易感性最强。营养缺乏、密度过高、通风不良、饲喂粉料均可加重病情。

（三）临床症状

最先表现的症状是打喷嚏，呈连续性或间隔性。因为鼻炎，病猪表现不安，鼻部瘙痒、摇头、拱地、搔抓或摩擦鼻部，鼻孔流出浆性或脓性鼻液，严重时流鼻血。由于鼻炎导致鼻泪管阻塞、结膜炎，眼泪不能从鼻泪管往内流，而是往外流眼泪，以致在内眼角下的皮肤上形成灰黑色泪斑，泪斑形成多为半月形。继续发展，大多数患猪有鼻甲骨萎缩变化，经过2～3个月，鼻和颜面部变形，鼻外观缩短，面部皮肤皱缩，两眼宽度变窄，或鼻子歪向一侧。

（四）病理特征

病理剖检变化主要见于鼻腔和相邻的组织，特别是鼻的软骨或鼻甲骨软化、萎缩，鼻甲骨下卷曲最为常见。从两侧上颌第一、二臼齿间横断鼻部，可见到鼻中隔弯曲、变性或消失，两侧鼻孔大小不一，鼻中甲骨萎缩、卷曲，特别是下卷曲变小而钝直，甚至消失，使鼻腔变成一个鼻道，甚至形成空洞。

（五）诊断要点

根据临床症状和病理变化可初步诊断。确诊可通过微生物学检查和血清学检查。

（六）治疗方法

1. 西药治疗

抗菌消炎，清热解毒，可参考表10-10选择从饲料或通过注射给药制定治疗方案。

2. 中药治疗

处方一：当归、栀子、黄芩各15g，知母、白鲜皮、麦冬、牛蒡子、射干、甘草、川芎各12g，苍耳子18g，辛夷9g。

【作用】治疗猪传染性萎缩性鼻炎。

表10-10　西药治疗猪传染性萎缩性鼻炎

药名	功用		千克体重用量	使用方法
庆大霉素	抗菌消炎	二选一	1～2mg	混合后1次肌肉注射，每日2次，连用3天
硫酸卡那霉素			10～15mg	
板蓝根注射液	清热解毒		0.1～0.2mL	
复方磺胺类药	抗菌消炎	三选一	饲料含药量 500×10^{-6}	混料服，连用5～7天
土霉素			700×10^{-6}	
林肯霉素			250×10^{-6}	

【用法】按处方配药，水煎取汁，候温灌服，供体重30kg左右猪只服用，每日1剂，连用3～5剂。

处方二：防风、半夏、百合、贝母、大黄、白芷、薄荷各16g，桔梗、款冬花各22g，细辛9g，蜂蜜60g。

【作用】治疗猪传染性萎缩性鼻炎。

【用法】按处方配药，共粉碎为细末或水煎，分2次喂服，每日1剂，连用3～5剂。

（七）免疫预防与饲养管理

1. 免疫预防

（1）免疫接种：现有2种疫苗，即Bb（Ⅰ相菌）灭活油苗和Bb-Pm二联灭活油苗，后者较常用。参考免疫程序为：母猪产前4～5周，每头2mL。

（2）药物预防保健：母猪产前、仔猪在3～4周龄时饲料中添加敏感药物。

2. 饲养管理

（1）加强饲养：注意日粮中钙、磷比例的平衡，加强饲养管理，改善猪舍通风条件，降低猪群饲养密度，减少粉尘，多喂半干湿饲料。避免引进大量的青年母猪。新引进种猪必须隔离检疫。做好保温工作，减少应激。加强灭鼠、消毒工作。有效的消毒剂有复合碘、复合醛、蓝光（ClO_2）和洗必泰等。

（2）要多种因素相结合才能有效地治疗猪传染性萎缩性鼻炎，如加强饲养管理，改善环境，疫苗接种，药物治疗，个别病重猪可肌肉注射环球之星或长效土霉素。

四、副猪嗜血杆菌病

副猪嗜血杆菌病（HP）是由副猪嗜血杆菌引起的一种主要危害断奶前后仔猪以关节炎和呼吸困难为特征的一种传染病。本病在集约化猪场发病率有上升的趋势，危害日益严重。

（一）病原特性

本病的病原体为嗜血杆菌属的副猪嗜血杆菌，革兰氏阴性小杆菌，共有15个血清型。该菌为多形态的病原体，一般呈短小杆状菌，也有呈球形、杆状、短链或丝状等；无鞭毛，不形成芽孢，多无荚膜，但新分离的强毒株则带有荚膜；革兰氏染色呈阴性反应，美蓝染色呈两极浓染，着色不均匀状。本菌由于酶系统不完备，其生长需要血中的生长因子，尤其是X因子及V因子，因此，在分离培养时，须供给加热的血液，故称之为嗜血菌。另外，猪嗜血杆菌和副流感嗜血杆菌也可能与本病的发生有关。

本病原对外界环境的抵抗力不强，在干燥情况下易于死亡，易被常用的消毒剂及较低温度的热力所杀灭，一般60℃ 5～20min内即死亡，在4℃下通常只能存活7～10天。本病原对结晶紫、杆菌肽、林肯霉素和壮观霉素等有一定的抵抗力；但对磺胺类药物、阿莫西林、阿米卡星、卡那霉素和青霉素等敏感。

（二）流行特点

副猪嗜血杆菌只感染猪，主要危害2周龄至4月龄的猪，5～8周龄的哺乳和保育阶段的仔猪多发病，其他年龄的猪也能感染。发病率一般为10%～15%，可以整窝仔猪感染发病，死亡率高达50%。病猪和带菌猪是主要的传染源。通过呼吸道、伤口传播。空气质量差、温差变化明显、寒冷等因素可诱导本病的发生，仔猪最易感染。

（三）临床症状

临床症状的表现取决于病菌的血清型和炎性损伤的部位，健康猪在3～7天内很快发病。哺乳和保育阶段的仔猪发病，多发生浆膜炎和关节炎。急性病例最早表现为发热，体温升高，精神沉郁，毛松，苍白，消瘦，关节肿胀，跛行，腹式呼吸明显。首次发病的猪场或与链球菌、猪蓝耳病等混合感染时病死率很高，可达80%。病情严重时，出现呼吸困难，气喘、腹式呼吸，有的病猪出现震颤、共济失调，临死前角弓反张、四肢划水等症状。慢性病例呈非典型症状，母猪感染可发生流产，各种感染出现慢性跛行。

（四）病理特征

病理剖检变化主要表现为多发性浆膜炎和多发性关节炎。关节肿大，皮下呈胶冻样变化，尤其是腕关节和跗关节，关节腔内含有清亮透明液体或黄色胶样浸润，四周也常呈胶冻样变。心腔、胸腔、腹腔多发生浆膜炎，腔内有大量炎性渗出液，心外膜、肺脏表面纤维素蛋白或附着一层灰白色纤维素性渗出物。常发生出血性肺炎或纤维素性胸膜肺炎。

（五）治疗方法

本病发生后治疗效果不佳，治愈率低，重在预防。治疗时可试用青霉素、链霉素疗法，青霉素100万～200万IU、链霉素50万～100万IU，联合肌肉注射，每日2次，直至体温正常至24h后停药。

（六）免疫预防与饲养管理

1. 免疫预防

对已发病的猪只，目前没有很好的治疗药物，防制的重点工作在加强预防。目前美国、西班牙、荷兰等国已有猪副嗜血杆菌灭活苗。这些疫苗对血清型1、4、5、6有较好的保护作用，但对血清型不吻合猪群的免疫效果很差。另外，可分离本场菌株制作自家灭活苗免疫对本病有较好的效果。

2. 预防并发感染

做好PRRS、PCV、PR、SI、AR和支原体肺炎的预防工作，对HP的控制也非常重要。

3. 药物保健

在饲料或饮水中添加敏感抗生素，做好猪群的预防保健工作。常用的药物和使用剂量如下：复方替米先锋1 000×10^{-6}、环球之星预混剂（复方磺胺间甲氧嘧啶钠＋氟苯尼考）1 000×10^{-6}、多维200×10^{-6}，连用3～5天。

4. 加强饲养管理

推行全进全出的饲养模式，早期隔离（断奶）减少应激，保持猪舍卫生、干燥、通风。做好平时的卫生消毒工作，降低空气中有毒有害气体含量和降低猪群饲养密度等管理措施对控制HP非常重要。

五、猪巴氏杆菌病

猪巴氏杆菌病又叫猪肺疫，俗称“锁喉疯”或“肿脖子瘟”，是由多杀性巴氏杆菌引起猪的一种急性、散发性传染病。急性病例以败血症和器官、组织出血性炎症为主要特征。

（一）病原特性

本病的病原体是巴氏杆菌属的多杀性巴氏杆菌，为两端钝圆、中央微凸的短杆菌，单个散在，无鞭毛、无芽孢、不能运动，产毒株则有明显的荚膜，革兰氏阴性，用碱性美蓝液或瑞氏液染色，着染在血片或脏器涂片的病菌具有明显的两极浓染的特性。多杀性巴氏杆菌的分类比较复杂，根据菌落表面有无荧光及荧光的色彩，可将之分为3型，即蓝色荧光型（Fg）、橘红色荧光型（Fo）和无荧光型（Nf）。Fg型多来源于猪和牛等动物，荧光呈蓝绿色而带金光，边缘有狭窄的红黄光带，对猪、牛等动物具有强大的毒力；Fo型多来源于禽类，荧光橘红而带金色，边缘有乳白光带，对禽类有强大的毒力；Nf型对畜禽的毒力都很弱。根据菌株荚膜抗原（K）结构的不同，可将之分为A、B、D、E和F 5个群，根据菌体抗原（O）不同，可分为12个型，将K、O 2种抗原互相组合，可构成15个血清型；Heddleston（1972）依巴氏杆菌的耐热性抗原的不同，将其分为16个血清型。本菌的致病力依菌型及动物而异，各种畜禽分别由不同的血清型所引起，而且各型之间多无交叉保护或保护力不强。但在一定的条件下，各种动物之间可发生交叉感染，如猪肺疫病猪可传染水牛；猪吃了患禽霍乱的死鸡，有的也可感染发病。不过交叉感染的一般为散发，常取慢性经过。

多杀性巴氏杆菌的抵抗力不强，在自然界中生长的时间不长，干燥后2～3天内死亡，在血液及粪便中能生存10天，在腐败的尸体中能生存1～3个月，在日光和高温下立即死亡，常用消毒剂如1%氢氧化钠及2%来苏儿等能迅速将其杀死。

（二）流行特点

本病一年四季均可发生，但多发于5～9月。发病猪无明显的性别、年龄差异，但4月龄以上的猪易感性大些。病猪和带菌猪是主要的传染源。病原随分泌物和排泄物排出，污染环境，可通过呼吸道、消化道、皮肤黏膜伤口和蚊虫叮咬传播。温差过大、密度过高、空气质量差、长途运输、营养不良、潮湿、闷热等不利因素均可诱导内源性感染。

（三）临床症状

突然发病，体温升高达41～42℃，颈、咽部高热、红肿、坚硬，叫声嘶哑，常呈犬坐式呼吸，咳嗽，鼻孔流出粘脓性鼻涕甚至带血。皮肤有紫斑，消瘦，生长缓慢，死前口鼻流血色或白色泡沫。

（四）病理特征

病理剖检变化主要表现为全身黏膜、浆膜、皮下组织出血，颈部皮下有胶样渗出物，全身淋巴结肿大、切面多汁、出血。心外膜、心包膜、冠状沟出血。肺急性水肿、出血，有不同程度的肝变区，有不同程度的充血、出血、水肿，使肺切面如大理石样，胸腔及心包积液，纤维素性胸膜炎，气管和支气管充满白色或血色泡沫。

（五）诊断要点

根据流行病学、临床症状和病理变化可初步诊断。确诊可通过细菌学检查或细菌分离鉴定。

（六）治疗方法

1. 西药治疗

可按表10-11选药治疗，还可用盐酸强力霉素、氟哌酸、恩诺沙星代替青霉素和链霉素。

表10-11　西药治疗猪肺疫

药名	功用	千克体重用量	使用方法
抗血清	抗病原	0.5～1mL	混合后肌肉注射，每日2次，用药至体温下降后的第2天为止（血清只用1次）
链霉素	抗菌消炎	20mg	
青霉素		1万～4万IU	
30%安乃近	退热镇痛	0.3～0.5mL	
5%葡萄糖氯化钠	补液	5～10mL	静脉注射

2. 中药治疗

以清热解毒、泻肺利咽为治则。争取早诊断、早治疗。

处方一：山豆根、射干、胆草各40g，黄柏、大黄、栀子各30g，黄芩、苦参各25g，甘草、柴胡各15g。

【作用】治疗猪肺疫。

【用法】按处方配药，供体重50kg猪只用。煎汤取汁，候温灌服，1日服完，连用2天。

处方二： 金银花、元参、杏仁、瓜蒌仁、百部、山豆根、天门冬各30g，连翘、黄芩、桔梗、枳实各25g，黄连、甘草各15g，大黄5g。

【作用】治疗猪肺疫。

【用法】按处方配药，桑皮、车前草为引，供50kg体重猪只服用。煎汤取汁，候温灌服，连用2～3天。

处方三： 党参、五味子、炙甘草各7g，茯苓15g，白术、麦冬各10g，生姜片3片，大枣3个。

【作用】治疗慢性猪肺疫。

【用法】按处方配药，煎汤取汁，候温灌服，每日1剂，连服3～5剂。

处方四： 金银花、连翘、知母、牛蒡子、黄连、山豆根、紫花地丁、甘草各10g，射干、大黄、蝉蜕各12g。

【作用】治疗猪肺疫。

【用法】按处方配药，粉碎为末，供50kg体重猪只拌料喂服，或开水冲调，候温灌服。

处方五： 金银花、连翘、天门冬、射干各20g，青黛、玄参各15g，马勃、甘草各10g，白糖50g。

【作用】治疗猪肺疫。

【用法】按处方配药，蚯蚓20条为引，供50kg体重猪只用。煎水内服，1日服完，连用2～3次。

（七）免疫预防与饲养管理

1. 免疫预防

每年春秋两季定期进行预防注射，我国目前使用2种菌苗，一种为猪肺疫氢氧化铝甲醛菌苗，断奶后的大、小猪只一律皮下注射5mL，注射后14天产生免疫力，免疫期为6个月。另一种为口服猪肺疫弱毒冻干菌苗，按瓶签说明的头份，用冷开水稀释后混入饲料或水中喂猪，一律按每头1份口服，免疫期6个月。有条件的猪场还可用抗血清预防。

2. 饲养管理

预防本病的根本办法，必须贯彻“预防为主”的方针，消除或减少降低猪抵抗力的一切不良因素，加强饲养管理，做好兽医卫生工作，以增强猪体的抵抗力；一旦发病，病猪要隔离喂养，圈舍保持清凉卫生，给予青绿菜叶和易消化的饲料。

第四节　严重危害仔猪的疾病

一、仔猪黄痢

仔猪黄痢又叫早发性大肠杆菌病，是由致病性的大肠杆菌（E.coli）引起的初生仔猪以剧烈腹泻、迅速死亡为特征的一种急性、致死性传染病。仔猪黄痢发病率高，死亡率也高，危害严重。

（一）病原特性

本病是由产肠毒素性大肠杆菌所引起，为革兰氏阴性小杆菌。目前已知的致病性血清型至少有O（菌体抗原）$_8$、O_9、O_{45}、O_{60}、O_{64}、O_{101}、O_{115}、O_{138}、O_{139}、O_{140}、O_{147}、O_{149}、O_{157}。这些菌株一般都具有K（表现抗原或称荚膜抗原）88、K99、K987P等黏着素抗原。来自猪的K88菌株都能产生热敏毒素（LT），有的还能产生耐热毒素（ST）。K99或K987P菌株虽能产生ST，但一般不产生LT。本菌血清型多，无交叉保护性，易产生耐药性。

（二）流行特点

本病的发生无季节性，散养的较少见，多见于猪场，尤其是规模化养猪场，场内一次发生后，就延绵不断，严重的猪场窝窝发生、头头发病，危害严重。多发生于1～3日龄，第一胎仔猪由于缺乏母源抗体而下痢严重。病猪和带菌母猪是主要的传染源，通过粪便排出病菌，污染母猪皮肤和乳头，仔猪在吃乳和舐母猪皮肤时经过消化道感染。饥饿、饲料品质差、气候骤变、密度过大、卫生较差等不良因素均可诱发本病的发生。

（三）临床症状

出生12h后，一窝仔猪中突然有1～2头仔猪发病，很快传开，同窝仔猪相继发病，拉黄色糊状粪便，混有凝乳块、腥臭，黄色粪便沾满肛门、尾、臀部，严重的病猪肛门松弛、排粪失禁，不吃乳，很快消瘦、脱水、眼球下陷，肛门、阴门呈红色，站立不起，1～2天死亡，个别窝病死率高达100%。

（四）病理特征

死于该病的仔猪，尸体严重脱水而干燥皱缩，眼窝下陷。腹腔器官表面和肠浆膜面有黄白色絮状纤维蛋白附着，严重充血，肠黏膜呈急性卡他性出血性炎症，腹股沟淋巴结和肠系膜淋巴结肿大、出血，肝瘀血。肠道膨胀，肠壁变薄，胃、肠腔内有多量黄色或灰白色稀粪和气泡、气体，黏膜充血、出血。肾脏有小的出血点或坏死点。

（五）诊断要点

根据临床的进行性下痢和病理剖检变化可作出诊断，必要时进行病原分离。

（六）治疗方法

1. 西药治疗

饲料中按下列剂量添加药物：新霉素200×10^{-6}、复方替米先锋1 000×10^{-6}、环丙沙星200×10^{-6}等，同时加入VE-硒粉200×10^{-6}，饮水中添加补液盐、多种维生素。治疗病重猪时的选药方案参考表10-12。

表10-12 西药治疗仔猪黄痢

药名	功用	千克体重用量	使用方法
大力士（阿米卡星）	抗菌消炎	0.1mL	混合后，肌肉注射，每日2次，连用3～5天
环球之星		0.1mL	
地塞米松注射液	抗炎抗休克	4～12mg	
磺胺嘧啶钠	抗菌消炎 二选一	100～200mg	肌肉注射，每日1次，连用3～5天
强效阿莫西林		10mg	

2. 中药治疗

处方一：白头翁2g，龙胆末1g。

【作用】治疗仔猪黄痢。

【用法】按处方配药，共粉碎为末，供1头仔猪喂服，每日3次，连用3天。

处方二：大蒜100g，95%乙醇100mL，甘草1g。

【作用】治疗仔猪黄痢。

【用法】按处方配药，大蒜用乙醇浸泡15天以后每次取汁1mL，加甘草末1g，调糊供1头仔猪1次喂服，每日2次直至痊愈。

处方三：黄柏、黄芩、金银花、诃子、乌梅、草豆蔻各20g，泽泻、茯苓各15g，神曲、山楂各10g，黄连、甘草各5g。

【作用】治疗仔猪黄痢。

【用法】按处方配药，粉碎为末，分2次喂，早晚各1次，连用2剂。

处方四：黄连、黄柏、黄芩、白头翁各30g，诃子肉、乌梅肉、山楂肉、山药各15g。

【作用】治疗仔猪黄痢。

【用法】按处方配药，共粉碎为末，分9包，每次1包，用温水调匀灌服，每日3次，连服3天。

处方五：黄连10g，苍术3g，雄黄0.3g，百草霜或茶油饼（煅炭）4.5g，醋或酸菜水适量。

【作用】治疗仔猪黄痢。

【用法】按处方配药，先将黄连、苍术粉碎为末，再与雄黄、百草霜（或茶油饼炭末）混匀，密封装瓶。同时以醋或酸菜水将药粉调成糊状，用毛笔或小竹片取药涂于仔猪口内，每日1次，分2次服，连服3～4天。

（七）免疫预防与饲养管理

1. 免疫预防

（1）用K88、K99、K987P三价基因工程苗或针对本场分离的大肠杆菌制备的灭活苗做好免疫接种工作，母猪产前14～21天接种。

（2）仔猪饲料中添加CYC-100（活菌酶）、麦可食A-MAX（酵母培养物）和活性酵母等活菌制剂，有明显的预防效果。

（3）母猪产仔前后，饲料中按下列剂量添加氟必康400×10^{-6}或环球之星800×10^{-6}，以预防乳房炎和产褥热，以保证泌乳。

2. 饲养管理

选用优质全价哺乳料，保证母猪泌乳量，初生仔猪尽早吮吸初乳。断奶期饲料品种的更换要逐渐过渡，在缺硒地区或使用缺硒地区生产的原材料时，要适当提高饲料中维生素E和硒的含量。

3. 加强消毒

加强猪舍卫生消毒工作，降低猪群饲养密度，做好保温工作。临产母猪进入产房时要淋浴消毒，接产时用安全的消毒药擦洗乳头。

二、仔猪白痢

仔猪白痢是由致病性大肠杆菌引起以排乳白色或灰白色带有腥臭的糊状稀粪为特征的初生仔猪的一种急性、致死性传染病。

（一）病原特性

病原体主要是致病性大肠杆菌。现已证明，从病猪分离的大肠杆菌许多菌株的血清型与引起仔猪黄痢和仔猪水肿的大肠杆菌的血清型基本一致，在不同菌株中较常见的是O_8、O_{78}、O_{101}和K88血清型。但这些菌株在实验室感染时其毒力和致病力也有很大的差异。因此有人认为，仔猪白痢的原发性病原不一定都是大肠杆菌。

（二）流行特点

病猪和带菌猪是主要的传染源。通过粪便排出病菌，经过消化道感染。临床和试验证明，没有及时给乳猪吃初乳，母猪奶量过多、过少或奶脂过高，母猪饲料突然更换、过于浓厚或配合不当，气候反常，受寒冷侵袭等都是本病的诱因或原发性病因。另外，在这些非特异性病因影响下，在胃肠道消化障碍基础上发生的肠道内菌群紊乱，这在仔猪白痢的发病中具有重要的意义。实验证明，在仔猪白痢病猪的肠道内容物中正常肠道菌群特别是乳酸杆菌大幅度减少，而致病性大肠杆菌数量则明显增多。若给初生的乳猪服用正常菌群制剂则可以减少仔猪白痢的发生。仔猪对本病最易感，多发生于10～20日龄。饥饿、饲料品质差、气候骤变、密度过大、卫生较差等不良因素也可诱发本病的发生。

（三）临床症状

发病猪体温常在40℃左右，一般出现下痢后体温降至正常。病猪严重下痢，拉白色或黄白色混杂黏液的糊状粪便，少数带有血丝，有腥臭味。随着病情加重，病猪消瘦，眼结膜苍白，病程2～3天，死亡较少。

（四）病理特征

白痢病死猪无特征性病理变化，尸体脱水，腹腔内也常有纤维蛋白附着于脏器表面，肝脏、脾脏肿大，腹股沟淋巴结及肠系膜淋巴结肿大、出血。肠黏膜有卡他性出血性炎症。肠道膨胀，肠壁变薄而透明，肠腔内有乳白色或灰白色稀粪，有酸臭气。肾脏有小的出血点或坏死点。病程长者肝脏变土黄色、质地如泥，部分病例的胃黏膜有点状、条状溃疡。

（五）诊断要点

根据发病日龄和排出的粪便可作初步诊断，必要时进行病原分离。

（六）治疗方法

1. 西药治疗

饲料中按下列剂量添加新霉素200×10^{-6}、复方替米先锋1 000×10^{-6}、环丙沙星200×10^{-6}等。同时加入VE-硒粉200×10^{-6}，饮水中添加补液盐、多种维生素。治疗病重猪时的选药方案参考表10-13。

表10-13　西药治疗仔猪白痢

药名	功用	千克体重用量	使用方法	
庆大霉素	抗菌消炎	3～5mg	静脉注射	每日1次，连用3～5天
盐酸山莨菪碱	解毒止泻	3～5mg	交巢穴注射	
黄连素片	抗菌消炎	20～50mg	每日喂2次，连用1～2天	
硅碳银	保护黏膜			
50%高渗葡萄糖	补液	1～2mL	腹腔注射，每日1次，连用3～5天	

2. 中药治疗

处方一：白头翁、秦皮各20g，黄连、黄柏、槐花、诃子各15g，乌梅12g，马齿苋适量为引。

【作用】治疗仔猪白痢。

【用法】按处方配药，拌料喂母猪，每日3次，每次500mL，连服3剂；重症仔猪，可每头灌服10～20mL，每日2次。

处方二：白头翁末2份，龙胆末1份。

【作用】治疗仔猪白痢。

【用法】按处方配药，将两药混匀，每头每次9g，每日1次，连服2～3天，药粉以常水调成糊状，涂于仔猪舌面。

处方三： 山楂、麦芽、神曲、枳壳、陈皮、火麻仁、白头翁、龙胆各16g。

【作用】治疗仔猪白痢。

【用法】按处方配药，煎水喂母猪，连服4～5天。

处方四： 黄连100g，苦参200g，白头翁160g，白胡椒40g。

【作用】治疗仔猪白痢。

【用法】按处方配药，共焙焦粉碎为末混匀，每日2次喂母猪，每次5～10g，连服3～5天。

处方五： 高良姜、肉桂、白术、陈皮、木香、党参各10g，扁豆20g，神曲、茯苓各15g，甘草、附子各5g。

【作用】治疗仔猪白痢。

【用法】按处方配药，共粉碎为细末，能吃食的掺饲料喂，不能吃食的掺入奶粉用奶瓶喂，体重5kg的小猪，每日喂3次，每次喂5～10g。如用炒黄的大麦面加红糖再掺药末，小猪更肯吃。

（七）免疫预防与饲养管理

请参考仔猪黄痢的免疫预防与饲养管理方法。

三、猪水肿病

猪水肿病是由溶血性的大肠杆菌的毒素引起的初生仔猪的一种急性、致死性传染病。特征是头部、胃壁水肿、共济失调和麻痹。

（一）病原特性

本病的病原体主要为溶血性大肠杆菌，虽然各地分离到血清型的并不完全相同，但主要是O_{138}、O_{139}和O_{141}。这些菌株也是引起仔猪黄痢的大肠杆菌血清型。另外，还有一些血清型如O_{106}、O_{86}和O_{119}等也可引起本病。据研究，溶血性大肠杆菌所产生的内毒素是导致本病的主要因素。当溶血性大肠杆菌侵入肠黏膜上皮后，即可在此繁殖，并产生和释放一种有抗原性的水肿病因子（EDF，又称大肠杆菌神经毒素），后者被吸收后，即对肠外组织呈现出致病作用，导致水肿的发生。

另外，一些学者认为，大肠杆菌内毒素性休克在本病的发病学中具有重要的作用，因为用大肠杆菌的裂解物可以实验性地引起类似的症状和病变。本菌为革兰氏阴性小杆菌，血清型多，无交叉保护性，易产生耐药性。

（二）流行特点

本病常发生于断奶前后的仔猪，多发生于断奶后1～2周，最小的发病猪见于3日龄，大者3～5月龄。春季和秋季多发，呈地方流行性，但常局限于某些猪群，发病率10%～35%，有时整窝猪突然发病，且死亡率高，有时仅1～2头猪发病。健壮和生长快的仔猪先发病、发病多。病猪和带菌母猪是主要的传染源。通过粪便排出病菌，经过消化道感染。饥饿、饲料品质差、气候骤变、密度过大、卫生较差等不良因素均可诱发本病的发生。

（三）临床症状

体格健壮生长快的仔猪最常见，突然发病，精神沉郁，头部水肿，共济失调，惊厥，局部或全身麻痹。多数病猪先在脸部、眼睑、颈部、肛门四周和腹部皮下水肿，这是本病的特征。病猪前肢跪地，后肢站立，口吐白沫，行走不稳或转圈，倒地后四肢呈划水状。病程长短不一，从几小时到几天不等，病死率高达90%。

（四）病理特征

剖检所见的主要病变是患猪眼睑水肿，头颈部皮下水肿，面部皮下和眼睑皮下有淡黄色胶冻样病变；胃壁水肿，常见于大弯部和贲门部，在胃的黏膜层和肌层之间有一层胶冻样浸润，严重的厚达2～3cm，胃底黏膜常有弥漫性出血，胃内充满凝乳块；肠壁、肠系膜也常有水肿、肿胀变厚且透亮，切面呈胶冻样；全身淋巴结充血、水肿，肺脏水肿。脑膜充血，脑回水肿。

（五）诊断要点

根据流行特点、临床症状和病理剖检变化特征可作出初步诊断。确诊需分离病原性大肠杆菌并做血清型鉴定。

（六）治疗方法

1. 西药治疗

饲料中按下列剂量添加新霉素200×10^{-6}、复方替米先锋1 000$\times10^{-6}$、环丙沙星200×10^{-6}等。同时加入VE-硒粉200×10^{-6}，饮水中添加补液盐、多种维生素。治疗病重猪时的选药方案参考表10-14。

表10-14　西药治疗猪水肿病

药名	功用	千克体重用量	使用方法
大力士（阿米卡星）	抗菌消炎	0.1mL	混合后，肌肉注射，每日2次，连用3～5天
环球之星		0.1mL	
地塞米松注射液	抗炎抗休克	4～12mg	
磺胺嘧啶钠	抗菌消炎　二选一	100～200mg	肌肉注射，每日1次，连用3～5天
强效阿莫西林		10mg	

2. 中药治疗

处方一： 白头翁、秦皮各20g，黄连、黄柏、槐花、诃子各15g，乌梅12g，马齿苋适量为引。

【作用】治疗猪水肿病。

【用法】按处方配药，拌料喂母猪，每日3次，每次500mL，连服3剂；重症仔猪，可每头灌服10～20mL，每日2次。

处方二：白术、茯苓、冬瓜皮各9g，木通、陈皮、石斛、泽泻各6g，猪苓5g。

【作用】治疗猪水肿病。

【用法】按处方配药，水煎，分2次喂服，每日1剂，连用2剂。

处方三：茯苓皮、牵牛子、木通各10g，石斛、苍术各12g，泽泻、大腹皮、猪苓、陈皮、红花各6g，雄黄粉30g。

【作用】治疗猪水肿病。

【用法】按处方配药，除雄黄粉外，水煎取汁，候温加雄黄粉灌服，每日1次，连用3～5次。

处方四：黄芩、黄柏、大黄、泽泻、茯苓各等量。

【作用】治疗猪水肿病。

【用法】按处方配药，共粉碎为细末，每日灌服20～60g，连用3～5天。

处方五：金银花、贯众、山楂各25g，木香、槟榔、陈皮、枳壳、红花各10g，神曲、当归、甘草各16g，生地黄、竹叶各31g，连翘13g。

【作用】治疗猪水肿病。

【用法】适用于体重20kg的猪只。按处方配药，水煎取汁，供患猪1天分2次灌服，连用2～3天。

处方六：仙鹤草、龙胆草、泽泻、茯苓、车前子、木通各9g，焦白术、何首乌、当归各15g，土狗7个，甘草15g。

【作用】治疗猪水肿病。

【用法】按处方配药，水煎取汁，候温灌服，供体重30～50kg猪只1次服用，每日1次，连用3～5天。

处方七：桉树叶（生品）45g，五加皮19g，地骨皮10g，大腹皮、茯苓皮各15g。

【作用】治疗猪水肿病。

【用法】按处方配药，水煎取汁，候温喂服，供患猪1次服完，每日1次，连用3～5次。

（七）免疫预防与饲养管理

1. 免疫预防

（1）用K88、K99、K987P三价基因工程苗或针对本场分离的大肠杆菌制备的灭活苗做好免疫接种工作，母猪产前14～21天接种。

（2）仔猪饲料中添加CYC-100（活菌酶）、麦可食A-MAX（酵母培养物）和活性酵母等活菌制剂，有明显的预防效果。

（3）母猪产仔前后，饲料中按下列剂量添加氟必康400×10^{-6}或环球之星800×10^{-6}，以预防乳房炎和产褥热，以保证泌乳。

2. 饲养管理

选用优质全价哺乳料，保证母猪泌乳量，初生仔猪尽早吮吸初乳。断奶期饲料品种的更换要逐渐过渡，在缺硒地区或使用缺硒地区生产的原材料时，要适当提高饲料中维生素E和硒的含量。

3. 加强消毒

加强猪舍卫生消毒工作，降低猪群饲养密度，做好保温工作。临产母猪进入产房时要淋浴消毒，接产时用安全的消毒药擦洗乳头。

四、仔猪副伤寒

仔猪副伤寒主要是由猪霍乱和猪伤寒沙门氏菌引起的仔猪一种传染病，又称猪沙门氏菌病。主要以肠炎和持续下痢为特征。

（一）病原特性

沙门氏菌为两端钝圆、中等大小的直杆菌，革兰氏染色阴性，无荚膜，不形成芽孢，有周身鞭毛，能运动。本菌有菌体抗原（O抗原）、鞭毛抗原（H抗原）、表面抗原（荚膜和菌毛抗原，称为Ⅵ抗原）和K抗原；虽不产生外毒素，但具有毒力较强的内毒素，可引起发热、白细胞变化及中毒性休克，有的还可产生与大肠杆菌肠毒素性质相同的肠毒素。

引起猪副伤寒的沙门氏菌的血清型较为复杂，各国所分离到的菌株有较大的差异且致病性很不一致。其中猪霍乱沙门氏菌及其孔道夫变种是主要的病原体，可引起败血症和肠炎；鼠伤寒沙门氏菌和德尔俾沙门氏菌能引起急性或慢性肠炎；都柏林沙门氏菌可引起散发性败血症和脑膜炎；猪伤寒沙门氏菌则以引起溃疡性小肠结肠炎以及坏死性扁桃体炎和淋巴结炎为特征。

沙门氏菌对外界环境的抵抗力较强，在粪中可活1～2个月，在垫草上可活8～20周，在冻土中可以过冬，在10%～19%食盐腌肉中能生存75天以上；但对消毒药的抵抗力不强，3%来苏儿、3%福尔马林等常用消毒液均能将其杀死。本菌易产生耐药性。

（二）流行特点

本病一年四季均可发生，又以冬春季节多发。本病可感染各种年龄的猪只，但3～4月龄仔猪最易感，6月龄以上的猪发病少，1月龄以内的仔猪发病更少。多为散发，有时呈地方性流行。病猪和带菌猪是主要的传染源，通过粪便、尿液、流产物排出，经消化道感染。环境潮湿、长途运输、卫生较差、营养缺乏等外界不良因素可造成内源性感染。

（三）临床症状

急性病例体温高达40～42℃，呕吐和腹泻，拉黄绿色、恶臭、粥样稀粪。耳根、胸前、腹下、四肢等肢体远端皮肤发绀，有紫色斑点和斑块，多数病例2～4天死亡，耐过猪发育不良，转为僵猪。慢性病例较为常见，开始发病不易察觉，到精神不振、寒颤、出现下痢时，一般才被发现。病猪喜钻垫草，或者挤堆。恶性下痢，下痢和便秘交替进行，粪便恶臭，呈淡黄色、灰绿色或灰白色。病猪长期卧地、高度消瘦，皮肤呈污红色，站立行走时歪歪倒倒，体温有时升高，继而又降至常温。一般于数周后死亡，少数康复的猪变为长期带菌的僵猪。

（四）病理特征

仔猪副伤寒较为特征性的病变是大肠黏膜局灶性或弥漫性伪膜和溃疡，周围无堤状隆起。急性病例主要表现败血症变化，腹腔脏器表面附着有黄白色纤维蛋白状物，胃肠浆膜充血、出血。全身淋巴结肿大、出血，脾脏肿大色暗带蓝，坚度似橡皮，肝脏肿大，黄色样变或表面有散在米粒大小的黄白色坏死点。盲肠、结肠坏死性炎症，肠壁增厚，表面附有一层假膜，胆囊黏膜坏死。慢性病例主要病变在盲肠、结肠和回肠，特征性病变为坏死性肠炎，肠壁增厚，黏膜上覆盖一层灰白色和黄绿色麸皮样假膜，肠系膜淋巴结索状肿大。

（五）诊断要点

根据流行病学、临床症状和病理变化可初步诊断。确诊可通过细菌学检查、分离培养和ELISA等方法。急性病例可从实质器官分离出病原菌，慢性病例不易成功。如已分离到沙门氏菌，必须综合其他症状、病理变化及流行特点进行分析，综合判断。

（六）治疗方法

1. 西药治疗

使用敏感药物，按一定的周期进行替换使用。选药方案可参考表10-15，还可选择盐酸强力霉素、盐酸土霉素、氟哌酸代替磺胺类药。

表10-15　西药治疗猪沙门氏菌病

药名	功用	千克体重用量	使用方法
磺胺嘧啶 三甲氧苄氨嘧啶	抗菌消炎　配合使用	20～40mg 4～8mg	混合后，分2次喂服，连用1周
10%磺胺嘧啶钠注射液 25%葡萄糖注射液	抗菌消炎 补液	5mL 5～10mL	混合后，1次静脉注射，每日1次，连用3～5次
盐酸山莨菪碱	解毒	1～2mg	肌肉注射，每日2次，连续5天

2. 中药治疗

以清热解毒、扶正健脾为治则，最好与西药配合使用，以巩固其疗效。

处方一：黄芩、黄柏、杜仲、贯众、五味子、生半夏各500g，明矾、雄黄、油皂、使君子各250g，胡椒200g，麝香25g。

【作用】治疗猪沙门氏菌病。

【用法】按处方配药，共粉碎为细末，开水冲调，候温灌服。体重5～15kg的小猪3～5g，20～30kg的中猪4～10g，40～60kg的大猪6～20g。

处方二：黄芪、麦冬、金银花、桑叶、黄柏、木香（另包后下）、滑石、甘草各50g，车前子45g，陈皮40g，生地黄、知母、秦皮各35g，桂枝、升麻、枇杷叶各30g。

【作用】益气养阴，清热除湿，治疗猪沙门氏菌病。

【用法】按处方配药，水煎取汁，候温分2次内服，供5头仔猪（体重15～20kg）1次服用，每日1次，连用3～5天。

处方三：连翘、桑叶、杏仁、薄荷、通草、桑白皮各10g，桔梗、陈皮、竹叶各15g。

【作用】治疗猪沙门氏菌病。

【用法】按处方配药，如咽喉肿加射干、山豆根、大力子各15g，水煎服，每日2～3次，连服3～5天。

处方四：苍术、防风、白芷、茯苓皮、贯众各25g，麻黄15g，甘草、北辛夷各5g。

【作用】治疗仔猪副伤寒。

【用法】按处方配药，苏根、石菖蒲、茅草根、臭草根为引，煎汤取汁，候温灌服，每日2次，连用2～3天。

处方五：枳实、黄连各10g，槟榔、黄柏各15g，白头翁25g，茯苓、金银花各20g，煨葛根30g。

【作用】治疗猪沙门氏菌病。

【用法】按处方配药，煎水去渣，供体重15～25kg的猪只1日分2次灌服，连用2～3天。

处方六：黄芩、荆芥、桂枝各20g，杏仁、麻黄各15g，桔梗、防风各25g，川芎、大枣各12g，生姜、甘草各10g。

【作用】治疗猪沙门氏菌病。

【用法】按处方配药，水煎取汁，候温内服。或研细末，开水冲调灌服。每日1次，连用3～5天。

处方七：石膏、黄连须各30～60g，栀子、大黄各23g，木通、黄芩、黄柏、淡豆豉、姜黄各20g，麻黄10g，牛蒡子15g，甘草6g。

【作用】治疗猪沙门氏菌病。

【用法】按处方配药，煎汤，候温，供大猪1日用量，分3次灌服。

（七）免疫预防与饲养管理

1. 免疫预防

在本病常发地区，可对1月龄以上哺乳或断奶仔猪，用猪沙门氏菌病冻干弱毒菌苗预防，用20%氢氧化铝生理盐水稀释，肌肉注射1mL，免疫期9个月；口服时，按瓶签说明，服前用冷开水稀释成每头份5～10mL，掺入饲料中喂服；或按每只猪1头份疫苗稀释于5～10mL冷开水中给猪灌服。

2. 饲养管理

改善饲养管理和卫生条件，消除引起发病的应激因素，增强仔猪抵抗力。病猪应隔离治疗，搞好清洁卫生，定期消毒，以防传染。平时保持圈舍清洁干燥，搞好饲养管理，发现病猪及时隔离，选用磺胺类药物及时治疗，病死猪应深埋。圈舍彻底清扫、消毒，特别是饲槽要刷洗干净。粪便堆积发酵后利用，必要时对假定健康猪用抗生素拌料进行预防。

五、猪传染性胃肠炎

猪传染性胃肠炎是由猪传染性胃肠炎病毒（TGEV）引起以腹泻、呕吐和脱水为特征的一种急性、高度接触性的传染病。可发生于各种年龄的猪，10日龄以内的仔猪病死率很高，可达100%；5周龄以上的猪病死率较低，更大的或成年猪几乎没有死亡。

（一）病原特性

猪传染性胃肠炎病毒属于冠状病毒科冠状病毒属单股RNA。该病毒的粒子呈球形、椭圆形或多边形，直径为80～120nm，核心含单股RNA，有囊膜，表面有一层长12～28nm的棒状纤突。用磷钨酸负染扫描电镜观察时，可在病毒粒子的周围见有花冠样突起；透射电镜观察时，病毒多呈圆形而位于内质网腔内。病毒主要存在于病猪的十二指肠、空肠及回肠的黏膜，以及肠内容物和肠系膜淋巴结中；在鼻腔、气管、肺脏、脾脏、肝脏、血液等组织中，也能查出病毒，但含病毒量较低。据报道，本病毒也可能是猪慢性肺炎的一种病原体，在流行间歇期，隐藏在大猪的肺脏而成为仔猪的传染来源。

研究证明，TGEV只有一个血清型，与猪流行性腹泻病毒无抗原相关性，但与犬冠状病毒和猫传染性腹膜炎病毒之间有抗原交叉关系。犬和猫被认为是TGEV的携带者。

病毒对日光和热敏感，在阳光下暴晒6h可以灭活；加热至56℃45min或65℃10min即全部杀死。病毒对胰蛋白酶和猪胆汁有抵抗力；对低温也有较强的抵抗力，在内脏和肠内容物中于-20℃条件下可存活8个月之久。TGEV对酸有一定抵抗力，pH3～4仍可保持活性。

（二）流行特点

本病可发生于各种品种、年龄、性别的猪，但主要在仔猪中流行，年龄越小，发病率和病死率越高。病猪和带毒猪是主要传染源，可通过粪便、呕吐物或乳汁、鼻分泌物以及呼出的气体排出病毒。易感猪通过消化道或呼吸道感染。TGEV多发生于冬春季节，发病高峰为12月至次年2月。哺乳仔猪感染后死亡率很高，可达100%。

（三）临床症状

仔猪的典型临床表现是突然呕吐，接着出现急剧的水样腹泻，粪水呈黄色、淡绿或白色。病猪迅速脱水，体重下降，精神萎靡，被毛粗乱无光。吃奶减少或停止吃奶、颤抖、口渴、消瘦，于2～5日死亡，1周龄以下哺乳仔猪死亡率50%～100%，随着日龄增加，死亡率降低；病愈仔猪增重缓慢，生长发育受阻，甚至成为僵猪；架子猪、肥猪及成年公、母猪主要是食欲减退或消失，水样腹泻，粪水呈黄绿、淡灰或褐色，混有气泡；哺乳母猪泌乳减少或停止，3～7日病情好转随即恢复，极少发生死亡。

（四）病理特征

猪尸脱水，腹、颈、耳根部呈粉红色。具有特征性病理变化主要见于小肠的绒毛变短，小肠呈气性肿胀，伴有卡他性肠炎，脾脏、淋巴结肿大，肠系膜淋巴结充血。主要病变为尸体脱水明显，非常消瘦，胃内充满乳凝块，胃底黏膜充血、出血，肠腔内充满蓝色水样粪便，肠壁变得很薄呈半透明状，肠系膜充血，淋巴结肿胀。

（五）诊断要点

临床可依据大群的猪发病而且呈水泻样腹泻、哺乳仔猪（5日龄内）病死率高，大猪感染经过3～7日能恢复等特点而作出初步诊断。实验室可用病毒的分离鉴定、FA试验和ELISA试验进行确诊。

（六）治疗方法

1. 西药治疗

止泻、补液，选药时可参考表10-16。

表10-16　西药治疗猪传染性胃肠炎

药名	功用	千克体重用量	使用方法
痢菌净	抗菌消炎	20mg	肌肉注射，每日2次，连用3～5天
0.1%高锰酸钾溶液	清理胃肠	4mL	喂服
硫酸庆大霉素	抗菌消炎	3～5mg	混合后，静脉注射
25%葡萄糖注射液	补液	1～2mL	
山莨菪碱	解毒止泻	3～5mg	混合，1次后三里穴注射，每日1次，连用3天
维生素B_1	补液	10～20mg	

2. 中药治疗

处方一：黄连、三颗针、白头翁、苦参、胡黄连各40g，白芍、地榆炭、乌梅、诃子、大黄、车前子、棕榈炭、甘草各30g。

【作用】防治猪传染性胃肠炎。

【用法】按处方配药，粉碎为末，混匀，分6次灌服，每日3次，连用2天以上。

处方二：苍术、白术、川厚朴、陈皮、泽泻、猪苓、茯苓各20g，甘草、桂枝各15g。

【作用】防治猪传染性胃肠炎。

【用法】按处方配药，水煎取汁，候温灌服。粪干者加大黄或人工盐；腹胀者加木香、莱菔子；体弱者加党参、当归、苁蓉；体温偏低时加附子、肉桂、小茴香；胃寒者加干姜或生姜；有表症加重桂枝；水泻不止者加补骨脂、豆蔻、吴茱萸、五味子。

处方三：黄柏、白头翁各30g，黄连10g，泽泻、茯苓、木香各15g，苍术、陈皮、厚朴各20g，大黄炭、秦皮、白芍、金银花炭各25g，甘草5g。

【作用】防治猪传染性胃肠炎。

【用法】按处方配药，水煎取汁，每日灌服2～3次，连用2天。病初可辅以龙胆苏打粉（片）、大黄苏打片、碳酸氢钠及中成药健胃散等，腹泻出现后可酌情灌服氟哌酸等，对虚脱者须行补液或对症治疗。

处方四：黄连10g，白头翁、乌梅、诃子各15g，白芍、地榆炭、车前子、甘草各12g，大黄9g。

【作用】治疗猪传染性胃肠炎。

【用法】按处方配药，水煎取汁，候温灌服。

处方五：藿香、苏梗、厚朴、半夏、苍术、陈皮各10～20g，茯苓20g，甘草、豆蔻、佩兰各10g。

【作用】治疗猪传染性胃肠炎。

【用法】按处方配药，水煎取汁，候温灌服，供体重25kg左右病猪服用，每日1～2次，连服3～5天。

处方六：葛根20g，扁豆、连翘、黄连、黄芩各10～15g，半夏、佩兰、藿香、车前子各10g，甘草6g。

【作用】适用于湿热秽浊症、暴泻发病急骤的猪传染性胃肠炎。

【用法】按处方配药，水煎取汁，候温灌服，供体重25kg左右猪只服用，每日1剂，连服2～3天。

处方七：鲜枫树二层皮300g，鲜樟树皮200g，杉木炭末50g，地榆30g，红糖100g。

【作用】治疗猪传染性胃肠炎。

【用法】按处方配药，将枫树皮、樟树皮、地榆炒炭存性，加杉木炭末、红糖炒片刻，加水煮沸内服，供大猪1天分2次服完，连服2～3天。

（七）免疫预防与饲养管理

目前尚无特效的药物可供治疗。停食或减食，多给清洁饮水或易消化饲料，小猪进行补液、给“口服补液盐”等措施，有一定作用；由于此病发病率很高，传播快，一旦发病，采取隔离、消毒等措施效果不大。加之康复猪可产生一定免疫力，猪只发病流行后即可停止。在规模较大的猪场一旦发病，如有必要，可对未分娩母猪及年龄较大猪只进行人工感染，使之短期内发病，中止疫情。还可使哺乳仔猪从免疫母猪初乳中获得免疫力，从而保护仔猪免受感染；可试用猪传染性胃肠炎弱毒疫苗预防。

六、猪轮状病毒病

猪轮状病毒病是猪轮状病毒引起猪以厌食、呕吐、下痢为特征的一种急性肠道传染病。本病除引起仔猪发病外，还可引起犊牛、羔羊、幼驹、幼兔等幼龄动物及婴儿的急性肠炎。

（一）病原特性

本病的病原体为呼肠孤病毒科轮状病毒属的猪轮状病毒。人和各种动物的轮状病毒在形态上无法区别。本属病毒略呈圆形，由11个双股RNA片段组成，有双层衣壳，直径65～75nm。其中央为核酸构成的核心，内衣壳由32个呈放射状排列的圆柱形壳粒组成，外衣壳为连接于壳粒末端的光滑薄膜状结构，使该病毒形成车轮状外观，故命名为轮状病毒。各种动物和人的轮状病毒内衣壳具有共同的抗原，即群特异性抗原，可用补体结合、免疫荧光、免疫扩散和免疫电镜检查出来。轮状病毒可分为A、B、C、D、E、F等6个群，其中C群和E群主要感染猪，而A群和B群也可感染猪。

轮状病毒对外界环境和理化因素的抵抗力较强，在18～20℃的粪便和乳汁中能存活7～9个月；在室温中能保存7个月；加热60℃，需30min才能灭活；pH在3～9时较稳定，能耐超声震荡和脂溶剂；但0.01%碘、1%次氯酸钠和70%酒精则可使之丧失感染力。

（二）流行特点

本病以10～28日龄仔猪最易感，并有明显的腹泻，但死亡率低；一般都在早春、晚秋寒冷时发生，多为散发，偶见爆发性流行。当厩舍卫生不好，又突然改变饲料时最易发生。病猪和带毒猪是主要传染源，轮状病毒主要存在于病猪及带毒猪的消化道，随粪便排出外界，污染饲料、饮水、垫草及周围环境，经消化道感染而发病。

（三）临床症状

本病的潜伏期为2～4天，仔猪感染后的主要症状为厌食、呕吐、下痢，粪便为黄色、灰色或黑色，呈水样或糊状，带腥臭味。中猪和大猪则为隐性感染，一般没有临症表现。本病多发生在寒冷季节，8周以内的仔猪多发，日龄越小发病率越高，发病率一般为50%～70%，病死率10%以内。

（四）病理特征

剖检可见的主要病变在胃肠道。胃弛缓，胃内充满凝乳块和乳汁；空肠、回肠肠管壁菲薄，呈半透明状；结肠和盲肠多胀满，内容物呈液状，呈灰黄色或灰黑色。小肠绒毛萎缩。

（五）诊断要点

根据临床症状和病理变化可初步诊断。进一步确诊可进行凝集反应和酶联免疫吸附试验。确诊必须进行病原的分离鉴定。

（六）治疗方法

西药治疗：硫酸庆大霉素16万～32万IU，地塞米松（注射液）2～4mg，葡萄糖43.2g，氯化钠9.2g，甘氨酸6.6g，柠檬酸0.52g，枸橼酸钾0.13g，无水磷酸钾4.35g。

【作用】防治猪轮状病毒病。

【用法】硫酸庆大霉素和地塞米松注射液混合，1次肌肉或后海穴注射，每日1次，连用2～3天；葡萄糖和氯化钠等溶于2L水中，给病猪自由服用。

（七）免疫预防与饲养管理

采用疫苗免疫有一定的预防效果，目前一般采用妊娠母猪产前注射灭活苗或弱毒苗的方法，使初乳中特异性抗体水平明显升高，哺乳仔猪可获得被动免疫的保护。发现病猪立即停止哺乳，以葡萄糖盐水或复方葡萄糖溶液给病猪自由饮服。

七、仔猪梭菌性肠炎

仔猪梭菌性肠炎是由魏氏梭菌引起以腹泻、排血样粪便、肠黏膜坏死为特征的一种急性肠道传染病，又叫仔猪红痢或仔猪传染性坏死性肠炎。

（一）病原特性

病原为魏氏梭菌，又称产气荚膜梭菌。该菌是革兰氏阳性、两端钝圆的大肠杆菌，能形成芽孢，有荚膜，单个、成双或短链排列，为专性厌氧菌。该菌广泛存在于外界环境中，根据其产生的毒素分为A、B、C、D、E 5个血清型，本病主要由C型和A型魏氏梭菌引起。该菌能产生内毒素和外毒素，引起仔猪肠毒血症和坏死性肠炎。一般消毒药能杀死该菌繁殖体，但芽孢抵抗力较强。

（二）流行特点

魏氏梭菌主要侵害1～3日龄仔猪，死亡率高，1周以上仔猪很少发病，但偶尔也见2～4周龄及断奶仔猪发病。在同一群猪中，各窝仔猪的发病率不一样，可高达100%，病死率为20%～70%。本菌存在于母猪的肠道中，通过粪便排出。初生仔猪经口感染。

（三）临床症状

最急性型仔猪常于出生后1～2天内突然拉出血样稀粪或黄色稀粪，很快死亡；急性型患病仔猪排出红褐色液状粪便，粪中混有灰色坏死组织片，猪体虚弱，一般在3日龄死亡；亚急性型患病仔猪食欲不振，呈现持续的非出血性腹泻，初排黄色软粪，以后粪便如淘米水样，内含灰色坏死组织碎片，消瘦脱水，一般5～7日龄死亡；慢性型患病仔猪呈间歇性或持续性腹泻，粪便呈灰黄色黏液状，生长缓慢，数周后死亡。

（四）病理特征

病变主要局限于空肠，空肠呈暗红色，肠腔内充满血性内容物，绒毛坏死，黏膜层和黏膜下层弥漫性出血、坏死，甚至出现假膜。肠系膜淋巴结肿大呈鲜红色。慢性病例的肠道出血不明显，而以坏死性炎症为主，肠壁变厚，黏膜呈黄色或灰色坏死性假膜，易剥离。在坏死性炎症肠段的浆膜下有很多密集的小气泡，肠系膜也有大小不一的气泡，充血的肠系膜淋巴结有数量不等的小气泡，这是特征性的变化。心脏、肾脏有小出血点。

（五）诊断要点

根据本病的流行特点、临床症状、病理变化可作出初步诊断，确诊需分离病原菌。

（六）治疗方法

1. 西药治疗

抗菌消炎、补液，选药时可参考表10-17。

表10-17　西药治疗仔猪梭菌性肠炎

药名	功用	每头猪用量	使用方法
庆大霉素	抗菌消炎	8万IU	混合后，肌肉注射，每日2次，连用3～5天
硫酸阿托品		4mg	
地塞米松注射液	抗炎抗休克	12mg	
5%葡萄糖	补液	20mL	

2. 中药治疗

处方：黄连、槐米各70g，乌梅、柿干各100g，姜黄60g，车前子、仙鹤草、泽泻各90g，猪苓80g。

【作用】治疗仔猪梭菌性肠炎。

【用法】按处方配药，加水3 000mL，煎汁500mL，每头仔猪灌服10mL，每日2次。

（七）免疫预防与饲养管理

1. 免疫预防

母猪产前30天和15天分别注射C型魏氏梭菌疫苗，做好免疫接种工作。

2. 加强消毒

加强产房的消毒、保温工作，保持产房通风干燥，母猪接产前做好乳头的消毒。

3. 药物保健

新生仔猪发病往往来不及治疗，在常发病猪场的新生仔猪灌服杆菌肽或痢菌净等药物有一定的预防作用。

八、仔猪渗出性皮炎

仔猪渗出性皮炎又称猪油皮病，是幼猪感染表皮葡萄球菌引起哺乳仔猪和刚断奶仔猪的一种急性传染病，传染极快，患猪以全身油脂样渗出性皮炎为特征，可导致腹水和死亡。

（一）病原特性

本病的病原体为表皮（白色）葡萄球菌，呈圆形或卵圆形，革兰氏染色阳性菌，但当衰老、死亡或被白细胞吞噬后常为阴性。本菌无鞭毛，不形成芽孢和荚膜，常呈葡萄串状排列，但在脓汁、乳汁或液体培养基中则呈双球状或短链状，有时易误认为链球菌。本菌可产生溶血毒素、致死毒素、皮肤坏死毒素、剥脱毒素、杀白细胞素、肠毒素等和血浆凝固酶、透明质酸酶及耐热核酸酶类、卵磷脂酶、磷酸酶、脂酶等多种酶类，使其有较大的致病性，引起的病变较重。如表皮葡萄球菌产生的凝固酶，可使血液和血浆中的纤维蛋白沉积于菌体表面，阻碍吞噬细胞的吞噬，即使被吞噬亦不被杀死，从而使感染局限化，易于其在皮肤表面形成毛疮、粉刺、疖、痈和肿胀等。

本菌对不良环境有较强的抵抗力，在70℃条件下经1h方能杀死；加热80℃30min才能将之杀死；在干燥的脓汁和血液中可生存数月；反复冷冻30次仍能存活。表皮葡萄球菌易产生耐药性。

（二）流行特点

世界上大多数国家的哺乳仔猪和断奶仔猪都有渗出性皮炎，发病率在10%～90%，死亡率在5%～90%。葡萄球菌广泛存在于空气、污水等自然环境中，主要通过破损的皮肤黏膜感染，仔猪皮肤薄似一层纸，初生仔猪不剪针状牙，仔猪打斗造成皮肤损伤，产床、保育笼上尖锐物擦伤皮肤，均可引起仔猪渗出性皮炎。本病的发生与环境因素、空气、湿度等因素有密切关系，主要为接触感染，只要有一头仔猪发病，同一窝仔猪可在短时间内相继发病，传播迅速。

（三）临床症状

仔猪在很小的日龄就易感染本病，最早见于2日龄，1～4周龄最易感，多见于5～6日龄仔猪。首先在眼睛、耳廓、面部、腹部等处出现红斑、水泡，3～5天后扩散到全身各处并形成痂皮。痂皮脱落，露出鲜红色创面。皮肤无论发生何种程度的炎症，无瘙痒表现，一般无高热是其特征。病猪食欲下降，脱水。

（四）病理特征

主要病变为皮炎，皮肤发红，皮肤和皮下出现清亮的渗出物，刮皮肤可剥离一层薄薄的皮，外周淋巴结通常水肿，切面多汁。肾脏的髓质切面和肾盂中有尿酸盐沉积。

（五）诊断要点

通常依据临床症状，特别是全身油脂样渗出性皮炎、不发痒、不发高热的特点可作出诊断。必要时取患部皮肤刮取物（刮至见血）涂片，染色镜检可发现葡萄球菌，还能见到中性分叶核吞噬菌体，即可确诊。

（六）治疗方法

仔猪渗出性皮炎的治疗，关键在一个“早”字，如果早发现，个别猪感染面积小时，给予清洁饮用水，按每千克体重15mg肌肉注射阿莫西林或氨苄青霉素，或饲料中添加敏感抗生素，并于局部涂擦消炎药膏加速外伤愈合，有一定的疗效。加强空气消毒，可选用复合醛等安全高效的消毒剂。

（七）免疫预防与饲养管理

1. 免疫预防

用本场分离的葡萄球菌制作的自家灭活苗作免疫接种，母猪产前20～30天免疫。

2. 饲养管理

加强产房环境卫生消毒工作，保持产房干燥、通风。剪牙、断脐、断尾和阉割过程要严格消毒，防止皮肤外伤。母猪进入产房前要清洁消毒。

九、猪水疱病

猪水疱病是由肠道病毒属的病毒（SVDV）引起以蹄部、口部、鼻端和腹部、乳头周围皮肤和黏膜发生水疱为特征的一种急性、热性、接触性传染病，又称猪传染性水疱病。本病流行快，发病率高。

（一）病原特性

猪水疱病病毒属于小RNA病毒科肠道病毒属的单股RNA病毒。本病毒与人的肠道病毒柯萨奇B有抗原关系。病毒粒子呈球形，在超薄切片上的直径为22～23nm；而用磷钨酸负染时其直径较大，为28～30nm。病毒由裸露的20面体对称的衣壳和含有单股RNA的核心组成。病毒粒子在细胞浆内呈晶格状排列，而在有病的细胞浆中则呈环形或串珠状排列。

该病毒对环境和消毒药有较强的抵抗力，在50℃条件下经30min仍不失活，在低温中可长期保存。病毒在粪便和污染的猪舍内可存活8周以上；将病猪的肉、皮肤和肾脏等组织保存于-200℃条件下，过11个月后病毒的滴度仍未见显著的下降；将病猪的肉腌制3个月后仍能检出病毒。用3%NaOH溶液在33℃条件下经24h才能杀死病毒；1%过氧乙酸60min方可杀死病毒。

（二）流行特点

在自然的条件下，本病只发生于猪，不同品种、年龄的猪均可感染发病，而其他动物不感染。病猪和带毒猪是主要传染源，通过粪便、尿液、水疱液、乳汁排出病毒，通过消化道或皮肤黏膜的伤口感染。

（三）临床症状

本病的潜伏期为2～4天。病初体温升高至40～42℃，病猪精神沉郁，食欲减退或不食。特征性的临床症状是病猪蹄冠部皮肤发生水疱，早期表现为皮肤苍白肿胀，水疱破裂后形成溃疡。严重者蹄甲脱落，病猪跛行。有时水疱也会在鼻镜、舌面、乳房皮肤上形成。初生仔猪可造成死亡。

（四）病理特征

特征病变主要在蹄部，有时也在鼻端、口唇、舌面和乳头部出现水疱和溃疡。镜检可见蹄部皮肤的表皮鳞状上皮发生空泡变性、坏死和形成水疱；真皮乳头层小血管扩张、充血、出血和水肿，血管周围有炎性细胞浸润。

（五）诊断要点

本病在临诊上与口蹄疫、水疱性口炎及水疱疹极为相似。所不同者，口蹄疫还能引起牛、羊、骆驼等偶蹄动物发病；水疱性口炎除传染牛、羊、猪外，尚能传染马；水疱疹及水疱病只传染猪，不传染其他家畜。因此，该病的确诊，还必须进行实验室检查。主要方法有：①动物接种，将病料分别接种1～2日龄小鼠和7～9日龄小鼠，如果两组小鼠均发病死亡，可诊断为口蹄疫；如果1～2日龄小鼠死亡，而7～9日龄小鼠不死，则可诊断为猪水疱病。病料在pH3～5缓冲液中处理30min后，接种1～2日龄小鼠，小鼠死亡者为猪水疱病，反之则为口蹄疫。②病毒分离培养与鉴定。③血清学诊断，常用的有补体结合试验、反向间接血凝试验和免疫荧光试验。

（六）治疗方法

1. 西药治疗

选用优质饲料，饲喂软食，把猪只从水泥地面移出，地面铺以松软的稻草或木屑，在稻草或木屑中喷洒消毒药水；口腔涂洒硼酸或碘甘油。肌肉注射抗病毒药物，饲料中添加维生素和防继发感染药物，可参考表10-18制定用药方案。

表10-18　西药治疗猪水疱病

药名	功用	千克体重用量	使用方法
高免血清	抗病毒消炎	0.1～0.3mL	混合后，肌肉注射，每日2次，连用3～5天
环球之星注射液		0.1mL	
黄芪多糖注射液		0.1～0.2mL	
克毒先	加强营养，防继发感染	$3\,000\times10^{-6}$	混入饲料中添加
复合维生素B粉		500×10^{-6}	

2. 中药治疗

处方：青黛、黄柏各3份，薄荷1份，黄连、桔梗、儿茶各2份。

【作用】治疗猪水疱病。

【用法】按处方配药，各药粉碎为末，患部用消毒药清洗后，将药粉末撒布其上。

（七）预防与饲养管理

1. 预防

严禁引进病猪或带毒猪，新引进猪必须严格检疫，降低饲养密度，减少应激。加强卫生消毒工作，对环境、运输工具和粪、尿、空气要严格消毒，常用的敏感消毒剂有复合酚、复合醛、ClO_2和过氧乙酸等消毒药，有较好效果。

2. 携带病原的物料管理

病猪及屠宰猪肉、下脚料应严格执行无害化处理。

十、猪流行性腹泻

猪流行性腹泻是由冠状病毒（PEDV）引起以排水样稀便、呕吐、脱水为特征的一种肠道传染病。与猪传染性胃肠炎在发病机理、流行特点、临床症状和病理剖检特征极为相似，很难鉴别。

（一）病原特性

猪流行性腹泻病毒属于冠状病毒科冠状病毒属，目前发现只有一个血清型，主要存在于小肠上皮细胞及粪便中，为RNA型病毒。粪便中病毒粒子是多形的，但趋于圆形。其大小（包括纤突）平均直径130nm，变动范围95～190nm，内含一个直径40～70nm的核心；外有囊膜，囊膜表面有放射状或棒状突起，长18～23nm。本病毒主要在患猪小肠绒毛上皮细胞内增殖，以出芽方式通过胞浆内膜（内质网等）而完成装配。各种血清学检测证明，本病毒与已知的畜禽冠状病毒没有共同的抗原特性。本病毒的抵抗力不强，对乙醚、氯仿敏感，一般碱性消毒药可以杀灭。

（二）流行特点

本病可发生于各种品种、年龄、性别的猪，但主要在仔猪中流行，年龄越小，发病率和病死率越高，哺乳仔猪感染后病死率很高，可达100%；3周龄以上仔猪发病死亡率低，且症状较轻。病猪和带毒猪是主要传染源，可通过粪便、呕吐物或乳汁、鼻分泌物以及呼出的气体排出病毒。易感猪通过消化道或呼吸道感染。PEDV多发生于冬春季节，发病高峰为12月至次年2月。

（三）临床症状

潜伏期一般为15～30h，有时延长至2～3天。仔猪突然发病，先呕吐后水样腹泻，粪便呈黄色、绿色或白色，带有乳凝块或脱落的肠黏膜碎片。粪便呈油污状。病猪严重脱水、消瘦，10天内仔猪病死率高达100%。随着仔猪日龄增加病死率降低，病愈仔猪易变成僵猪。生长育肥猪母猪刚开始时食欲不振或废绝，其后呈灰褐色水样腹泻，粪便呈一条直线排泄出来，经过5～8天腹泻停止，但怀孕母猪发病后可导致泌乳量减少而加重仔猪的病情。

（四）病理特征

主要病变为尸体脱水明显，非常消瘦，胃内充满乳凝块，胃底黏膜充血、出血，肠腔内充满蓝色水样粪便，肠壁变得很薄呈半透明状，肠系膜充血，淋巴结肿胀。

（五）诊断要点

根据流行病学、临床症状和病理变化可作出初步诊断，实验室确诊可用病毒的分离鉴定、FA试验和ELISA试验。

（六）治疗方法

1. 西药治疗

止泻、补液。选药时可参考表10-19。

2. 中药治疗

处方一：常山60g，马齿苋250g，鹅不食草30g。

【作用】治疗猪流行性腹泻。

【用法】按处方配药，水煎取汁，候温灌服，供体重25kg的猪只服用，每日1剂，连服3～5天。

表10-19 西药治疗猪流行性腹泻

药名	功用	千克体重用量	使用方法
痢菌净	抗菌消炎	20mg	肌肉注射，每日2次，连用3～5天
0.1%高锰酸钾溶液	清理胃肠	4mL	喂服
硫酸庆大霉素	抗菌消炎	3～5mg	混合后，静脉注射
25%葡萄糖注射液	补液	1～2mL	
山莨菪碱	解毒止泻	3～5mg	混合，1次后三里穴注射，每日1次，连用3天
维生素B_1	补液	10～20mg	

处方二：黄连、木香、枳壳各8g，黄芩、黄柏、猪苓、泽泻、连翘各10g，白头翁15g，甘草5g。

【作用】治疗猪流行性腹泻。

【用法】按处方配药，用清水800mL浸泡30min，水煎取汁500mL，去渣候温内服，每日1剂，连用3～5天。

处方三：单方黄柏100g。

【作用】治疗母猪流行性腹泻。

【用法】按处方配药，水煎取汁，用人工授精管肛门灌注，每日1次，连用3～5天。

处方四：藿香、扁豆、黄芩、金银花各200g，生姜、白术、凤尾草、甘草各100g。

【作用】治疗猪流行性腹泻。

【用法】按处方配药，加清水10 000mL，文火水煎取汁2 000mL浓药液，过滤2次，经沉淀取上清液，经高压灭菌后，按每1 000mL药液加入95%乙醇50mL，混匀，装瓶备用。用时按每千克1次灌服2mL，每日3次，连用2天。

处方五：黄芩100g，板蓝根150g，栀子、枳壳各70g，半夏、黄连各50g，罂粟壳20g，甘草30g。

【作用】治疗仔猪流行性腹泻。

【用法】按处方配药，水煎2次取汁，合并2次煎液约600mL，30日龄以内仔猪每头灌服10～20mL，30日龄以上仔猪每头灌服20～30mL，每日1～2次，连用3～5天。同时结合西药治疗，用浓度为每升1g的高锰酸钾溶液适量，自由饮服。每头仔猪用氨苄青霉素250mg，30%安乃近5mL，混合后肌肉注射；硫酸卡那霉素每头50万～100万IU，山莨菪碱10～20mg，分别肌肉注射，每日1次，严重者每日2次，连用3～5天。

（七）免疫预防与饲养管理

1. 免疫预防

可试用猪传染性胃肠炎弱毒疫苗预防。对妊娠母猪于产前45日和15日左右进行肌肉注射和鼻内各接种1mL，被动免疫的保护率达95%以上，接种母猪对胎儿无侵袭力。也可对未接种TGE疫苗，受本病威胁猪群的1～2天初生仔猪可做主动免疫，口服接种0.5mL，4～5天后即可产生免疫力。

2. 紧急免疫

康复猪可产生一定免疫力，猪只发病流行后即可停止。在规模较大的猪场一旦发病，经研究可行后，可对未分娩母猪及年龄较大猪只进行人工感染，使之短期内发病，疫情中止。还可使哺乳仔猪从免疫母猪初乳中获得免疫力，从而保护仔猪免受感染。

3. 加强饲养

发病猪只停食或减食，多给清洁饮水或易消化饲料，小猪进行补液、给“口服补液盐”等措施，有一定作用；由于此病发病率很高，传播快，一旦发病，采取隔离、消毒等措施效果不大。

第五节　常发病和多发病

一、猪圆环病毒感染

猪圆环病毒感染是由猪圆环病毒Ⅱ型（PCV-Ⅱ）引起猪多系统进行性功能衰竭、间质性肺炎、母猪繁殖障碍为特征的一种传染病。

（一）病原特性

猪圆环病毒Ⅱ型属于圆环病毒科圆环病毒属单股DNA病毒，是一种很小的病毒，由衣壳蛋白和基因组组成，病毒无囊膜、直径17nm，呈20面体对称。对外界环境有较强的抵抗力，在酸性环境和氯仿溶液中可存活较长时间，在温热环境（72℃）也能存活一段时间。

（二）流行特点

病猪和带毒猪是主要传染源，仔猪多在11～13周龄内受感染。本病毒可经口腔、呼吸道途径感染不同年龄的猪，少数怀孕猪感染圆环病毒后，可经胎盘垂直感染仔猪。公猪可通过基因带毒，也应引起重视。感染病毒可从鼻液、粪便等排出病毒，是本病的主要传染源。

（三）临床症状

PCV-Ⅱ主要引起多个系统进行性功能衰竭，主要症状为精神不振、食欲减低、生长发育不良，渐行性消瘦，皮肤苍白贫血、干枯缺少光泽。部分病猪出现黄疸，生长猪拉黑色稀粪。经常与PRRS混合感染。尸体消瘦、苍白、贫血，生长猪常形成皮炎，皮肤形成红色斑。

（四）病理特征

主要病变为全身淋巴结肿大4～5倍，呈土黄色，切面均质，肺体积缩小，表面有散在隆起的橡皮状硬块，脾脏肿大变黑，特别是脾头肿大非常明显。肾脏肿大、苍白、有白色坏死灶，肾脏髓质周围组织水肿。胃在靠近食管区有大面积溃疡灶或出血，严重的病例可造成胃黏膜出血、溃疡。

（五）诊断要点

根据流行病学、临床症状和病理变化可作出初步诊断，确诊可通过病毒分离或PCR技术。

（六）治疗方法

1. 西药治疗

局部消炎，预防感染，选药时可参考表10-20。

表10-20　西药治疗猪圆环病毒感染

<table>
<tr><th>药名</th><th>功用</th><th colspan="2">千克体重用量</th><th>使用方法</th></tr>
<tr><td>黄芪多糖注射液</td><td>抗病毒</td><td colspan="2">0.1～0.2mL</td><td rowspan="2">肌肉注射，连用3～5天</td></tr>
<tr><td>清开灵</td><td>清热解毒</td><td colspan="2">每头5～10mL</td></tr>
<tr><td>多种维生素</td><td rowspan="2">强化营养</td><td>500×10^{-6}</td><td rowspan="4">饲料含药量</td><td rowspan="4">混料服，连用3～5天</td></tr>
<tr><td>小苏打</td><td>500×10^{-6}</td></tr>
<tr><td>克毒先</td><td rowspan="2">防继发感染</td><td>$3\,000\times10^{-6}$</td></tr>
<tr><td>阿莫西林</td><td>300×10^{-6}</td></tr>
</table>

2. 中药治疗

处方： 单方板蓝根。

【作用】治疗猪圆环病毒感染。

【用法】母猪产前和产后各1周、仔猪断奶前7天和断奶后30天，按1.5%拌料喂服。

（七）免疫预防与饲养管理

平时做好猪只饲养管理和圈舍、环境的消毒卫生工作，严防引入病猪；消灭猪血虱，杀灭蚊、蝇有重要预防作用；发病后应隔离病猪，皮肤上的痂块等污物堆积在一起销毁消毒，猪圈保持干燥，彻底清洗消毒，对病猪作局部对症治疗，防止继发感染。康复猪可获得坚强的免疫力。

二、猪链球菌感染

猪链球菌感染是由C、D、E、L等血清型链球菌引起猪的败血性和出现神经症状的疾病的总称。链球菌病是人畜共患病，有重要的公共卫生意义。

（一）病原特性

链球菌的种类繁多，在自然界分布很广，有的有致病作用，有的则无。本菌为球形菌，直径0.5～1.0μm，呈单个、双个和短链状排列，链的长短不一，短者仅由4～8个菌体组成，长者数十个甚至上百个，在液体培养物中可见长链排列。本菌革兰氏染色阳性，有荚膜，但不形成芽孢，多数无鞭毛，不能运动。链球菌为需氧或兼性厌氧菌，在普通琼脂上生长不良，而在加有血清或血液的培养基上生长良好。在含血的培养基上于菌落的周围形成O型（草绿色溶血）或e型（完全溶血）溶血环。前者称为草绿色链球菌，致病力较弱；后者叫做溶血性链球菌，致病力较强，常引起人和动物多种疾病。本菌的致病因子主要有溶血毒素、红斑毒素、肽聚糖多糖复合物内毒素、透明质酸酶、蛋白酶、链激酶、DNA酶（有扩散感染作用）和NAD酶（有白细胞毒性）等。

链球菌的细胞壁中含有一种群特异性抗原“C”物质。应用这种抗原，兰斯菲尔德（Lancefield）根据血清学分类，将其分为A、B、C、D、E、F等20个血清群，其中C群中的兽医链球菌可引起猪发生急性、亚急性败血症、脑膜炎、关节炎、心内膜炎、心包炎以及肺炎等；E群可引起猪颈部淋巴结脓肿、化脓性支气管炎、脑膜炎和关节炎等；D群偶尔可引起小猪心内膜炎、脑膜炎、关节炎和肺炎等。

本菌对热和普通消毒药抵抗力不强，多数以60℃加热30min的灭菌法，均可将之杀死，煮沸则立即死亡。常用的消毒药，如2%石炭酸、0.1%新洁尔灭、1%来苏儿等均可在3～5min将其杀死。

（二）流行特点

各种年龄的猪均可感染，哺乳仔猪发病率和死亡率较高，表现出不同类型的症状。本病的流行无明显的季节性，一年四季均可发生，但以夏、秋季（5～10月）发病较多，潮湿闷热天气多发。病猪和带菌猪是主要传染源，主要通过呼吸道和受损皮肤黏膜传播。本病易发生于密集饲养、通风不良的猪场，特别在春秋冬季天气骤变的季节。

（三）临床症状

败血型常呈暴发性流行，3～4周龄仔猪突然死亡，体温升高达41～42℃，呼吸困难，间有咳嗽。鼻镜干燥，流出浆液性或黏脓性鼻涕。颈部、腹下、四肢皮肤紫红色并有出血点。

脑膜脑炎型多发生于哺乳仔猪，发病率和死亡率高。病初出现体温升高、湿热性病症，继而出现神经症状，出现四肢不协调，划水状，角弓反张及抽搐，或突然倒地，口吐白沫。

关节炎型仔猪表现为多发性关节炎，一个或多个关节肿胀，肿胀部位先硬、后在局部发生小点状破溃，流出血性、脓性渗出物，形成深入关节腔的瘘管。

（四）病理特征

败血型主要表现为败血症变化和全身浆膜炎变化，皮肤潮红，淋巴结肿大，胸腔和腹腔有大量的纤维素性渗出物，胸水和腹水增多。肺水肿，心包积液，心肌柔软、色淡，心外膜与心包膜粘连。脾脏肿大明显，色暗红。肝脏肿大、质硬，肾脏肿大，胃肠黏膜、浆膜有散在出血点。脑膜脑炎型病猪主要表现脑膜充血、出血。关节炎型关节瘘管坏死，个别病猪可见到心内膜炎。

（五）诊断要点

根据流行病学、临床症状和病理变化可初步诊断。实验室确诊可通过细菌学检查、分离培养和病原血清型鉴定等方法。细菌学诊断：①病料涂片、染色、镜检，可见革兰氏阳性、单个、成对和链状排列的球菌；②病料接种于血液琼脂平皿，24～48h可见溶血的细小菌落，可进行生化试验和生长特性鉴定。

（六）治疗方法

1. 西药治疗

分离致病菌株，如有条件可进行药敏试验，常用的药物和剂量如下：阿莫西林250×10^{-6}、复方磺胺类药500×10^{-6}、复方替米先锋1 000×10^{-6}、加康500×10^{-6}、复合维生素B粉200×10^{-6}，连用5～7天。治疗病重猪时可参考表10-21制定用药方案。

表10-21 西药治疗猪链球菌感染

药名	功用	千克体重用量	使用方法
青霉素	抗菌消炎	1万～4万IU	混合后，肌肉注射，每日2次，连用3～5天
链霉素		20mg	
地塞米松注射液	抗炎抗休克	4～12mg	
磺胺嘧啶钠注射液	抗菌消炎 三选一	100～200mg	肌肉注射，每日1次，连用3～5天
强效阿莫西林		10mg	
环球之星		0.1mL	

2. 中药治疗

处方一：蒲公英、紫花地丁各30g。

【作用】治疗猪链球菌感染。

【用法】按处方配药，水煎拌料喂服，每日2次，连服3天。

处方二：野菊花、忍冬藤、白毛夏枯草各60g，紫花地丁30g，七叶一枝花15g。

【作用】治疗猪链球菌感染。

【用法】按处方配药，水煎取汁，拌料喂服。

处方三：单方钩吻藤。

【作用】治疗败血型猪链球菌感染。

【用法】以去皮干钩吻藤计算，大猪20～30g，中猪10～20g，小猪5～10g，加水煎1～2h，候温灌服，每日2次，连服3天。此药对人畜均有毒性，应慎用。

处方四：金银花、麦冬各15g，连翘、蒲公英、紫花地丁、大黄、豆根、射干、甘草各10g。

【作用】治疗猪链球菌感染。

【用法】按处方配药，煎汤取汁，候温灌服，供体重30kg的猪只服用，每日1～2次，连服3～5剂。

（七）免疫预防与饲养管理

1. 预防

（1）免疫预防

现在常用的疫苗有猪链球菌灭活苗和猪链球菌弱毒疫苗（如ST171）。参考免疫程序：母猪产前14～21天，每头3～5mL，断奶后仔猪每头3mL。另外，可采用本场分离菌灭活制备成自家苗，有较好的预防保护效果。

（2）药物预防

在常发病日龄期提前在饲料或饮水中添加敏感药物，做好预防保健工作。常用药物及混料剂量如下：阿莫西林200×10^{-6}，复方替米先锋800×10^{-6}，复方磺胺类药500×10^{-6}。

2. 加强饲养管理

推行全进全出的饲养模式，做好平时的卫生消毒工作，保持猪舍卫生、干燥、通风。做好猪舍保温工作，降低猪群饲养密度，加强营养，减少应激。

三、猪附红细胞体病

猪附红细胞体病是由附红细胞体附着于红细胞或血浆中，引起猪及牛、羊、犬、猫共患的一种热性溶血性传染病，引发患畜发生黄疸性贫血等症状，又称红皮病。

（一）病原特性

本病的病原体为支原体目边虫科附红细胞体属的猪附红细胞体。本病原过去曾将之编列于立克次体目无浆体科附红细胞体属。该虫寄生于红细胞表面，也可游离在血浆中。附红细胞体具有很强的宿主特异性，不同动物所感染的附红细胞体也不一样。猪的附红细胞体病是由猪附红细胞体和小附红细胞体所引起的。血液涂片经姬姆萨氏法染色后，猪附红细胞体呈淡紫红色，多在红细胞表面单个或成团寄生，呈链状或鳞片状，也有在血浆中呈游离状。其形状多呈环形，也有呈球形、杆状、卵圆形、哑铃形和网球拍形等，直径为0.8～2.5μm；小附红细胞体较小，多呈环形，直径平均为0.5μm。附红细胞体以二分裂或出芽方式进行增殖。电镜下，附红细胞体呈卵圆形的圆盘状，分凹凸两面，以凹面附于红细胞表面。

附红细胞体对干燥和化学药品的抵抗力很低，但耐低温；0.5%石炭酸于37℃经3h可将其杀死；一般常用消毒药在几分钟内即可将之杀灭；但在加15%甘油的血液中，于-79℃条件下可保存80天；长期冷冻可存活数年。

（二）流行特点

不同年龄和品种的猪均有易感性，但仔猪、保育猪，特别是去势后的仔猪，发病率和病死率高。本病多发生于夏季，可能由于猪虱等吸血昆虫传播病原有关。病猪和带虫猪是主要的传染源，主要通过咬斗过程中或饮入含带虫血液的尿液直接传播，或通过媒介蚊、虱、蜱、螨、针头、剪刀、手术刀等媒介间接传播，母猪还可经子宫感染胎儿。当猪群密度过高，卫生较差，皮肤病较严重，或应激过强，都可诱导本病的发生。

（三）临床症状

病猪体温升高，有的高达42℃，皮肤发红、苍白，毛色干枯，缺少光泽，呼吸困难，采食量减少；先便秘，排羊粪状粪便，后腹泻，排黄色水样稀粪，皮肤充血，有针尖大出血点，皮肤黏膜严重黄染。怀孕母猪流产，产死胎、弱仔，哺乳母猪泌乳量下降，断奶母猪不发情，反复发情比例提高。经常可继发其他细菌感染。

（四）病理特征

病理剖检主要见血液稀薄，凝固不良，可视黏膜和皮肤苍白，皮下网膜黄染，严重者全身黏膜、浆膜黄染。肺脏衰竭、黄染、弹性降低，肝脏、脾脏肿大，肝脏黄染，胆汁浓稠，肾脏切面黄疸，心肌衰竭、心包积液，全身淋巴结肿大、苍白，肠黏膜出血。

（五）诊断要点

临床疑似猪附红细胞体时，应采血涂片，瑞氏染色或革兰氏染色，镜检红细胞内的附红细胞体，作进一步诊断。涂片时应注意：①在发热时采集的血液在血膜上会出现明显的微凝血，以血色素正常、红细胞数正常为特征的贫血是本病的特征。②在制备血膜片时必须将血液加温至38℃，否则由于冷凝素的作用红细胞将发生凝集，很难推出一个好血膜，也会使附红细胞体的辨认变得困难。方法是先将载玻片稍稍在火焰上加热，再用血滴推片，或者将血液先放入30℃的抗凝血剂中混合后再用来推片，效果会好一点。

（六）治疗方法

1. 西药治疗

肌肉注射或饲料中投抗菌消炎药，可参考表10-22。

表10-22　西药治疗猪附红细胞体病

药名	功用	千克体重用量	使用方法
长效土霉素	抗菌消炎	0.1mL	混合后，肌肉注射，每日2次，连用3～5天
氨基比林		每头猪3～5mL	
牲血素	补血	1mL	
原虫清	抗菌消炎	$1\,000\times10^{-6}$～$1\,500\times10^{-6}$	全群混料服
泰乐菌素或四环素		$2\,000\times10^{-6}$	

2. 中药治疗

处方：柴胡30g，细辛25g，青蒿、槟榔、常山各20g，桔梗、甘草各15g。

【作用】治疗猪附红细胞体病。

【用法】按处方配药，常山、槟榔先用文火水煎20min再加入余药煎煮20min取汁，候温用胃管投服。每日使用剂量为：种公母猪每头1剂，育肥猪每2头1剂，小猪视体重情况8～12头1剂。若病情严重，每日服药2剂，每剂可合并头煎、二煎，一次投服，连用3～4天。同时结合西药治疗，按每千克体重肌肉注射青霉素G 4万IU防继发感染，每日2次，连用3～5天。

（七）预防与饲养管理

1. 驱虫

驱除动物机体内外寄生虫，特别是疥螨。加强灭蝇、灭虫工作。做好针头、外科器械的消毒工作，最好一窝仔猪使用一套外科器械。

2. 饲养管理

降低饲养密度，减少应激，严禁饲喂发霉变质饲料。

3. 药物保健

做好药物预防保健工作，公、母猪和保育猪饲料中定期按800×10^{-6}添加原虫清，每日1次，连用5～7天。

四、猪丹毒

猪丹毒是猪丹毒丝菌引起猪的一种急性、败血性传染病。临床主要表现为急性败血型和亚急性疹块型，转为慢性的病猪常表现心内膜炎和关节炎。本病多在30日龄至6月龄的架子猪中发生，呈散发或地方性流行，人也能感染。

（一）病原特性

本病的病原体为丹毒杆菌属的红斑丹毒丝菌，俗称丹毒杆菌。本菌为革兰氏染色阳性（紫色）细长的小杆菌，不形成芽孢和荚膜，不能运动。在病料内的细菌常单在、成对或成丛状排列；在慢性病猪的心内膜疣状物上，多呈长丝状。猪丹毒杆菌所形成的菌落依其外形可分为光滑型（S）、粗糙型（R）和中间型（I）3种。其中光滑型是由急性病例所分离的病菌所形成，菌体短小，毒力很强；粗糙型是由慢性或带菌猪分离的病菌形成，菌体大，呈长丝状，毒力很低；中间型则介于以上两者之间。猪丹毒杆菌的血清型很复杂，目前发现的已有29个之多，即1、1a、2、2a、2b、3～24及N型。猪丹毒杆菌的血清型分类，主要与病菌细胞壁上特殊的可溶性肽葡聚糖有关；不同血清型猪丹毒杆菌的抗原结构、免疫原性和致病性均有不同程度的差异。

猪丹毒杆菌对外界环境的抵抗力很强，在盐腌或熏制的肉内能存活3～4个月；在掩埋的尸体内能活7个多月；在土壤内能存活35天；暴露于日光下可存活10天。但对消毒药的抵抗力较低，2%福尔马林、3%来苏儿、1%氢氧化钠、1%漂白粉都能很快将其杀死。

（二）流行特点

本病一年四季都有发生，但以气候暖和的季节多发，多在架子猪中发生，呈散发或地方性流行。病猪、带菌猪和鼠是主要的传染源，通过粪便、尿液、分泌物排出细菌，经消化道、皮肤黏膜伤口或蚊虫叮咬传染给易感猪。环境不良、应激因素和霉菌毒素均可诱导猪丹毒的发生。

（三）临床症状

本病自然感染的潜伏期为3～5天，有时可缩短至24h。因为病猪抵抗力不同，病原对机体的伤害轻重不同，则病症表现也不一样。急性型病猪突然高热不退，可达42～43℃，精神倦怠，食欲废绝，口色鲜红，脉洪数，病猪很快死亡，病死率高；疹块型以在皮肤上出现疹块为主要症状，在全身皮肤表面出现菱形、方形、圆形疹块。慢性型表现四肢关节肿胀，肢蹄步行僵硬、跛行，体瘦气弱，食欲减退，生长缓慢，严重者可发生死亡。

（四）病理特征

全身皮肤充血、出血；淋巴结肿大，切面多汁，呈紫红色；胃和十二指肠充血肿大；肾脏瘀血肿大，呈紫红色，俗称“大红肾”；脾脏呈急性充血肿大；纤维素性关节炎，心内膜形成菜花样赘生物。

（五）诊断要点

根据流行病学、临床症状、病理变化可初步诊断。进行细菌学检查，见到单个或成堆的长丝状菌体，即可确诊。

（六）治疗方法

1. 西药治疗

以抗菌消炎为治则。选药方案可参考表10-23。

表10-23　西药治疗猪丹毒

药名	功用	千克体重用量	使用方法
抗血清	杀病原	1mL	静脉或皮下注射
青霉素	抗菌消炎　三选一	1万～4万IU	肌肉注射
氨苄青霉素		20mg	
链霉素			
20%复方磺胺嘧啶钠		20～40mg	
复方氨基比林	退热止痛	0.5～1mL	

2. 中药治疗

处方一： 川芎30g，栀子25g，荆芥、连翘、木通、青皮各20g，防风、升麻、薄荷、金银花、麻仁、酒大黄、雄黄、贯众各15g。

【作用】治疗无疹块型猪丹毒。

【用法】按处方配药，车前草、蜂蜜为引。煎水取汁，候温内服，每日1剂，分2次服完，连服2～3天。

处方二：麻仁、石膏、麦芽各50g，葶苈子30g，知母、贯众、玄参、天门冬、生大黄、甘草各20g，明矾10g，广桔梗15g。

【作用】治疗疹块型猪丹毒。

【用法】按处方配药，煎水，加蜂蜜调至200mL，供体重35～50kg的猪只服用，每日1剂，分3～4次喂服，连服3～5剂。

处方三：木通50g，金银花、大黄、青皮、枳实各40g，黄芩、黄柏、花粉各35g，连翘、黄莲、僵蚕各30g，栀子25g，明雄20g（另包），甘草15g。

【作用】治疗猪丹毒。

【用法】按处方配药，水煎取汁，候温灌服，供体重35～50kg猪只1天分2～3次服用，每日1剂，连用2～3天。

处方四：枳实、粉葛、栀子、黄芩、花粉、木通、滑石、连翘、黄柏各50g，薄荷20g，川芎、麦芽各15g，铁马鞭10g。

【作用】治疗猪丹毒。

【用法】按处方配药，金银花藤20g为引。煎水取汁，候温灌服，供大猪1天分3～5次服完，连服3～5天。

处方五：大黄、黄芩、黄柏、栀子各40g，金银花、菊花、连翘、知母、花粉、食盐各30g，赤小豆、甘草各10g，黄连6g，苦参24g，井水2.5L。

【作用】治疗猪丹毒。

【用法】按处方配药，加水泡24h煎成药液，浓缩至原药液的2/3，用4层纱布过滤5次装入瓶内，煮沸消毒，冷却备用。皮下注射或肌肉注射。每日1次，大猪每次10mL，中猪每次4～8mL，小猪每次4～6mL，连用3～5天。

（七）免疫预防与饲养管理

1. 免疫预防

加强饲养管理，增强猪抗病力。平时做好疫苗预防注射或用抗血清进行预防。猪丹毒菌苗为冻干苗，用20％氢氧化铝生理盐水稀释，大、小猪一律皮下注射1mL，注苗后7天产生免疫力，免疫期6个月。口服时，每头2mL，服后9天产生免疫力，免疫期6个月。

2. 饲养管理

（1）发病后应早期确诊，隔离病猪，及时治疗。青霉素为首选抗生素，用量为每千克体重1万～4万IU，每日3～5次，肌肉注射。应该指出，经过治疗后体温下降、食欲和精神好转时，仍需继续注射3～5次，巩固疗效，防止复发或转为慢性。

（2）病猪放于清静凉爽猪栏内隔离饲养，喂给易消化饲料，勤给饮水。搞好清洁卫生，圈舍、用具定期消毒。猪场环境及饲养管理用具应进行消毒，猪粪及垫草集中堆肥，发酵腐熟后作肥料用。病死猪或屠宰猪可高温处理，血液、内脏等深埋。屠宰和解剖人员应加强防护工作，免受猪丹毒丝菌感染，如有发病，立即就医。

五、猪痢疾

猪痢疾又称血痢，是由猪痢疾密螺旋体引起猪的一种严重的肠道传染病。特点是大肠黏膜发生卡他性出血性炎症，临床表现为出血性黏液性下痢。

（一）病原特性

本病的原发性病原体为蛇形螺旋体属的猪痢疾蛇形螺旋体，而肠道内其他固有的病原微生物也参与本病的形成。猪痢疾蛇形螺旋体有4～6个弯曲，两端尖锐，呈缓慢旋转的螺丝线状；革兰氏染色呈阴性反应，用苯胺染料或姬姆萨氏染色时着染良好，将组织切片用镀银染色后效果更好。新鲜病料在暗视野显微镜下可见到活泼的蛇形运动或以长轴为中心的旋转运动。在透射电子显微镜下，其形成与细菌不同，胞壁与胞膜之间有7～9条轴丝，此轴丝为蛇形螺旋体的运动器官。用扫描电镜观察，病原的两端较细，钝圆，呈蚯蚓状。猪痢疾蛇形螺旋体为严格的厌氧菌，对培养基的要求十分严格，分离培养较为困难。

猪痢疾蛇形螺旋体对外界环境有较强的抵抗力，在25℃粪便内能存活7天，5℃粪便中能存活61天，在4℃土壤能存活18天；对消毒药的抵抗力不强，一般消毒药如过氧乙酸、来苏儿和氢氧化钠溶液均能迅速将其杀死。

（二）流行特点

本病仅发生于猪，各种品种、年龄的猪均易感，常发生于7～12周龄的仔猪，且日龄小的猪比日龄大的猪发病率和死亡率高。病猪和带菌猪是主要的传染源，通过粪便排出病原，易感猪经口感染。密度过高，寒冷，温度过高，卫生条件太差均是本病的应激因素。

（三）临床症状

本病的潜伏期为7～14天，主要症状为下痢，排黄色、灰色糊状稀粪或带有黏液血色稀粪，体温升高达40～41℃。严重者排出灰白色或血色带有坏死组织碎片的水样稀粪，死亡不多，但病猪生长速度缓慢。

（四）病理特征

本病的典型病变局限于大肠（盲肠、结肠和直肠），而小肠无病变，有病变和无病变的明显界限在回肠和盲肠交界处。大肠壁充血水肿，淋巴滤泡增大呈明显的白色颗粒状，大肠黏膜上覆盖着带血块和纤维素的黏液。病情进一步发展，肠壁水肿减轻，肠黏膜病变加重，表层坏死形成麸皮状或豆腐渣样假膜，肠系膜水肿、充血。

（五）诊断要点

根据流行病学、临床症状和病理变化可初步诊断。确诊可通过实验室镜检，取病猪新鲜粪便或大肠黏膜涂片，用姬姆萨、草酸铵结晶紫或复红染色液染色、镜检，高倍镜下每个视野见3个以上具有3～4个弯曲的较大螺旋体，即可怀疑此病。

（六）治疗方法

病猪及时治疗常有一定效果。痢菌净、硫酸新霉素、林肯霉素、四环素族抗生素等多种抗菌药物都有一定疗效。

1. 西药治疗

治宜消炎、止泻。选药时可参考表10-24。

表10-24 西药治疗猪痢疾

药名	功用	千克体重用量		使用方法
0.5%痢菌净	抗菌消炎	0.5mL		肌肉注射，每日2次，连用3～5天
土霉素碱		100～150g	按每1 000kg饲料用量	混料，连喂3～5天
硫酸新霉素		300g		
泰乐菌素		100g		混料，喂3～10天
林可霉素		100g		混料，连喂3周
四环素		100～120g		混料，连喂3～5天
磺胺脒	抑菌合用	150mg		混合内服，每日2次，连用3～5天
甲氧苄氨嘧啶		30mg		

注：抗菌消炎类药物只选其中1～2种使用。

2. 中药治疗

处方一：当归注射液2支×2mL，黄芪注射液2支×2mL，维生素B_{12}2支×1mL（0.5mg）。

【作用】治疗仔猪慢性痢疾。

【用法】按处方配药，混合后一次颈静脉注射，每日2次，连用3～5天。

处方二：木炭末、山楂炭各30g，石榴皮（烧炭）25g。

【作用】治疗猪肠炎痢疾。

【用法】按处方配药，共粉碎为细末，开水冲服。

处方三：黄柏、苦参、秦皮、诃子、乌梅各20g，黄连、白头翁、甘草各15g。

【作用】治疗猪痢疾。

【用法】按处方配药，煎汤，用胃管投服，每日1次，连服5天。

处方四：白头翁10g，炒槐米、鸦胆子、黄芩、苦参各5g，黄连、黄柏、罂粟壳、马齿苋各3g，甘草2g。

【作用】治疗猪痢疾。

【用法】按处方配药，加温水500mL浸泡24h，煮沸后用纱布过滤，另取大蒜10g捣烂，加白酒30mL，猪每次口服25～50mL，每日2次，连服3～5天。

处方五：乌梅15g，黄连、黄柏、桂枝各10g，蜀椒、党参各8g，附子、当归各9g，细辛、干姜各3g。

【作用】治疗猪痢疾。

【用法】按处方配药，共粉碎为细末，开水冲调，候温供大猪1次服用，每日1次，连服3天。

（七）免疫预防与饲养管理

防止从发病猪场购入带菌种猪，如果引入种猪，必须隔离观察和检疫，健康者方可混群饲养；需要指出，该病治后易复发，须坚持疗程和改善饲养管理相结合，方能收到好的效果；做好猪舍、环境的清洁卫生和消毒工作，处理好粪便；病猪最好淘汰；坚持药物、管理和卫生措施相结合的净化措施，可收到较好的净化效果。

六、猪李氏杆菌病

猪李氏杆菌病是由李氏杆菌引起多种动物和人的共患传染病。在猪主要表现为脑膜脑炎、败血症和流产。

（一）病原特性

猪李氏杆菌病的病原为产单核细胞增多李氏杆菌，革兰氏阳性小杆菌，在血片中常单呈“V”形或“Y”形排列，共有7个血清型，猪常见于1型李氏杆菌。本菌对热的耐受性强，常规巴氏消毒法不能杀灭，65℃条件下经过30～40min才能杀灭，对酸敏感，一般消毒药都易使它灭活。

（二）流行特点

本病多散发，发病率低，死亡率较高，冬、春季多发，气温剧变等因素可促进发病。各种年龄猪均可感染，病猪和带菌猪是主要的传染源，通过消化道、呼吸道、皮肤黏膜伤口感染，仔猪和怀孕母猪最易感。

（三）临床症状

本病的典型症状是脑炎症状，表现兴奋不安、运动失常和做圆圈运动，颈后仰，呈“观星状”，作划水状，口吐白沫，后肢麻痹，不能站立。病程一般1～4天，长者可达7～9天，多以死亡为转归。仔猪发病多产生败血症，体温升高到39.5～40.5℃，先便秘，后腹泻，粪便带血。怀孕母猪流产，产弱仔。

（四）病理特征

败血死亡的仔猪特征性病变是局灶性坏死，在脾脏、淋巴结和脑等组织中也可出现小的坏死灶，肝脏有白色坏死点。有神经症状的病猪可见脑充血、水肿、出血，脑积液增多或有渗出性炎症。淋巴结肿大、坏死，肠黏膜出血。

（五）诊断要点

根据临床症状和病理变化可初步诊断。确诊可通过细菌学检查或细菌分离鉴定。

（六）治疗方法

1. 西药治疗

抗菌消炎，对症治疗，参考表10-25选药制定用药方案。

表10-25　西药治疗猪李氏杆菌病

药名	功用	千克体重用量	使用方法
青霉素	抗菌消炎	1万～4万IU	混合后，肌肉注射，每日2次，连用3～5天
链霉素		20mg	
地塞米松注射液	抗炎抗休克	4～12mg	
安钠咖注射液	强心	0.05～0.1mL	
水合氯醛	镇静	1mg	
磺胺嘧啶钠注射液	抗菌消炎　三选一	100～200mg	肌肉注射，每日1次，连用3～5天
强效阿莫西林		10mg	
庆大霉素		1～2mg	

2. 中药治疗

处方一：芒硝30g，琥珀1.5g，生地黄16g，木通9g，菊花、大黄、栀子、黄芩、茯苓、远志各12g。

【作用】治疗猪李氏杆菌病。

【用法】按处方配药，水煎取汁，候温灌服，供体重30kg以上猪只服用，小猪酌减，每日1剂，连用3～5剂。

处方二：牡丹皮、生地黄、黄芩、栀子各30g，蝉蜕、茯神、远志、赤小豆各15g，天竺黄、钩藤各10g，甘草5g。

【作用】主治猪李氏杆菌病。

【用法】按处方配药，水煎2次，合并药液，体重50kg以上猪分3次灌服，可按病猪大小、体质和精神状态适当增减。加减法：对头嘴着地、眼睛红肿者加菊花、草决明各15g；粪便燥结者加大黄30g，芒硝15g，木通20g；怀孕者加杜仲20g，艾叶10g。

（七）预防与饲养管理

1. 灭鼠驱虫和消毒

做好灭鼠工作，驱除体内外寄生虫。加强消毒卫生工作，做好粪便的消毒，加强营养。

2. 病死猪处理

发病猪应隔离治疗，病死猪要做好无害化处理。

3. 药物保健

全群猪的饲料中按下列剂量添加药物，阿莫西林200×10^{-6}或环球之星预混剂$1\,000\times10^{-6}$，连用3～5天，有较好效果。

七、猪增生性肠炎

猪增生性肠炎是由劳森胞内菌引起的以患猪腹泻和肠黏膜增生性炎症为特征的一种肠道疾病。

（一）病原特性

劳森胞内菌，抵抗力较强，对季铵盐类、碘类消毒剂敏感。

（二）流行特点

病猪和带菌猪是主要的传染源，通过粪便排出病原，易感猪经口感染，白色品种猪只易感性较强。温差变化过大、湿度过高和卫生条件太差均可诱导本病的发生。

（三）临床症状

主要症状以腹泻为主，保育期病猪排黄色、灰色消化不良的稀粪，生长缓慢，消瘦，皮肤苍白。生长猪排出黑色酱油色稀粪或血样稀粪，带有黏液、坏死组织碎片，皮肤苍白、贫血。

（四）病理特征

回肠、结肠肠壁增厚，结肠有胶样渗出，回肠黏膜呈脑回样皱褶，肠腔充满未消化的饲料。肠系膜水肿，严重的肠壁覆盖有一层假膜、溃疡，肠系膜淋巴结肿大、出血。肠黏膜出血，肠管变脆，肠管内容物含有血液。

（五）诊断要点

本病的临床症状不典型，依其做出诊断有困难，因此主要靠病原的分离鉴定和病理剖检来确诊。

（六）治疗方法

参考表10-26制定西药治疗方案。

表10-26　西药治疗猪增生性肠炎

药名	功用	用量	使用方法
泰乐菌素	抗菌消炎	$2\,000\times10^{-6}$	全群发病猪饲料中添加，连用5～7天
原虫清		800×10^{-6}	
土霉素钙		500×10^{-6}	
土霉素片		20～50mg/kg体重	内服，首次加倍，连用3～5天

（七）免疫预防与饲养管理

1. 免疫预防

（1）白猪易感染，引进种猪时要做好预防保健工作。国外已研制出PPE活苗，能获得该疫苗的发病场可口服免疫。

（2）做好药物预防保健工作，全群公、母猪和仔猪断奶后在饲料中添加泰乐菌素2 000×10^{-6}＋原虫清800×10^{-6}，连用5～7天。

2. 饲养管理

推行全进全出的管理模式，加强环境卫生工作，保证猪舍干净、干燥，做好保温工作，减少温差应激。加强消毒，敏感消毒药有复合碘、百毒杀、ClO_2等。

第六节　猪的常发寄生虫病

一、弓形体病

弓形体病是由龚地弓形虫引起的人与多种动物共患的原虫病，又称弓状体病、弓浆虫病和毒浆原虫病。猪常出现急性感染，危害严重。

（一）病原特性

弓形虫的全部生活史分为五个期：滋养体期、包囊期、裂殖体期、配子体期和卵囊期。前二期为无性生殖期，出现于中间宿主和终末宿主体内；后三期为有性生殖期，只出现于终末宿主体内。

游离于宿主细胞外的滋养体通常呈弓形或月牙形，寄生于细胞内的滋养体呈梭形。滋养体的一端锐尖，一端钝圆，核位于虫体的中央或略偏于钝圆端。滋养体主要发现于急性病例，在腹水中，常可见到游离的（细胞外的）单个虫体；在有核细胞内（单核细胞、内皮细胞和淋巴细胞等），还可见到正在繁殖的虫体，其形态不一，有柠檬状、圆形、卵圆形，还有正在出芽的不规则形状等；有时在宿主细胞的胞浆内许多滋养体聚集在一个囊内，称此为假囊，囊内含有数个、数十个或数百个速殖体。在慢性病例，由于宿主的免疫力增强，大部分滋养体和假囊被消灭，仅在脑、骨骼肌和眼内存有部分虫体。这些虫体分泌一些物质，形成包囊，其中含有圆形或椭圆形的虫体，称此囊内的虫体为慢殖体。包囊能在宿主体内长时间寄生，可长达数月或数年以至终生寄生于宿主体内。

猫是弓形虫的终宿主，在猫小肠上皮细胞内进行类似于球虫发育的裂体增殖和配子生殖，最后形成卵囊，随猫粪排出体外，卵囊在外界环境中，经过孢子增殖发育为含有二个孢子囊的感染性卵囊。

弓形虫的各个阶段的抵抗力是不同的，卵囊在常温下可以保持感染力达1～1.5年；一般常用消毒药对卵囊没有影响；混在土壤和尘埃中的卵囊能长期地存活。包囊在冰冻和干燥条件下不易生存，但在4℃时尚能存活68天。包囊还有抵抗胃液的作用，可保护其内的虫体不被胃液杀死。滋养体的抵抗力最差，在生理盐水中几小时后便失去感染力。各种消毒药均能将之致死，1%浓度的来苏儿1min内即可杀死滋养体。

（二）流行特点

弓形虫终末宿主是猫，中间宿主包括45种哺乳动物、70种鸟类和5种冷血动物。当人弓形虫被终末宿主猫吃后，便在肠壁细胞内开始裂殖生殖，其中有一部分虫体经肠系膜淋巴结到达全身，并发育为滋养体和包囊体。另一部分虫体在小肠内进行大量繁殖，最后变为大配子体和小配子体，大配子体产生雌配子，小配子体产生雄配子，雌配子和雄配子结合为合子，合子再发育为卵囊，随猫的粪便排出的卵囊数量很大。当猪或其他动物吃进这些卵囊后，就可引起弓形体病。人也可感染弓形体病，是一种严重的人畜共患病，3月龄左右的猪多见。

（三）临床症状

突然爆发、高热稽留（体温40～42℃）、呼吸困难、咳嗽、腹式呼吸；病猪精神沉郁，结膜发绀，皮肤出现紫红色瘀斑，体表淋巴结特别是腹股沟淋巴结明显肿大，身体下部及耳部出现瘀血斑，或有较大面积发绀；有时出现肠炎及神经症状；怀孕母猪可发生早产或产出发育不全的仔猪或死胎。

（四）病理特征

弓形体病的病理剖检变化主要是肺水肿，肺小叶间质增宽，小叶间质充满半透明胶冻样渗出物，气管和支气管内有大量黏性泡沫，有的并发肺炎；全身淋巴结肿大，切面湿润，有粟粒大灰白色或黄色坏死灶，其中肠系膜淋巴结成束状肿胀；脾脏肿大，呈棕红色；肝脏稍肿，呈灰色，有散在的小点坏死灶。

（五）诊断要点

可采集病猪肺脏、淋巴结或腹水等制成薄片，瑞氏或姬姆萨染色镜检，可检出弓形体（滋养体）；同时采集病猪肺脏、淋巴结或腹水等作1∶10稀释，腹腔接种小白鼠，经10～20天发病，取小白鼠腹水抹片镜检，可发现大量滋养体；在猪只发病初期的高温期，有时在血液中也可发现滋养体。在剖检时取肝脏、脾脏、肺脏和淋巴结等做成抹片，用姬氏或瑞氏液染色，于油镜下可见月牙形或梭形的虫体，核为红色，细胞质为蓝色，即为弓形虫。

（六）治疗方法

1. 西药治疗

抗菌消炎、补充维生素，参考表10-27制定用药方案。

2. 中药治疗

处方一：蟾蜍3～5只（大者2只，小者3只，鲜品、干品均可），苦参、大青叶、连翘各20g，蒲公英、金银花各40g，甘草15g。

【作用】治疗猪弓形体病。

【用法】按处方配药，供体重50kg猪只1次服用，水煎喂服。

表10-27 西药治疗猪弓形体病

药名	功用	千克体重用量	使用方法
磺胺-6-甲氧嘧啶钠	抑菌杀虫	60～80mg	肌肉注射，每日1次，连用3～5次
磺胺甲基异噁唑（SMZ）		100mg	
卡那霉素	抑菌消炎	10～15mg	肌肉注射，每日2次，连用3～5天
增效磺胺-5-甲氧嘧啶	抑菌杀虫	0.2mg	
维生素C	补充维生素	5～10mg	灌服
乙胺嘧啶片	杀虫	25mg	

注：选表中1～2种药物使用。另外用绿豆、大米各500g，水浸泡，用鱼腥草500g、鲜韭菜1kg切碎后与绿豆、大米共捣烂，再加食盐、葡萄糖各200g，供10头仔猪1次服用，加开水约3 000mL冲服，每日2次，连用3天。

处方二：槟榔12g，黄常山20g，柴胡、桔梗、麻黄、甘草各8g。

【作用】治疗猪弓形体病。

【用法】按处方配药，供体重35～45kg猪只1次服用。先用文火煎煮槟榔、黄常山20min，然后将柴胡、桔梗、甘草加入同煎15min，最后加入麻黄煎5min，过滤去渣，灌服。每日2剂，连用3天。

（七）预防与饲养管理

加强饲养管理，猪场严禁养猫，加强饲料和饮水管理。严禁用未经煮熟的屠宰废弃物喂猪，消灭老鼠等啃齿类动物。禁止猫接近猪舍，饲养人员也应避免与猫接触。在疫区应对猪群加强检验，发现病猪应及早隔离治疗或有计划地淘汰，以消除感染来源。一旦发生本病，各种器具用开水消毒，具有较好的效果。对病猪舍、场地用3%氢氧化钠液，或20%石灰乳液，或火焰等进行消毒。病猪场或疫点的猪，可用SMM配合TMP，连用7天进行药物预防。

二、猪蛔虫病

猪蛔虫病是猪蛔虫寄生于猪小肠所引起的一种线虫病。猪普遍感染猪蛔虫，但主要危害仔猪，使仔猪发育不良，甚至形成僵猪，造成死亡。

（一）病原特性

本病的病原体为蛔科的猪蛔虫，该虫为黄白色或淡红色的大型线虫，虫体呈中间较粗，两端较细的圆柱状；体表有横纹，体两侧纵线明显。口位于顶端，有3个唇瓣，内缘具细齿，还有感觉乳突和头感受器。

雌虫长20～35cm，尾端钝圆，肛门位于末端，双管型生殖器，阴门在虫体腹侧中部之前；雄虫长15～31cm，尾弯向腹侧，肛门前后多乳突，单管型生殖器，有1对交合刺。

虫卵多为椭圆形，呈棕黄色，卵壳表面凹凸不平。受精卵大小为45～75μm×35～50μm，内含一个圆形卵细胞；未受精卵较狭长，大小为88～94μm×39～44μm，内为大小不等的卵黄颗粒和空泡。

蛔虫卵对不良的外环境影响和化学药品作用的抵抗力非常强大，这可能与其卵膜厚有直接的关系。例如，虫卵在55℃时，可存活15min；在60～65℃时，还能存活5min；在-20～-70℃时，感染性虫卵仍能存活3周；在疏松湿润的耕地或园土中可以生存2～5年。常用的消毒药也不能将蛔虫卵杀死，例如，在2%福尔马林液中，虫卵不仅可以生存，而且还能正常发育；10%漂白粉溶液、3%克辽林溶液、15%硫酸与硝酸溶液和2%氢氧化钠溶液均不能将虫卵杀死。在5%～10%钾溶液和3%来苏儿溶液中经10h到7天，仅有一部分虫卵死亡。一般要杀死蛔虫卵必须用60℃以上的3%～5%热氢氧化钠溶液、20%～30%热草木灰水或新鲜石灰才有效。

（二）流行特点

本病一年四季均可发生，全世界广泛流行。主要危害3～6月龄仔猪。猪蛔虫卵随粪便排至体外后，在适宜的温度、湿度和充足氧气的环境中发育为含幼虫的感染性虫卵，猪吞食了感染性虫卵而被感染。在小肠内幼虫逸出，钻入肠壁毛细血管；先经门静脉到达肝脏后，再经后腔静脉还流到左心，并通过肺动脉毛细血管进入肺泡。幼虫在肺脏中停留发育，蜕皮生长后，随黏液一起到达咽喉，进入口腔，再次被咽下，从而在小肠内发育为成虫。自吞食感染性虫卵到发育为成虫，需2～2.5个月；猪蛔虫在宿主体内的寄生期限为7～10个月。卫生条件差，猪只拥挤，饲料不足，饲料品质差，缺乏微量元素或维生素时，猪的感染尤为严重。

（三）临床症状

仔猪感染蛔虫病症状明显，主要表现为咳嗽，呼吸和心跳加快，食欲减少，营养不良，消瘦，贫血，被毛粗糙，磨牙，异嗜，有些变为“僵猪”，少数出现全身黄疸。蛔虫数量多时可引起肠阻塞及肠穿孔，或进入胆管时表现为疝痛。有的猪出现阵发性、强直性痉挛和兴奋等神经症状。成年猪一般无明显症状。

（四）病理特征

剖检蛔虫病猪，可见幼虫在猪体内移行时引起损伤的路径，肝组织出血、变性和坏死，常见肝组织致密，肝脏表面有幼虫移行的遗迹、出血点和坏死灶；肺脏出现蛔虫性肺炎；有的病例可见肠中有数量不等的蛔虫。

（五）治疗方法

1. 西药治疗

选择驱杀蛔虫的药物，参考表10-28选药。

2. 中药治疗

处方一：使君子、槟榔、当归、麦芽各200g，百部、苍术、甘草各100g，大黄50g。

表10-28 西药治疗猪蛔虫病

<table>
<tr><th>药名</th><th>功用</th><th>千克体重用量</th><th>使用方法</th></tr>
<tr><td>盐酸左旋咪唑</td><td rowspan="6">驱杀蛔虫</td><td>10mg</td><td>肌内或皮下注射</td></tr>
<tr><td>敌百虫</td><td>100mg</td><td>拌料内服</td></tr>
<tr><td>丙硫咪唑</td><td>10～20mg</td><td>拌料内服</td></tr>
<tr><td>枸橼酸哌嗪片</td><td>10mg</td><td rowspan="2">内服，肝肾病猪慎用</td></tr>
<tr><td>磷酸哌嗪片</td><td>5～10mg</td></tr>
<tr><td>伊维菌素</td><td>0.3mL</td><td>皮下注射</td></tr>
</table>

【作用】治疗猪蛔虫病。

【用法】按处方配药，共研细末，过100目筛2次，分装备用。按每千克体重1次内服0.5g，每日3次，连用2天。

处方二：甘松500g，大黄、贯众各250g，槟榔90g。

【作用】杀虫消积，行气通便，主治猪蛔虫病。

【用法】按处方配药，粉碎为细末，小猪5～6g，加水灌服，日服1次，连服3次。

处方三：百部、苦楝树二层皮各10g。

【作用】治疗猪蛔虫病。

【用法】按处方配药，煎汤，供体重约50kg的猪只服用，候温灌服。

处方四：石榴皮、使君子各15g，乌梅3个，槟榔13g。

【作用】治疗猪蛔虫病。

【用法】按处方配药，煎汤，供体重25kg猪只用，空腹1次灌服。

（六）预防与饲养管理

加强饲养管理，保持栏舍和饮水的清洁卫生，猪粪应经常清扫，集中处理，堆积发酵，利用发酵的温度杀死虫卵。仔猪断奶后驱虫1次，每年春、秋两季分别对猪群作预防性驱虫1次。在规模化猪场应对公猪和母猪作全群驱虫。

三、猪球虫病

猪球虫病是由猪艾美耳球虫所引起的仔猪的一种肠道寄生原虫病。主要危害7～21日龄仔猪，其特征是仔猪腹泻，呈急性或慢性肠炎症状，多呈良性经过；成年猪感染后不出现任何临床症状，成为隐性带虫者。

（一）病原特性

本病的病原体为孢子虫纲真球虫目艾美耳科艾美耳属的猪球虫等。据文献记载，猪球虫不下10种，被完全证实的有6种，都寄生于小肠，均是细胞内寄生虫，其中以蒂氏艾美耳球虫和粗糙艾美耳球虫的致病力最强。猪艾美耳球虫的特点是卵囊内形成4个孢子囊，每个孢子囊内包含2个子孢子。猪艾美耳球虫的生活史，主要经过裂体生殖、配子生殖和孢子生殖3个阶段。裂体生殖和配子生殖是在动物体内进行的，称为内生性发育；孢子生殖是在外界进行的，则称为外生性发育。如果不发生再感染，球虫在其发育过程中，最终作为卵囊而自行消灭。

猪球虫的卵囊随种类不同而有圆形、椭圆形和卵圆形等不同的形状。色泽由黄褐色、淡黄色到无色。囊壁有2层膜，外膜为保护膜，结实，有较大的弹性，化学成分类似角蛋白；内膜是由大配子在发育过程中形成的小颗粒构成的，化学成分属类脂质。原生质呈颗粒状。某些种的卵囊有卵膜孔，有的卵囊内膜突出于卵膜孔外而形成极帽。

（二）流行特点

本病在高密度饲养的条件下比较容易发生，病死率不高，但康复猪多生长不良而成僵猪。成年猪一般不呈现临床症状而成为带虫者。本病一年四季均可发生，以8～10月多发，卫生条件差、拥挤、突然改变饲料等因素易诱发此病发生。

（三）临床症状

常见的临床症状为食欲不振、消瘦、下痢，一般持续4～6天。下痢粪便呈液状或糊状，呈黄白色，偶尔可见血便。重病患畜可能因严重脱水而死亡。

（四）病理特征

剖检病猪可见肠道水肿、充血，卡他性或出血性肠炎，有的表现为坏死性肠炎，尤以空肠和回肠病变明显，肠壁增厚，小肠绒毛萎缩。

（五）治疗方法

1. 西药治疗

选择驱虫药治疗球虫病，参考表10-29选药。

表10-29　西药治疗猪球虫病

药名	功用		千克体重用量	使用方法
氨丙啉	驱杀球虫	三选一	25～65mg	拌料服，每日1次，连用3～5天
磺胺脒			20mg	
氯苯胍			20mg	拌料服，每日1次，连用3～5天。会使肉带异味，慎用

2. 中药治疗

处方：鸭跖草、地锦草、败酱草、旱莲草、翻白草各等份。

【作用】治疗猪球虫病。

【用法】按处方配药，每头猪每次50～100g，水煎灌服，每日1剂，连服3～5剂。

（六）预防与饲养管理

控制本病的主要办法是创造良好的卫生环境和防止母猪排出球虫卵囊造成的危害。

母猪分娩前1周和产后的哺乳期给予氨丙啉作预防保健。加强环境卫生管理，保持猪舍清洁干燥，并经常用5%的氨水进行喷洒。一般消毒药不能杀死卵囊，但蒸气对卵囊有很强的杀灭作用，粪便及时清扫并堆积发酵处理。总的来说，消除环境中的卵囊和避免卵囊污染猪舍是防制本病的关键。

四、猪疥癣病

猪疥癣病俗称猪癞，是由疥螨寄生在猪皮肤内引起以瘙痒、脱毛、皮肤粗糙增厚为主要症状的一种慢性皮肤病。分布很广，几乎所有猪场都有，能引起猪剧痒及皮炎，使猪生长缓慢，降低饲料转化率，因此，防治该病有重要经济意义。

（一）病原特性

本病的病原体为疥螨属的猪疥螨，又称穿孔疥虫。猪疥螨的虫体很小，肉眼不易看见，大小为0.2～0.5mm，呈淡黄色龟状，背面隆起，腹面扁平。躯体可分为两部：前面称为背胸部，有第1和第2对足（这2对足大，超出虫体的边缘，每个足的末端有2个爪和1个吸盘）；后面叫做背腹部，有第3和第4对足（这2对足较小，除有爪外，雌虫的末端只有刚毛；而雄虫的第3对足为刚毛而第4对足则为吸盘）。体背面有细横纹、锥突、圆锥形鳞片和刚毛。假头呈圆形，后方有1对粗短的垂直刚毛。口器位于虫体的前端，为咀嚼型，由1对有齿的螯肢和1对圆锥形的须肢组成。背胸上有一块长方形的胸甲；肛门位于背腹部后端的边缘上。雌虫的生殖孔位于第1对足后支条合并的长杆的后面；雄性的生殖孔在第4对足之间。疥螨的卵为椭圆形，平均为150μm×100μm。

疥螨为不全变态的节肢动物，其全部发育过程都在宿主体内度过，包括卵、幼虫、若虫、成虫4个阶段。当虫体附着于动物皮肤后，利用其口器切开表皮钻入皮肤，挖凿隧道，其深可达皮肤的乳头层，长可达5～15mm。虫体以宿主表皮深层的上皮细胞和组织液为营养。成虫在隧道内生长繁殖，雌虫在其中产卵和孵育幼虫。从卵孵育出幼虫后，经脱皮变为若虫直至发育到性成熟的成虫的整个周期需2～3周，1个雌虫可繁殖150万个后代。一般正在产卵的雌虫寄生于皮肤深层，而幼虫和雄虫寄生于皮肤表层。离开宿主体后，一般仅能存活3周左右。

（二）流行特点

本病多发生于仔猪，病情也较成年猪重。疥螨在仔猪的皮肤内繁殖较在成年猪的快。健康猪与病猪直接接触、共用饲具，以及猪舍阴湿、栏圈不洁、猪体脏污都可使疥螨得以繁殖寄生，均可引起发病。本病多发生于阴湿寒冷的冬季，尤其是在饲养密度大、拥挤和卫生条件不良的猪场发病特别严重。各种年龄、性别、品种的猪只均可发生。疥螨多寄生在猪的耳、眼睑、背和体侧的皮肤内，摄取上皮细胞和淋巴液为营养，破坏上皮细胞并排出排泄物。

（三）临床症状

猪疥癣通常起始于头顶、颊及耳部，以后蔓延到背部、躯干两侧及后肢内侧。患猪局部发痒，常以肢搔痒或就墙角、柱栏等处磨擦。数日后，患部皮肤上出现针头大小的结节，随后形成水泡或脓疮，当水泡及脓疮破溃后结成痂皮。病情严重时体毛脱落。皮肤的角质化程度增强，干枯，出现皱纹或龟裂，食欲减退，生长停滞，逐渐消瘦，甚至死亡，对养猪生产的危害十分严重。幼猪因皮肤较嫩，适合疥螨寄生，发病多而重，有的变成僵猪。

（四）诊断要点

可在病变区的边缘刮取皮屑，要刮得深，直到见血为止。将刮下的皮屑，滴加少量的甘油与水的等量混合液或液体石蜡，放在载玻片上，用低倍镜检查，可发现活动的螨。也可将刮取的皮屑放入试管中，加入5%～10%的氢氧化钠（或氢氧化钾）溶液浸泡2h，或煮沸数分钟，然后离心沉淀，取沉渣镜检虫体。也可将这些沉渣加饱和盐水进行漂浮法检查。最简单的方法是刮取耳道里的虫体镜检，此法检出率高。

（五）治疗方法

用药局部涂抹或喷洒治疗时，为使药物充分接触虫体，宜先用肥皂水或清洁水洗刷患部、清除痂壳和污物。

1. 西药治疗

参考表10-30选择杀螨除癣药。

表10-30　西药治疗猪疥癣病

药名	功用		千克体重用量	使用方法
阿维菌素	杀螨除癣	二选一	0.3mg	颈部皮下注射
伊维菌素			0.3mL	

2. 中药治疗

处方一：蛇床子、白鲜皮、当归、百部各15g，地肤子、紫草、荆芥、狼毒各12g。

【作用】治疗仔猪疥癣病。

【用法】按处方配药，共为细末，另用硫黄20g，冰片12g，棉油或猪油500g，将前8味药放油内炸3min，候温再将硫黄、冰片加入拌匀即可。用时先用温肥皂水洗净，待干后分次将药涂擦患处，每次面积不可过大，以免中毒。

处方二：棉油500g，巴豆、红娘、斑蝥各10g，硫黄末120g。

【作用】治疗猪顽固性蚧螨病。

【用法】按处方配药，棉油微火烧开，放入预先打碎的巴豆、红娘、斑蝥，微火煎3～5min，将巴豆等炸枯，停火20min，待温时再放入硫黄末，搅匀，装瓶备用，将猪患部皮肤用温肥皂水洗净晾干，用上述药油涂抹体表1/4，隔2天后再涂1/4，全身体表分4次涂完。

注意事项：方中各药均为剧毒药，因此调成的药油不能内服，外涂也应慎用。

处方三：硫黄30g，蛇床子12g，大枫子、木鳖子各9g，花椒子25g，五倍子15g，麻油200mL。

【作用】治疗猪疥螨病。

【用法】按处方配药，共粉碎为细末，用麻油调匀涂于患部，直至痊愈。

处方四：硫黄30g，雄黄15g，枯矾45g，花椒、蛇床子各25g。

【作用】杀虫灭疥，主治猪疥癣病。

【用法】按处方配药，共粉碎为细末，油调涂搽患处。使用时注意防止猪互相舔食，以免中毒。

（六）预防与饲养管理

预防着重于加强卫生措施，建立检疫制度，发现病猪及时隔离并加以治疗。在治疗病猪的同时，应用杀螨药彻底消毒猪舍和用具，圈舍可用2%～3%热氢氧化钠液进行消毒，将治疗后的病猪安置到已消过毒的猪舍内饲养。用新鲜辣蓼草或新鲜樟树叶垫栏，可预防或减少本病发生。购买猪只时要仔细检查，先作预防处理，确认无感染后再混入健康群。最有效的方法是定期对全群猪用阿维菌素等药物进行驱虫。

五、猪虱病

猪虱病是由猪血虱寄生于猪的体表而引起的一种体外寄生虫的侵袭病。猪血虱多寄生于猪的耳基部周围、颈部、腹下、四肢内侧；其机械性的运动和毒素的刺激作用，常使病猪瘙痒不安，影响病猪的采食和休息，导致病猪渐进性消瘦和发育不良。本病普遍存在于各种猪场，对养猪业的危害较大。

（一）病原特性

本病的病原体为昆虫纲虱目血虱科血虱属的猪血虱（简称猪虱）。猪虱的个体较大，体长4～5mm，背腹扁平，表皮为革状，呈灰白色或灰黑色。虫体分头、胸、腹三部分。头部较胸部窄，呈圆锥形，有一对短触角，一对高度退化的复眼；口器为刺吸式，有一个短小的吸柱，尖端为口，四周有15～16个口前齿，吸血时用以固着在猪的皮肤上；胸部三节融合，生有3对粗短的足，足的末端为发达的爪，成为握毛的有力工具；腹部由9节组成，雄虱末端圆形，雌虱末端分叉。

猪虱为不全变态，终生不离开猪体，整个发育过程包括卵、若虫和成虫3个阶段。其中，若虫和成虫都以吸食血液为生。雌雄交配后，雄虱死亡，雌虱经2～3天后开始产卵，每昼夜可产1～4个卵，每个虱一生能产50～80个卵。猪虱产卵时，可分泌一种胶状物，使虫卵黏着于猪毛或鬃上，产完卵后死亡。卵呈长椭圆形，黄白色，大小为0.8～1.0mm×0.3mm，有卵盖，上有颗粒状的小突起。卵经9～20天孵出若虫。若虫分3龄，每隔4～6天蜕化1次，经3次蜕化后变为成虫。自卵发育到成虫需30～40天，每年能繁殖6～15个世代。猪虱离开猪体后，通常在1～10天内死亡。猪虱对低温的抵抗力较强，在0～6℃可存活10

天；而对高温和湿热的抵抗力则较低，在35～38℃时经一昼夜即死亡。

（二）流行特点

虱类整个生长发育过程均在宿主体表完成，除吸血液外还能传播疾病，通过健康猪和带虱病猪接触可直接感染，也可通过褥草和用具等间接感染。猪虱繁殖快，又善爬行，一旦有猪感染，可迅速波及全群。

（三）临床症状

猪虱常寄生于猪的腹部、四肢内侧、颈部和耳廓后方，吸食血液影响猪的生长发育。虱在吸食血液的同时分泌唾液，分泌物中含有的毒素能刺激神经末梢引起痒感。故见病猪到处擦痒，导致皮肤粗糙、被毛脱落或皮肤皲裂。严重感染的病猪消瘦、贫血、食欲减退，仔猪发育不良、生长缓慢。

（四）治疗方法

1. 西药治疗

参考表10-31选药治疗猪虱病。

表10-31 西药治疗猪虱病

药名	功用		用量	使用方法
伊维菌素	杀虫灭虱	三选一	0.3mL/kg	颈部皮下注射
0.5%～1%敌百虫水溶液			适量	阳光下喷洒猪体
0.01%～0.05%双甲脒溶液			适量	全身喷洒或涂擦

2. 中药治疗

处方一： 烟叶50g，水1 000mL，煤油50mL。

【作用】治疗猪虱病。

【用法】按处方配药，烟叶加水熬成500mL汁，加入煤油涂擦猪体，每日1次，连用3～5天。

处方二： 单方百部。

【作用】治疗猪虱病。

【用法】用水500mL煎煮30min，取汁涂擦患部。

处方三： 苍术125g，雄黄60g，百部、清油各250g。

【作用】功能杀虫止痒，主治猪虱病。

【用法】按处方配药，百部加水2 000mL，煮沸1h，过滤，加入粉碎或细末的苍术、雄黄，再加清油调匀，每次用适量涂搽患部。

（五）预防与饲养管理

平时加强饲养管理，注意环境卫生，保持猪舍和猪体清洁卫生，猪舍宜清洁干燥。经常检查猪群，发现病原后及时对全群猪只用药物治疗。引进猪只应先隔离灭虱后再合群。对所有用具要沸水浇烫灭虱，烧毁被污染的垫草，周围环境喷洒灭虱药，以杀死可能存在的虫体和虫卵。

第七节　猪的中毒病

一、食盐中毒

（一）病因

食盐中毒的实质是钠离子中毒。食盐中毒与钠离子和体液紊乱有关。食盐是机体维持正常生理活动不可缺少的成分。如果喂量过大，反而引起中毒，有时食入食盐并不过量，但因饮水不足也可引起中毒。猪的食盐摄入量超过每千克体重2.2g，就有引起中毒的危险。发生中毒的原因多是喂酱油渣、臭咸鱼或鱼粉等含盐较多的饲料，或直接食入大量食盐，或配合饲料中的食盐比例过高，盐块混合不均匀等。

（二）临床症状

食盐从胃肠吸收进入血液，经血流运行至五脏、六腑及全身，尤以肝脏受损更甚，正常功能受到影响，肝藏血不足，济心无力，心气不足，“心藏神”功能紊乱，病猪运动失调，步态不稳，旋转，两腿软弱无力，全身颤抖，作游泳状，呼吸急促或困难。严重者呈昏睡状态，最后死亡。肝血不足，视力减退。肝气横逆，不能藏血，又可引起腹泻血便和多器官出血。

（三）病理变化

剖检见胃部黏膜充血、出血，胃底部更严重；肠系膜淋巴结充血、出血；肝脏肿大，质脆；脑充血、水肿。

（四）治疗方法

1. *西药治疗*

猪出现食盐中毒症状后，立即停止饲喂原饲料，多次给予限量新鲜饮水（不要无限制地一次大量饮水，也不要强迫喂水），根据症状轻重缓急采用西药或中药治疗。参考表10-32，结合中草药方剂制定用药方案。

2. *中药治疗*

处方一：5％葡萄糖液100～300mL，甘草50～100g，绿豆250～300g，黄豆750～1 000g。

【作用】治疗猪食盐中毒。

【用法】按处方配药，5%葡萄糖液静脉或腹腔注射；甘草加绿豆煎汤服，或食醋200mL加水适量灌服；黄豆浸泡后磨浆给猪灌服，供体重100kg左右的猪用，仔猪酌减用量。

表10-32　西药治疗猪食盐中毒

药名	功用	每头猪用量	使用方法
10%樟脑磺酸钠	强心	5～10mL	混合后，一次肌肉注射
维生素C		5mL	
维生素B_1	补液	3～4mL	
10%葡萄糖		250mL	混合后静脉注射，每日2次，连用3～5次，见大量尿液排出时停用
速尿	促进排尿	40mL	
2.5%盐酸氯丙嗪	镇静	2mL	天门穴注射，每日1次
0.5%普鲁卡因	局部麻醉	10mL	两侧牙关、锁口穴封闭注射
20%甘露醇	缓解水肿导泻	5mL/kg体重	混合后1次静脉注射
25%硫酸镁		0.5mL/kg体重	
1%硫酸铜	催吐	50～100mL	白糖、硫酸铜内服，山梨醇或50%的高渗葡萄糖静脉注射。氯丙嗪静脉或肌肉注射；安钠咖皮下或肌肉注射
25%山梨醇	缓解脑水肿	50～100mL	
2.5%盐酸氯丙嗪	镇静	3～5mL	
20%安钠咖	强心	2.5～10mL	
白糖	保护肠胃黏膜	150～200g	

处方二：单方食醋300～500mL。

【作用】治疗猪食盐中毒。

【用法】1次灌服。

处方三：绿豆面、白糖各60g，鸡蛋4枚，食醋100mL。

【作用】治疗猪食盐中毒。

【用法】按处方配药，供体重30kg的猪只1次服用，用量需依患猪实际体重酌情加减。用时首先将鲜鸡蛋去壳置容器内，然后加其他“药食”和适量的凉水（加水使“合剂”能通过胃管为宜），再充分搅拌均匀即可应用。症轻尚有食欲者，将“合剂”置食具内让其自食，症重者可使用食管灌服，每隔12h服用1次，一般2次即愈。

处方四：生葛根、天花粉各30g，鲜芦根、绿豆各50g。

【作用】治疗猪食盐中毒。

【用法】按处方配药，煎汤取汁，候温灌服，供体重15kg的一头猪服用。

处方五：生石膏、天花粉各25g，鲜芦根35g，绿豆40g。

【作用】治疗猪食盐中毒。

【用法】按处方配药，煎汤取汁，候温灌服，供体重15kg左右猪只服用。

（五）预防与饲养管理

不要长期或大量喂给含盐量多的饲料，食盐喂量要适当，一般每日每头大猪15g，育肥猪或青年猪8～10g，小猪5～6g。严格执行饲料添加食盐的合理比例和用量，食盐出库需过秤并且有第二人复核，日粮中含盐量一般不要超过0.5%。用含食盐较多的酱渣、咸菜作饲料时，日喂量不可过多，并应配合其他饲料，还必须喂几天间隔几天再喂。发生食盐中毒时，立即停止饲喂含盐高的饲料，并保证随时饮用新鲜水，以补充体内水分，帮助食盐排出，但每次饮水量必须严格控制，不能过多。

二、有机磷制剂中毒

（一）病因

猪误食或偷食喷洒过有机磷农药不久的青绿植物和用有机磷农药浸拌过的作物种子，饮食了被有机磷农药污染的饮水，人为破坏性投毒，或用有机磷喷洒圈舍或猪体表以杀灭蚊蝇和体外寄生虫时剂量过大，毒物进入机体后，有机磷农药和体内胆碱酯酶结合，形成磷酰化胆碱酯酶，失去分解乙酰胆碱的能力，致使体内乙酰胆碱蓄积中毒。

（二）临床症状

食入毒物后，数分钟至数小时即可出现症状，有的可在数分钟内死亡。中毒较轻者表现为全身无力，流泪，吐清水，精神沉郁，肌肉颤抖，食欲减退，体温正常，卧地不起，部分病例经3～5天可自愈。中毒重者表现为呕吐，流涎，磨牙，腹痛，拉稀，眼结膜充血，瞳孔缩小，肌肉颤抖，进而呼吸困难，倒地不起，最后因呼吸麻痹而死亡。

（三）病理变化

剖检见肺脏水肿，肝脏、肾脏肿大，胃黏膜出血，胃内容物有蒜臭味。

（四）诊断要点

用阿托品、碘解磷定实验性治疗有效，则可作出确诊。

（五）治疗方法

1. 西药治疗

经皮肤中毒者（如用药物涂擦皮肤驱虫），治疗时先用清水洗涤皮肤，经口中毒者可用1%硫酸铜50～100mL灌服催吐，并用清水或盐水洗胃，然后立即用解毒药治疗。参考表10-33，结合中草药方剂制定用药方案。

表10-33　西药治疗猪有机磷制剂中毒

药名		功用	千克体重用量	使用方法
12.5%双复磷	三选一	特效解毒	40～60mg	生理盐水溶解后皮下或肌肉注射
4%碘解磷定注射液			20～40mg	缓慢静脉注射，隔3～5h再注1次，剂量减半
1%硫酸阿托品			3～4mg	静脉注射

2. 中药治疗

处方一：绿豆250g，甘草、滑石粉各50g。

【作用】治疗猪有机磷制剂中毒。

【用法】按处方配药，绿豆去壳，与甘草和滑石共粉碎为细末，开水冲调，候温1次灌服。

处方二：绿豆120g，茶叶60g，芒硝30～50g。

【作用】治疗猪有机磷制剂中毒。

【用法】在无解毒药的情况下，可试用茶叶和绿豆进行治疗，煎水灌服，每日2次，连服2天。在使用上述中药前，可先给猪灌服芒硝30～50g导泻（禁用油类泻剂），帮助毒物排出。

（六）预防与饲养管理

保管好有机磷制剂，防止污染饲料和饮水。喷洒过有机磷农药的青绿饲料在6周内不要用来喂猪，或用清水反复泡洗后再用。发生中毒时立即除去致病因素，皮肤接触中毒应用肥皂水或淡的碳酸氢钠溶液洗涤皮肤（敌百虫中毒不宜用碳酸氢钠等碱性药物）。轻度中毒者皮下注射阿托品，重度中毒时阿托品用葡萄糖液稀释，治疗有机磷中毒时阿托品的剂量应比常规用量大3～4倍，但须注意预防阿托品中毒。

三、酒糟中毒

（一）病因

酒糟中毒是猪吃食了含有有毒物质、酒精、霉菌的酒糟发生的中毒。由于酒糟贮存不当或放置过久，发生酸败而产生大量醋酸、乳酸等有机酸，猪吃食了没有其他饲料搭配的这种酒糟，易引起酸中毒。另外，酒糟中还含有一定量的酒精，给猪吃食了酸败变质酒糟，或日粮中酒糟含量过大，有毒物质、酒精、霉菌等刺激胃肠并被吸收，毒素侵害肠胃，进而随循环转运至全身而使猪只发生中毒。

（二）临床症状

酒糟中毒轻者呈消化系统紊乱，食欲减退甚至废绝，先便秘后腹泻。严重时有腹痛表现，气喘，心跳加快，行走摇摆不定，逐渐失去知觉，卧地不起，常有皮疹，最后体温下降，四肢麻痹，昏迷而死。慢性中毒猪表现为消化不良，黄疸，有时出现血尿、皮炎、腹泻。怀孕母猪往往引起流产。

（三）病理变化

肺脏充血、水肿，胃黏膜充血或出血；小肠水肿，肠壁变薄，肠系膜淋巴结肿大、充血；肝脏、肾脏肿胀，心外膜有出血斑。

（四）治疗方法

1. 西药治疗

发生中毒后，立即停喂酒糟，选用青饲料和配合饲料喂猪，并根据症状进行对症治疗，参考表10-34结合中药方剂制定用药方案。

表10-34 西药治疗猪酒糟中毒

药名	功用	用量	使用方法
1%碳酸氢钠	平衡电解质	1 000～2 000mL	1%碳酸氢钠内服或灌肠，葡萄糖生理盐水、安钠咖和5%碳酸钠静脉注射，豆浆口服
5%葡萄糖生理盐水	补液	500mL	
20%安钠咖	强心	5mL	
5%碳酸钠溶液	平衡电解质	100～500mL	
豆浆	保护肠胃黏膜	适量	

2. 中西药结合治疗

处方一：氯丙嗪3mL，维生素C 0.5g，维生素B_6、维生素B_1各100mg，1%碳酸氢钠150～200mL，绿豆1 000g，甘草500g。

【作用】治疗猪酒糟中毒。

【用法】按处方配药，氯丙嗪肌肉注射。维生素C、维生素B_6、维生素B_1混合后肌肉注射，1%碳酸氢钠灌肠30min。绿豆、甘草水煎取汁，候温灌服，每日2次，连用3～5天。

处方二：小苏打5g，白糖100g，葛花500g（或葛根100g），10%安钠咖10mL，10%氯化钙液30～50mL，10%葡萄糖液500mL，5%碳酸氢钠液250～500mL。

【作用】治疗猪急性酒糟中毒。

【用法】按处方配药，葛花煎水，加小苏打、白糖灌服；同时用10%安钠咖、10%氯化钙液、10%葡萄糖液和5%碳酸氢钠液分别静脉注射。

（五）预防与饲养管理

猪发生中毒时立即停喂1天，内服碳酸氢钠和泻剂，给予镇静剂和静脉注射葡萄糖液等对症治疗，多给饮水，水中可加少量食醋。平时精心饲养，严禁喂给发霉变质的酒糟。酒糟最好不要长期堆放，防止发酵霉败。不宜单喂酒糟饲料，新鲜酒糟也不能喂量过多，应合理搭配调制饲料，酒糟在日粮中的含量不要超过30%。对轻度酸败的酒糟，可加入1%～3%的石灰水或小苏打浸泡20～30min以中和酸类，减低毒性，并搭配其他饲料使用。喂前要加热，还必须掌握喂量，猪每日不要超过1.5kg。

四、亚硝酸盐中毒

亚硝酸盐中毒是由于猪吃食了含有亚硝酸盐的饲料，亚硝酸盐进入猪体内被胃肠黏膜吸收到血液中，使血液中的氧基血红蛋白变成不能携带氧的高铁血红蛋白，可使血液失去携氧能力，使猪只因全身缺氧，导致呼吸中枢麻痹，最终窒息死亡，俗称“猪饱潲瘟”或“猪烂菜叶中毒”。

（一）病因

许多饲料作物、蔬菜叶及一些野生植物中含有大量硝酸盐，当存放不当（大堆堆放）、调制不当（如这些饲料蒸煮不透或闷在锅里，蒸煮时不搅拌、不揭盖）或温度在40～60℃放置过久时，硝酸盐在广泛存在于自然界中的硝化菌的作用下可转化为对动物有毒的亚硝酸盐。猪食后可引起中毒，致使窒息死亡。

（二）临床症状

最急性发作常在饲喂15～30min突然不安、立即狂跳而死。急性型患猪腹痛，呼吸急促，脉搏快速细弱，全身发绀，张口伸舌，口吐白沫，频频呕吐，流涎。耳及四肢皮肤发凉，口唇初显白灰色，后变乌紫色。体温正常或偏低。四肢无力，时起时卧，走路摇晃，挣扎鸣叫，乱撞，跳跃，转圈，四肢不断划动。尾端或耳尖放血可流出紫黑色血液，似酱油色，往往来不及治疗就死亡。轻度中毒的猪，呕吐后可慢慢好转。

（三）病理变化

皮肤、耳、肢端和可视黏膜呈蓝紫色，血液凝固不良，似酱油色。胃膨胀，胃底黏膜出血，易脱落。小肠黏膜出血。肺脏膨满，肺气肿明显，伴有肺瘀血、肿大，呈黑紫色，切面瘀血明显；气管、支气管充血、出血，管腔内有红色泡沫样液体。心外膜、心肌有出血点。肝脏肿胀，质脆。

（四）诊断要点

确诊需做硝酸盐和亚硝酸盐毒物化验。

（五）治疗方法

发生中毒后，健壮肥猪因食量大、发病重，往往来不及治疗就死亡。发病轻的猪先剪耳断尾放血，以争取抢救时间，然后再选用下列措施之一救治。

1. 西药治疗

参考表10-35结合中草药方剂制定用药方案。

表10-35　西药治疗猪亚硝酸盐中毒

药名	功用	用量	使用方法
0.02%高锰酸钾溶液	洗胃	适量	灌服高锰酸钾溶液洗胃，鸡蛋清灌服
鸡蛋清	保护胃肠黏膜	3～5个	
10%～25%葡萄糖	补液	300～500mL	静脉注射
维生素C		200～250mg	皮下注射
硫酸阿托品（二选一）	解毒	0.14～0.16mg/kg	静脉注射
1%美蓝（二选一）		1mL/kg	静脉或肌肉注射
10%安钠咖	强心	3～5mL	肌肉注射

2. 中西药结合治疗

处方一：强力解毒敏注射液12mL（每支2mL，含甘草酸铵4mg，氨基乙酸40mg，L-半胱氨基酸盐3mg）。

【作用】治疗猪亚硝酸盐中毒。

【用法】每头猪肌肉注射强力解毒敏注射液，两耳及尾尖放血。

处方二：绿豆200g，食盐60g，小苏打、木炭末各100g。

【作用】治疗猪亚硝酸盐中毒。

【用法】按处方配药，共粉碎为末，加少量水，调匀后1次灌服，每日1剂，连用2天。

处方三：十滴水1支（10mL）。

【作用】治疗猪亚硝酸盐中毒。

【用法】供体重25kg的猪只1次加常水200mL服用，也可肌肉注射10%安钠咖10mL。病猪服药后大约15min，临床症状消失，能自行走动，30min后能采食而愈。

（六）预防与饲养管理

青饲料应鲜喂，这样可保持其原有大量维生素不受损失。不要饲喂长期堆积发热腐烂的青贮料。如要煮料，应迅速煮透揭开锅盖放凉，使其有毒物质蒸发出去，冷却后分放于料缸内，当天喂完。不能将煮后的饲料放在锅内盖锅盖过夜，堆积发热腐烂的蔬菜、瓜藤不能作猪饲料。

五、霉菌毒素中毒

（一）病因

霉菌毒素中毒就是通常所谓猪的“发霉饲料中毒”，霉菌毒素是霉菌在谷物上生长，在谷物的贮存、运输过程中产生毒素，这些毒素能引起组织坏死，使肺脏产生病变，并损害肝脏，甚至发生肝硬化和诱发肝癌。曲霉菌孢子的抵抗力很强，煮沸5min才能杀死。在一般消毒液中经1～3h才能灭活。产生的毒素在环境中也相对稳定，如黄曲霉毒素对温热有很强的抵抗力，一般的蒸煮不易被破坏，只有加热至268～269℃才能被破坏。将发霉的玉米放在自然条件下8年，其中的毒素仍不被破坏。畜禽食入被毒素污染的饲料后可导致急性或慢性中毒。目前已知的霉菌毒素超过350种。对猪危害最大的是玉米赤霉烯酮（F-2毒素）和呕吐毒素（DON）。

（二）临床症状

急性中毒表现为大量猪发病，食欲下降甚至废绝。公、母猪和生长猪发病严重，数天内死亡，病死率高，妊娠母猪大量流产、产死胎，公猪死精、无精。病猪一般都表现体温正常。慢性中毒（最常见），主要表现为母猪发情不正常、假发情、返发情，产死胎和弱仔的比例增加；母猪产仔数明显降低，泌乳量减少。猪群采食量减少，生长速度缓慢。新生仔猪外阴红肿、虚弱，后腿向外翻，呈“八字脚”状。生长猪外阴红肿、脱肛，共济失调，皮肤黄染，被毛粗乱。公猪性欲减退，乳腺肿大，包皮水肿，睾丸萎缩。嘴、耳、四肢内侧和腹侧皮肤出现红斑，严重病例的猪皮肤溃烂、结痂。个别猪呕吐明显。机体免疫功能下降，继发感染明显。

（三）病理变化

肝脏坏死、肿大、黄染、质脆，全身黏膜、浆膜及皮下出血。肺脏可见坏死性霉菌结节、有出血斑。肾脏苍白，皮质变性、出血、黄染。胃黏膜出血、溃疡，淋巴结肿大，可见霉菌结节。肠道卡他性出血性炎症，胸腹腔积液，大脑出血、水肿。

（四）治疗方法

1. 加强管理

目前无有效的解毒药。怀疑猪只中毒时，要停喂发霉变质饲料，更换新鲜饲料，适当提高饲料中维生素类的含量。

2. 对症治疗

选用具有保肝、洗胃、轻泻作用的药物对症治疗。饮水中添加大量葡萄糖和适量的维生素C。用0.1%高锰酸钾和30×10^{-6}的硫酸钠饮水。饲料中添加敏感抗生素，防止继发感染。

第八节　猪的常见普通病

一、便秘

便秘是由于粪便燥结，变干变硬，停而不动，排出困难，蓄积于肠腔内，粪屁不排，障碍气机，腑气不通，使肠腔完全堵塞的一种肠道病。各种年龄的猪均会发生，但以小猪多发，便秘部位多见于结肠。

（一）病因

主要是空肠急食饲料，料后又饮冷水，水冲谷料积聚于结肠或直肠而成结症。或长期饲喂粗硬坚韧不易消化或含粗纤维过多的饲料，如红薯藤、花生藤、豆秸等劣质饲料，不易腐熟运化，停滞肠内而成结症。或饲喂精料过多、突然变换饲料、饮水不足和缺乏适当的运动。亦见于妊娠后期或分娩不久伴有肠道弛缓的母猪。或继发于某些热性病、慢性胃肠炎及肠道传染病和寄生虫病。

（二）临床症状

发生便秘时，病猪精神沉郁，采食减少，饮水增加，腹围逐渐增大，呼吸增数。腹痛呻吟，起卧不安，回头观腹。弓腰努责，摇头摆尾，起而复卧，卧而又起，起后疾走，肚腹胀大，常后肢张开，呈排粪姿势，但不见粪便排出，排粪困难，病初只排出少量干硬附有黏液的小粪球。腹部听诊肠音减弱或消失。小猪或瘦弱的病猪腹壁容易触诊到便秘的肠管或坚硬的粪球，按压时，病猪表现疼痛不安。严重便秘时直肠可充满大量粪球，压迫膀胱颈导致膀胱麻痹、尿潴留或尿闭。若无并发症体温一般正常。继发于热性病的常伴有原发病的症状。

（三）治疗方法

1. 西药治疗

西药治疗猪便秘可参考表10-36制定用药方案。

表10-36　西药治疗猪便秘

药名	功用	用量	用法
硫酸镁	通肠导滞	30～80g	口服
石蜡油		50～200mL	
甲基硫酸新斯的明	促进肠蠕动	3～5mg	皮下注射
20%安乃近	止痛	3～5mL	肌肉注射
10%安钠咖	强心	3～10mL	皮下或肌肉注射
10%氯化钾注射液	调节水盐代谢	5～10mL	交巢穴注射，每日1次，连用2天

2. 中药治疗

治疗时应区别寒热虚实，多以通肠导滞为治则。

处方一：熟地黄、滑石各18g，天门冬20g，天花粉、元参各15g，麻仁30g，蜂蜜50g。

【作用】补血滋阴，润肠通便，治疗猪便秘。

【用法】按处方配药，水煎取汁，候温内服，每日1剂，连用3～5剂。

处方二：柴胡、党参、大枣各35g，黄芩、生姜各25g，半夏100g，甘草15g。

【作用】治疗母猪产后大便难。

【用法】按处方配药，水煎，候温服，日服3次，连服2剂。

处方三：虎杖、芒硝各25g，大黄、枳实各20g，厚朴15g，贯众10g。

【作用】治疗猪便秘不食。

【用法】按处方配药，研末，沸水冲，灌服。

处方四：虎杖150g，乌桕根50g。

【作用】治疗猪便秘。

【用法】按处方配药，水煎服。

处方五：白术90～150g，生地黄30～60g，升麻3～9g。

【作用】治疗猪泻后便秘。

【用法】按处方配药，水煎取汁灌服，日服1剂。

处方六：石膏30g，芒硝24g，当归、大黄各12g，黄芩、金银花、枳壳、连翘各9g，炒麻仁18g，木通6g。

【作用】清热通便，治疗猪大便燥结。

【用法】按处方配药，水煎取汁，缓慢灌服。

（四）预防与饲养管理

日常喂养中要注意合理搭配青、粗、精饲料，定时定量，每日保证足够的清洁饮水和适当的圈外运动，给予适当的食盐，多给多汁青绿饲料。病猪停喂干饲料，只喂多汁饲料，多给饮水。治愈后，不要急于饲喂，可适当饮以温水，逐渐喂以流质食物，慢慢过渡到正常的饲喂方法。

二、直肠脱

直肠脱又叫脱肛，是直肠末端甚至直肠前部连同部分直肠脱出肛门之外而不能自行缩回的一种病证。

（一）病因

多发生于仔猪或瘦弱的成年猪。脾胃是“后天之本”，脾胃健运，则五脏安和而无疾。若饲养管理不善，皆能损伤脾气，导致中气下陷而脱垂。气血化生不足导致长时间下痢、便秘，气虚不能上升，或病后瘦弱、病理性分娩、刺激药灌肠后强力努责、腹压增高、维生素缺乏以及突然改变饲料等因素诱发。

（二）临床症状

严重时并发肠套叠或直肠疝。在某些因素的诱发下可发生直肠韧带松弛，直肠下层组织和肛门括约肌松弛和机能不全。直肠全层肠壁脱垂是由于直肠发育不全、萎缩或神经营养不良、松弛无力、不能保持直肠的正常位置。

（三）治疗方法

1. 西药治疗

654-2又名盐酸山莨菪碱注射液，有明显的解除平滑肌痉挛、止痛和消肿等作用，类似于阿托品，但毒副作用较小。患猪站立保定，用温水洗净脱出的直肠和肛门，然后用自制口径与直肠相近的薄塑料袋套在直肠上，另用一条细胶管（如自行车气门芯胶管）伸入袋中注入654-2 10～20mL（5mg/mL），并轻柔直肠，待脱肠开始收缩时轻送回腹腔内。整个治疗过程15min左右。

2. 中药治疗

处方一：黄芪、白术、生地黄、柴胡、陈皮、当归各8g，党参、升麻各6g，甘草3g。

【作用】治疗猪直肠脱。

【用法】按处方配药，共为细末，日服2次，连喂2剂。

处方二：柴胡40g，麻仁、郁李仁、生地黄、陈皮、黄芩、木通各30g，黄芪、枳实各25g，厚朴、芒硝、当归、升麻、通草、白芍各20g，川芎15g，甘草10g。

【作用】治疗猪直肠脱。

【用法】按处方配药，水煎服。

处方三：升麻30g，党参、黄芪各25g，当归、陈皮、柴胡、白术各20g，香附15g，红花、乳香、没药各10g，甘草5g。

【作用】治疗猪直肠脱。

【用法】按处方配药，水煎服，隔日1剂。

处方四：甲鱼头1份，枯矾3份。

【作用】治疗猪直肠脱。

【用法】按处方配药，将甲鱼头瓦上焙黄研末，与枯矾按3∶1比例混匀研末，装瓶备用。直肠整复时撒布适量药末后送入肛门。

处方五：田螺5～7个。

【作用】治疗猪直肠脱。

【用法】按处方配药，将田螺洗净，放入热水中去壳取肉，加冰片20g拌成肉泥，涂抹在脱出的直肠上，每日3～5次，2天可愈，随用随取。

（四）预防与饲养管理

加强护理，改善饲养管理。痊愈后不宜做剧烈运动，冷天关在温暖栏舍中。平时加强饲养管理，及时治疗胃肠病和寄生虫病。体弱猪要加强饲养，促其复壮。

三、疝气

疝气是腹腔内的器官漏至皮下或邻近腔道。

（一）病因

由于近亲繁殖等先天因素，或外伤、手术处理不当等后天因素引起腹腔内的器官（主要为肠管），经腹壁天然或意外发生的孔口，漏至皮下或邻近腔道称为疝气。

（二）临床症状

患猪主要表现为患部膨隆突起，触诊内容物柔软。没有粘连时，使猪适当体位，疝囊中的肠管可缩回腹腔。如果肠管与囊壁粘连，则不能缩回腹腔。如果疝囊内肠管阻塞或坏死，则病猪不安，厌气，呕吐，排粪较少，并继发肠鼓气，常可导致死亡。

（三）治疗方法

处方：吴茱萸15g，小茴香、川楝子、海藻、木瓜各10g，三棱、莪术各8g，荔枝（去壳）7个，甘草6g。

【作用】治疗猪疝气。

【用法】按处方配药，煎水服用。

（四）预防与饲养管理

加强护理，改善饲养管理。痊愈后不宜做剧烈运动，冷天关在温暖栏舍中。平时加强饲养管理，及时治疗胃肠病和寄生虫病。体弱猪要加强饲养，补中益气，升阳举陷，促其复壮。

四、生产瘫痪

生产瘫痪是母猪产后突然发生的一种严重的代谢性疾病，母猪突发四肢麻痹，行走困难，重者导致站立不起（瘫痪）。多在产后3～5天发生，有的在产后数小时开始。

（一）病因

主要原因是母猪在产前或产仔后消耗大量营养物质和能量，很容易由于饲料单一，造成某些矿物质、维生素的缺乏以及钙、磷比例失调；分娩时失血过多，造成气血双亏，肝血不足；或因血不养筋，以致出现筋脉拘急或四肢腰胯麻痹等证。另外，母猪产前、产后运动不足，栏舍狭小，长期睡卧或因胎儿过多，后躯压力过大，损伤神经，引起局部麻痹而瘫痪。母猪长期睡卧在阴暗潮湿栏舍，加之贼风侵袭等诱因干扰，还可发生风湿性瘫痪。

（二）临床症状

生产瘫痪病猪表现为咀嚼缓慢，喜卧厌动，骨骼变形，以肋骨和肋软骨结合部呈串珠状最为典型。麻痹型病猪腰部僵硬，针刺局部肌肉反射迟钝或无反应。风湿型病猪肌肉紧张，全身发颤，下肢关节部有热、痛、肿胀表现。

（三）治疗方法

1. 西药治疗

参考表10-37，选择其中1～2种清理胃肠药物配合其他药物制定用药方案。

表10-37 西药治疗母猪生产瘫痪

药名	功用	用量	使用方法
10%葡萄糖酸钙	补钙 二选一	50～150mL	静脉注射，药液不要漏至皮下，必要时可重复应用，但以3次为限
10%氯化钙		20～30mL	
5%葡萄糖氯化钠	补液	1 000mL	混合后稍加温，1次静脉滴注
维生素C		5mL	
20%安钠咖	强心	5～10mL	
硫酸镁（或硫酸钠）	清理肠胃，恢复胃肠机能	20g	用硫酸镁（或硫酸钠）、人工盐、大黄苏打片，加温水500mL，混匀后喂服。口服健胃酊20mL。肌肉注射新斯的明和维生素B_1注射液，还可给病猪灌肠
人工盐		30g	
大黄苏打片		10g	
健胃酊		20mL	
新斯的明		3～4mL	
维生素B_1注射液		4～6mL	
维丁胶性钙	补钙促进吸收	2万IU（4mL）	混合后肌肉注射，每日2次，连用1周
维生素B_{12}		5mL	
地塞米松磷酸钠	抗炎抗休克	20～50mL	静脉注射

2. 中药治疗

处方一：党参、防风各60g，麻黄、桂枝、杏仁、川芎、芍药、防己、生姜各50g，附子、黄芩、甘草各40g。

【作用】治疗母猪产后风湿性瘫痪。

【用法】按处方配药，水煎灌服。

处方二：白砒1g。

【作用】治疗母猪生产瘫痪。

【用法】按处方配药，拌入饲料喂，75kg体重、中等体况猪只日服1剂，5～6天为1个疗程，3～5个疗程治愈。

处方三：威灵仙20g，独活、当归、防己、防风各15g，木瓜、川牛膝各12g，红花、黄芪、白芍、甘草各10g。

【作用】治疗母猪生产瘫痪。

【用法】按处方配药，水煎取汁，候温胃管1次投服，每日1次，连用3～5天。腰脊疼痛者加杜仲、巴戟天。病久者也可加杜仲。

处方四：当归40g，白芍30g，桂枝20g，细辛、木通各15g，甘草8g，红枣5个为引。

【作用】治疗母猪产后血虚气滞瘫痪。

【用法】按处方配药，水煎取汁，候温灌服。

处方五：当归50g，独活、熟地黄、杜仲、党参、桂枝、秦艽、防风各40g，白芍、桑寄生、川芎各30g，牛膝、茯苓各25g，细辛15g，甘草10g。

【作用】治疗母猪风湿疯瘫。

【用法】按处方配药，共为末，每日2次分服，隔日1剂。

处方六：夏天无注射液（每支2mL，含原阿片碱1mg）5～10支。

【作用】治疗母猪虚寒疯瘫。

【用法】按处方配药，肌肉注射，每日2次。

（四）预防与饲养管理

加强对母猪的饲养，母猪栏应阳光充足、通风和干燥，注意供给充足新鲜多汁的饲料，适当补充矿物质和微量元素。病猪躺卧期间要单独关在暖舍，厚垫软草、勤翻身防止发生褥疮。也可用草揉擦患猪的后肢及腰部或涂擦10%樟脑酒精，促进血液循环，帮助恢复机能。

第十一章

猪场经营管理

第一节　猪场经营管理的概念与原则

养猪业在我国畜牧业生产中占有重要地位，猪肉在我国肉类总产量中占90%以上，是我国肉食消费中的支柱。随着经济的发展，传统养猪业正在向现代化生产迈进，生产规模不断扩大，技术水平日益提高，专业化、商品化程度越来越高。养猪生产已从单纯的副业型生产转变成商品生产，引进了市场竞争机制，现代化养猪已不仅仅是生产活动，同时还包括肉品的加工和市场销售。因此养猪不再只是资金和技术的投入，同时更存在经营上的风险。作为经营者除了要重视养猪技术，还要求其具有经营管理的基本知识，这样才能利用有限的资源，获得较大的经济效益，达到扩大再生产并增加收益的目的。

猪场的经营管理，是指全体猪场职工在场长领导下，为实现一定的经营目标，以市场信息为基础，采用现代化管理技术等手段，对猪场的生产、销售、劳动报酬、内部经济核算等活动进行计划、组织和控制。在生产过程中搞好劳动协作，按照自然规律和经济规律，充分高效地利用人力、物力、财力，实行严格的经济核算，以达到优质、高产和低成本。

在养猪生产中，要做到对本场的整个生产过程进行认真观察、综合分析和判断，随时掌握市场动态，同时根据所了解的情况对生产过程中的经营活动给以监督、限制、约束、诱导和促进，使经营活动按既定的目标顺利进行，力求做到科学的经营管理。

第二节　猪 群 管 理

猪群是猪场的基本生产资料，是劳动对象和劳动产品。所以，猪群管理尤为重要，包括组成合理的猪群结构和建立高产种猪群。

一、组成合理的猪群结构

猪群是由种猪、后备猪和育肥猪三大部分组成，合理的猪群结构是指这些部分在群内比例适当，达到较少的饲养头数提供尽可能多的商品猪。详见第一章第二节相关内容。

二、建立高产种猪群

要在猪场建立高产种猪群，首先是精选良种，其次是建立高繁殖力核心母猪群。各猪场应根据实际情况，选用生长速度、饲料利用率、瘦肉率、肉质等性状优良的品种（系）及其相应的配套杂交组合的肉猪。详见第六章第五节猪的杂交繁育体系相关内容。

第三节　猪场计划与劳动管理

一、猪场的计划管理

良好的计划是良好管理的开始。只有实行计划管理，才能使各项生产有条不紊地进行，使人力、物力、财力得到充分合理的使用，保证生产任务的顺利完成，以取得最佳的经济效益。猪场的计划管理是通过编制计划、执行计划及执行计划情况的分析来实现的。猪场计划又可分长远计划、年度计划、阶段性计划。各计划间相互联系、相互补充，形成一个良好的体系，以考察最终的经营效果。

（一）长远计划

长远计划又称远景规划，是猪场3～5年或更长时间的发展纲要和年度计划安排的依据，对猪场的发展具有方向性的指导作用。但因计划的时间长，又受主、客观因素的影响，不可能制定得详细而具体。

长远计划的内容包括：发展方向与任务、生产建设规模与速度、自然资源的开发与利用、产品的产量与产值、投入产出比与经济效益的估算、职工人员的培训与科技水平的提高等。长远计划不是一成不变的，而是要根据市场需要和经营情况，通过年度计划来调整落实，以适应经济形势的变化。

（二）年度计划

年度计划是计划管理的主要环节，是长期计划的具体化。它是猪场最基本的生产经营活动，是在总结上一年度生产活动的基础上制定的，是指导当年生产经营活动的总体方案。年度计划应符合猪场的生产能力和市场需求情况，其内容包括：配种分娩计划、猪群周转计划、饲料供应计划及卫生防疫计划等。

1. 配种分娩计划

本计划应阐明计划年度内全场所有繁殖母猪每月（周）的配种、分娩、仔猪的断奶及商品猪的出售头数。它是各项生产计划的基础，是猪群周转与生产指标考核的依据。编制该计划，必须掌握年初的猪群结构、上年度末母猪妊娠情况、母猪分娩方式（长年分娩与季节分娩）、母猪预计淘汰数量与时间及母猪分娩胎数等有关资料。同时还应考虑猪场所处的地理环境条件，圈舍设备，饲料管理水平，饲料供应状况。小规模猪场与饲养条件较差的养猪个体经营者，应尽可能避开最冷与最热季节产仔，以有利于母猪安全分娩、仔猪存活和生长发育。

2. 猪群周转计划

这是确定猪场各类猪群的头数，猪群增减变化以及年终保持合理猪群结构的重要技术指导性计划。该计划的编制，必须掌握各类猪群的年龄、性别、体重及其在群体中所占的比例，配种分娩计划内每月（周）仔猪出生头数与断奶成活率，猪只销售与购入的头数与时间，种猪淘汰和后备猪的补充头数、日期和办法，猪群内部周转头数等。依据猪群周转计划，可进一步制定产品生产计划、基本建设计划、物资供应计划、劳动工资计划、饲料需求计划、种猪推广和肥猪销售计划以及人才培训计划等。通过猪群周转计划的实施，可以看出猪场任务完成情况、生产经营水平、饲料供应、物资使用及产品销售情况等。

3. 饲料供应计划

猪生长发育需要的营养物质主要来源于饲料，猪的各种产品实质上就是饲料的转化物，猪群质量和各种产品质量受饲料的影响很大。所以，饲料是养猪生产的物质基础，是养猪年度计划中最重要的计划之一。根据饲料消耗指标和各类猪的计划饲养量，计算饲料供应量。根据生产计划，确定所需的饲料品种和饲料消耗定额，编制年度、季度和每月的饲料需求计划。另外饲料供应计划应考虑一定的库存饲料量，一般在总需要量的基础上增加10%～15%的储备量，作为库存饲料量。本场设有饲料加工车间的，要分别采购蛋白原料、能量原料、预混料和各种添加剂等；如本场没有饲料加工车间的，由采购员向饲料公司订购。各饲养阶段要经常向饲料加工人员或饲料采购人员通报饲料需求变化情况。技术员要经常检查饲料配方中各种营养成分的含量，考察各种配方的饲喂效果，发现问题及时调整。饲料供应计划中安排了一定数量的库存量，可防止因饲料供应中断而影响整个生产计划的实施。另外，饲料容易霉变，故各种原料的库存时间不宜过长。

4. 卫生防疫计划

该计划是根据卫生防疫要求和生产工艺流程，由防疫员制定的。其主要内容有：防疫对象、防疫时间、防疫药品和数量等。防疫的对象是影响猪体健康的疾病。防疫时间分定时和不定时两种。定时防疫为每年春、秋两次全场性防疫；不定时防疫是指随猪只日龄增长和猪群的调动，在日粮中添加不同的抗生素和注射各种疫苗。消毒药液要定时更新，工作服应定时熏蒸。卫生防疫计划需要在各饲养段的饲养员配合下，由防疫员组织实施。

（三）阶段性计划

此计划是年度生产任务在各时期的具体安排，可按季或月来编制。编制方法同年度计划基本相同，只是内容更具体，指标更准确。计划制定后，即可按部就班地进行生产。通过定期检查，促进阶段性计划的完成。

计划管理的内容很多，除上述计划外，还应制定产品成本计划等。通过计划的实施，可以看出猪场任务完成的情况、生产经营的水平、饲料供求是否平衡、产品销售状况等等。

二、猪场的劳动管理

猪场的劳动管理是整个猪场管理工作的重要组成部分。其目的在于提高现有劳动力的利用率和劳动生产率，增加养猪的经济效益。劳动管理主要包括劳动组织、劳动定额、经济承包责任制和劳动管理制度等。

（一）劳动组织

猪场的劳动组织是根据猪场的各项工作性质，分成不同的专业组，再按各工种的需要，确定各项工作所需配备的人数和明确每个人员的任务及每个组的任务，使之相互协作，以达到充分合理地利用劳动力，贯彻生产责任制，达到不断提高劳动生产率的目的。一般是根据猪群的大小、劳动力的多少及机械化程度来决定组或队的大小。为了加强生产责任制和迅速提高每一个饲养人员的水平，应采取定人、定猪、定产量、定物耗等办法，一经派定，不应随意更换，这样便于饲养人员摸清每一头猪的特性，采取相应的饲养管理措施。

（二）劳动定额

劳动定额是合理组织劳动力，计算劳动报酬的依据。养猪场职工劳动定额是指一个中等水平的劳动力，在该场现有生产设备、组织条件下，按照规定的质量要求积极工作，能够饲养管理猪只的数量。

各个猪场的生产条件和具体情况不同，所以劳动定额很难作统一的规定。总的原则是，制定劳动定额时，必须依据以往的经验和目前的生产技术条件，以一个中等水平的劳动力所能达到的数量和质量为标准。如劳动定额过高，多数人达不到，将会挫伤职工的劳动积极性，定额失去意义；劳动定额过低，不利于发挥职工的积极性，并会造成劳动力的浪费，定额也就失去了先进性。

劳动定额应包括数量和质量两个方面，如制定饲养育肥猪劳动定额，既要明确规定每个人的固定饲养头数，又要有饲养期平均日增重和全期总增重、饲料报酬率和死亡率等指标。制定哺乳母猪的劳动定额时，不但要明确每个饲养员的饲养头数，还应规定母猪的产仔率和仔猪初生重、断奶重、断奶成活率及母猪和仔猪的饲养成本等指标。各种劳动定额应简单明了，便于应用，且应保持彼此之间的平衡。在实行承包的情况下，劳动定额仍然有其必要性，可以根据劳动定额来确定承包人完成承包任务的可能性。

（三）经济承包责任制

经济承包责任制是以提高经济效益为目的，把经济责任、经济权利和经济利益相结合，正确处理国家、企业和职工三者经济利益关系为特征的综合性经营管理制度。它以经济责任为核心，以责任定权利、定利益，在加强管理、贯彻按劳分配的原则、生产组织的合理化、发扬民主管理、调动职工积极性等方面发挥了很大作用，是符合现阶段生产力发展水平的一项管理制度。养猪业实行经济承包责任制是农村规模猪场实行工厂化养猪，抓好牲猪饲养管理的重要措施。建立经济承包责任制，实行人猪固定，明确规定职责范围和经济责任，不仅可克服岗位不定、职责不清及生产无人负责的现象，还能够做到工作有要求，行动有准则，从而能够加强饲养人员的责任心，促进他们改进饲养管理工作，不断提高牲猪生产水平。

经济承包责任制的内容有两个方面：一是规定了承包者的责任，二是赋予承包者必要的权力。各猪场的经济承包责任制虽各不相同，但大体可归纳为生产任务、劳动耗费和奖惩制度，通常概括为定、包、奖三个方面。“定”就是定饲养任务、繁殖任务或上交的牲猪数量等；“包”就是包饲养费用，包一定的收入，可按照上年或前几年各类猪的单头物质消耗定额的平均水平和统一价格计算出各类猪全年的饲料、医药、水电、房舍折旧等费用，再加上管理费，一并包给承包者，实行超支不补、节约归己的办法，以促使承包者不断降低生产成本；“奖”即奖赔制度，要求承包者对生产任务和劳动耗费的限额负责，奖赔是否适当，主要决定于承包指标定得是否合理。为使承包者更好履行责任，经济承包责任制要给承包者一定的权力，以利于充分发挥承包者的生产主动性和积极性，发挥因地制宜的灵活性，更好地完成承包任务。猪场的经济承包责任制的形式多种多样，但其实质内容都是责任、权力、利益三方面的统一，缺一不可。

猪场究竟应该采用哪种形式的经济承包责任制，这要取决于本场实际情况和工作需要，以有利于生产的组织和调动职工的积极性，有利于巩固壮大集体经济的原则而定。但要注意，不能只规定经济指标，还应注意技术指标，这样可促使饲养人员注意提高生产技术，使养猪的整体水平不断提高。

（四）劳动管理制度

劳动管理制度是合理组织生产力的重要手段，也是正确处理人们在劳动过程中相互关系的准则。劳动管理制度主要包括考勤制度、劳动纪律、生产责任制度、劳动保护制度、技术培训制度等。在实行经济承包责任制后要随时教育所有的生产人员严格遵守技术操作规程，保证工作质量，要爱护猪场财物，要有职业道德，热爱养猪工作，把猪养好。

第四节　猪场经济效益分析

猪场的经济效益分析是指对养猪生产过程中的劳力、物质消耗与劳动成果，通过记账、算账和用账进行独立的记载、计算和对比活动。一个猪场要达到以最少的劳力和物质消耗，生产出最多、最好的产品，取得最大的经济效益，必须建立和健全财务制度和经济核算制度，这是提高猪场管理水平、促进商品生产发展的重要工具。

一、猪场财务管理与经济效益核算

（一）财务管理

财务管理是对猪场资金、物资、成本、利润进行综合管理，促使猪场尽可能做到低投入、高产出，获得高额利润。财务管理主要通过记账来管理固定资金和流动资金，并根据账目编制投入产出计划。

1. 设账的主要科目

目前，养猪户都以各种办法进行经济核算，但由于文化程度和掌握会计知识的不同而有各种不同形式：有的不设账目，以票证代账，或只记流水账。这些方式的弊病，是不分类，不易汇总，难以分析，不能准确核算。所以，财务管理应包括：凭证的整理、记账、算账、保存、分析等内容和步骤，它是严密的科学的记载，具有连续、系统、全面和综合的特点，是经营活动的真实记录。账簿中所反映的情况和变化，可以指明改善经营的方向，可以及时无误地找到生产经营中的问题，提高管理能力。

根据养猪户的经济活动，其会计科目大体内容可归类为固定资产、原材料和销售等。

固定资产，一般分为生产用与非生产用固定资产。前者包括：畜舍、仓库等建筑物，拖拉机、水电设备、种畜、农具等，即直接参加或服务于生产经营的固定资产。后者指不直接用于生产或其他经营活动的固定资产，如住房等。

原材料，是指能生产肉猪、仔猪或其他副产品的各种原料和材料。如饲料等主要原料，疫苗、药品等辅助材料，还有燃料、维修材料、各种装物的器具、低值易耗的生产工具等。

销售，包括销售收入、销售成本等。

本着从实际出发的原则，养猪户的账户可按表11-1设置主要科目。

表11-1　养猪场账户的主要科目

收入类	支出类	结存类
仔猪收入 肉猪收入 粪肥收入 固定资产收入 折旧收入 其他收入 贷款 暂收款	饲料支出 仔猪支出 死亡支出 医疗费支出 配种支出 人工支出 用具支出 运费支出 税金支出 暂付款 集体提成 其他支出	银行存款 现金 固定资产 库存 其他物资

2. 账户的主要分类

账户是日常核算的工具，它是反映生产经营活动的资金运用、物资消耗、财产变动等情况的分门别类的连续记录。按用途一般可分为总账户（总账）和明细账户（明细账）两类。

总账是反映养猪全部生产经营活动，以货币为计量单位的总括归类登记的账簿。它汇总记账凭证进行定期登记，结出本月或本生产期的发生额合计和余额，它是明细账的汇总和制约，余额用于试算平衡。它顺时登记，方法简便，账簿简化，适合养猪户使用。见表11-2。

表11-2　总账

科目	收或付	月初余额	凭证号码	收入	支出	月末余额
仔猪收入				√		
饲料支出					√	

明细账是会计账目的分类账户，它为总账提供详细具体的材料，采取货币和实物计量法。每次既登记数量又登记金额，可同时用来进行实物、价值形式的核算，较为清楚、明了、简便。见表11-3、表11-4。

表11-3　明细账

编号1　　　　名称：饲料　　　　第1页

年		凭证编号	摘　要	收入			支出			结余		
月	日			数量	单价	金额	数量	单价	金额	数量	单价	金额
			购入玉米						√			
			购入大麦						√			
			购入豆饼						√			
			购入2号配合料						√			

表11-4　明细账

编号2　　　　名称：猪　　　　第1页

年		凭证编号	摘 要	收 入			支 出			结 余		
月	日			数量	单价	金额	数量	单价	金额	数量	单价	金额
			购入仔猪						√			
			出售肉猪			√						

3. 常用的记账方法

在确定会计科目、建账之后，就按收入类、支出类和结存类中的各项目，分别编入账簿。记账的方法有多种，适合养猪生产的记账方法是复式记账法中的收付记账法。其特点是：

（1）以现金、实物的收支作为核算对象：如畜产品销售收入、借入资金、购买饲料、用具、上缴税金等，均可以钱物的收支形式反映在收付账户上。记账时，用“收”、“付”二字作为记账符号。

（2）收入、支出和结存各类：又按各收支项目划分许多明细科目，以同收、同付及有收有付的形式作为记账规则。如出售猪肉的收入，须在收入类和结存类科目中同时记入收入栏；生产费用的支出，也须同时在支出类和结存类账户中记入支出栏。

（3）用“收入（余额）－支出（余额）＝结存（余额）”作为平账试算的公式：这种记账方法与实际经济活动中的收、支、存的概念相符，所以，道理简明，方法简单。

4. 记账的基本原则和要求

记账是把发生的经济活动情况（收、支、贷、存等）按时间顺序，分类归口分别在账簿上进行登记，它必须遵循一定的原则和要求，才能做到准确、及时、完整、可靠。

其原则和要求是：记账和凭证以及数字要真实无误；记账的凭证日期、数量、金额等必须与原始凭证完全相符；总账与明细账的记载必须相符，做到逐笔登记，切忌遗漏，字迹清楚，数字不跨位空格，前后页要连续登记；发现错处，用红笔杠横，以示注销更正。无收支凭证时，可自制凭证，先记入明细账，后记总账；收入在收入和结存栏中同时记收，支出在支出和结存栏同时记付；定期将明细账余额与总账余额进行核对。

（二）经济效益核算

1. 投入和产出的经济核算

养猪生产过程中的投入是指人力、物力和财力的投入，主要包括支付的饲料费、垫草费、燃料费、生产用的水电费、兽医药品防疫费、工具和用具费、劳保用品费、低值易耗品费、固定资产折旧费和其他生产性开支。固定资产折旧费最简单的计算方法首先是确定固定资产有效使用年限；其次，从固定资产原价与清理费之和中减去残值金额后，再按使用年限等分，即为该固定资产的年折旧费（$\text{固定资产年折旧费}=\dfrac{\text{固定资产原价+清理费用-残值}}{\text{预计有效使用年限}}$）。

清理费用是指固是资产报废时所发生的拆卸、搬运等费用。残值是指清理时拆下的残料价值，可预先估计，从固定资产原价中减去。

养猪产出包括：现金收入，即猪场已出售仔猪、肥猪、后备猪、猪种、粪肥和其他物品所得的收入；可以出栏的猪只，按照国家牌价或市场价格折算成产出，不包括那些正在饲养尚不能出栏的仔猪、育肥猪和种猪。

2. 猪群成本核算

猪群成本核算包括猪的活重成本核算和增重成本核算。

（1）活重成本核算：猪的活重是指年末存栏猪的活重和本年内离群猪的活重的总和，不包括生产中死亡猪的活重。

猪的全年活重＝年终存栏猪活重＋本年内离群猪的活重（不包括生产中死亡猪的活重）

猪的全年活重总成本＝年初存栏猪的价值＋购入转入猪的价值＋全年内饲养费用（包括死亡猪的费用）－全年粪肥价值

猪的每千克活重成本=猪的全年活重总成本÷猪的全年活重量

（2）增重成本核算：主要计算每增重单位重量的成本。

猪群的总增重量＝期内存栏猪活重＋期内离群猪的活重（包括死亡猪在内）－期内购入转入和期初结转的活重

猪群每千克增重成本＝[该猪群全部饲养费用（包括死亡猪在内）－副产品收入]÷猪群的总增重（kg）

（3）成年猪成本核算：

生产总成本＝直接生产费用＋共同生产费＋管理费

产品成本＝生产总成本－副产品收入

单位产品成本＝产品成本÷产品数量

（4）仔猪成本核算：仔猪成本应包括基础母猪和种公猪的全部饲养费用。以断奶仔猪活重总量除以基础猪群的饲养总费用（减副产品收入），即得仔猪单位活重成本。

仔猪单位活重成本＝（年初结存未断奶仔猪价值＋当年基础猪群饲养费－副产品收入）÷（当年断奶仔猪转群时的总重量＋年末结存未断奶仔猪总重量）

计算猪的活重成本时，要减去粪肥价值（粪肥作为副产品收入）。直接生产费包括劳动消耗和物质消耗。共同生产费包括管理人员工资、折旧费、运输费及其他应摊派的费用。生产管理费包括行政勤杂人员工资、办公费及销售费。副产品收入指粪肥收入及对外配种费等收入。

3. 猪场的利润核算

养猪生产不仅要获得量多质优的猪肉、仔猪和种猪，更主要是获得高额利润。利润核算包括利润额和利润率的核算。

（1）利润额：指猪场利润的绝对数量，它分为总利润和产品销售利润。总利润是指猪场在生产经营中的全部利润。产品销售利润是指产品销售收入时所产生的利润。

销售利润＝销售收入－生产成本－销售费用－税金

总利润额＝销售利润＋营业外收支净额

营业外收支净额，是指与猪场生产经营无关的收支差额。营业外的收入包括罚金收入，固定资产出租收入，生产技术传授收入及其他非生产性收入；营业外支出包括猪场职工的劳动保险和物资保险费用，积压物资削价损失，粮油倒挂补贴及其他非生产性支出。

（2）利润率：猪场的规模大小不同，仅以利润额的绝对量难以反映猪场的经营管理水平。用利润率进行比较，才能客观地反映出真实情况。利润率是将利润与成本、产值、资金进行对比，得出反映猪场经营管理状况的三项指标。

资金利润率：它综合反映了猪场资金消耗和资金占用与利润的比率关系。在保证生产需要的前提下，应尽量减少资金的占用，以取得较高的资金利用率。

资金利用率＝年总利润÷占用的固定资金和流动资金总额×100％

产值利润率：它反映了猪场每100元产值所实现的利润多少。产品成本和营业外收入对利润的影响可在这一指标中得到反映，但不能反映猪场的资金消耗和资金占用程度。

产值利润率＝年总利润÷年总产量×100％

成本利润率：指猪场1年中所取得的利润总额与猪场1年的成本总额的比率关系。它反映了每100元成本在1年内创造了多少利润，百分比高则表明猪场效益好。这一指标较全面地反映了猪场经营状况。

二、降低养猪生产成本的主要途径

影响规模养猪经济效益的因素很多，要实现饲料低消耗、产品优质化、经济效益好的目标，规模养猪场必须学习和运用现代科学养猪技术和经营方式，发挥生产潜力，以便最大限度地提高养猪经济效益。下面介绍一些降低生产成本，增加经济效益的途径。

1. 选择良种发展瘦肉型猪的生产

应根据本地情况，最好选择经过对比实验筛选的瘦肉率高、生长快、适应性好的二元或三元杂交猪。在科学饲养管理条件下，其生长快、饲料利用率高，获利也高。

2. 提倡配合饲料养猪

目前，规模养猪场的生产水平不高，肉猪平均日增重只有500g左右，仔猪断奶体重小，原因之一就是饲料的质量不好。配合饲料是采用科学配方，能全面满足猪对各种营养的需要。使用配合饲料喂肉猪，可缩短饲养期2～3个月，每头肉猪可节省饲粮50kg、燃料费5～10元。用配合饲料补饲仔猪，效果十分明显，能提高仔猪断奶窝重，降低成本。

3. 缩短育肥期

为提高饲料的经济利用率，应根据猪不同阶段的营养需要集中喂料，降低饲料成本，缩短饲养期。

4. 适时出栏

加快周转瘦肉型猪的日增重是影响养猪成本的主要经济性状之一。在瘦肉型猪生长高峰期刚过时出栏（出售）最佳，同时还要参考市场价格和肥、瘦比例等经济因素来确定。过了高峰期后，其生长速度就减慢，再饲养下去就不合算了。所以要掌握不同品种猪的生长高峰期，做到适时出栏，加快周转，降低成本。目前，中型瘦肉型猪一般以6月龄体重达90kg左右出售为宜；地方品种与大、中型引入品种杂交的杂交猪6月龄体重达70～80kg出售为宜；国内培育品种与大、中型引入品种杂交的杂交猪6月龄体重达85～90kg出售为适宜。

5. 扩大饲料来源和提高饲料报酬

饲料成本占猪场总成本的70%～80%。饲料质量的优劣在很大程度上影响猪只生产性能的发挥，饲料的质量和价格是养猪场生产经营成败的决定因素。因此，除购买配合饲料并尽可能节约饲料、减少浪费外，要尽一切可能开辟饲料来源，如糟渣、麦麸、米糠、蚕蛹等。

6. 提高猪场经营水平

由于目前畜产品加工、冷藏业不发达，销售网点较少，除大城市有一定数量的猪肉贮存和加工设备外，一般中小城市、乡镇都随产随销。随着养猪业的发展，这种矛盾将日趋明显。因此，应重视养猪生产、加工、销售各环节，建立生产到销售的经营系列，以最大限度提高经济和社会效益。

主要的经销形式有3种：①通过食品部门的供销；②通过进出口贸易部门的供销；③建立生产—加工—销售体系。生产—加工—销售系列联营，是提高经济效益的重要途径。如按我国目前出售商品肥猪的盈利为100%，则自行屠宰销售带骨肉的盈利为135%，自行屠宰初步加工以分割肉形式出售，盈利可达158.6%，若再进一步加工，则盈利可高达200%以上。所以，建立产销联营体系对猪场是十分有利的。

参考文献

（美）B.E斯特劳．猪病学［M］．北京：中国农业大学出版社，2009.

曹洪战，芦春莲．商品瘦肉猪标准化生产技术［M］．北京：中国农业大学出版社，2003.

刘富来，白挨泉．猪病诊治图谱［M］．广州：广东科技出版社，2009.

刘富来．猪病中西医结合治疗［M］．北京：金盾出版社，2006.

（加拿大）阿尔伯特农业局畜牧处．养猪生产［M］. // 刘海良译．北京: 中国农业出版社，1998.

刘红林，吕艳丽．现代养猪大全［M］．北京：中国农业出版社，2004.

宣长和．猪病学［M］．北京：中国农业科技出版社，2003.